Maike Vollstedt

Sinnkonstruktion und Mathematiklernen in Deutschland und Hongkong

VIEWEG+TEUBNER RESEARCH

Perspektiven der Mathematikdidaktik

Herausgegeben von:

Prof. Dr. Gabriele Kaiser, Universität Hamburg
PD Dr. Rita Borromeo Ferri, Universität Hamburg
Prof. Dr. Werner Blum, Universität Kassel

In der Reihe werden Arbeiten zu aktuellen didaktischen Ansätzen zum Lehren und Lernen von Mathematik publiziert, die diese Felder empirisch untersuchen, qualitativ oder quantitativ orientiert. Die Publikationen sollen daher auch Antworten zu drängenden Fragen der Mathematikdidaktik und zu offenen Problemfeldern wie der Wirksamkeit der Lehrerausbildung oder der Implementierung von Innovationen im Mathematikunterricht anbieten. Damit leistet die Reihe einen Beitrag zur empirischen Fundierung der Mathematikdidaktik und zu sich daraus ergebenden Forschungsperspektiven.

Maike Vollstedt

Sinnkonstruktion und Mathematiklernen in Deutschland und Hongkong

Eine rekonstruktiv-empirische Studie

Mit einem Geleitwort von
Prof. Dr. Frederick K. S. Leung, Hong Kong University

VIEWEG+TEUBNER RESEARCH

Bibliografische Information der Deutschen Nationalbibliothek
Die Deutsche Nationalbibliothek verzeichnet diese Publikation in der Deutschen Nationalbibliografie; detaillierte bibliografische Daten sind im Internet über <http://dnb.d-nb.de> abrufbar.

Dissertation Universität Hamburg, 2010

Diese Studie wurde durch ein Stipendium der Deutschen Forschungsgemeinschaft (DFG) im Graduiertenkolleg 821 Bildungsgangforschung gefördert.

1. Auflage 2011

Lektorat: Ute Wrasmann | Britta Göhrisch-Radmacher

Vieweg+Teubner Verlag ist eine Marke von Springer Fachmedien.
Springer Fachmedien ist Teil der Fachverlagsgruppe Springer Science+Business Media.
www.viewegteubner.de

Umschlaggestaltung: KünkelLopka Medienentwicklung, Heidelberg
Gedruckt auf säurefreiem und chlorfrei gebleichtem Papier
Printed in Germany

ISBN 978-3-8348-1474-6

Für meine Eltern Gerlind und Willi
und meinen Mann Tobias.

Geleitwort

Humans search for meaning, and students, being humans, search for meaning when dealing with mathematical contents in a school context. However, to date aspects important for students to engage in learning mathematics meaningfully are still not well known. With her study, Maike Vollstedt engages in this highly relevant and very current field of research. She examines aspects of student orientated learning, as well as the teaching of mathematics focusing on the interests and needs of students. By taking the learners' perspective she traces their hurdles, and needs and motivations for pursuing a successful learning process. By doing so, she develops a model describing different kinds of personal meaning and uses this as the students' attribution of personal relevance to learning objects and their active involvement with contents. Her model comprises seventeen different kinds of personal meaning ranging from the importance of the fulfilment of societal demands, the wish for cognitive challenge all the way to the enjoyment of social relatedness between students. Maike groups these different kinds of personal meaning according to their relation with mathematics and the self into seven different types. Through so doing, she presents a concise theory of personal meaning grounded in ample empirical interview data.

Fully aware of the rich potential of comparative studies, Maike conducts her study in Germany and Hong Kong, taking the two places as exemplary systems from East Asia and the West. She successfully deepens the model developed in her study concerning the influence of students' cultural background, and refrains from taking a one-sided Western viewpoint. By comparing these results while taking cultural differences into account, she emphasizes similarities and differences between students from each of the two places. Thereby, the theory of personal meaning is sharpened and illustrated with reference to rich empirical data showing country-specific preferences.

Maike's study is characterized by a high level of methodological reflectiveness, a remarkable theoretical depth, as well as rich data. She comes up with highly interesting results and presents them convincingly. I wish her a broad readership and a successful future.

October 2010, Hong Kong — Frederick Koon Shing Leung

terschiede hatten einen großen Anteil an der Ausschärfung der hier präsentierten Theorie. Insbesondere möchte ich PD Dr. habil. Rita Borromeo Ferri, Dr. Marcus Schütte und Prof. Dr. Angelika Bikner-Ahsbahs sowie Dr. Johannes Meyer-Hamme hervorheben. Mein Dank geht darüber hinaus an Karen Stadtlander für ihre vielseitige Unterstützung, insbesondere bei kulturellen Fragen.

Besonderer Dank gilt auch meinen (ehemaligen) Kolleginnen und Kollegen an der Universität Hamburg bzw. dem Leibniz-Institut für die Pädagogik der Naturwissenschaften und Mathematik an der Universität Kiel (IPN). Meine Sinnkonstruktionen *Soziale Eingebundenheit* erleben und *Ausgeglichenheit* können durch Euch jeden Tag aufs Neue realisiert werden. Hier möchte ich insbesondere Beate von der Heydt und Meike Grüßing sowie Björn Schwarz, Nils Buchholtz und Felix Krawehl hervorheben. Besonderer Dank gebührt Jan-Marten Ihme für seine methodische Beratung, Verena Hane für die Gestaltung der Grafiken sowie Ulrike Brügmann, Anja Friedrichs, Monique Grundig, Ayla Ünlü, Isabelle Siché und Susanne Vogel für ihre unermüdliche Unterstützung bei der Transkription, der Datenauswertung, dem Korrekturlesen und so vielen Dingen mehr. Außerdem danke ich meiner Lektorin vom Verlag Vieweg+Teubner, Frau Britta Göhrisch-Radmacher, für die allzeit freundliche und kompetente Unterstützung bei der Veröffentlichung meiner Arbeit.

Neben fachlicher Unterstützung bedarf es bei einer solchen Arbeit insbesondere an persönlichem Rückhalt. Ganz besonderer Dank geht hier an Dr. Tanja Rütten, die ich für ihre Stärke und Ausdauer zutiefst bewundere. Ich danke Dir für Deine wunderbare Freundschaft. Darüber hinaus möchte ich Prof. Dr. Sebastian Wartha dafür danken, dass es schön ist, Wastl 2 zu sein. Außerdem bedanke ich mich bei Ronja, Biene und Lasse für die gute Gesellschaft sowie beim Kaninchenzüchterverein Kiel für den Hasen im Hut.

Schließlich geht der allergrößte Dank an meine liebe Familie Gerlind, Willi, Sandra und Arne Vollstedt sowie Karin, Bernd und Tim Schaffrik – ohne Euch hätte ich diese Arbeit nicht schreiben können. Ich danke Euch für die fortwährende Unterstützung meines Weges. Es ist gut zu wissen, dass ich immer einen Platz habe, an dem ich willkommen bin und an den ich gehöre. Der letzte Dank – und das ist der wichtigste von allen – gilt meinem Mann Tobias. Es tut gut, dass Du an meiner Seite bist. Ich danke Dir von Herzen für Deine Unterstützung!

Kiel im Januar 2011 Maike Vollstedt

Inhaltsverzeichnis

Abbildungsverzeichnis

Tabellenverzeichnis

1 Einleitung

> Also immer nur so f von x gleich x hoch zwei durch vier oder keine Ahnung, da ... sehe ich überhaupt nicht den Sinn darin, warum sollen wir das lernen. Ich meine, ich muss es ja trotzdem lernen, aber es bringt mir halt nichts. (Christine 115)[1]

Auf diese Weise äußert sich Christine, eine Schülerin der 10. Klassenstufe eines norddeutschen Gymnasiums, über ihre Einstellung zum Lernen von Mathematik. Diese und weitere Passagen des Interviews lassen erkennen, dass Christine nicht nachvollziehen kann, warum sie formalistische, innermathematische Inhalte lernen soll, die keinen Anwendungsbezug zum Leben haben. Sie vertritt die Ansicht, dass ihr diese nichts bringen würden. Da Mathematik jedoch als Pflichtfach bis zum Abitur belegt werden muss, fügt sie sich in ihr Schicksal und lernt weiterhin Mathematik, die sie für sinnlos hält.

Christine ist in ihrem Mathematikunterricht offenkundig auf der Sinnsuche. Diese ist klar fokussiert, da sie anscheinend bereits Situationen erlebt hat, in denen ihr die Mathematik sinnvoll erschien oder aber ihr das Sinnangebot der Anwendungsmöglichkeit plausibel erscheint. Dass eine Anwendbarkeit in ihrem Leben jetzt oder später im Beruf mathematische Inhalte für sie mit Sinn füllt, formuliert sie an folgender Stelle:

> Ja also der Sinn von Mathe ist ja eigentlich, dass ... ja dass man halt im Alltag da was ausrechnen kann oder auch für Architektur finde ich das ziemlich wichtig. Mein Vater [...] der braucht auch täglich viel Mathe und wenn man halt so eine Firma zum Leiten, denke ich mal, braucht man das auch viel. Und ... ja aber ich finde es trotzdem so ... so ein paar Sachen, ich verstehe nicht, warum wir die lernen müssen ... so Potenzgesetze oder so was, das werden wir nie wieder brauchen. Und das sehe ich halt nicht ein. (Christine 107)

Fehlt diese Anwendbarkeit oder Nützlichkeit von Mathematik im Leben, empfindet Christine sie als sinnlos, wendet sich emotional von der Mathematik ab und reagiert trotzig. Diese Einstellung zur Mathematik hat Auswirkungen auf ihr Lernen von Mathematik. Wenn Christine die Inhalte als sinnlos empfindet, entwickelt sie auch wenig Ansporn, sich mit ihnen auseinanderzusetzen:

---

[1] Dieser Name ist – ebenso wie alle anderen Personen-, Schul- und Ortsnamen – anonymisiert. Lediglich Deutschland und Hongkong wurden als Bezeichnung beibehalten. Auf die zugehörigen Transkriptausschnitte kann im Onlinematerial zu diesem Buch auf http://www.viewegteubner.de zugegriffen werden.

> […] ich finde das auch sinnlos so, weiß ich nicht, so Sachen wie binomische Formeln, die werde ich nie in meinem Leben brauchen, das weiß ich jetzt schon. Deshalb ... naja lege ich da auch wenig Ehrgeiz rein. (Christine 104)

Aus diesen kurzen Interviewausschnitten wird deutlich, wie wichtig gelingende Sinnkonstruktionen im Kontext schulischen Lernens für erfolgreiche Lernprozesse sein können.

Die zitierten Abschnitte aus dem Gespräch mit Christine sollen als exemplarisches Beispiel aufzeigen, dass Schülerinnen und Schüler im Kontext schulischen Lernens auf der Suche nach Sinn sind. Sie bedürfen subjektiven Sinns, um positive Gefühle mit dem Lernen in Zusammenhang zu bringen und um sich aktiv und mit Eifer in den Lernprozess einzubringen. Stellt sich das Gefühl von subjektivem Sinn ein, so stellt Ulrich Gebhard fest (2003, S. 208-209), dann ist Lernen erfolgreich und nachhaltig.

Ähnlich wie Christine beurteilen Schülerinnen und Schüler „die *Sinnhaftigkeit* der von der Schule vermittelten *Lerninhalte* vornehmlich unter dem Gesichtspunkt […], diese auf ihr gegenwärtiges und zukünftiges Leben […] beziehen zu können“, so Wolfgang Fichten (1993, S. 28-29). Dabei komme insbesondere dem angestrebten Beruf eine Schlüsselrolle zu. Die Unterrichtsinhalte werden hinsichtlich ihrer Verwertbarkeit im (späteren) Leben eingeschätzt und bei einer Diskrepanz zwischen Lebensbezug und Unterrichtsrealität als subjektiv bedeutungslos angesehen. Die Unterrichtsinhalte werden also als nicht sinnvoll erlebt, wenn die Lernenden keinen subjektiv relevanten Bezug zu ihnen herstellen können (vgl. auch Furtner-Kallmünzer & Hurrelmann, 1984). Das Sinndefizit, das die Schülerinnen und Schüler auf diese Weise im Unterricht erleben, führe dann u. U. zu verschiedenen Formen der Ablehnung von Schule etwa in Form von Unlust, Teilnahmslosigkeit und Disziplinproblemen (Fichten, 1993, S. 28-29).

Die Existenz und Notwendigkeit von Schule wird zwar, so Klaus Hurrelmann (1983, S. 34), von den Jugendlichen nicht grundsätzlich in Frage gestellt, sie fassen die Schulzeit jedoch folgendermaßen auf (Hurrelmann, 1983, S. 50):

> Die Jugendlichen betrachten die Schulzeit im wesentlichen als eine unvermeidliche Durchgangsphase im Lebenslauf, die noch nicht zum 'eigentlichen' Leben dazugehört, sondern Voraussetzung für den Eintritt in 'das Leben' ist. Eine solche Deutung der eigenen Situation, in einer objektiven gesellschaftlichen Konstellation, die den Statusübergang in den Beruf gefährdet, muß von sensiblen Jugendlichen zwangsläufig als unzureichend und subjektiv unbefriedigend empfunden werden.

Dadurch, dass die Schulzeit als solche noch nicht als sinnhaft erlebt wird, offenbart sich hier ein Sinndefizit, das viele Schülerinnen und Schüler mit Schule in Zusammenhang bringen (vgl. auch Furtner-Kallmünzer & Hurrelmann, 1984).

Um sinnhaftes Lernen zu ermöglichen, müssen die Erfahrungen und Erlebnisse der Lernenden in den Unterricht integriert werden, so dass die Heranwachsenden eine Möglichkeit haben, die Lerngegenstände mit subjektivem Sinn zu füllen. Meinert Meyer (2008, S. 123) plädiert daher im Kontext der Bildungsgangforschung für die Berücksichtigung von Sinnkonstruktion als wichtigstes Gütekriterium für die Unterrichtsgestaltung. Bildungsgangforschung hat sich dabei zum Ziel gesetzt, Lern- und Bildungsprozesse aus der Perspektive der Schülerinnen und Schüler zu erforschen und insbesondere ein Augenmerk auf das Spannungsverhältnis zwischen gesellschaftlich-institutionellen Vorgaben auf der einen Seite und deren individuell-biografischer Ausgestaltung auf der anderen Seite zu legen. Da Schule der wichtigste Ort institutionalisierter Bildung ist, ist Bildungsgangforschung zunächst also Lehr-Lern-Forschung bzw. Unterrichtsforschung. Dabei ist die Frage zentral, in welcher Weise und unter welchen Bedingungen Lernende biografisch bedeutsamen Sinn mit den Inhalten und Formen schulischen Unterrichts verbinden (Graduiertenkolleg Bildungsgangforschung, 2004, S. 8; Meyer, 2005). Der Biografie der Lernenden kommt also eine zentrale Rolle zu, so Meyer (2008, S. 123):

> Wer als Schüler etwas als sinnvoll empfindet oder das Gefühl hat, dass das, was der Lehrer von ihm verlangt, eigentlich sinnlos ist, argumentiert aus seiner biographischen Situation heraus, im Blick auf seine wie auch immer antizipierte Zukunft. Sinnkonstruktion ist also die Herstellung von Bedeutung der Lerngegenstände in Bezug zur eigenen Person.

Sinn schlägt dabei eine Brücke zwischen dem Individuum und dem Lerngegenstand, indem dieser mit Vorstellungen, Erfahrungen, Einstellungen und Werten verknüpft wird und zugleich auf die außerunterrichtliche ebenso wie die außerschulische Lebenswelt bezogen wird (Meyer, 2008, S. 123). Eine besondere Position für die Konstruktion von Sinn nehmen die Entwicklungsaufgaben ein, die Barbara Schenk (2001, S. 263) als „'Motor' des Lernens“ versteht. Sie können charakterisiert werden als unhintergehbare, gesellschaftliche Anforderungen an Menschen in ähnlichen biografischen Lebenssituationen und müssen individuell gedeutet und bearbeitet werden (Dreher & Dreher, 1985; Havighurst, 1972; Hericks & Spörlein, 2001).

Die Bearbeitung von Entwicklungsaufgaben auf der einen Seite und der bisherige Bildungsgang der Schülerinnen und Schüler bzw. ihre (Lern-) Biografie auf der anderen Seite bilden die eine Achse, die – so fordert Meyer (2008,

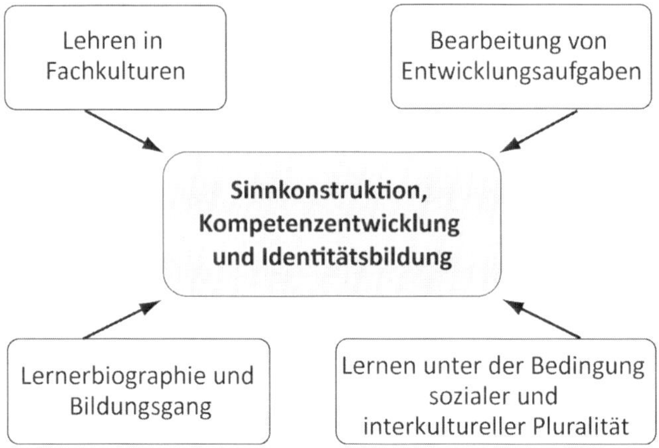

Abbildung 1: Sinnkonstruktion, Kompetenzentwicklung und Identitätsbildung zwischen zwei Achsen der Unterrichtsgestaltung (nach Meyer, 2008, S. 124).

S. 124) – sowohl von Lehrenden als auch von Lernenden bei der Unterrichtsgestaltung berücksichtigt werden sollte (vgl. *Abbildung 1*, S. 4). Die zweite Achse setzt sich aus Aspekten des Lehrens und der jeweiligen Fachkultur (vgl. Gellert, 2007; Lüders, 2007) bzw. des Lernens unter den Bedingungen sozialer und interkultureller Pluralität zusammen (vgl. Hu, 2005; Schütte, Gogolin, & Kaiser, 2005). Meyer stellt fest, dass „[l]ernfördernde Sinnkonstruktion [...] in der Schule möglich [wird], wenn die vier Bedingungen oder Dimensionen 'positiv besetzt' sind" (Meyer, 2008, S. 124). Sinnhaftigkeit sei dabei „Ausdruck von und gleichzeitige Arbeit an Kompetenzentwicklung und Identitätsbildung" (Meyer, 2008, S. 123).

Wie oben bereits beschrieben, sind *Sinnkonstruktion* und *Entwicklungsaufgaben* zentrale Begriffe in der Bildungsgangforschung (vgl. auch Koller, 2008b und Trautmann, 2004). Mit Vorlage dieser Arbeit möchte ich weiter zur Klärung und Ausdifferenzierung des Begriffs der Sinnkonstruktion beitragen und diesen insbesondere unter einer kulturellen Perspektive untersuchen. Dabei fokussiere ich insbesondere die Perspektive der Schülerinnen und Schüler, deren Sinnkonstruktionen ganz unterschiedlich im Vergleich zu denen der Lehrpersonen ausfallen können (Meyer, 2008, S. 123). Handlungsleitend ist grundsätzlich folgende Forschungsfrage:

> Forschungsfrage 1: Welchen Sinn sehen Schülerinnen und Schüler darin, im schulischen Kontext Mathematik zu lernen bzw. sich mit mathematischen Inhalten zu beschäftigen?

Ziel dabei ist es, verschiedene Arten von Sinnkonstruktion aus der Perspektive der Schülerinnen und Schüler zu erarbeiten, die diese bei der Auseinandersetzung mit Mathematik vornehmen. Forschungsfrage 1 lässt sich also konkretisieren:

> Forschungsfrage 1.1: Welche Sinnkonstruktionsarten lassen sich empirisch bei Schülerinnen und Schülern im Kontext schulischen Mathematiklernens rekonstruieren?

> Forschungsfrage 1.2: Inwiefern lassen sich die rekonstruierten Sinnkonstruktionsarten systematisieren bzw. typologisieren?

Im Zuge der Beantwortung dieser Forschungsfragen ist es notwendig, ein Modell von Sinnkonstruktion zu erarbeiten, welches für die empirische Erforschung von Sinnkonstruktion geeignet ist. Dabei spielen insbesondere notwendige Voraussetzungen und mögliche Auswirkungen der Sinnkonstruktion eine zentrale Rolle. Ein als relevant eingeschätzter Aspekt ist dabei der kulturelle Hintergrund der Lernenden. Daraus ergibt sich meine zweite Forschungsfrage:

> Forschungsfrage 2: Welche Rolle spielt der kulturelle Hintergrund der Schülerinnen und Schüler für die von ihnen vorgenommenen Sinnkonstruktionen?

Um diese Forschungsfrage beantworten zu können, bietet sich eine Zweiländerstudie in unterschiedlichen Kulturen an. Daher habe ich meine Studie in Deutschland und Hongkong als Beispielländer für die westliche Kultur Europas und die konfuzianisch geprägte Kultur Ostasiens durchgeführt. Auf diese Weise eröffnete sich die Möglichkeit, eine Außenperspektive auf das Lernen in Deutschland einzunehmen, so dass die zweite Forschungsfrage durch die Kontrastierung der Ergebnisse aus beiden Ländern[2] ebenfalls konkretisiert werden kann:

> Forschungsfrage 2.1: Welche Unterschiede und Gemeinsamkeiten lassen sich hinsichtlich der individuellen Bedeutsamkeit einzelner Sinnkonstruktionen für Schülerinnen und Schüler aus Deutschland und Hongkong nachzeichnen?

[2] Streng genommen ist Hongkong kein eigenes Land, sondern eine Sonderverwaltungszone der Volksrepublik China. Aus Gründen der einfacheren Formulierung werde ich weiterhin von zwei Ländern sprechen.

Forschungsfrage 2.2: Inwiefern können Erklärungsansätze für diese Unterschiede und Gemeinsamkeiten gefunden werden, die auf den kulturellen Hintergrund der Lernenden zurückgreifen?

Wie gerade angedeutet ist es notwendig, für die Erforschung von Sinnkonstruktion ein tragfähiges Konzept zu entwickeln, welches empirisch untersucht werden kann. Ich habe daher im Kontext des Graduiertenkollegs *Bildungsgangforschung* zusammen mit Katrin Vorhölter (vgl. auch Vorhölter, 2009) einen Vorschlag zur theoretischen Fassung von Sinnkonstruktion erarbeitet (vgl. auch Vollstedt & Vorhölter, 2008). Dieser wird in Kapitel 2 (S. 9) ausführlich dargestellt. Es handelt sich dabei um die Fassung des Konzepts nach Abschluss des Forschungsprozesses. Zu Beginn der Studie lag zunächst ein Entwurf vor, der sich auf theoretischen Annahmen gründete. Dieser wurde im Laufe der Forschung an den Daten überprüft und weiter ausgearbeitet. Zur Darlegung des von uns erarbeiteten Konzepts der Sinnkonstruktion werden zunächst die Notwendigkeit der Thematisierung von Sinn in der Pädagogik und die Vielschichtigkeit des Sinnbegriffs aufgezeigt. Daran schließt sich die Darstellung unseres Sinnverständnisses an. Anschließend werden verschiedene Eigenschaften von Sinnkonstruktion beschrieben und der theoretische Rahmen wird vorgestellt, in den Sinnkonstruktion eingebettet ist. Verschiedene Konzepte der Pädagogischen Psychologie und der Mathematikdidaktik spielen hier eine zentrale Rolle für die persönlichen Merkmale des Individuums. Die Kultur, in der das Individuum aufgewachsen ist, ist eines seiner Hintergrundmerkmale.

Das dritte Kapitel der Arbeit (S. 67) wendet sich der Außenperspektive zu, die durch die Forschung in Hongkong eingenommen werden konnte. Zunächst wird ein Einblick in die Möglichkeiten der Außenperspektive gegeben, woraufhin ein Überblick über die kulturell geprägten Einstellungen zum Lernen und Lehren von Mathematik in der konfuzianisch geprägten Kultur gegeben wird. Ein Überblick über das Schulsystem in Hongkong rundet das dritte Kapitel ab.

Teil B der Arbeit legt dann die Methodologie, in der ich meine Studie verorte (Kapitel 4, S. 83), sowie die verwendeten Methoden der Datenerhebung (Kapitel 5, S. 99) und Auswertung (Kapitel 6, S. 109) dar und macht den Forschungsprozess auf diese Weise nachvollziehbar. Ich habe mich entschieden, eine rekonstruktive Studie mit qualitativen Methoden durchzuführen, die später um einen Exkurs in statistische Methoden bereichert wird (vgl. Abschnitt 6.5, S. 121).

In Teil C (S. 127) werden im Anschluss die Ergebnisse der Studie präsentiert. Zunächst wird die von mir entwickelte Typologie der Sinnkonstruktion hergeleitet (Kapitel 7, S. 127). In Kapitel 8 (S. 139) werden anschließend die entwickelten Typen mit den ihnen zugrunde liegenden Sinnkonstruktionsarten ausführlich vorgestellt. Die so gewonnenen Ergebnisse werden in Kapitel 9 (S. 235) aus einer kulturellen Perspektive reflektiert, so dass Unterschiede und Gemeinsamkeiten zwischen Deutschland und Hongkong herausgearbeitet werden können.

Den Abschluss der Arbeit bildet Teil D (S. 257), in dem erst in Kapitel 10 (S. 257) die Ergebnisse der Arbeit zusammengefasst werden, um dann anschließend in Kapitel 11 (S. 261) kritisch reflektiert zu werden. Die Arbeit wird schließlich mit einem Ausblick auf weitere Forschungsmöglichkeiten (Kapitel 12, S. 271) geschlossen.

Teil A: Theoretischer Hintergrund

Der erste Teil meiner Arbeit soll einen Einblick in den theoretischen Hintergrund geben, der ihr zugrunde liegt. Dazu wird zunächst das Konzept der Sinnkonstruktion entwickelt, welches eines der Schlüsselbegriffe in der *Bildungsgangforschung* ist (vgl. Meyer, 2008, S. 124 bzw. Koller, 2008b). Die Konzeptualisierung, die ich hier präsentieren werde (vgl. Kapitel 2, S. 9), habe ich in Zusammenarbeit mit Katrin Vorhölter (vgl. auch Vorhölter, 2009) entwickelt. Da die Theorie im Kontext des von der Deutschen Forschungsgemeinschaft (DFG) geförderten Graduiertenkollegs *Bildungsgangforschung* an der Universität Hamburg entstanden ist, liegt ihr naturgemäß eine westliche Perspektive zugrunde. Kapitel 3 (S. 67) gibt anschließend einen Einblick in die Möglichkeiten einer Studie, die in zwei Kulturen durchgeführt wird. Außerdem werden kulturell geprägte Einstellungen zum Lernen und Lehren von Mathematik in einer konfuzianisch geprägten Kultur aufgezeigt.

2 Sinn und Sinnkonstruktion im Kontext schulischen Lernens

Obgleich Sinn in der Erziehungswissenschaft als „ein grundlegendes Moment von Unterricht und Erziehung" (Biller, 1991, S. 1) angesehen werden kann, spielt der Sinnbegriff in der erziehungswissenschaftlichen und fachdidaktischen Literatur bisher eine bestenfalls untergeordnete Rolle. Eine systematische Auseinandersetzung mit dem Sinnkonzept fehlt bisher (Biller, 1991, S. 16) und Studien, die sich explizit mit Sinn in Lehr-Lern-Kontexten beschäftigen, sind rar. Als ein paar der wenigen Ausnahmen von Texten mit einer allgemein erziehungswissenschaftlichen Perspektive, die Sinn und sinnvolles Lernen als zentralen Begriff diskutieren, sind beispielsweise Biller (1991), Combe und Gebhard (2007) sowie Gebhard (2003) zu nennen. In der Mathematikdidaktik beschäftigt sich u. a. Sylvia Jahnke-Klein (2001) mit sinnstiftendem Mathematikunterricht.

Leider findet oftmals keine tiefer gehende Auseinandersetzung mit dem Sinnbegriff statt, so dass in vielen Fällen unklar bleibt, welches Konzept mit dem Terminus genauer beschrieben wird. Es ist anzunehmen, dass dieser Mangel an einer expliziten Bestimmung des zugrunde liegende Sinnbegriffs in mehreren

Faktoren begründet liegt. Auf der einen Seite mag ein als gegeben hingenommenes Alltagsverständnis von Sinn vorliegen, welches scheinbar nicht näher expliziert werden muss. Auf der anderen Seite ist eine dezidierte Auseinandersetzung mit dem Sinnbegriff aufgrund dessen Vielschichtigkeit und Verwendung in den verschiedensten Fach- und Forschungsrichtungen aufwändig und schwierig. Aus diesem Grund beansprucht auch der hier gegebene Einblick keine Vollständigkeit. Vielmehr besteht das Ziel darin, durch aussagekräftige Beispiele einen Überblick zu geben.

Um das hier zugrunde liegende Verständnis von Sinn möglichst explizit werden zu lassen, beginnt diese Arbeit mit einem ausführlichen Theorieteil zu Sinn und Sinnkonstruktion. Zunächst wird das Sinnkonzept, auf dem diese Arbeit basiert, entwickelt und eine explizite Charakterisierung des hier verwendeten Sinnbegriffs geliefert (vgl. Abschnitte 2.1 bis 2.5, S. 10 ff.). Ausgehend von einer Argumentation für die Berücksichtigung des Sinnbegriffs in der Pädagogik allgemein bzw. speziell in (schulischen) Lehr-Lern-Kontexten (vgl. Abschnitt 2.1, S. 10), soll das daran anschließende Teilkapitel verschiedene Arten und Dimensionen von Sinn vorstellen (vgl. Abschnitt 2.2, S. 20). Dieser Einstieg bildet die Grundlage für die Entwicklung des hier entworfenen Sinnkonzepts (vgl. Abschnitt 2.3, S. 23). Die besondere Schwierigkeit dabei ist, dass das Konzept zum einen eine Vielschichtigkeit von Bedeutungen und Verständnissen umfassen soll, zum anderen aber auch für die praktische Erforschung handhabbar bleiben muss. Der zugrunde liegende Sinnbegriff wird nachfolgend in einen hermeneutisch geprägten erziehungswissenschaftlichen Theorierahmen eingebettet und von anderen, ihm nahe stehenden Begriffen abgegrenzt bzw. mit diesen in Beziehung gesetzt. Dann wird die Art der Entstehung von Sinn ausführlich diskutiert (vgl. Abschnitt 2.4, S. 40). Im Anschluss an die Darlegung verschiedener Eigenschaften von Sinnkonstruktion (vgl. Abschnitt 2.5, S. 43) wird schließlich der theoretische Rahmen der Sinnkonstruktion vorgestellt, in dem der Begriff der Sinnkonstruktion zu verschiedenen Begriffen und Konzepten aus der pädagogisch-psychologischen sowie der mathematikdidaktischen Forschung in Beziehung gesetzt wird (vgl. Abschnitt 2.6, S. 48). Eine auf diese Weise explizit gemachte Bestimmung des Sinnverständnisses soll die spätere Rekonstruktion verschiedener Typen von Sinnkonstruktionen nachvollziehbar machen.

2.1 Die Thematisierung von Sinn in der Pädagogik

Ein zentrales Werk zu sinntheoretischen Grundlagen der Pädagogik hat Karlheinz Biller (1991) vorgelegt. Er beginnt seine Ausführungen mit einer Argumentation für die Thematisierung von Sinn in der Pädagogik. Diese besteht aus drei Argumenten, die im Folgenden kurz dargestellt werden sollen (vgl. auch Vollstedt & Vorhölter, 2008, S. 26-27).

Das erste von Biller (1991, S. 10-12) angeführte Argument ist ein zeitgeschichtliches und bezieht sich auf die Suche nach einer Antwort auf die Sinnfrage. Biller zufolge besteht „in unserer Zeit neben einer Fülle an Sinmöglichkeiten [sic!] ein nicht zu übersehendes Maß an Sinn-Defizit" (Biller, 1991, S. 12; vgl. auch Frankl, 1978b, S. 27). Andreas Lange und Peggy Szymenderski beschreiben mit einer soziologischen Argumentation, dass dieser Sinnverlust das „Hervortreten gesellschaftlicher Komplexität" (2005, S. 52) kennzeichne. Einerseits seien mehr Sinnangebote vorhanden, wodurch ein größerer Handlungsspielraum eröffnet werde, andererseits jedoch liegen durch soziale Ungleichheiten differierende Chancen vor, auf diese Sinnangebote zuzugreifen. Biller (1991, S. 12) bezieht das existierende Sinndefizit über ein allgemeineres soziologisches Verständnis hinaus vor allem auf den Bereich von Unterricht und Erziehung. Der Sinn von Schule und Unterricht werde oftmals von den Lernenden nicht erkannt, so dass viele junge Menschen auf ihre Sinnfrage keine sie überzeugende Antwort fänden. Dieses Sinndefizit könne damit auch in einer *„Legitimationskrise der Schule"* (Fichten, 1993, S. 29) münden.

Auch Klaus Hurrelmann (1983) beschreibt diese Suche nach dem Sinn schulischer Anforderungen. Schülerinnen und Schüler wollen sich selbst durch das Verstehen und Begreifen der eigenen Person und durch die sie umgebene Welt weiterentwickeln. Daher werde von den Lernenden sowohl die Frage nach der unmittelbaren sowie der späteren Relevanz der in der Schule gelernten Inhalte für das eigene Leben thematisiert. Da der Bezug curricular vorgegebener Unterrichtsinhalte zur alltäglichen Lebenswelt oftmals künstlich und verkrampft erscheine, akzeptieren viele lediglich eine Vorbereitung auf das spätere Leben als gültigen Sinn von Schule (vgl. Hurrelmann, 1983, S. 49, vgl. auch Fichten, 1993, S. 28-30). Die Schulzeit werde damit jedoch als eine „belastende und subjektiv als solche nicht sinnvoll definierte Zeit" (Hurrelmann, 1983, S. 36) wahrgenommen. Sie verkomme vielmehr zu einer „unvermeidliche[n] Durchgangsphase im Lebenslauf, die noch nicht zum 'eigentlichen' Leben dazugehört, sondern Voraussetzung für den Eintritt in 'das Leben' ist" (Hurrelmann, 1983, S. 50). Da sich die Suche nach einem persönlichen Sinn schwierig gestalte, komme der Pädagogik daher, so Biller (1991, S. 10-12), die Aufgabe zu, die Schülerinnen und Schüler bei der Suche nach Sinn zu unterstützen, um das beschriebene Sinndefizit zu überwinden.

Das zweite Argument, welches Biller (1991, S. 12-16) für die Thematisierung von Sinn in der Pädagogik anführt, ist anthropologischer Natur und stützt sich auf das Verständnis des Menschen als „sinnfähiges und sinnstrebiges Wesen“ (Biller, 1991, S. 12). Sinnfähig sei der Mensch insofern, als dass er zur Selbsttranszendenz und zur Selbstdistanzierung fähig sei. *Selbsttranszendenz* kennzeichnet dabei, dass das „Menschsein über sich selbst hinaus auf etwas verweist, das nicht wieder es selbst ist“ (Frankl, 1978b, S. 16). Der Mensch könne also nicht existieren, ohne sich mit Elementen der ihn umgebenden Welt auseinanderzusetzen. Der Begriff der *Selbstdistanzierung* beschreibt hingegen den Umstand, dass es dem Menschen – im Gegensatz zu Tieren – möglich sei, seinen Triebwünschen zu opponieren (vgl. Biller, 1991, S. 14). Auf der anderen Seite zeige sich die Sinnstrebigkeit des Menschen in seinem *Willen zum Sinn* (vgl. Frankl, 1978b). Dieser manifestiere sich gerade in einem Aspekt der Selbsttranszendenz, nämlich darin, dass der Mensch „über sich hinaus nach einem Sinn langt, den zu erfüllen – und zunächst überhaupt erstmal zu entdecken – es gilt“ (Frankl, 1978b, S. 17). Der Begriff des *Willen zum Sinn* umfasse also das Bedürfnis eines Menschen, jeder Lebenssituation einen Sinn zu unterlegen (Frankl, 1978a, S. 239-240). Die Sinnfähigkeit und Sinnstrebigkeit des Menschen sind also Grundvoraussetzungen dafür, dass Sinn erfüllt werden kann; und es ist gerade „die Sinnerfüllung [...], die den Menschen zu seinem Menschsein verhilft“ (Biller, 1991, S. 13). Der Mensch verließe dadurch, so Biller (1991, S. 13), die psycho-physisch-organismische Ebene, die er mit anderen Lebewesen teile, und gelange durch diesen Sprung auf eine qualitativ höhere Dimension, die der geistig personalen Existenz. Auch Ulrich Gebhard charakterisiert unter Rückgriff auf Hans Blumenberg (1999, S. 10) das menschliche Sinnverlangen an die Realität, also das Bedürfnis, die „Welt als bedeutungsvoll und sinnhaft zu interpretieren bzw. dies zu wollen oder geradezu zu müssen“ als ein „spezifisch menschliches Bedürfnis“ (Gebhard, 2003, S. 209; vgl. auch Combe & Gebhard, 2007, S. 7-19). Dieses Sinnverlangen ist damit auch eine wesentliche Lernmotivation und Grundlage für eine stete Anstrengung, Sinn zu konstituieren und das eigene Leben sinnvoll zu führen (Gebhard, 2003, S. 208-211). Folglich müsse die Berücksichtigung dieses Wesenszugs von Sinnfähigkeit und Sinnstrebigkeit der Heranwachsenden auch grundlegend für pädagogisch-didaktische Überlegungen sein (Gebhard, 2003, S. 207). Seine Berücksichtigung ermögliche dann eine Erziehung zur Lebensbewältigung (Biller, 1991, S. 12-16).

Das letzte, wissenschaftstheoretische Argument, welches Biller (1991, S. 16-19) anführt, ist, dass die Pädagogik als „sinnverstehende Disziplin“ (Biller, 1991, S. 17) aufgefasst werden könne. Sinn sei von Anfang an ein zentraler Inhalt, über den in der geisteswissenschaftlichen Pädagogik reflektiert werde, was sich etwa im Bestreben widerspiegele, Jugendliche in ihrer Sinnhaftigkeit verstehen zu wollen (vgl. auch Abschnitt 2.1.1, S. 13). Darüber hinaus nehme der Sinnbegriff eine zentrale Position verschiedener namhafter Pädagogen und Pädagoginnen ein, beispielsweise in den Theorien von Dilthey, Schleiermacher und Nohl (vgl. Biller, 1991, S. 16-19). Grundsätzlich sei Erziehung also auf das Subjekt bezogen, welches sein Leben sinnerfüllt verbringen solle. Biller kommt zu dem Schluss, dass die Erziehung wesentlich zur Sinnvermittlung beiträgt und 'Sinn' erzieherisches Geschehen rechtfertigt (Biller, 1991, S. 19). Die Pädagogik müsse Sinn daher immer berücksichtigen.

Eine Thematisierung von Sinn ist besonders dann notwendig, wenn das Ziel verfolgt wird, dass Lernende ihre Schulzeit als eine sinnvolle Periode erleben und diese nicht lediglich, wie von Hurrelmann (1983) gezeigt, als ein Zwischenstadium vor Beginn des eigentlichen Lebens wahrnehmen. Dementsprechend ist es erforderlich, die Relevanz der Unterrichtsinhalte und von Schule allgemein für die Lernenden persönlich erfahrbar zu machen. Dieses Anliegen wird auch in der Bildungsgangforschung vertreten, in deren Theorie der Begriff der Sinnkonstruktion eine Schlüsselposition einnimmt (vgl. Koller, 2008b). Die folgenden Teilkapitel beschreiben daher zunächst die Rolle von Sinn für schulisches Lernen allgemein bzw. genauer im Kontext von schulischem Mathematiklernen (vgl. Abschnitte 2.1.1 und 2.1.2, S. 13 bzw. 15).

2.1.1 Sinn und schulisches Lernen

Die gerade angeführten Argumente für eine Thematisierung von Sinn in der Pädagogik legen die Grundlage für die Berücksichtigung von Sinn im Kontext schulischen Lernens. Obwohl die Forderung nach sinnverständigem Lernen zunächst selbstverständlich erscheine, so Sybille Schütte (1994, S. 124), gelinge es doch oftmals in der schulischen Praxis nicht, sie auch umzusetzen. Dies liege an der Diskrepanz zwischen einem von den Lernenden nachvollziehbaren *„Handlungssinn"* im Gegensatz zu dem von der Lehrperson intendierten *„didaktischen Sinn"* (Schütte, 1994, S. 124, Hervorhebung im Original). Schülerinnen und Schüler vermissen daher oftmals den Bezug der im Unterricht behandelten Inhalte zu sich selbst und zu möglichen Anwendungen (Hurrelmann, 1983, S. 44), so dass sie keine persönliche Bindung zu den Gegenständen herstellen können. Sie lernen also „in der Schule und für die Schule" (Bund-Länder-Kommission für Bildungsplanung und Forschungsförderung, 1997, S. 8). Da Schule als solche leider keine Auskunft über ihren Sinn gibt (Jahnke, 2004, S. 6), wird ein subjektiver Sinn folglich von vielen Schülerinnen und Schülern vermisst, obgleich diese nicht grundsätzlich die Existenz und Legitimität von Schule in Frage stellen (Hurrelmann, 1983, S. 34).

Andererseits verlaufen laut Gebhard (2003, S. 208) schulische Lernprozesse gerade dann erfolgreich, wenn dabei das Gefühl von subjektivem Sinn erlebt wird. Das Erkennen solch einer persönlich relevanten Bindung an den Lerngegenstand ist demnach notwendig, damit das Wissen, welches erlernt wird, nicht „träges Wissen" bleibt, sondern sich „sinnvoll und sinnstiftend mit der eigenen Biografie verbindet" (Gebhard, 2003, S. 210). Diese Form von Lernen, die eine solche Beziehung „zwischen dem anzueignenden Fremden und der eigenen Person" herstellt, kann dann als „sinnvolles Lernen" aufgefasst werden (Graduiertenkolleg Bildungsgangforschung, August 2004, Abschnitt 3.4.2 (2), Graduiertenkolleg Bildungsgangforschung, 2005, S. 24).

Ähnlich wie die Vermittlung zwischen anzueignendem Fremden und dem Subjekt verfolgen Barbara Born und Ulrich Gebhard (2005, S. 258-259) eine Vermittlung zwischen Subjekt und Objekt als bildungsgangdidaktische Perspektive. Sie unterscheiden dabei unter Rückbezug auf Ernst Boesch (1980) zwischen *Subjektivierung*, also den „symbolischen Bedeutungen der Dinge, die in subjektiven Vorstellungen, Phantasien und Konnotationen zum Ausdruck kommen", und *Objektivierung* verstanden als „die 'objektive', systematisierte Wahrnehmung, Beschreibung und Erklärung der Realität" (Born & Gebhard, 2005, S. 258). Subjektivierung und Objektivierung stellen dabei gleichzeitige bzw. komplementäre Zugänge zu den Objekten der Welt dar, in deren Verschränkung Sinn erkannt werden kann (2005, S. 259). Eine solche Verbindung zwischen dem zu lernenden fremden Gegenstand und dem eigenen Subjekt bietet somit eine Möglichkeit, dass Lernende ihre Lernprozesse als sinnvoll interpretieren. Diese Verbindung entsteht insbesondere dann, wenn die explizite Reflexion alltäglicher oder auch subjektivierender Zugänge zum Lerngegenstand nicht nur geduldet wird, sondern Teil des Unterrichts ist (Born & Gebhard, 2005, S. 256). Dadurch wächst die Zahl der potentiellen Anknüpfungspunkte zu bereits vorhandenem Wissen, so dass das Lernen wahrscheinlich als sinnvoll wahrgenommen wird (Hennings & Mielke, 2005, S. 249-251). Eine solch positive Wahrnehmung von Unterricht und schulischem Lernen ist eine gute Voraussetzung dafür, dass Lernen auch gelingt. Thomas Jahnke (2004, S. 6) formuliert dies überspitzt folgendermaßen:

> Schülerinnen und Schüler können nur lernen, wenn sie letztlich innerlich – sicher nicht in jedem Moment – auch lernen wollen und im Prinzip den Unterricht als

> sinnhaft wahrnehmen und ihn nicht nur mehr oder minder widerwillig hinnehmen oder als soziale Veranstaltung betrachten.

Als sinnhaft wahrgenommener Unterricht sei also eine Voraussetzung dafür, dass Schülerinnen und Schüler die Zeit, die sie in der Schule verbringen, als *„subjektiv sinnstiftenden Erfahrungsraum“* (Hurrelmann, 1983, S. 30, Hervorhebung im Original) wahrnehmen und nicht als eine *„als solche nicht sinnvoll definierte Zeit, die im Lebenslauf notwendigerweise überbrückt werden muß, um in einen dann als sinnstiftend anerkannten Lebensabschnitt einrücken zu können“* (Hurrelmann, 1983, S. 36, Hervorhebung im Original). Gerade weil die Schule einen sehr beträchtlichen Anteil der Lebenszeit der Jugendlichen einnimmt, sei Schule dazu verpflichtet, dem „Auftrag, Lernen in sinnstiftenden Kontexten zu arrangieren“ (Bund-Länder-Kommission für Bildungsplanung und Forschungsförderung, 1997, S. 8) nachzukommen.

2.1.2 Sinn im Kontext schulischen Mathematiklernens

Nachdem grundlegend festgestellt wurde, dass die Thematisierung von Sinn im Kontext schulischen Lehrens und Lernens aufgrund theoretischer Konzeptionen als förderlich angesehen werden kann, wenden wir uns konkret dem Mathematikunterricht zu. Stella Baruk (1989, S. 218) erhebt für diesen einen schweren Vorwurf:

> Der Mathematikunterricht kümmert sich nicht um den Sinn, weil er nicht weiß, wo der Sinn steckt und wovon man ausgehen muß, wenn man ihn herausarbeiten will; weil er nicht weiß, daß Denken in Mathematik zunächst bedeutet, diesem Denken im gewöhnlichen Denken einen Ausdruck zu verschaffen; weil er nicht weiß, daß das Denken die Sprache konstituiert und von ihr konstituiert wird, und daß die Sprache selbst aus zwei Sprachen besteht, der Muttersprache und der Hochsprache.

Baruk wirft dem Mathematikunterricht also auf der einen Seite zwar eine Form von Ignoranz dem Sinn gegenüber vor, beschreibt auf der anderen Seite aber auch die Hilflosigkeit, der er ausgesetzt ist. Wenn nicht einmal klar sei, wo der Sinn stecke, geschweige denn, wie man sich ihm nähern könne, bestehe kaum Hoffnung auf die Änderung dieses Zustandes. Inwiefern sich dadurch eine Art von Sinnlosigkeit im Mathematikunterricht etabliert, zeigt Baruk anhand einer Studie, in der Grundschulkindern die mittlerweile legendär gewordene Kapitänsfrage gestellt wird: „Auf einem Schiff befinden sich 26 Schafe und 10 Ziegen. Wie alt ist der Kapitän?“ 76 der befragten 97 Kinder rechneten mit den gegebenen Zahlen, und nannten das Ergebnis ihrer Rechnung als Antwort auf die Frage (vgl. auch IREM, 1980). Daraus lässt sich schließen, so Rudolf Wille (1996, S. 42), dass „der Mathematikunterricht bei vielen Menschen die Erwartung verstellt, Mathematik habe etwas mit ihren eigenen Lebens- und Sinnvorstellungen zu tun“. Mathematik und folglich auch der Mathematikunterricht scheinen losgelöst vom sonstigen Leben zu sein, so dass eine Verbindung zwischen Mathematik und dem eigenen Leben (oder gar eine Sinnhaftigkeit der Mathematik) nicht ohne weiteres angenommen wird. Hans Freudenthal (1982) hingegen interpretiert die Ergebnisse der IREM-Studie anders als Baruk und Wille, indem er den Kindern einen magischen Kontext zugesteht. In diesem imaginären Phantasiekontext werden Angaben, die in der realen Welt in keiner bedeutungsvollen Beziehung zueinander standen, arbitrarisiert, so dass die Zahlen neu miteinander verbunden werden können. Auf diese Weise werden scheinbar absurde Aufgaben in authentische Probleme umgewandelt, die gelöst werden können. Uwe Gellert und Eva Jablonka (2009) stellen daher fest, dass Sinn oder “sense making“ eine vage Kategorie ist, um die Schwierigkeiten der Lernenden zu interpretieren.

Besonders durch den strengen und formalen Aufbau der Fachinhalte scheint der Mathematikunterricht also prädestiniert für Kritik bzgl. (scheinbarer) Sinnlosigkeit zu sein. Dies mag besonders dann der Fall sein, wenn etwa auf eine Anbindung an die Realität im Unterricht verzichtet wird. Nach Werner Blum (1996, S. 22) erleben Schülerinnen und Schüler „Mathematik ja oft als mechanisches Manipulieren mit bedeutungsleeren Symbolen, mitunter künstlich erschwert durch ebenso bedeutungslose Textaufgaben“ (vgl. auch Kaiser-Meßmer, 1986). Im besten Fall erwerben sie dabei lediglich Dispositionswissen, also Wissen, das primär in der artifiziellen Situation des Mathematikunterrichts zur Verfügung steht, jedoch nur schwer auf eine darüber hinausgehende Situation übertragen werden kann. Blum benennt infolgedessen Anwendungen als „*eine* Möglichkeit, dem Lehren und Lernen von Mathematik mehr **Sinn** zu geben“ (Blum, 1996, S. 22, Hervorhebungen im Original). Katrin Vorhölter (2009) konnte in ihrer Studie zur Rolle von Modellierungsaufgaben für die Sinnkonstruktion zeigen, dass die Thematisierung von Anwendungsbezügen im Mathematikunterricht ein tragfähiges Sinnangebot für Lernende darstellt. Modellierungsaufgaben enthalten vielfältige Elemente, die Sinnkonstruktionen anregen. Diese können durch die Bearbeitung dieser Aufgaben realisiert werden. Einen zentralen Stellenwert nimmt dabei, so Vorhölter, die Mathematik als Hilfsmittel zum Leben ein.

Betrachtet man nun verschiedene Ansätze, die sich mit Sinn im Kontext schulischen Mathematiklernens beschäftigen, treten unterschiedliche Verständnisse des Sinnbegriffs zutage. Diese werden von der jeweiligen Perspektive, aus der die Mathematik betrachtet wird, geprägt. Ein mathematisches Konzept X kann beispielsweise einen Sinn in der Welt der mathematischen Konzepte haben, indem es eine bestimmte Position im Geflecht mathematischer Phänomene einnimmt und in ein Netz aus anderen Konzepten eingebettet ist. Dieser Sinn wird etwa von Mathematikern und Mathematikerinnen geschätzt. Auf ähnliche Weise hat dieses Konzept Sinn als Teil des Schulcurriculums. Eine Lehrkraft kann jenem Konzept eine bestimmte Rolle in Bezug zur Wirklichkeit zusprechen und darin dessen Sinn sehen. Schülerinnen und Schüler schließlich können diesem Konzept trotzdem jeglichen Sinn absprechen und es für unsinnig oder gar sinnlos erklären (vgl. Kilpatrick, Hoyles & Skovsmose, 2005a, 2005b). In dieser Aufzählung – ebenso wie in der mathematikdidaktischen Forschung – werden unterschiedliche Verständnisse des Sinnbegriffs, nämlich philosophische und nicht-philosophische, vermischt (Kilpatrick et al., 2005a, S. 2). Entsprechend ist auch die Behandlung von Sinn im Kontext schulischen Mathematiklernens von Diversität geprägt.

Jeremy Kilpatrick, Celia Hoyles und Ole Skovsmose (2005b, S. 12-15) unterscheiden die folgenden fünf Rollen, also Sinnarten, eines mathematischen Konzepts *X*:

1. Meaning[3] of *X* as content to be taught and as a content of reference
2. Meaning of *X* within a sphere of practice
3. Meaning of *X* in the mathematics classroom
4. Meaning of *X* from the child's (younger person's) and the student's point of view
5. Meaning of *X* from the point of view of the teacher

Der erste Punkt verdeutlicht zwei verschiedene Aspekte, nämlich auf der einen Seite den Sinn des mathematischen Konzepts *X* als zu unterrichtender Inhalt (*content to be taught*), und auf der anderen Seite *X* als Bezugsinhalt (*content of reference*). Bezugsinhalt meint dabei den Bezug oder die (persönliche) Bedeutung, die *X* für die verschiedenen Personen und Institutionen inne hat, die in den Prozess der Auswahl curricularer Inhalte involviert sind. Der zu unterrichtende Inhalt beschreibt somit das Ergebnis einer didaktischen Aufbereitung eines so gegebenen mathematischen Inhalts, welches im Mathematikunterricht

[3] Im englischen Sprachraum wird die Diskussion um Sinn im Kontext schulischen Lernens unter dem Begriff *meaning* geführt. Dieser umfasst die beiden deutschen Begriffe *Sinn* und *Bedeutung*. Zu einer Abgrenzung dieser beiden Begriffe im Rahmen dieser Arbeit vgl. Abschnitt 2.3.3 (S. 36).

behandelt wird. Dieser Begriff charakterisiert also ein Teilstück mathematischen Wissens, mathematischen Denkens oder einer mathematischen Fähigkeit (Kilpatrick et al., 2005b, S. 13).

Mathematik spielt eine Rolle in unterschiedlichen Bereichen mathematischer Praxis (*spheres of practice*, siehe Punkt 2), also Situationen oder Kontexten, in denen Mathematik gebraucht wird. Die reine Mathematik ist ein solcher Bereich ebenso wie der Mathematikunterricht oder das Einkaufen als eine Anwendungsmöglichkeit mathematischer Tätigkeiten im Alltag. Der Sinn bzw. die Bedeutung von mathematischen Konzepten ändert sich je nachdem, in welchem Bereich die Mathematik gebraucht wird, wie im einleitenden Abschnitt bereits angedeutet wurde (Kilpatrick et al., 2005b, S. 13).

Der Sinn des mathematischen Konzepts *X* im Klassenzimmer (Punkt 3) wird durch komplexe Interaktionen zwischen Lehrperson und Lernenden mit Bezug zu einem mathematischen Inhalt ausgehandelt. Dabei spielen unter anderem auf der einen Seite das (mathematische) Vorwissen und die Intentionen der Schülerinnen und Schüler sowie auf der anderen Seite die verschiedenen Komponenten des Professionswissens der Lehrperson eine Rolle (Bromme, 1997; Shulman, 1986). Das Klassenzimmer ist also der Ort, an dem in der Interaktion die verschiedenen, manchmal gar konträren Sinnangebote und -arten der Lehrkraft und der Lernenden miteinander in Kontakt treten (Kilpatrick et al., 2005b, S. 13-14).

Die vierte Perspektive nimmt die Sichtweise der Schülerinnen und Schüler in ihren verschiedenen Altersstufen ein. Der Sinn, den sie dem mathematischen Konzept *X* zuschreiben, wird beeinflusst von ihrem Vorwissen, welches sowohl aus schulischen wie auch außerschulischen Kontexten gewonnen wurde. Das Zusammenspiel ihrer Auffassung von den Erwartungen seitens der Lehrperson zusammen mit ihren Annahmen über die Ziele und den Zweck von Schule sowie ihren Alltagserlebnissen mündet oftmals in einer Sinnkonstruktion, die weit entfernt ist von der intendierten Sinnkonstruktion der Lehrperson. Selbst wenn Schülerinnen und Schüler einen Sinn mit dem mathematischen Konzept *X* verbinden, geht damit nicht automatisch einher, dass sie das Konzept selbst auch als sinnvoll für sich und ihr Leben empfinden (Kilpatrick et al., 2005b, S. 14).

Die letzte von Kilpatrick, Hoyles und Skovsmose genannte Sinnart ist die des mathematischen Konzepts *X* aus der Perspektive der Lehrperson, welche in gewisser Weise das Gegenstück zur Perspektive der Lernenden, wie im letzten Punkt beschrieben, darstellt. Die Perspektive der Lehrenden darf dabei jedoch nicht reduziert werden auf einen Sinn von Mathematik als zu unterrichtender Inhalt (vgl. Punkt 1). Die erste und zweite Perspektive sollten hingegen miteinander verknüpft werden. Der Sinn von Mathematik aus der Sicht der Lehrerinnen und Lehrer geht also über ihr Verstehen von und ihre Kompetenz in Mathematik hinaus und umfasst auch den Platz und Wert von Mathematik in Abhängigkeit vom sozialen Status sowie vom Verständnis ihrer professionellen Rolle (Kilpatrick et al., 2005b, S. 14).

Die hier beschriebenen Arten von Sinn beschreiben, so Kilpatrick, Hoyles und Skovsmose, verschiedene Bedeutungen oder Verständnisse von Sinn, so dass auch unterschiedliche methodologische Ansätze und theoretische Rahmen notwendig seien, um sie zu erforschen. Verschiedene theoretische Ansätze und Sinnverständnisse liegen ihnen daher zugrunde: psychologische, soziale, anthropologische, mathematische, epistemologische und didaktische. Diese unterschiedlichen Herangehensweisen und Verständnisse von Sinn dürfen jedoch nicht isoliert voneinander betrachtet werden, da gerade ihr Zusammenspiel den Charakter des Sinns eines mathematischen Konzepts ausmache (Kilpatrick et al., 2005b, S. 14-15):

> [...] all these dimensions must not be seen as isolated, one from the other. In fact they constitute a system of meanings whose interactions shape what may be seen as *the* meaning of a mathematical concept. (Kilpatrick et al., 2005b, S. 15)

Kilpatrick, Hoyles und Skovsmose verstehen "*the* meaning" hier als Sammelbegriff, der alle zuvor genannten Sinnarten umschließt, und nicht notwendigerweise als *den* Sinn eines mathematischen Konzepts.

Die bisher dargestellten Rollen von Sinn nach Kilpatrick, Hoyles und Skovsmose (2005b, S. 12-15) beziehen sich alle auf den Sinn eines mathematischen Konzepts *X*. Skovsmose (2005b, S. 86) beschreibt diese Art Sinn, die sich rein auf den Lerngegenstand (also das mathematische Konzept) bezieht, mit dem Begriff *conceptism*, und umfasst damit folgende Fragen:

> What sort of meaning can be associated with certain mathematical concepts? What is the meaning of a particular concept to the students? What sort of meaning can be associated with this concept from a mathematical point of view? What is the meaning from the perspective of the teacher? What is the shared meaning of this concept [...]? The priorities incorporated in these questions make up a paradigm in the sense that they establish preferences about the object of research in mathematics education. This paradigm I label *conceptism* because the meaning of concepts gets first priority when meaning in mathematics education is discussed. (Skovsmose, 2005b, S. 86)

Durch die Wahl des Begriffs *conceptism* wie auch die Bereiche, die damit umschrieben werden, betont Skovsmose (2005b, S. 86), dass der Schwerpunkt der bisherigen Forschung primär auf dem mathematischen Objekt und nicht auf dem Subjekt, also der Schülerin bzw. dem Schüler liegt. Skovsmose selbst unternimmt in seiner Forschung im Gegensatz zum *conceptism* jedoch eine Hinwendung auf das Individuum und dessen Perspektive auf den Lernprozess und seine individuelle Auseinandersetzung mit (mathematischen) Inhalten (vgl. Alrø, Skovsmose & Valero, 2007; Skovsmose, 1994, 2005a, 2005b; vgl. auch Lange, 2007). Folglich ist zu untersuchen, welchen Sinn Schülerinnen und Schüler nun tatsächlich mit Mathematik bzw. mathematischen Inhalten, mit denen sie im schulischen Unterricht konfrontiert werden, verbinden (vgl. auch Goodchild, 2001). Die Vielfalt, die sich allein in dieser Perspektive bietet, beschreiben Kilpatrick, Hoyles und Skovsmose (2005b, S. 9) folgendermaßen:

> Some students find it pointless to do their mathematics homework; some like to do trigonometry, or enjoy discussions about mathematics in their classrooms; some students' families think that mathematics is useless outside school; other students are told that because of their weakness in mathematics they cannot join the academic stream. All these raise questions of meaning in mathematics education.

Auch hier wird deutlich, wie facettenreich der Sinnbegriff ist, und für welch unterschiedliche Phänomene und Herangehensweisen er gebraucht wird. Kilpatrick, Hoyles und Skovsmose beziehen sich etwa auf den eingeschätzten Wert von Hausaufgaben oder auf die Einstellung zu fachlichen Inhalten bzw. das Erleben von sozialen Prozessen im Unterricht. Auch wird die Rolle des persönlichen Kontextes (Familie, Rat gebende Personen), in dem sich die Schülerinnen und Schüler befinden, thematisiert.

Offenbar werden auch hier wieder verschiedene Verständnisse von *Sinn* bzw. *meaning* miteinander vermischt. Der folgende Abschnitt untersucht daher zunächst von einer allgemeineren Perspektive ausgehend, welche verschiedenen Verständnisse von *Sinn* es in der Alltagssprache gibt, bevor das dieser Arbeit zugrunde liegende Verständnis erarbeitet wird.

2.2 Verschiedene Dimensionen von Sinn

Was genau verstehen wir also unter dem Begriff *Sinn*, wenn wir von der Suche nach Sinn im schulischen Kontext bzw. Lernen als Sinnsuche sprechen? Etymologisch betrachtet leitet sich das Nomen *Sinn* vom germanischen Verb *sinban* ab, welches, ähnlich wie im Gotischen, *gehen* bedeutet. Im Althochdeutschen finden sprachhistorisch dann eine begriffliche Erweiterung auf *reisen* und *streben* sowie die Entstehung der metaphorischen Bedeutung einer seelischen Bewegung statt. Es entwickelt sich hieraus die neuhochdeutsche Form *sinnen*, also eine Sache gedanklich oder geistig verfolgen (vgl. Combe & Gebhard, 2007, S. 12). Im „Grimmschen Wörterbuch der Deutschen Sprache“ werden schließlich 24 Nuancen des Sinnbegriffs aufgeführt (vgl. Biller, 1991, S. 2).

Die Etymologie des Begriffs schlägt sich auch entsprechend vielfältig im alltagssprachlichen Gebrauch von *Sinn* nieder. Unter der Perspektive der Bildungsgangforschung ordnet Hans-Christoph Koller (2008a, S. 15-17) daher verschiedene Aspekte des Sinnbegriffs unter Rückgriff auf den Brockhaus (1998) in vier Dimensionen:

1. Fähigkeit zur Wahrnehmung bestimmter Reize oder Inhalte
2. Bedeutung von Worten und Sätzen, Ereignissen und Zeichen
3. Zweck, Endabsicht oder Ziel menschlichen Handelns bzw. deren Objektivationen
4. Bedeutung oder Gehalt einer Sache oder Handlung für einen Menschen in einer bestimmten Situation

Die vier Dimensionen von Sinn schließen sich, so Koller (2008a, S. 15), jeweils bestimmten Theorietraditionen an. Die erste Dimension bezieht sich auf die *Fähigkeit zur Wahrnehmung bestimmter Reize oder Inhalte* und steht in Verbindung mit der Wahrnehmungsphysiologie bzw. -psychologie sowie ggf. der Neurobiologie. Diese Dimension vereint auf der einen Seite Sinneswahrnehmungen der äußeren und inneren Sinne, auf der anderen Seite wird eine Hinwendung des Subjekts auf Inhalte und deren Bewusstwerdung beschrieben; so z. B. in der Wendung *Sinn für etwas haben* (vgl. Koller, 2008a, S. 15).

Betrachtet man nun den Sinnbegriff, um im Hinblick auf schulisches Lernen Sinnkonstruktionsprozesse zu untersuchen, so scheint diese erste Ebene der Fähigkeit zur Wahrnehmung bestimmter Reize oder Inhalte als Grundlage für den Begriff der Sinnkonstruktion, so Koller (2008a, S. 15), sofort auszuscheiden. Die rein sinnliche Wahrnehmung (z. B. das Hören einer Arbeitsanweisung bzw. Sehen einer Skizze an der Tafel) ist sicherlich notwendig, um überhaupt am Schulunterricht teilzunehmen, reicht jedoch keinesfalls aus, um subjektiven Sinn von Unterricht aus der Perspektive der Lernenden zu beschreiben. Sollte es also darum gehen, einen Sinn für die Schule bzw. ein Fach zu entwickeln, „würde man wohl weniger von Sinn*konstruktion* sprechen, als vielmehr davon, einen solchen Sinn zu entwickeln, zu üben, zu trainieren usw.“ (Koller, 2008a, S. 15).

Die zweite Dimension des Sinnbegriffs beziehe sich auf die *Bedeutung von Worten und Sätzen, Ereignissen und Zeichen* und habe die Hermeneutik als klassische Bezugsdisziplin (Koller, 2008a, S. 15-16; für eine weitere Auseinandersetzung mit dem Begriff *Bedeutung* vgl. Abschnitt 2.3.3, S. 30). Ebenso wenig wie das Verständnis von Sinn als Fähigkeit zur Wahrnehmung bestimmter Reize und Inhalte können nach Koller (2008a, S. 16) der Unterricht, dessen Inhalte und Formen mit Zeichen irgendeiner Form gleichgesetzt werden. Unterrichtsinhalte und -formen enthalten keinen bereits immanenten Sinn, den es lediglich zu finden bzw. zu entnehmen gebe, wie dies beispielsweise der Begriff des *„sinnentnehmenden Lesens"* (Koller, 2008a, S. 16) nahe lege. Daher gehe es im schulischen Unterricht nicht darum, einen so geoffenbarten Sinn zu verstehen.

Des Weiteren führt Koller (2008a, S. 15-16) *Zweck, Endabsicht oder Ziel menschlichen Handelns bzw. deren Objektivationen* (also Gegenstände oder Einrichtungen, die von Menschen hervorgebracht wurden) als dritte Dimension des Sinnbegriffs an. Diese werde vor allem durch soziologische bzw. psychologische Handlungstheorien abgedeckt. Unter diese dritte Dimension fielen beispielsweise der Sinn von Gegenständen oder der Sinn gesellschaftlich geteilter Konventionen wie das Händeschütteln bei der Begrüßung. Diese dritte Ebene wird von Koller (2008a, S. 16) als tragfähiger für eine Auseinandersetzung mit dem Sinnbegriff im Kontext schulischen Lernens gesehen. „Der Sinn, den Lernende dem Unterricht und seinen Inhalten zuschreiben, wäre dann so etwas wie der Zweck oder die Absicht, die sie selbst mit ihrem Lernen und ihrem sonstigen Tun im Kontext von Unterricht verfolgen" (Koller, 2008a, S. 16). So könnte der Sinn für den einen Schüler darin liegen, eine gute Zensur in der nächsten Klassenarbeit zu erlangen, für eine andere Schülerin hingegen im Interesse für die jeweiligen Fachinhalte. Bei einem solchen Verständnis stellen sich jedoch zwei Probleme: Zum einen gestaltet sich die Abgrenzung zum bereits in der Pädagogischen Psychologie und darüber hinaus etablierten Begriff der Lernmotivation als schwierig; zum anderen stellt sich die Frage, ob „diese Auffassung von Sinn als Zweck und Ziel nicht viel zu instrumentell, zu technologisch gedacht" sei (Koller, 2008a, S. 16). Steckt im Begriff *Sinn* nicht noch viel mehr als lediglich eine Hinordnung auf ein Ziel bzw. das Verfolgen eines Zwecks oder einer Intention?

Schließlich beschreibt Koller (2008a, S. 15-17) *Bedeutung oder Gehalt einer Sache oder Handlung für einen Menschen in einer bestimmten Situation* als vierte Dimension des Sinnbegriffs. Diese beziehe sich vor allem auf die Philosophie und vielleicht auch die Theologie. Inhaltlich gehe es hier in die Richtung der Bedeutung von *Sinn des Lebens*. Richtete sich die Perspektive in der vierten Dimension auf den Sinn des Lebens, so sei eher Sinn*gebung* oder Sinn*stiftung* als Sinn*konstruktion* im Fokus, so Koller. Damit jedoch werde die Nähe von philosophischen Theorien gesucht, „die etwas über die Prozesse sagen, in denen Menschen ihrem Leben oder bestimmten Ereignissen Sinn zuschreiben" (Koller,

2008a, S. 16-17). Das Augenmerk entferne sich also weit von schulischen Kontexten. Koller lässt daher Unbehagen anklingen, ob die Frage nach dem Sinn im schulischen Kontext nicht zu weit aufgebläht werde, bringe man sie mit der Frage nach dem Sinn des Lebens in Verbindung (Koller, 2008a, S. 16-17).

Auf den ersten Blick scheint es also, als treffe keine der von Koller aufgeführten vier Dimensionen auf den Sinnbegriff zu, der für das Lernen in der Schule relevant sei. Nimmt man jede Dimension für sich, mag das auch zutreffend sein. Verknüpft man jedoch die verschiedenen Ebenen miteinander, entsteht ein durchaus tragfähiges Konzept, welches für Schülerinnen und Schüler beim Lernen bedeutsam sein kann. Ein solcher Versuch der Verknüpfung der verschiedenen Ebenen soll im folgenden Kapitel entwickelt werden.

2.3 Das Sinnkonzept dieser Arbeit

Um der gerade aufgezeigten Vielschichtigkeit des Sinnbegriffs gerecht zu werden, muss ein Verständnis des Begriffs gefunden werden, das diesen Facettenreichtum abbildet. Koller (2008a) zeigt, dass die einzelnen von ihm aufgezeigten Dimensionen des Sinnbegriffs dies nicht vermögen (vgl. Abschnitt 2.1.2, S. 15). Eine Berücksichtigung von Eigenschaften mehrerer Ebenen hingegen eröffnet eine viel versprechende neue Perspektive.

2.3.1 Theoretische Vorarbeit

Eine Grundvoraussetzung für die Sinnkonstruktion im Kontext schulischen Mathematiklernens ist die Fähigkeit zur Wahrnehmung bestimmter Inhalte und Reize. Die Gegenstände des Unterrichts müssen mit den unterschiedlichen äußeren Sinnen wahrgenommen werden. Aufgaben, verstanden als „Aufforderung zum Lern-Handeln im Mathematikunterricht" (Bruder, 2008, S. 18-19), und die damit in Zusammenhang stehenden Handlungsaufforderungen müssen u. a. gelesen (also gesehen), Antworten der Mitschülerinnen und Mitschüler gehört und Modelle von geometrischen Formen angefasst werden können. Weniger Bedeutung kommt im Mathematikunterricht sicherlich dem Schmecken und Riechen zu, jedoch können beide Sinneswahrnehmungen enorm motivierend wirken, wenn zum Beispiel ein Kuchen zur Veranschaulichung der Division von Brüchen von der Lehrperson mitgebracht wurde. Die sinnliche Wahrnehmung von Unterricht durch äußere Sinne ist dennoch keine alleinige Voraussetzung für eine Sinnkonstruktion, sondern lediglich grundlegend für das Stattfinden von Unterricht.

Der zweite Aspekt, den Koller in der ersten Dimension von Sinn beschreibt, ist die Hinordnung des Subjekts auf Inhalte, die im Unterricht behandelt werden sowie auf deren Bewusstwerdung. Zeigt ein Schüler oder eine Schülerin Interesse am Fachinhalt, findet eine solche emotionale Zuwendung statt. Der behandelte Gegenstand ist also in einer Weise für den bzw. die Lernende persönlich relevant. Zeigt er bzw. sie kein Interesse, so ist der Gegenstand bzw. die Handlung, die damit einhergeht, für ihn bzw. sie nicht oder wenig persönlich relevant. Eine solche positive Hinwendung der Lernenden zum Fachinhalt ist aus einer normativen Perspektive auf Unterricht sicherlich wünschenswert, jedoch für eine Sinnkonstruktion im Kontext von Mathematiklernen keine zwingend notwendige Voraussetzung, wie später gezeigt wird (vgl. Abschnitt 2.3.2, S. 28). Es kann gleichwohl vermutet werden, dass in dieser Hin- oder Abwendung zum Fach bzw. den Fachinhalten die Begründung liegt für eine positiv bzw. negativ gefärbte Sinnkonstruktion der Schülerinnen und Schüler.

Die zweite von Koller beschriebene Dimension des Sinnbegriffs behandelt die Bedeutung von menschlichen Zeichen der verschiedensten Art. Auch diese Dimension spielt im schulischen Unterricht eine ähnlich grundlegende Rolle wie die bereits diskutierte sinnliche Wahrnehmung, da die Schülerinnen und Schüler beispielsweise die Bedeutung der Zeichen von Arbeitsaufträgen o. ä. verstehen müssen, um erfolgreich am Unterricht teilnehmen zu können. Verstünde man schulischen Unterricht auf diese Art als Zeichen, hieße es, dass der Sinn dem Unterricht einfach entnommen werden könnte, indem die Bedeutung seiner Zeichen verstanden würde. Allerdings zeigt Koller (2008a, S. 15-16), dass ein solches Verständnis von Sinn und Unterricht zu kurz greift. Unterricht stelle ein hoch komplexes Gefüge dar, welches auf diese Art nicht adäquat beschrieben werden könne. Ebenso wenig sei es ausreichend, den Sinn schulischen Unterrichts als Zweck, Endabsicht oder Ziel zu verstehen, zumal dieser dann kaum zu trennen sei vom Konzept der Lernmotivation (vgl. auch Abschnitt 2.2, S. 20).

Koller begegnet diesen Unzulänglichkeiten der zweiten und dritten Dimension von Sinn (also Sinn von schulischem Unterricht als Bedeutung von Zeichen bzw. als Zweck, Endabsicht oder Ziel menschlichen Handelns), indem er versucht, diese zu verknüpfen. Unter Bezugnahme auf das Konzept des hermeneutischen Verstehens von Paul Ricœur (1972) verknüpft er die Bedeutung von Zeichen bzw. Texten und die Bedeutung von schulischem Unterricht, also Handlung. Nach Ricœur kann menschliche Handlung, also auch schulischer Unterricht, als Text[4] aufgefasst werden. Auf diese Art sei dann auch eine wissenschaftliche Untersuchung von Handlung möglich (Ricœur, 1972, S. 260).

[4] Ricœur (1972) beschreibt die Charakteristiken von zeitlosem Sprachsystem (also einem Text)

> Sinnhaft orientiertes Handeln kann für die Wissenschaft nur unter der Bedingung zum Untersuchungsgegenstand werden, daß eine Objektivation der Art vor sich geht, wie sie bei der schriftlichen Niederlegung eines Diskurses erreicht wird. [...] Im gleichen Sinne wie der Gesprächscharakter durch die schriftliche Niederlegung überwunden wird, wird der Charakter der bloßen Interaktion in vielen Situationen dadurch überwunden, daß wir das Handeln wie einen fixierten Text betrachten.

Die einfachste Möglichkeit, schulischen Unterricht als Text zu verstehen und entsprechend zu untersuchen, ist, indem die dort geschehende Handlung schriftlich fixiert wird. Hierzu können beispielsweise Videoaufzeichnungen von Unterricht transkribiert werden (Dittmar, 2004). Auf diese Weise gehe „der Charakter des Sinnhaften“ (Ricœur, 1972, S. 260) nicht verloren, da es die „noematische Struktur[5] [ist], die fixiert und – vom Prozeß der Interaktion losgelöst – Gegenstand der Interpretation werden kann“ (Ricœur, 1972, S. 262). Auf diese Weise könne also Handlung, so Ricœur, dann auf Sinn untersucht werden.

Ricœur (1972, S. 263-264) bringt schließlich den Sinn und die Intention einer Handlung miteinander in Verbindung:

---

und gesprochener Sprache des Diskurses (einer Handlung) als Eigenschaften eines bestimmten Zeit-, Subjekt-, Welt- und Adressatenbezuges. Texte liegen durch ihre Verschriftlichung quasi außerhalb der Zeit, da Textproduktion und -rezeption zeitlich getrennt voneinander stattfinden. Der *Zeitbezug* der Handlung auf der anderen Seite werde dadurch gekennzeichnet, dass der Diskurs der Handlung „immer in der Zeit und in einer bestimmten Gegenwart realisiert“ (Ricœur, 1972, S. 253) werde. Der *Subjektbezug* kläre die Frage nach dem Subjekt, welches Sprache benutzt. Bei gesprochener Sprache sei der Sprecher eindeutig und über den Gebrauch deiktischer Ausdrücke wie Personalpronomina etc. bestimmt. Das zeitlose Sprachsystem habe hingegen kein Subjekt. Der Autor sei zwar Schöpfer des Textes, durch die Loslösung der Rezeption eines Textes von seiner Produktion stimmen jedoch Intention des Autors und Bedeutung des Textes nicht zwangsläufig überein. Es entstehe also eine „Dissoziation von Bedeutung und Intention“ (1972, S. 257) des Textes. Handlung und Diskurs haben einen eindeutigen *Weltbezug*, da Diskurs in einer Situation stattfinde, die Subjekt und Adressaten umschließe. Auch hier seien deiktische Ausdrücke möglich, um auf die Welt zu verweisen. Der Bezug eines Textes auf der anderen Seite „löst sich [...] von den Grenzen des ostentativen Bezuges“ zur Welt (Ricœur, 1972, S. 258) und eröffne damit Bezüge zur Welt des Rezipienten. Schließlich beschreibe der *Adressatenbezug* denjenigen, an den die mündliche oder schriftliche Kommunikation gerichtet sei. Beim Text sei der Adressat nicht eindeutig zu bestimmen, da geschriebene Sprache lediglich die Möglichkeit der Rezeption biete, jedoch nicht – wie die Handlung bzw. der Diskurs – an einen eindeutigen Adressaten gerichtet sei (vgl. Ricœur, 1972; Koller, 2008a).

[5] Die noematische Struktur meint die Struktur der semantischen Merkmale der Handlung, also ihrer Bedeutung (vgl. Abschnitt 2.3.3, S. 30). Ricœr (1972) geht also davon aus, dass die semantischen Inhalte der Handlung in einem Text festgehalten werden können.

> In einfachen Handlungen, die keiner vorbereitenden Handlung bedürfen, um ausgeführt werden zu können, fällt der Sinn (*noema*) weitgehend mit der Intention (*noesis*) zusammen oder überschneidet sich mit ihr. Bei komplexen Handlungen jedoch sind einige Handlungssegmente so weit vom ursprünglichen Ausgangspunkt – von dem man behaupten könnte, daß er die Intention des Akteurs bezeichnet – entfernt, daß die Zuschreibung dieser Handlungen oder Handlungssegmente ein schwieriges Problem aufwirft.

Folglich scheint es nach Ricœur eine einfache Übereinstimmung von Sinn und Intention bei komplexen Handlungen nicht zu geben. Nimmt man also schulischen Unterricht als ein solch komplexes Handlungsgeflecht an, stimmen Ricœur (1972) und Koller (2008a) darin überein, dass der Sinn von Unterricht nicht lediglich mit der jeweiligen Intention eines Schülers oder einer Schülerin gleichgesetzt werden bzw. als Bedeutung verstanden werden kann (vgl. Koller, 2008a, S. 20-21).

Ein solch hermeneutisches Verstehen von Unterrichtshandlung als Text zieht Konsequenzen für die Untersuchung von Sinnkonstruktion im schulischen Kontext nach sich. Koller (2008a, S. 20-23) benennt vier Folgerungen aus diesem Ansatz:

1. <u>Der Sinn von Unterricht ist vielfältig deutbar:</u> Der Sinn von Unterricht geht über die Absichten der am Unterricht beteiligten Personen, also der Lehrenden und Lernenden, hinaus und ist prinzipiell offen für vielfältige Deutungen. Es muss also bei der Untersuchung von Sinnkonstruktion nicht nur danach gefragt werden, was die Lehrperson den Schülerinnen und Schülern sagen will, sondern was der Unterricht jeder und jedem einzelnen in der jeweiligen Situation sagt.
2. <u>Die vielfältigen Deutungen sollten didaktische Berücksichtigung finden:</u> Da die potentiell möglichen Sinnkonstruktionen der Schülerinnen und Schüler im Unterricht vielfältig sind, haben Lehrerinnen und Lehrer „mit verschiedenen, nicht ineinander übersetzbaren Sinnkonstruktionen durch die Lernenden zu rechnen" (Koller, 2008a, S. 22). Diese sich potentiell sogar ausschließenden verschiedenen Arten von Sinnkonstruktionen sollen entsprechend in der didaktischen Konzeption von Unterricht berücksichtigt werden.
3. <u>Sinn verknüpft schulischen Unterricht mit der Lebenswelt der Lernenden:</u> Der Sinn von Unterricht ist losgelöst von der Situation, in der er konstruiert wird, bzw. geht über diese insofern hinaus, als dass er auf mehr verweist als die Situation bereit hält (vgl. Weltbezug von Texten nach Ricœur, 1972; Fußnote 4, S. 24). Der Sinn rekurriert also auf eine andere Welt, die weder

von dem jeweiligen Schüler bzw. der jeweiligen Schülerin noch von der Lehrperson kontrolliert werden kann. Da dieser Bezug zur (Lebens-) Welt der Schülerinnen und Schüler aber weder determiniert noch kontrolliert werden kann, bleiben Sinnkonstruktionen oftmals brüchig.

4. Sinn hat zwei miteinander verwobene Seiten: Sinnkonstruktion hat im Kontext schulischen Lernens eine objektive und eine subjektive Seite, die ineinander greifen. Auf der objektiven Seite steht der Fachinhalt, der gelernt werden soll. Dieser Fachinhalt hat für jede Schülerin und jeden Schüler eine subjektive Seite, insofern als der Gegenstand für jede und jeden eine andere Rolle in der jetzt gerade erlebten Situation spielt.

Sinnkonstruktion ist also eine Auseinandersetzung mit einem Gegenstand, die über das bloße Verfolgen eines Zieles des Individuums oder die Erfüllung eines Zwecks hinausgeht.

An der vierten Sinndimension (Bedeutung, die etwas für einen Menschen in einer bestimmten Situation hat) kritisiert Koller abschließend das paradigmatische Verständnis von Sinn, welches dem der Bedeutung von Sinn des Lebens nahe kommt (vgl. Abschnitt 2.2, S. 20). Diese Nähe muss aber nicht zwangsläufig hergestellt werden. Im Brockhaus (1998, S. 254), auf den Koller sich bezieht, wird Sinn benannt als

> [...] die Bedeutung und der Gehalt [...], den eine Sache, eine Handlung, ein Erlebnis [...] für einen Menschen in einer best. Situation hat. Seit F. Nietzsche bezeichnet der Begriff auch das Selbstverständnis des Menschen im Einzelnen und im grundlegenden Sinne (S. des Lebens).

In meinem Verständnis verweist lediglich die zweite Hälfte der Beschreibung auf einen solch gewichtigen Sinnbegriff, der in der Tat für die Untersuchung von Sinnkonstruktionen im schulischen Kontext zu weit gegriffen wäre. Die erste Beschreibung hingegen kommt einem im schulischen Kontext handhabbaren Sinnbegriff nahe.

Verbindet man nun die in diesem Abschnitt aufgeführten Aspekte, entsteht ein umfangreiches Verständnis des Sinnbegriffs, welches für die Untersuchung von Sinnkonstruktionen im schulischen Kontext nutzbar ist. In welcher Art dieses genau beschrieben werden kann und wie es sich zu anderen dem Sinnbegriff nahe stehenden Begriffen verhält, soll in den nächsten beiden Abschnitten dargelegt werden.

2.3.2 Das dieser Arbeit zugrunde liegende Sinnkonzept

Die vorliegende Arbeit steht im Kontext der Bildungsgangforschung und stellt daher die Perspektive der Lernenden in den Mittelpunkt (vgl. Kapitel 1, S. 1). Aufgrund dessen beschränke ich mich auf diese Herangehensweise und untersuche den Sinn, den Schülerinnen und Schüler im Kontext schulischen Mathematiklernens konstruieren. Dass allein diese Sicht facettenreich ist, wurde in den Abschnitten 2.1.2 und 2.2 deutlich (S. 15 bzw. 20).

Welches Verständnis des Sinnbegriffs ermöglicht nun die Berücksichtigung von allen Aspekten, die in den genannten Abschnitten dargestellt wurden? Es geht hier nicht darum, „[a]llen diesen falschen bzw. unvollständigen Bestimmungen gegenüber [...] die richtige Bestimmung von Sinn zu finden“, wie Reinhard Lauth (1953, S. 48) es versucht hat. Stattdessen soll ein Sinnverständnis entworfen werden, mit dessen Hilfe es möglich erscheint, die vorgestellten Forschungsfragen im hier beschriebenen Kontext zu bearbeiten. Dieses Sinnverständnis beansprucht keine Art von Vollständigkeit, Ausschließlichkeit oder Richtigkeit. Es präsentiert lediglich eine Art der Annäherung an den Sinnbegriff, wie er für schulische Lehr-Lern-Kontexte als produktiv denkbar ist.

Um der oben beschriebenen Vielschichtigkeit von Sinn aus der Perspektive der Schülerinnen und Schüler gerecht zu werden, muss ein Sinnverständnis gefunden werden, welches einfach greifbar ist und dennoch diesen Facettenreichtum abbildet und erhält. Daher bietet sich das *Kriterium der persönlichen Relevanz* an (vgl. Vollstedt & Vorhölter, 2008, S. 30). Sieht also ein Individuum – hier eine Schülerin oder ein Schüler – einen Sinn in einem Gegenstand oder einer Handlung, so ist der Sinn für es persönlich relevant. Unter dem *Sinn eines Gegenstandes oder einer Handlung* wird daher die *persönliche Relevanz* verstanden, die dieser bzw. diese für eine Person hat. Auf den Mathematikunterricht bezogen folgt daraus, dass ein mathematischer Inhalt dann aus der Perspektive der Lernenden Sinn ergibt bzw. als sinnvoll erlebt wird, wenn er als relevant für den jeweiligen Schüler bzw. die jeweilige Schülerin empfunden wird. Ein Schüler kann den Lerninhalt etwa als relevant für sein späteres Leben ansehen, wohingegen eine bestimmte Schülerin die persönliche Relevanz in ihrer Leidenschaft für die Auseinandersetzung mit Knobelaufgaben sieht. An diesem Beispiel lässt sich auch die Unterscheidung der persönlichen Relevanz bezogen auf einen Gegenstand (der mathematische Lerninhalt) bzw. eine Handlung (die Auseinandersetzung mit Aufgaben) ablesen.

Dieses Sinnverständnis als persönliche Relevanz – obwohl es sich klar definieren lässt – erhält die beschriebene Vielschichtigkeit des Sinnbegriffs. Dies liegt darin begründet, dass die Relevanz der Handlung oder des Gegenstandes für eine Person je nach Situation und Kontext beispielsweise in dem Zweck, dem Wert, dem Nutzen oder der Bedeutung der Handlung bzw. des Gegenstandes respektive dem Ziel, welches dadurch verfolgt wird, liegen kann (vgl. Abschnitt 2.3.3, S. 30).

Betrachtet man die von Koller (2008a) aufgezeigten Dimensionen des Sinnbegriffs, werden auch diese durch das hier vorgelegte Sinnverständnis aufgegriffen und umfasst. Wie oben beschrieben (vgl. Abschnitte 2.2 und 2.3.1, S. 20 bzw. 23), ist die sinnliche Wahrnehmung von Elementen des Unterrichts (erster Aspekt der ersten Dimension) ebenso wie das Verstehen der Bedeutung von Arbeitsaufträgen, Anweisungen etc. (zweite Dimension) Grundvoraussetzung für gelingenden Unterricht.[6] Beide Verständnisse liegen also quasi als Voraussetzungen für die Konstruktion von Sinn unter dem Sinnverständnis.

Im zweiten Aspekt der ersten Dimension, der Hinordnung des Subjekts auf Inhalte, klingt das Kriterium der persönlichen Relevanz bereits an (vgl. Abschnitte 2.2 und 2.3.1, S. 20 und 23). Im Unterricht behandelte Gegenstände bzw. Handlungen erfahren dann eine emotionale Zuwendung seitens des Subjekts, wenn sie für den Lernenden bzw. die Lernende persönlich relevant sind. Dabei kann die emotionale Zuwendung graduell unterschiedlich ausfallen, was sich wiederum im Ausmaß der persönlichen Relevanz für das Subjekt widerspiegelt. Ein Lerngegenstand bzw. die Auseinandersetzung mit diesem kann also für einen Lernenden bzw. eine Lernende sehr, weniger oder auch gar nicht persönlich relevant sein. Entsprechend wird dann auch die Sinnkonstruktion unterschiedlich ausfallen, die dieser Schüler bzw. diese Schülerin vornimmt.

Bezüglich der dritten Dimension von Sinn lässt sich mit Koller (2008a) und Ricœur (1972) zwar zeigen, dass der Sinn von Unterricht über ein Verständnis von Sinn als Zweck, Endabsicht oder Ziel menschlichen Handelns hinausgeht (vgl. auch Abschnitte 2.2 und 2.3.1, S. 20 bzw. 23), nichtsdestoweniger sind diese Aspekte Teil des Sinns, den Schülerinnen und Schüler schulischem Unterricht zuschreiben. Denn genau an dem Zweck, den Mathematik beispielsweise in der Anwendung im Alltag haben kann, bzw. der Absicht oder dem Ziel, in der nächsten Klassenarbeit eine möglichst gute Zensur zu erlangen oder das Abitur zu bestehen, wird oftmals der Sinn festgemacht, den Schülerinnen und Schüler im Kontext schulischen Lernens von Mathematik sehen.

Die Charakterisierung der vierten Dimension von Sinn als Bedeutung, die etwas für einen Menschen in einer bestimmten Situation hat, kommt dem hier vorgestellten Konzept von Sinn sehr nahe. Da der Begriff *Bedeutung* im Kontext

---

[6] Dass sich dieses Verständnis schwierig gestaltet und die Schwierigkeiten zum Teil auch in der Formulierung der Aufgaben begründet liegen, zeigen Uwe Gellert und Eva Jablonka (2009).

dieser Arbeit jedoch anders verwendet wird (vgl. Abschnitt 2.3.3, S. 30), benutze ich hier, auch um Missverständnissen vorzubeugen, den Begriff der persönlichen Relevanz. Eine Überhöhung des Sinnbegriffs, welcher für schulische Lehr-Lern-Prozesse relevant ist, durch die Nähe zum Sinn des Lebens kann – wie oben gezeigt – ausgeschlossen werden (vgl. Abschnitt 2.3.1, S. 23).

Die Diskussion der Begriffe und Dimensionen zeigt, dass Sinn, verstanden als persönliche Relevanz, auf der einen Seite die Vielschichtigkeit der verschiedenen Sinnverständnisse erhält und auf der anderen Seite auch als gut handhabbarer Begriff für die Untersuchung von Sinnkonstruktion im Kontext schulischen Lernens fungiert. Inwiefern er sich von anderen in diesem Kontext verwendeten Begriffen abgrenzt, wird im folgenden Kapitel diskutiert.

2.3.3 Abgrenzung von anderen Begriffen

Wie gerade diskutiert, ist der Sinnbegriff im Kontext schulischen Lehrens und Lernens vielschichtig und facettenreich. Je nachdem welcher bzw. welche Lernende also Sinn konstruiert und in welchem Kontext diese Konstruktion stattfindet, kann die persönlich empfundene Relevanz eines Gegenstandes oder einer Handlung in verschiedenen Nuancen liegen. Sinn kann beispielsweise als Bedeutung, Intention, Ziel oder Zweck, Nutzen oder Wert wahrgenommen werden. All diese Begriffe werden oftmals synonym zu *Sinn* verwendet (vgl. etwa Biller, 1991, S. 86). Es ist daher notwendig, ihre spezifischen Inhalte deutlich zu machen (vgl. auch Vollstedt & Vorhölter, 2008, S. 30-31). Dazu müssen die Relation zwischen Wirklichkeit, Welt und Objekt auf der einen Seite und dem Subjekt auf der anderen Seite sowie die Beziehung dieses Verhältnisses zu Sinn geklärt werden.

Sinn als Bedeutung

Eine Beschreibung bzw. Abgrenzung der Begriffe *Sinn* und *Bedeutung* legt eine Rezeption von Gottlob Freges Abhandlung „Über Sinn und Bedeutung" (1892) nahe. Frege entwickelt die Begriffe im Zusammenhang mit Überlegungen über Gleichheit und Verschiedenheit von Gegenständen bzw. im Zusammenhang mit der Beziehung zwischen Namen und Zeichen von Gegenständen. Verschiedenheit kann in seiner Auffassung „nur dadurch zustande kommen, daß der Unterschied des Zeichens einem Unterschiede in der Art des Gegebenseins des Bezeichneten entspricht" (Frege, 1892, S. 26). Er veranschaulicht diese Überlegungen am Beispiel des Schnittpunkts der Seitenhalbierenden in einem Dreieck: Die Seitenhalbierenden in einem Dreieck seien mit *a*, *b* und *c* bezeichnet. Dann schneiden sich *a* und *b* im Punkt *P* und *b* und *c* im Punkt *Q*. Nach dem Satz von Ceva fallen *P* und *Q* zusammen. Der Schnittpunkt der Seitenhalbieren des Dreiecks kann somit durch verschiedene Zeichen (*P* und *Q*) benannt werden, was wiederum auf eine unterschiedliche Art des Gegebenseins hindeutet (Schnittpunkt von *a* und *b* im Unterschied zum Schnittpunkt von *b* und *c*) (vgl. Frege, 1892, S. 26). Obgleich es sich also um denselben Punkt handelt, liegt in der unterschiedlichen Bezeichnung ein Erkenntnisgewinn.

Entsprechend fährt Frege (1892, S. 26-27) fort und führt die Begriffe *Sinn* und *Bedeutung* folgendermaßen ein:

> Es liegt nun nahe, mit einem Zeichen (Namen, Wortverbindung, Schriftzeichen) außer dem Bezeichneten, was die *Bedeutung* des Zeichens heißen möge, noch das verbunden zu denken, was ich den *Sinn* des Zeichens nenne möchte, worin die Art des Gegebenseins enthalten ist. Es würde danach in unserem Beispiele zwar die Bedeutung der Ausdrücke 'der Schnittpunkt von *a* und *b*' und 'der Schnittpunkt von *b* und *c*' dieselbe sein, aber nicht ihr Sinn. (eigene Hervorhebung, MV)

Frege verwendet also den Begriff *Bedeutung* für den bezeichneten (oftmals sinnlich erfahrbaren) Gegenstand selbst (der Punkt als solcher), wohingegen der *Sinn* des Zeichens die Art des Gegebenseins beschreibt, also den dahinter stehenden Gedanken. Auf die Satzebene übertragen, kommuniziere beispielsweise der Satz 'Der Morgenstern ist ein von der Sonne beleuchteter Körper' einen anderen Sinn als 'Der Abendstern ist ein von der Sonne beleuchteter Körper', obgleich die Bedeutung beider Sätze die gleiche sei: Beide Male werde die Venus als Gegenstand bezeichnet (vgl. Frege, 1892, S. 32, siehe auch Meyer, 1976, S. 38). Einmal beschreibe der Satz jedoch den Himmelskörper, welchen man des Morgens am längsten (manchmal sogar tagsüber) sehen könne; im zweiten Satz hingegen werde derjenige Himmelskörper beschrieben, welchen man des Abends als ersten erkennen könne.

Was bezweckt nun eine solche Unterscheidung zwischen Sinn und Bedeutung? Frege untersucht mit den Begriffen *Sinn* und *Bedeutung* den Wahrheitswert von Sätzen. Der Satz 'Odysseus wurde tief schlafend in Ithaka ans Land gesetzt' habe offenkundig einen Sinn, ob er jedoch auch eine Bedeutung habe, sei nicht ohne weiteres zu ergründen. Dies liege daran, dass die Existenz von Odysseus fraglich sei, das Subjekt des Satzes also unter Umständen keine Bedeutung verkörpere. Damit verliere, so Frege, der durch diesen Satz kommunizierte Gedanke an Wert. Folglich stelle sich die Frage nach dem Wahrheitswert des Satzes. Dieser Wahrheitswert eines Bedeutungssatzes, also das *Wahre* bzw. das *Falsche*, werde schließlich als seine Bedeutung aufgefasst (Frege, 1892, S. 32-34). Die Unterscheidung von *Sinn* und *Bedeutung* ermöglicht folglich den

Aufbau einer Theorie der Wahrheitswerte, auf der schließlich eine Urteilstheorie aufbauen kann. Auf dieser Grundlage kann somit entschieden werden, was wahr und falsch ist (vgl. auch Meyer, 1976, S. 39).

Im Gegensatz zu Freges Intention, den Wahrheitswert einer Aussage zu erkennen, steht der Fokus meiner Arbeit auf der Untersuchung des Sinnes, der in der Auseinandersetzung mit fachlichen Inhalten von den Lernenden subjektiv konstruiert wird. Versteht man also – wie in der vorliegenden Arbeit – Sinn als subjektive Relevanz einer Handlung oder eines Gegenstandes, liegt es sehr fern, sich Freges Verständnis von *Sinn* und *Bedeutung* anzuschließen. Der in dieser Arbeit verwendete Begriff der *Bedeutung* orientiert sich daher an dem hier entwickelten Sinnverständnis. Als (nicht notwendigerweise antithetisch zu deutenden) Gegenpol zur persönlichen Relevanz verstehe ich demnach *Bedeutung* als kulturell bzw. gesellschaftlich geteilte Relevanz einer Handlung oder eines Gegenstandes (vgl. Vollstedt & Vorhölter, 2008, S. 30). Die Bedeutung von Mathematik allgemein bzw. von einzelnen mathematischen Elementen kann somit in verschiedenen Formen auftreten, etwa als ihre Bedeutung für die Gesellschaft als Kulturgut oder als Grundlage von Naturwissenschaft und Technik (Winter, 1990, S. 143) sowie für andere Teilbereiche der Mathematik, die auf grundlegenden Konzepten aufbauen. Wird diese Position und Rolle von Schülerinnen und Schülern nachvollzogen und als subjektiv relevant erkannt, kann aus Bedeutung demzufolge auch Sinn werden. Ob diese Art der Sinnkonstruktion jedoch tragfähig ist, wird sich gegebenenfalls im späteren Leben der Lernenden herausstellen (vgl. auch Abschnitt 2.5, S. 43). Heinrich Winter (1990, S. 143) stellt in diesem Zusammenhang fest, dass die „objektive Bedeutung der Mathematik" zwar durchaus von Schülerinnen und Schülern erkannt und akzeptiert werde, auf der anderen Seite jedoch „gleichzeitig eine Bedeutung für das persönliche Leben offenbar nicht empfunden" werde (Winter, 1990, S. 143). Winter beschreibt also den oftmals von Schülerinnen und Schülern erlebten Mangel von Sinn bzw. Sinnhaftigkeit beim Lernen von Mathematik (vgl. dazu auch Abschnitte 2.1.1 und 2.1.2, S. 13 bzw. 15). Gerade die Beschränkung auf entweder die subjektive oder die gesellschaftlich bzw. kulturell geteilte Relevanz ist konstitutiv für das hier entwickelte Verständnis von *Sinn* und *Bedeutung*. Aus diesem Grund ist insbesondere eine explizite Differenzierung dieser Begriffe notwendig.

Neben der Bedeutung, d. h. der gesellschaftlich geteilten Relevanz, die ein Gegenstand oder eine Handlung für einen Lernenden oder eine Lernende haben kann, können sich auch Intentionen, Ziele, Zwecke, Nutzen und Werte als persönlich relevant erweisen. Diese Aspekte können daher – im Gegensatz zum hier eingeführten Verständnis von *Sinn* und *Bedeutung* – sowohl subjektiv als auch gesellschaftlich oder kulturell geteilt relevant sein. Im Kontext dieser Arbeit möchte ich mich jedoch auf die subjektiv empfundene Relevanz der jeweiligen Konzepte beschränken, da diese primär für die Perspektive der Schülerinnen und Schüler bedeutsam ist (vgl. auch Vollstedt & Vorhölter, 2008, S. 30).

Sinn als Intention oder Ziel

Stellt man die Frage nach dem Sinn des Lebens oder aber – wie in dem Kontext dieser Arbeit – nach dem Sinn schulischen (Mathematik-) Lernens, wird dabei auch gleichfalls die Frage nach dem Ziel, dem Zweck oder dem Wert menschlichen Lebens (Gebhard, 2003, S. 207-208; Combe & Gebhard, 2007, S. 13) bzw. schulischen Lernens berührt. Die Intention oder das Ziel einer Handlung beschreibt dabei eine mögliche Ausgestaltung von persönlich relevantem Sinn. Hiermit wird die Richtung beschrieben, auf die die Handlungen des Individuums zielen. Eine solche „konstituierende Hinordnung auf ein von einem Subjekt intendiertes Ziel" bezeichnet Lauth (1953, S. 49) sogar als „das wichtigste begründende Moment für das Zustandekommen von Sinn" (Lauth, 1953, S. 49). Ein Geschehen werde überhaupt erst dadurch sinnvoll, dass es auf ein Ziel gerichtet sei (Lauth, 1953, S. 49). Bernhard Schäfers (2000, S. 37) legt genau entgegengesetzt dar, dass „[mi]t dem **Sinn**begriff [...] die bisherigen Aussagen über die Besonderheiten des sozialen Handelns in der Hinsicht zusammengefaßt [werden], daß das Handeln – im Unterschied zum Verhalten – nach Motiven und Zwecken reflektiert und zielorientiert abläuft" *(Hervorhebung im Original, MV)*. Welcher Perspektive man sich aber auch anschließt, wird doch der enge Zusammenhang von den Intentionen und Zielen, die ein Schüler oder eine Schülerin verfolgen, und dem Sinn, den sie konstruieren, offenbar.

Lernende können also eine Handlung bzw. die Auseinandersetzung mit einem (mathematischen) Gegenstand als sinnvoll erachten, wenn diese dazu dient, einem bestimmten Ziel näher zu kommen bzw. dieses zu erreichen. So wird die Beschäftigung mit Mathematik, beispielsweise das Üben und Wiederholen von Inhalten vor der nächsten Klassenarbeit, von einer Schülerin als sinnbehaftete Tätigkeit erlebt, wenn sie das Ziel hat, eine möglichst gute Note zu erlangen. Ein anderer Schüler empfindet dieselbe Tätigkeit hingegen eher als sinnlos, wenn ihm die Hinordnung auf ein entsprechendes Ziel fehlt. Ein so verstandener Sinnbegriff hat intentionalen Charakter.

Skovsmose stellt einen engen Zusammenhang zwischen Sinn beim Lernen (welches er als Handlung auffasst) und Intentionen her (vgl. Alrø, Skovsmose & Valero, 2007; Skovsmose, 1994, 2005a, 2005b). Dabei versteht er den Hintergrund (*background*) und Vordergrund (*foreground*) einer Person als zentrale Elemente für die Entstehung von Sinn (Alrø et al., 2007, S. 8). Der Hintergrund einer Person bestehe hierbei aus Erfahrungen und Handlungen, in die diese Person involviert war bzw. die sie ausgeübt hat. Diese können kulturelle, soziopolitische und familiäre Traditionen umschließen (Skovsmose, 2005a, S. 6). Ihr Vordergrund bestehe demgegenüber aus den Möglichkeiten, die die soziale, politische und kulturelle Situation dieser Person zur Verfügung stellt (Skovsmose, 2005a, S. 6) sowie ihren eigenen Interpretationen dieser Möglichkeiten und Gelegenheiten bezogen auf das eigene Leben (Alrø et al., 2007, S. 7). Hintergrund und Vordergrund ergeben zusammen die persönlichen Dispositionen (Skovsmose, 2005a, S. 7, 2005b, S. 89). Skovsmoses Begriffe *background* und *foreground* (2005a) gehen demnach in eine ähnliche Richtung wie die in dieser Arbeit entwickelten Konzepte der *persönlichen Merkmale* sowie der *Hintergrundmerkmale* (vgl. Abschnitte 2.6.1 und 2.6.2, S. 51 bzw. 63).

Folgt man der Terminologie Skovsmoses, so sind Ziele und Intentionen der Person also Teil ihres Vordergrundes. Dieser Vordergrund ist dann zentrales Element der Erschaffung von Sinn sowie die Bereitschaft zu lernen:

> [...] foreground is also a central element in the creation of *meaning*. A condition for a person making the decision of engaging in the act of learning is that the activity makes sense, that is, that the person finds and constructs a meaning. (Alrø et al., 2007, S. 8, Hervorhebung im Original, MV)

Der Zusammenhang zwischen Vordergrund und Sinn werde besonders offensichtlich, wenn die Auswirkungen von zerstörtem Vordergrund betrachtet werden. Dies bedeute nicht, dass der Vordergrund nicht mehr vorhanden sei, sondern dass sich keine attraktiven oder realistischen Möglichkeiten oder Gelegenheiten aufzeigen. Die Intentionen und Ziele seien in einem solchen Falle zerstört, so dass das Lernen (von Mathematik) sinnlos erscheine (Skovsmose, 2005a, S. 6). Für die Entstehung von Sinn ist folglich nicht allein bereits erlebte Erfahrung relevant, sondern besonders auch in die Zukunft gerichtetes Denken in Form von Intentionen oder Zielen. Oder wie Skovsmose (2005a, S. 8) schreibt:

> we must not only consider the students' background, but we must also consider their hopes and aspirations. We must consider where they want to go. *Meaning not only represents the past. It also represents the present and the future.* Each student's foreground is a principal resource for meaning production. (Hervorhebung im Original, MV)

Sowohl bereits gemachte Erfahrungen als auch zukünftige Perspektiven sind also relevant für die Konstruktion von Sinn.

Sinn als Zweck

Sinn als Zweck zu betrachten ist eng verknüpft mit der Perspektive von Sinn als Intention oder Ziel (vgl. etwa Gebhard, 2003, S. 207-208; Koller, 2008a, S. 16, 22-23). Dies liegt an dem direkten inhaltlichen Zusammenhang zwischen Zweck und Ziel. Wer ein Ziel verfolgt, dessen Handlungen haben einen Zweck (oder auch eine Funktion), nämlich dieses Ziel zu erreichen. So ist es auch nicht verwunderlich, dass Koller (2008a, S. 16) neben anderen Beispielen das Streben nach einer guten Note als ein Beispiel für Sinn als Zweck angibt, den Lernende schulischem Unterricht und dessen Inhalten zuschreiben, obgleich eben dieses Streben im vorangehenden Kapitel als ein Beispiel für Sinn als Intention und Ziel fungierte. Beides beleuchtet also den gleichen Umstand, jedoch aus unterschiedlichen Perspektiven. Koller weist darauf hin, dass – werde Sinnkonstruktion allein als Zweck oder Absicht verstanden – eine Abgrenzung zum Konzept der Lernmotivation schwierig sei.

Trotz der inhaltlichen Nähe zum Sinn als Intention und Ziel soll hier aus Gründen der Übersichtlichkeit und Klarheit Sinn als Zweck eines Gegenstands oder einer Handlung als eigener Aspekt aufgeführt werden, da sich dieser weiter untergliedern lässt. Auf der einen Seite beschreibt der Zweck einer Handlung den gerade festgestellten Zusammenhang zwischen Zweck und Ziel. So soll der Zweck einer Handlung als das Ziel verstanden werden, welches mit dieser Handlung einhergeht. Die Verfolgung eines Zwecks ist also gleichzusetzen mit Handlungen, die unternommen werden, um ein Ziel zu erreichen. Diese Art von Sinn hat – analog zum Sinn als Intention und Ziel – intentionalen Charakter.

Auf der anderen Seite charakterisiert der Zweck eines Gegenstands den Nutzen, den dieser Gegenstand für das Individuum verkörpert, und zeigt damit funktionalen Charakter (vgl. Vollstedt & Vorhölter, 2008, S. 31). Der Zweck eines Gegenstandes kann – im Gegensatz zum Zweck einer Handlung, welche ohne Bezug auf einen Gegenstand denkbar ist – nicht losgelöst von Handlung gedacht werden. Dies liegt daran, dass es „unmöglich ist, einem Gegenstand einen Zweck zuzuschreiben, ohne ein Handeln vorauszusetzen, und zwar ein zweckgerichtetes Handeln" (Baier, 2000, S. 196). Der Zweck des Gegenstandes müsse dabei jedoch nicht mit dem Zweck des Handelnden übereinstimmen (Baier, 2000, S. 196). Beispielsweise ist der Zweck eines Pultes im Klassenzimmer normalerweise nicht der, als Sitzgelegenheit zu dienen, gleichwohl es oftmals dazu gebraucht oder – vom Gegenstand her betrachtet – missbraucht wird. Sinn als Zweck umfasst mithin sowohl Aspekte bzw. ist Teil von Sinn als Intention und Ziel sowie von Sinn als Nutzen.

Sinn bzw. Sinnkonstruktion als Ergebnis eines Konstruktionsprozesses ist jedoch mehr als lediglich die Verfolgung eines Ziels, einer Absicht oder eines Zwecks (vgl. Koller, 2008a, S. 22-23; vgl. auch Abschnitt 2.2, S. 20). Sinnkonstruktion vollziehe sich in der „Auseinandersetzung mit einem fremden Gegenstand, der ein Sinnangebot bzw. eine Sinnzumutung enthält, ohne dass diese auf einen Autor und dessen Intention zurückgeführt werden könnte" (Koller, 2008a, S. 23). Diese Auseinandersetzung basiere auf einem Vorverständnis, welches die Lernenden dem Gegenstand entgegenbringen. Entsprechend nähern sie sich ihm an und arbeiteten sich an ihm ab. Dabei werde das Vorwissen, so Koller, schrittweise korrigiert und erweitert. Dieses Verhalten geht jedoch über die alleinige Verfolgung eines Zwecks oder eines Ziels hinaus. Biller (1991, S. 88) stellt darüber hinaus fest, dass Zweck und Sinn nicht gleichgesetzt werden können, da Zweck „vom Bewußtsein gesetzt, intentional und an bestimmte Objekte unlösbar gebunden" sei. Sinn hingegen ergebe sich erst nach spezifischen subjektiven Bemühungen um etwas (vgl. Biller, 1991, S. 87).

Sinn als Nutzen

Über den Nutzen von Mathematik ist, mehr als über die anderen bisher genannten Aspekte, geforscht worden. Niss (1994, S. 367-370) und Heymann (1997, S. 46-47) stellen fest, dass Mathematik eine immer wichtiger werdende Rolle für die Entwicklung der Gesellschaft spielt, da sowohl verschiedene wissenschaftliche Bereiche als auch Elemente des Alltags auf ihr aufbauen und somit in engem Zusammenspiel mit ihr stehen (vgl. auch bereits Hunger, 1949, S. 7-11). Niss (1994, S. 368-370) beschreibt drei verschiedene Arten, auf die Mathematik von Nutzen für das Individuum bzw. die Fortentwicklung der Gesellschaft sein kann (vgl. auch Gellert & Jablonka, 2007):

1. Mathematik sei als angewandte Wissenschaft Grundlage anderer wissenschaftlicher Richtungen, Methoden und technischer Verfahren. Dieser Bereich erstrecke sich von den Naturwissenschaften über die Wirtschafts- und Sozialwissenschaften bis hin zur Linguistik. Je nach Bereich nehme die Anwendung von Mathematik eine spezifische Form an.
2. Darüber hinaus basieren verschiedenste angewandte Verfahren, die zum Teil Element einer wissenschaftlichen Disziplin seien, auf Mathematik. Hierbei handelt es sich etwa um Beschreibung oder Vorhersage von Phänomenen aus den Naturwissenschaften oder um Regulation industrieller oder sozio-technischer Systeme.
3. Schließlich komme Mathematik sehr häufig als Element des täglichen Lebens vor; gleichwohl werde es doch oftmals übersehen. Besonders in täg-

lich vorkommenden Handlungen wie Geldgeschäften, dem Abwiegen von Gegenständen oder auch der Erstellung bzw. der Rezeption grafischer Darstellungen oder Tabellen werde Mathematik genutzt.

Obwohl die Mathematik also für die Gesellschaft eine zentrale und immer weiter wachsende Bedeutung innehat, deutet Niss (1994, S. 371) in diesem Zusammenhang ein Relevanzparadoxon der Mathematik an: Trotz der objektiven sozialen Relevanz der Mathematik werde sie subjektiv jedoch kaum wahrgenommen. Dies liege allerdings nicht daran, dass die Mathematik im allgemeinen Leben nicht vorkomme; sie sei lediglich versteckt etwa in technischen Geräten, Computern oder Ähnlichem (vgl. z. B. Niss, 1994, S. 371; Heymann, 1997, S. 46-47). Um mit Niss (1994, S. 372) zu sprechen: "In one word, mathematics is invisible because it is *hidden*, not because it is absent" (Hervorhebung im Original, MV).

Diese Diskrepanz zwischen der persönlich wahrgenommenen Relevanz bzw. dem Nutzen von Mathematik und ihrer tatsächlichen Bedeutung für die Gesellschaft konnte Maaß (2006) selbst bei Studierenden des Lehramtes der Mathematik zeigen, obgleich diese eigentlich sensibilisiert sein sollten für das Vorkommen und den Nutzen der Mathematik im Leben. Maaß (2006, S. 117) schlägt daher vor, im Hinblick auf den Mathematikunterricht „zwischen einem Nutzen von Mathematik für den Einzelnen und einem Nutzen von Mathematik für die Gesellschaft und ihre Entwicklung zu unterscheiden", obgleich durch eine solche begriffliche Differenzierung keine scharfe Trennung zwischen den beiden Konzepten impliziert werden solle.

Da die bisher zitierte Forschung offenbar ein Defizit der subjektiven Wahrnehmung des Nutzens von Mathematik erkennt, stellt sich die Frage, inwiefern der schulische Mathematikunterricht einen Beitrag dazu leisten kann, diesen Umstand zu verändern. Für die Thematisierung von Sachkontexten in der Grundschule liefert Schütte (1994, S. 89-95) verschiedene Gesichtspunkte, unter denen die Nützlichkeit von Mathematik als Hilfsmittel erfahren werden könne. Ihrer Einschätzung nach vermitteln Mathematisierungen interessante Informationen über die ‚Welt', über mich und die anderen und sind mathematische Verfahren bei der Planung von Aktivitäten oft ein unentbehrliches Hilfsmittel. Darüber hinaus lernen Kinder, mit den Mathematisierungen in ihrer Lebenswelt kompetent umzugehen. Für die Sekundarschule vertritt Hans Werner Heymann (1997, S. 46-47) die These, dass sich „[d]er größte Teil der üblichen, im Sekundarschulbereich gelehrten mathematischen Inhalte [...] nicht über seinen lebenspraktischen Nutzen rechtfertigen" lasse. Dass es trotzdem möglich ist, die (lebenspraktische) Anwendbarkeit von Mathematik im schulischen Unterricht zu thematisieren, zeigen die verschiedensten Arten von Realitätsbezügen und besonders auch komplexeren Modellierungen, in denen auch Mathematik gebraucht wird, die über ein grundlegendes Niveau hinausgeht (für Beispiele vgl. etwa Kaiser & Schwarz, 2006; Vorhölter, 2009).

Aus dem Gebrauch oder dem Verständnis von Mathematik bzw. mathematisch geprägten Handlungen können also Vorteile für den die Mathematik gebrauchenden Menschen entstehen. Für eine Ingenieurin kann beispielsweise die Kenntnis und Anwendung eines bestimmten Verfahrens Voraussetzung für die Erstellung eines technischen Planes sein; im Alltagsleben bewahrt das Lesen eines Fahrplanes davor, zu spät zu einem Termin zu gelangen. Ein solcher wie auch immer gearteter Vorteil, den eine Person durch die Aneignung bzw. das Verstehen eines mathematischen Gegenstandes oder durch eine Mathematik anwendende Handlung erlangt, charakterisiert den Nutzen, den die Mathematik für diese Person haben kann (vgl. Vollstedt & Vorhölter, 2008, S. 30). Die Mathematik kann somit als Hilfsmittel oder Werkzeug gebraucht werden, mit dem eine Person leichter die sich ihr stellenden Anforderungen bewältigen kann. Der Nutzen, den die Mathematik in solchen Momenten für die Person hat, liegt dabei demzufolge in der Bewältigung des Alltags bzw. von Anforderungen im späteren beruflichen Leben. Ein auf Nutzen basierter Sinnbegriff hat damit einen stark funktionalen Charakter (vgl. Vollstedt & Vorhölter, 2008, S. 30).

Sinn als Wert

Spricht eine Person einem Gegenstand oder einer Handlung Wert zu, so ist dieser Gegenstand bzw. diese Handlung für sie erstrebenswert. Es können dabei unterschiedliche Arten von Werten sein, die angestrebt werden: materielle, religiöse oder sittliche (vgl. Vollstedt & Vorhölter, 2008, S. 31). Besonders von den letzten beiden Arten von Werten geht eine Forderung aus (Biller, 1991, S. 87) in dem Sinne, dass sie Richtlinien vorgeben, die handlungsleitend wirken. Auch wenn Werte selbst also keinen Sog ausüben, der Sinn bzw. Sinnkonstruktionen beschleunigt oder anregt, bieten sie doch einen leitenden Rahmen, in dem die Konstruktion von Sinn leichter fällt als losgelöst von entsprechenden Werten bzw. gegen sie gerichtet.

Ein Verständnis von Sinn als Wert im Kontext schulischen Mathematiklernens geht eng einher mit der Vergegenwärtigung des Nutzens von Mathematik im Alltag. Schülerinnen und Schüler können mathematischen Begriffen und Konzepten, die sie in ihrem Leben wiederfinden können, einen Nutzen und damit auch einen Wert zusprechen. Die Mathematik kann somit als Hilfsmittel zur Bewältigung mancher Schwierigkeiten des eigenen Lebens gesehen werden.

In diesem Wert kann sich die persönliche Relevanz, ergo der Sinn, den Schülerinnen und Schüler der Mathematik bzw. dem Lernen von Mathematik zusprechen, konstituieren.

Zusammenspiel der diskutierten Begriffe mit dem Sinnbegriff

Wie gerade diskutiert, stehen die Begriffe *Bedeutung, Intention, Ziel, Zweck, Nutzen* und *Wert* im Zusammenspiel mit dem hier entwickelten Sinnbegriff. Alle Begriffe können Teil des Sinnbegriffs sein, reichen jedoch für sich genommen nicht aus, um subjektiv relevanten Sinn zu beschreiben. Biller (1991, S. 89) beschreibt dies, unter Bezugnahme auf die Begriffe *Bedeutung, Zweck, Funktion* und *Wert*, folgendermaßen:

> Das aktive Subjekt erlebt ‚Sinn' z. B. dann, wenn es eine Bedeutung erkannt, einen Zweck erreicht, eine Funktion ausgeübt und einen Wert verwirklicht hat. Bedeutung, Zweck, Funktion und Wert sind aber trotz der umgangssprachlichen Verlockung nicht selbst ‚Sinn', weil sie ihre Selbständigkeit aufgeben würden. Sie sind Teilziele der Sinnsuche, Zwischenstadien auf dem Weg zum Sinn. Erst wenn sie erreicht sind, besteht die Möglichkeit eines Sinnerlebnisses. Sie fungieren als Orientierungspunkte, die sich das Subjekt setzt, wenn es die Sinnhaftigkeit eines Objekts, einer Handlung, einer Situation, der Welt und des Lebens zu erfassen sucht.

Erst durch das Entdecken, also Konstruieren, der Teilaspekte werde Sinn, so Biller, erlebbar. Das Zusammenspiel aus all diesen Teilen kann daher die notwendige Vielschichtigkeit und den Facettenreichtum des Sinnbegriffs abbilden. Dabei ist es wichtig zu betrachten, dass jedes der Konzepte nicht ganz in Sinn aufgeht, sondern nur Einzelelemente des jeweiligen Begriffs zu persönlich empfundenem Sinn werden können. Die übrigen Sinnangebote bleiben unberücksichtigt. Die folgende Grafik soll diesen Umstand verdeutlichen (vgl. *Abbildung 2*, S. 39):

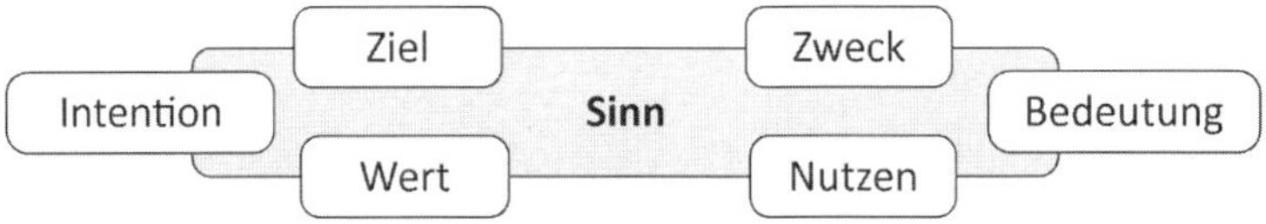

Abbildung 2: Sinn im Zusammenspiel mit Bedeutung, Intention, Ziel, Zweck, Nutzen und Wert.

Die Überlappung der einzelnen Begriffsfelder von *Bedeutung, Intention, Ziel, Zweck, Nutzen* und *Wert* sowohl in das *Sinn*-Feld hinein als auch darüber hinaus soll deutlich machen, dass Aspekte des jeweiligen Begriffs einerseits persönlich relevant und damit zu Sinn werden können. Andererseits sind darüber hinaus aber auch Begriffe vorstellbar, die zwar potentiell persönlich relevant werden können, dies aber nicht zwingend müssen. Sie verbleiben somit beispielsweise in der Menge aller Ziele des behandelten Begriffs oder der Handlung, ohne jedoch für die jeweilige Person Sinn zu beschreiben. So kann der Sinn einer Beschäftigung mit mathematischen Aufgaben für eine Schülerin darin liegen, ihrem Ziel, die mathematische Theorie genauer zu verstehen, näher zu kommen. Ein anderer Schüler hingegen widmet sich den Aufgaben mit dem Ziel, die Hausaufgaben möglichst schnell fertig zu stellen, um Zeit für seine Freizeitaktivitäten zu haben. Was für eine Person persönlich relevant ist, muss also nicht gleichfalls auch für eine andere sinnvoll sein. Jedes Individuum konstruiert dementsprechend aus den möglichen Sinnangeboten die für es persönlich relevanten Sinnkonstruktionen.

2.4 Entstehung von Sinn

Nachdem geklärt wurde, welches Konzept in dieser Arbeit mit dem Sinnbegriff beschrieben wird, stellt sich nun die Frage, auf welche Weise Sinn entsteht. Nimmt man die Perspektive der konstruktivistischen Lernphilosophie ein, die momentan im Bereich der Mathematikdidaktik die vorherrschende Sichtweise auf Lernprozesse ist (Ernest, 2006, S. 3), geschieht Lernen nicht passiv, sondern das Wissen muss von den Lernenden selbst aufgebaut werden (Ernest, 2006). Unter dem Terminus *Konstruktivismus* werden verschiedene, teilweise einander diametral gegenüberstehende (Lern-)Theorien zusammengefasst. Paul Ernest (2006) unterscheidet beispielsweise die folgenden Arten: *simple constructivism, radical constructivism, enactivism* und *social constructivism*. Es wird daher davon Abstand genommen, von *dem* Konstruktivismus zu sprechen bzw. sich einer bestimmten konstruktivistischen Schule zuzuordnen. Nichtsdestotrotz wird die konstruktivistische Idee des Lernens als tragfähig erachtet und als Prämisse dieser Arbeit zugrunde gelegt. Lernen ebenso wie Verstehen wird damit als ein rekursiver Konstruktionsprozess aufgefasst, bei dem aus bereits bestehenden Bausteinen neue mentale Strukturen aufgebaut werden, die wiederum Bausteine für wieder neue Ideen und Konzepte werden können (Ernest, 2006). Eine konstruktivistische Perspektive auf Lernen stellt demgemäß den bzw. die Lernende in den Fokus, was mit der Perspektive der Bildungsgangforschung übereinstimmt. Folgt man nun einer solch konstruktivistischen Lernphilosophie, ist es nahe liegend, dass auch Sinn in Lehr-Lern-Kontexten nicht einfach vorhanden ist oder übergeben werden kann, sondern vom Individuum selbst auf eine irgendwie geartete Weise hergestellt werden muss, oder, um mit René Thom (1973, S. 204) zu sprechen: "'meaning' in mathematics is the fruit of constructive activity, of apprenticeship". Nach Überlegungen zu den Begriffen der *Sinngebung*, *Sinnstiftung* und dem *Sinnerleben* (vgl. auch Vollstedt & Vorhölter, 2008, S. 31-36), kommt auch Biller (1991, S. 146) zu einem analogen Schluss:

> Was bei ‚Sinngebung' gegeben, bei ‚Sinnschenkung' geschenkt oder bei ‚Sinnstiftung' gestiftet wurde, war alles andere als ‚Sinn': es waren ‚Bedeutungen', ‚Geborgenheit' und ‚Anregungen', die allesamt erst ‚Sinn' ergaben, selbst aber nicht ‚Sinn' waren. ‚Sinn' muß man erarbeiten.

Daher könne man Sinn also nicht geben, schenken oder stiften, sondern er könne nur „im Vollzug subjektiver Aktivitäten zur Existenz gelangen" (Biller, 1991, S. 146). Von Sinn*konstruktion* zu sprechen ist daher auf Basis einer konstruktivistischen Lernphilosophie nicht nur nahe liegend, sondern notwendig.

Dem Begriff der *Sinnkonstruktion* gegenüber gibt es kritische Stimmen. Heymann (1996, S. 293) etwa steht dem Begriff der *Sinnkonstruktion*, wie er ihn z. B. bei Hermann Maier (1991) und Heinrich Bauersfeld (1993, S. 245) findet, kritisch gegenüber, weist jedoch darauf hin, dass dies – sollte es sich um ein Missverständnis handeln – an einer verkürzten Sprechweise seitens der beiden Autoren liegen könne.

> Die Rede vom sinnkonstruierenden Individuum verleitet zu der Vorstellung, das Individuum könne willkürlich Sinn für sich herstellen. Das jedoch widerspricht der Alltagserfahrung – z. B. der lernender Schüler, die sich vergeblich bemühen, den Sinn einer mathematischen Aussage zu ergründen.

Heymann scheint stattdessen „das Erleben von Sinn (oder von Verstehen)" (Heymann, 1996, S. 293) zu bevorzugen, weil dieses nicht direkt beeinflussbar sei. Mir scheint, dass Heymann (1996) und Maier (1991) den Sinnbegriff recht ähnlich fassen, nämlich *Sinn* als *Verstehen*. Bauersfeld (1993, S. 245-255) auf der anderen Seite verwendet den Begriff der Sinnkonstruktion anscheinend anders, wenn er das Merkmal der Konstruktivität allen Wahrnehmens, Deutens und Verstehens folgendermaßen beschreibt:

> Gemeint ist die prinzipielle Unüberschreitbarkeit der spontanen aktiven Sinnkonstruktionen des Individuums. Objektive Wirklichkeit wird nur durch die Filter unserer Sinne spürbar. Wir entwerfen intern Bilder, Vorstellungen, Modelle von

> dieser Wirklichkeit (einschließlich unseres Selbst und unserer Körperlichkeit), die wir über die erfahrenen Widerständigkeiten anpassen, d.h. zu lebbaren, ‚viablen' Hypothesen (Glasersfeld) formen.

Damit rückt er den Begriff der *Sinnkonstruktion* in die Nähe der körperlich sinnlichen Erfahrung, die dann kognitiv verarbeitet wird. Dies ist meines Erachtens nach weit entfernt vom Sinnverständnis der anderen beiden Autoren.

Heymanns Kritik am Sinnkonstruktionsbegriff ist nachvollziehbar, verspüren doch viele Schülerinnen und Schüler ein Gefühl von Sinnlosigkeit im schulischen (Mathematik-) Unterricht (vgl. auch Abschnitte 2.1.1 und 2.1.2, S. 13 bzw. 15). Heymann scheint jedoch ein anderes Verständnis des Sinnbegriffs zugrunde zu legen, als es in dieser Arbeit verwendet wird. Sein Verständnis des Sinns einer mathematischen Aussage bezeichne ich eher als *Bedeutung*. Heymanns Sinnverständnis als Verstehen greift in der beschriebenen Situation offenbar nicht mehr, so dass er den Schülerinnen und Schülern eine missglückte Sinnsuche bescheinigt. Das meiner Arbeit zugrunde liegende Sinnverständnis hingegen greift jedoch auch in einer wie der von Heymann (1996, S. 293) beschriebenen Situation. Da die lernenden Schülerinnen und Schüler sich trotzdem – obwohl es sich um eine für sie schwierige (mathematische) Aussage handelt – weiter mit den Inhalten auseinandersetzen, verfolgen sie offenbar einen anderen Sinn als den, die gesellschaftlich geteilte Bedeutung des mathematischen Konzepts zu ergründen. Sicherlich wäre es befriedigend für sie, wenn sie sich als kompetent erleben könnten, die Aussage zu verstehen bzw. nachvollziehen zu können. Doch auch allein die Beschäftigung mit den Inhalten im Rahmen einer Mathematikstunde als Ausführen eines Arbeitsauftrages kann bereits den (wenn auch vielleicht normativ wenig gewünschten funktionalen bzw. intentionalen) Sinn haben, keinen Ärger mit der Lehrperson zu bekommen. Denn diesen würde eine Arbeitsverweigerung wahrscheinlich nach sich ziehen. Je nachdem, welchen Sinnbegriff man also zugrunde legt, kann auch eine solche Situation als sinnhaft für die Schülerinnen und Schüler interpretiert werden.

Heymanns Kritik am Begriff der Sinnkonstruktion ist eigentlich verwunderlich, da er selbst das *Verstehen* als einen „konstruktiven Akt" beschreibt, „durch den sich das Subjekt einen Sachverhalt, einen ‚Gegenstand' zu eigen macht, der ihm ‚von außen' gegenübertritt" (Heymann, 1996, S. 215). Außerdem ist Heymann (1996, S. 212) der Auffassung, dass Konsens darüber bestehe, dass „Verstehen mit dem *Erleben von Sinn* einhergeht" und der Verstehensprozess „als Streben nach Sinn" charakterisiert werden könne (Heymann, 1996, S. 212). Wäre es da nicht nahe liegend, auch von *Sinnkonstruktion* zu sprechen?

Gebhard (2003, S. 211) bringt das auch von Heymann (1996, S. 212) thematisierte Streben nach Sinn zusammen mit der konstruktivistischen Auffassung vom Lernen, welches mit einem „zentralen Sinnbedürfnis der konstruierenden Subjekte“ einher gehe (vgl. auch Combe & Gebhard, 2007, S. 12-13). In seinem Verständnis muss Sinn immer wieder neu aktiv erzeugt, also konstruiert werden, da es Sinn nicht als fertiges vorgegebenes System gebe, sondern in den jeweiligen Einzelsituationen neu konstruiert werden müsse (Gebhard, 2003, S. 211): „Sinn und Bedeutung gibt es nicht als fertige Sinnangebote; Sinn und Bedeutung werden in Verbindung mit der kulturellen Welt erzeugt“ (Born & Gebhard, 2005, S. 257).

Sinn kann unter einer konstruktivistischen Perspektive dementsprechend nicht geschenkt, gegeben, gestiftet oder erlebt werden (vgl. Vollstedt & Vorhölter, 2008, S. 31-36), sondern muss konstruiert werden. Lernsituationen in schulischen Lehr-Lern-Kontexten können – und sollten – im Zuge dessen so inszeniert werden, dass „subjektive Interpretationen, die als sinnhaft erlebt[7] werden bzw. zum Aufbau von Sinn beitragen, möglich sind“ (Gebhard, 2003, S. 211). Die Lehrperson kann etwa Sinnorientierungen (Schütte, 1994, S. 125) anbieten, oder Sinn „über die Gestaltung von Sinnmöglichkeiten (Sinnträgern)“ (Biller, 1991, S. 157) anregen. Diese Sinnangebote können dann von den Schülerinnen und Schülern entweder übernommen, also selbst entsprechend konstruiert werden, oder aber zurückgewiesen werden, um eigene Sinnkonstruktionen zu entwerfen (vgl. Abschnitt 2.5, S. 43; siehe auch Hennings & Mielke, 2005, S. 249). Sinnkonstruktion ist daher subjektiv und individuell, wie im folgenden Abschnitt genauer dargelegt wird.

2.5 Eigenschaften von Sinnkonstruktion

Nachdem ich nun mein Verständnis von *Sinnkonstruktion* dargestellt habe, sollen in den folgenden Abschnitten die Eigenschaften von Sinnkonstruktion vorgestellt werden. Diese Eigenschaften sind kennzeichnend für konstruierten Sinn und ermöglichen ein tieferes Verständnis des Sinnkonstruktionskonzepts.

Subjektiv und individuell

Wie in Abschnitt 2.3.2 (S. 28) dargelegt wurde, beschreibt der Sinnbegriff dieser Arbeit die aus der Perspektive der Lernenden subjektiv empfundene Relevanz,

[7] Es besteht ein fundamentaler Unterschied zwischen dem Erleben von Sinn und dem Erleben einer Situation als sinnhaft. Hierbei wird die Situation als sinnhaft wahrgenommen, der Sinn selbst wurde also bereits konstruiert.

die der oder die Lernende mit einem im Unterricht behandelten Gegenstand, also auch theoretischen Inhalt, bzw. einer damit einhergehenden Handlung verbindet. Sinnkonstruktion ist also *per definitionem* subjektiv. Darüber hinaus ist Sinnkonstruktion außerdem individuell, da jeder und jede Lernende einen eigenen Sinn mit Bezug zu einem bestimmten Gegenstand oder einer Handlung konstruieren kann. Diese Konstruktion ist insofern individuell, als dass verschiedene Schülerinnen und Schüler, die beispielsweise an derselben Mathematikunterrichtsstunde teilnehmen, völlig unterschiedliche Sinnkonstruktionen mit Bezug zu den dort behandelten Gegenständen und Handlungen vornehmen können. So kann eine im Unterricht gestellte Aufgabe etwa die Schülerin Anna dazu veranlassen, die Aufgabe mit Freude zu bearbeiten, da sie sich dabei als kompetent und erfolgreich erlebt. Der weniger leistungsstarke Matthias hingegen möchte sich möglichst gut auf die nächste Klassenarbeit vorbereiten. Er verfolgt also einen klaren Zweck mit der Bearbeitung und verspürt im Gegensatz zu Anna keine positiven Emotionen. Diese beiden potentiell denkbaren Sinnkonstruktionen (*Kompetenz erleben* und *Prüfungen*) können folglich nebeneinander in derselben Situation entstehen. Die Wurzeln dieser unterschiedlichen Sinnkonstruktionen liegen primär in Annas und Matthias' bisherigen Erfahrungen mit Mathematik begründet, die bei den beiden zu verschiedenen persönlichen Eigenschaften geführt haben (vgl. dazu Abschnitt 2.6.1, S. 51).

Die Subjektivität und Individualität von Sinnkonstruktion können durch das konstruktivistische Verständnis von Lernen untermauert werden (vgl. Abschnitt 2.4, S. 40). Diese Position geht davon aus, dass Lehren zwar eine soziale Tätigkeit ist, da sie sich an mehrere Lernende richtet, Lernen jedoch auch insofern eine private Aktivität ist, als dass jeder Schüler und jede Schülerin für sich allein die Inhalte und Handlungen des Unterrichts verstehen muss. Jedes lernende Individuum muss demnach die begrifflichen Strukturen, die im Unterricht vermittelt werden sollen, eigenständig konstruieren und dadurch lernen. Lernen geschieht daher nicht in Form passiver Aufnahme. Im Gegenteil: Wissen muss von jedem Individuum aktiv konstruiert werden (vgl. Ernest, 2006, S. 3). In Analogie dazu ist auch Sinnkonstruktion kein kollektiver, sondern ein individueller Prozess.

Eine solch konstruktivistische Lernphilosophie ist somit ein Argument dafür, dass der von verschiedenen Personen mit einem Gegenstand oder einer Handlung in Verbindung gebrachte, also konstruierte, Sinn unterschiedlich ausfallen kann. Folgt man dieser Einstellung, liegt es nahe, dass verschiedene Schülerinnen und Schüler auch unterschiedliche Sinnkonstruktionen vornehmen – auch wenn sie demselben Unterricht beiwohnen. Ebenso ist nicht zu erwarten, dass der Sinn, den Schülerinnen und Schüler im Mathematikunterricht konstruieren, etwa mit dem der Lehrerin bzw. des Lehrers übereinstimmen muss. Die Lehrperson kann beispielsweise ein Sinnangebot in Form von Aufgaben mit einem klar ausgewiesenen Realitätsbezug machen. Die von ihr intendierte Sinnkonstruktion seitens der Schülerinnen und Schüler wäre dann zum Beispiel die Relevanz von Mathematik für Anwendungen im Alltagsleben zu erkennen. Dieses Sinnangebot ist jedoch lediglich ein Vorschlag und muss nicht von den Lernenden übernommen werden. Biller (1991, S. 11-12) beschreibt das folgende Beispiel einer Schülerin auf der Suche nach dem Sinn des Lernens von Latein:

> Nikola [fragte Biller] als sie in der achten Klasse war, wozu sie denn eigentlich Latein benötige, wo es sich doch um eine ‚tote Sprache' handle. Meine Argumente verstand sie zwar, aber sie überzeugten sie nicht. Auf diese Weise blieb bei ihr der Eindruck bestehen, Latein lerne sie um der Noten, des Klassenziels oder um anderer Gründe willen. All dies konnte sie aber nicht mit ihrem Leben in Zusammenhang bringen. Latein hatte nicht mit ihr persönlich zu tun. Es erschien ihr als notwendiges Übel.

Solcherlei Situationen lassen sich viele finden. Die Sinnangebote, die die Lehrperson den Lernenden macht, werden von diesen oftmals als für ihr Leben nicht relevant wahrgenommen, so dass lediglich eine – normativ wenig gewünschte – funktionale oder intentionale Sinnkonstruktion vorgenommen wird. Die Schülerinnen und Schüler konstruieren folglich einen eigenen, anders gelagerten Sinn in der Auseinandersetzung mit dem Lerngegenstand, ob nun Latein oder Mathematik.

Der von der Lehrperson angebotene Sinn kann jedoch auch von den Lernenden als persönlich relevant erachtet werden. Daher besteht also die Möglichkeit, den von der Lehrperson angebotenen Sinn für sich selbst zu konstruieren, ihn quasi zu *re*konstruieren. Die so entstandene Sinnkonstruktion kann sich dann als tragfähig oder nicht tragfähig herausstellen. Im ersten Fall verbindet er sich mit der eigenen Biografie, schließt damit an Handlungen und Objekte an, die mit dem Leben der Schülerin bzw. des Schülers in Verbindung stehen (vgl. Vollstedt & Vorhölter, 2008, S. 35). Dem gegenüber kann sich ein solch assimilierter Sinn auch als nicht tragfähig herausstellen, wenn eine solche Verbindung zur eigenen Biografie nicht herstellbar ist, das Konzept entsprechend unangebunden neben anderen existiert. Dies kann beispielsweise der Fall sein, wenn eine Sinnkonstruktion aus der Hoffnung resultiert, alles habe einen Sinn (vgl. Vollstedt & Vorhölter, 2008, S. 35).

Kontextgebunden

Sinnkonstruktion ist außerdem kontextgebunden. Sinn wird immer in einer bestimmten Situation (vgl. Abschnitt 2.5, S. 43) konstruiert, die wiederum in einen Kontext eingebunden ist. Der Begriff *Kontext* wird dabei auf zwei Weisen verstanden: Zum einen bezeichnet der Begriff den fachlichen Kontext, in den sich die im schulischen Unterricht behandelten Gegenstände und Handlungen einfügen. Der fachliche Kontext besteht damit beispielsweise aus dem behandelten Oberthema, den den Lernenden bereits zur Verfügung stehenden mathematischen Begriffen und Verfahren etc. In dieses Netz aus bereits von dem Schüler bzw. der Schülerin aufgebauten, also konstruierten, fachlichen Strukturen wird das neu zu erwerbende Element eingewoben. Dadurch wird es seinerseits dann zum bereits bestehenden Kontext für weitere, neu zu lernende Inhalte und Handlungen.

Auf der anderen Seite bezeichnet der Begriff *Kontext* darüber hinaus auch den persönlichen Kontext der Lernenden, in den diese eingebettet sind. Dieser besteht aus den persönlichen Eigenschaften der bzw. des Lernenden sowie ihrem bzw. seinem persönlichen Hintergrund. Beide Konzepte werden im folgenden Kapitel ausführlich dargestellt (vgl. Abschnitte 2.6.1 und 2.6.2, S. 51 bzw. 63), so dass an dieser Stelle nicht ausführlicher darauf eingegangen werden soll.

Bewusstseinsfähig, nicht aber -pflichtig

Die Entstehung von Sinn bzw. das damit verbundene Erleben von Sinnhaftigkeit wird von verschiedenen Autoren als bewusster Prozess beschrieben (vgl. u. a. Heymann, 1996; Hennings & Mielke, 2005). Hennings und Mielke (2005) beschreiben, dass das Erleben von Sinn – im Gegensatz zur Konstruktion von Bedeutung – eher nicht als unbewusster Prozess vorstellbar sei, da dieser „offenkundige Zusammenhänge des Gelernten mit weiteren Zielen" (Hennings & Mielke, 2005, S. 252-253) der Person selbst herstelle. Ein Lerninhalt werde folglich als sinnvoll erlebt, wenn er verstanden werde und die Funktion dieses Verstehens mit persönlichen Zielen des Individuums in Verbindung gebracht werden könne (Hennings & Mielke, 2005, S. 241). Hennings und Mielke bringen also den Sinnbegriff, ähnlich wie Heymann (1996, S. 217), in Zusammenhang mit dem Verstehen zuvor unbekannter fachlicher Inhalte. Heymann (1996, S. 217) formuliert diese Verbindung folgendermaßen:

> Aus subjektiver Sicht liegt Verstehen vor, wenn ein zuvor fremdartiger mathematischer Sachverhalt ‚Sinn macht'. Das Verstehen bzw. der Sinn, der sich damit einstellt, geht mit einem mehr oder minder intensiven ‚Aha'-Erlebnis einher und wird

> als Belohnung für die vorausgegangene geistige Bemühung erlebt, manchmal auch als Geschenk (Intuition). Verstehen steht also für ein emotional positiv getöntes subjektives Erleben eines kognitiven Prozesses.

Heymann beschreibt hier das Verstehen und damit auch das Erleben von Sinn als emotional positiv gefärbten Prozess und bringt beides darüber hinaus mit einem Aha-Erlebnis in Verbindung (Heymann, 1996, S. 211, 217). Ein Aha-Erlebnis ist ein Moment, in dem einem oder einer Lernenden bestimmte Zusammenhänge zwischen den Inhalten, mit denen er bzw. sie sich gerade beschäftigt, und beispielsweise bereits gelernten Inhalten oder auch dem eigenen Leben offenbar werden. Es wird von positiven Gefühlen begleitet und geht oftmals mit einer Wertschätzung der Inhalte einher, mit denen der bzw. die Lernende sich gerade beschäftigt (Bikner-Ahsbahs, 2005, S. I, Liljedahl, 2005). Ein solches Aha-Erlebnis beschreibt entsprechend Momente, in denen Zusammenhänge verschiedener Art offenbar werden, und der Moment des Verstehens aktiv erlebt wird. Sowohl im Falle des Erkennens fachlicher Zusammenhänge als auch im Falle individueller Verbindungen zur eigenen Person kann ein Aha-Erlebnis als Beispiel des bewussten Erlebens von (in der hier gebrauchten Terminologie: zuvor konstruiertem) Sinn betrachtet werden. Die vorgenommene Sinnkonstruktion wird somit in der Situation dominant und tritt in das Bewusstsein ein.

Legt man den in dieser Arbeit verwendeten Sinnbegriff als subjektiv empfundene persönliche Relevanz zugrunde, kann Sinnkonstruktion darüber hinaus auch durch einen intuitiven, unbewussten Prozess entstehen. Der unbewusste Prozess bestehe dabei „in der automatisierten Aktivierung bzw. Hemmung von hochgradig miteinander assoziierten bzw. voneinander dissoziierten kognitiven Inhalten" (Graduiertenkolleg Bildungsgangforschung, August 2004, Abschnitt 3.4.2 (2)). Diese Beschreibung kann mit Hilfe des kognitionspsychologischen Bildes von Denken und Wissen als neuronales Netz illustriert werden. Darin wird Wissen symbolisiert als eine Vielzahl miteinander in Assoziation stehender, also verbundener Knotenpunkte. Diese Verbindungen können, je nach Aktivierung, in der Assoziationsdichte verstärkt oder abgeschwächt werden (Hennings & Mielke, 2005). Unbewusste Sinnkonstruktion könne entsprechend als eine Form von automatisierter Sinngebung verstanden werden, welche besonders ausgeprägte Verbindungen zwischen kognitiven Inhalten verfolge, da diese besonders eng miteinander assoziiert seien. Eine solch automatisierte Sinngebung müsse dann für nachhaltiges Lernen aufgebrochen werden, um neue Automatisierungen zu ermöglichen, denn nur so sei Transfer des Gelernten auf neue Situationen möglich (Graduiertenkolleg Bildungsgangforschung, August 2004, Abschnitt 3.4.2 (2)).

Da Sinnkonstruktion nach den hier beschriebenen Überlegungen sowohl bewusst als auch unbewusst geschehen kann, ist Sinnkonstruktion als Ergebnis des Konstruktionsprozesses insofern also bewusstseinsfähig, nicht jedoch bewusstseinspflichtig. Wenn Sinn jedoch nicht bewusstseinspflichtig ist, daher implizit konstruiert werden kann und latent bleibt, stellt sich die Frage, auf welche Weise Sinnkonstruktion im schulischen Lehr-Lern-Kontext untersucht werden kann. Zum einen kann Sinnkonstruktion erforscht werden, indem Konzepte des theoretischen Rahmens, die mit dem der Sinnkonstruktion in Zusammenhang stehen (vgl. Abschnitt 2.6, S. 48), erfragt werden. Da diese – so die Argumentation – in engem Zusammenhang mit Sinnkonstruktion stehen und deren Entstehung beeinflussen, kann durch ihre Untersuchung auf die Sinnkonstruktion zurückgeschlossen werden. Zum anderen kann aber auch ein zunächst unbewusst verlaufener Sinnkonstruktionsprozess nachträglich reflektiert werden und somit der Bewusstheit zugänglich gemacht werden. Auf diese Art ist der Prozess der Sinnkonstruktion bzw. stärker noch das Ergebnis dieses Prozesses wissenschaftlicher Untersuchung zugänglich.

2.6 Theoretischer Rahmen der Sinnkonstruktion

Die Konstruktion von Sinn findet nicht in einem Vakuum statt, sondern ist durch mehrere Faktoren gekennzeichnet, die für die Sinnkonstruktion als beeinflussend angenommen werden (vgl. *Abbildung 3*, S. 49).

Das Individuum, also ein Schüler oder eine Schülerin, befindet sich in einer bestimmten Situation, z. B. im schulischen Mathematikunterricht im Klassenverband. In dieser Situation konstruiert er bzw. sie Sinn. Für die Konstruktion von Sinn ist damit zum einen die Situation als solche von Bedeutung. Darüber hinaus wird angenommen, dass bestimmte persönliche Merkmale sowie Hintergrundmerkmale der Person wichtig sind (vgl. Vollstedt, 2007; Vollstedt & Vorhölter, 2008, S. 35-36). Persönliche Merkmale kennzeichnen sich dadurch, dass sie Teil der Person selbst sind und (ggf. über einen längeren Zeitraum hinweg) – beispielsweise durch die Lehrperson im Unterricht – beeinflussbar sind. Hintergrundmerkmale auf der anderen Seite sind Merkmale der Person, die nicht direkt beeinflussbar sind.

Die Unterscheidung von persönlichen Merkmalen und Hintergrundmerkmalen verläuft in Analogie zur Unterscheidung von *Selbst* und *Welt*, also die Begriffe, die für Rainer Kokemohrs Fassung des Bildungsbegriffs zentral sind

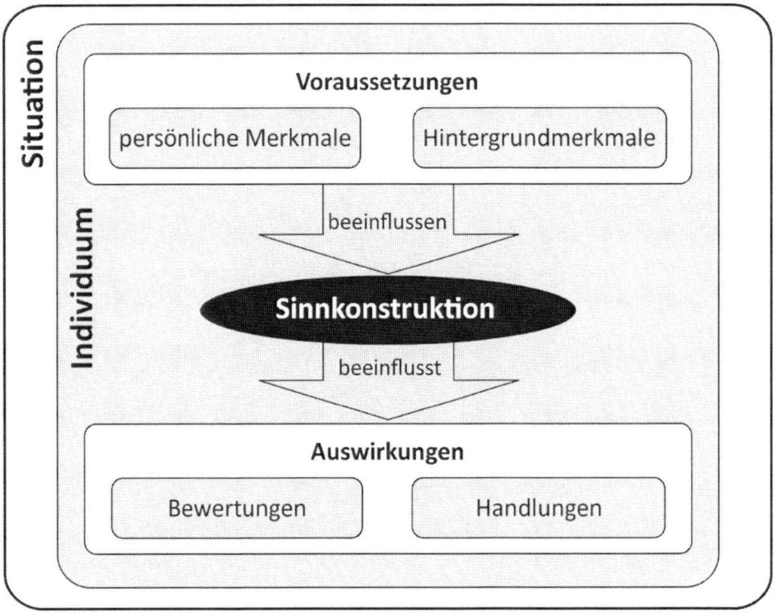

Abbildung 3: Theoretischer Rahmen der Sinnkonstruktion.

(vgl. Kokemohr, 2007). Er schlägt vor, „Bildung als Prozess aufzufassen und als Prozess der Be- oder Verarbeitung solcher Erfahrungen zu untersuchen, die der Subsumtion unter Figuren eines gegebenen Welt- und Selbstentwurfs widerstehen“ (Kokemohr, 2007, S. 21). Bildung findet also insbesondere dann statt, wenn der bzw. die Lernende mit Fremdem oder widerständigen Erfahrungen konfrontiert wird, welche nicht mit den Figuren seines bzw. ihres bisherigen Welt- und Selbstverhältnisses bewältigt werden können (vgl. auch Koller, 2005b, S. 57). Diese Krisenerfahrungen führen dann zu einer Auseinandersetzung mit den subsumtionsresistenten Erfahrungen, die dann be- und verarbeitet werden (müssen). Durch die Auseinandersetzung mit diesen Erfahrungen verändern sich schließlich die Figuren des Welt- und Selbstentwurfs des Individuums (Kokemohr, 2007, S. 21). Es handelt sich folglich um einen transformatorischen Bildungsbegriff (Koller, 2005a, Koller, 2005b, Koller, 2007). Diese Transformation der Welt- und Selbstverhältnisse grenzt damit den Begriff der *Bildung* von dem des *Lernens* ab. Unter *Lernen* versteht Kokemohr nach Koller (2005a, S. 83) informationstheoretisch gesprochen einen „Prozess der Aufnahme, Aneignung und Verarbeitung neuer Informationen [...], bei dem jedoch der Rahmen, innerhalb dessen die Informationsverarbeitung erfolgt, selber unangetastet bleibt". Bildungsprozesse hingegen seien „Lernprozesse höherer Ordnung, bei denen nicht nur neue Informationen angeeignet werden, sondern auch der Modus der Informationsverarbeitung sich grundlegend ändert" (Koller, 2005a, S. 83-84). Aspekte, die zum *Selbst* gezählt werden können, wie Beliefs, Denkstile und Charaktereigenschaften des Individuums, werden unter dem Begriff der *persönlichen Merkmale* subsumiert (vgl. Abschnitt 2.6.1, S. 51). Die Familiensituation, ein möglicher Migrationshintergrund sowie der kulturelle Hintergrund, den der Schüler bzw. die Schülerin hat, zählen hingegen zur *Welt* und fallen daher unter die Charakterisierung der *Hintergrundmerkmale* (vgl. Abschnitt 2.6.2, S. 63).

Eine schließlich vorgenommene Sinnkonstruktion kann Bewertungen, die sich auf die Situation richten, sowie möglicherweise resultierende Handlungen beeinflussen. Die Lernsituation im Mathematikunterricht kann also als mehr oder weniger interessant oder relevant für den Lernenden bzw. die Lernende gewertet werden. Folglich sind auch verschiedene Handlungen denkbar, die durch eine entsprechend ausgefallene Sinnkonstruktion beeinflusst werden. Wird eine persönliche Relevanz der in der Situation thematisierten Gegenstände oder Handlungen von dem Schüler oder der Schülerin erkannt, kann eine Handlung generiert werden, die normativ positiv gewertet würde (beispielsweise eine weitere Auseinandersetzung mit fachlichen Inhalten). Fällt die Sinnkonstruktion (von einem normativen Standpunkt aus gesehen) eher negativ aus, und wird die Situation mit den darin thematisierten Handlungen und Gegenständen entsprechend negativ gewertet, kann es auch dazukommen, dass Handlungen, die dem Lernen zuträglich wären, abgewiesen werden. So kann eine weitere Beschäftigung mit den Inhalten abgelehnt und stattdessen ein Treffen mit Freundinnen und Freunden vorgezogen werden.

Da das Konzept der Sinnkonstruktion in dieser Arbeit explorierend erarbeitet wird, können keine genauen Aussagen über den expliziten Zusammenhang der angeführten Aspekte und der Sinnkonstruktion gemacht werden. Ohne einen tatsächlichen Einfluss nachzuweisen nehme ich daher lediglich aufgrund theoretischer Überlegungen an, dass die in den folgenden Abschnitten diskutierten Konzepte der persönlichen Merkmale und Hintergrundmerkmale zumindest potentiell eine Wirkung auf die individuell vorgenommenen Sinnkonstruktionen Lernender haben können. Dass sich manche als tatsächlich relevant erweisen, wird in der vorliegenden Studie gezeigt (vgl. Teil C, S. 127); der Nachweis bzw. die Widerlegung für die anderen Aspekte verbleibt jedoch für weitere Forschung.

Die folgenden beiden Teilkapitel 2.6.1 und 2.6.2 (S. 51 bzw. 63) sollen einen Überblick über die als einflussreich angenommenen Aspekte der persönlichen Merkmale und der Hintergrundmerkmale geben. Dazu werden die jeweiligen Konzepte und theoretischen Ansätze kurz dargestellt und ihre mögliche Relevanz für die Sinnkonstruktion aufgezeigt.

2.6.1 Persönliche Merkmale

Persönliche Merkmale kennzeichnen sich, wie im vorangehenden Abschnitt beschrieben, dadurch, dass sie Teil des Individuums sind und (ggf. über einen längeren Zeitraum hinweg) beeinflussbar sind. Unter die persönlichen Merkmale, die für die Konstruktion von Sinn relevant werden können, fallen verschiedene Konzepte der Pädagogischen Psychologie und der Mathematikdidaktik, die in den beiden folgenden Abschnitten dargestellt werden. Daneben können auch persönliche Eigenschaften wie Lerneifer oder Fleiß und das Vorwissen der Lernenden Einfluss auf die Sinnkonstruktion nehmen.

Die unterschiedlichen Charaktereigenschaften können zu unterschiedlichen Herangehensweisen und Arbeitsweisen bei der Auseinandersetzung mit mathematischen Inhalten führen. Beispielsweise bearbeitet ein fleißiger Schüler eher die Hausaufgaben und sieht darin eine gute Vorbereitung auf die nächste Unterrichtsstunde als seine weniger fleißige Mitschülerin. Sie ist in der nächsten Stunde ggf. schlechter vorbereitet und empfindet das Betreiben von Mathematik als Pflichterfüllung. Sie erlebt sich selten als kompetent oder autonom im Unterricht (vgl. folgender Abschnitt). Das Erleben von positiven Emotionen im Unterricht kann also mit persönlichen Eigenschaften im Zusammenspiel mit den psychologischen Grundbedürfnissen zusammenhängen und damit auch mit der Sinnkonstruktion.

Lernende besitzen neben unterschiedlichen persönlichen Eigenschaften auch eine ganz unterschiedliche Lernbiografie. Damit einher geht auch ein unterschiedliches Vorwissen, das sie im Hinblick auf ein bestimmtes Themengebiet oder eine Aufgabe aktivieren können (vgl. Thom, 1973, S. 204). Im schulischen Lernprozess greifen sie auf dieses Vorwissen ebenso wie auf das Wissen, das sie außerhalb des Klassenzimmers erworben haben, zurück und konstruieren auf dieser Basis Sinn. Die Lernenden bringen dabei nach Kilpatrick et al. (2005b, S. 14) neben ihren Alltagserfahrungen auch ihre Vorstellungen zu den Erwartungen der Lehrperson an die Schülerinnen und Schüler sowie der Intention der Schule mit in ihre Sinnkonstruktionen ein. Dementsprechend können die Sinnkonstruktionen der Lernenden stark von den intendierten Sinnkonstruktionen bzw. Sinnangeboten der Lehrpersonen differieren.

2.6.1.1 Konzepte der Pädagogischen Psychologie

Neben persönlichen Eigenschaften und unterschiedlichem Vorwissen werden auch verschiedene Konzepte der Pädagogischen Psychologie als einflussreich auf die Sinnkonstruktion angenommen. Exemplarisch werden hier die Einflussmöglichkeiten der Selbstbestimmungstheorie der Motivation mit den drei psychologischen Grundbedürfnissen nach Autonomieerleben, Kompetenzerleben und sozialer Eingebundenheit sowie das Interesse als Person-Gegenstand-Relation dargelegt. Weitere, hier nicht näher erläuterte Konzepte, die für die Konstruktion von Sinn im Kontext von Mathematiklernen angenommen werden, sind etwa die Zielorientierung (vgl. Ames & Archer, 1988) und das akademische Selbstkonzept (vgl. Möller & Köller, 2004) der Lernenden.

Selbstbestimmungstheorie der Motivation
In der Motivationsforschung ist eine Abgrenzung von intrinsischer und extrinsischer Lernmotivation geläufig. Dabei setze sich, folgt man Elke Wild, Manfred Hofer und Reinhard Pekrun (2001, S. 221), ein intrinsisch motiviertes Individuum mit einem Lerngegenstand um seiner selbst willen auseinander, wohingegen bei der extrinsischen Motivation die Intensität der Lernanstrengung vom Ausmaß der in Aussicht gestellten Anreize abhängt. Eine solche Abgrenzung ist nicht unproblematisch, so dass u. a. Falko Rheinberg (1997) vorschlägt, auf diese Begrifft zu verzichten (vgl. auch Wild, Hofer und Pekrun, 2001, S. 221). Edward Deci und Richard Ryan unterscheiden motivierte Handlungen im Rahmen der *Selbstbestimmungstheorie der Motivation* feiner, nämlich nach dem Grad ihrer Selbstbestimmung bzw. nach dem Ausmaß ihrer Kontrolliertheit (oder Regulation) (vgl. Deci & Ryan, 1993, Ryan & Deci, 2002). Intrinsisch motivierte Handlungen seien danach *per definitionem* selbstbestimmt, da sie um ihrer selbst willen ausgeführt werden, also autotelisch seien. Extrinsisch motivierte Verhaltensweisen stellen keinen Gegenpol zur intrinsischen Motivation dar. Sie können durch Regulationsprozesse der Internalisation und Integration in selbstbestimmte Verhaltensweisen überführt werden (Deci & Ryan, 1993, S. 226-227). *Internalisation* beschreibt dabei einen „Prozeß, durch den externale Werte in die internalen Regulationsprozesse einer Person übernommen werden“ (Deci & Ryan, 1993, S. 226-227); *Integration* charakterisiert dann den weiteren „Prozeß, der die internalisierten Werte und Regulationsprinzipien dem

individuellen Selbst eingliedert“ (Deci & Ryan, 1993, S. 226-227). Somit ist also eine graduelle Unterscheidung des Grades der Verinnerlichung externaler Werte in das Selbst möglich.

Zwischen den Prototypen der Amotivation, also dem Zustand des Fehlens einer Handlungsintention, und der intrinsischen Motivation, also dem Zustand des Handelns aus Interesse und innerer Befriedigung heraus, ordnen Ryan und Deci (2002, S. 14-20; 1993, S. 226-228) vier Bereiche auf einem Kontinuum der extrinsischen Motivation an, die sich im Grad ihrer Autonomie in eher kontrollierte bzw. eher selbstbestimmte Handlungen unterscheiden. Die *externale Regulation* kennzeichnet Handlungen, die zwar intentional, jedoch stark von äußeren Steuerungsfaktoren abhängig sind, so dass sie weder als freiwillig noch als autonom zu bezeichnen sind. Sie werden ausgeführt, um Belohnungen zu erlangen oder eine Bestrafung zu vermeiden. *Introjizierte Regulation* charakterisiert Handlungen, die nicht mehr durch äußere Handlungsimpulse angeregt, sondern durch innere Anstöße oder inneren Druck initiiert werden. Die zugehörigen Regulatoren sind zwar von der Person internalisiert, jedoch nicht als Teil des Selbst integriert. Diese Handlungen werden beispielsweise ausgeführt, um ein schlechtes Gewissen zu vermeiden oder das Selbstwertgefühl zu steigern. Die *identifizierte Regulation* stellt eine stärker selbstbestimmte Form der extrinsischen Motivation dar, da die mit ihr verbundenen Handlungen als persönlich wichtig gewertet werden. Die persönliche Relevanz einer Handlung ist in der Identifikation der Person mit zugrunde liegenden Zielen und Werten begründet. Bei der *integrierten Regulation* identifiziert sich das Individuum mit den einer Handlung zugrunde liegenden Zielen, Normen und Handlungsstrategien. Es bringt diese in Einklang mit seinen Bedürfnissen und integriert sie in sein Selbstkonzept. Obgleich diese Handlungen freiwillig vorgenommen werden, werden sie als extrinsisch gewertet, da sie auf das Erlangen eines bestimmten Ergebnisses zielen und nicht primär ausgeführt werden, um das eigene Interesse zu befriedigen oder Freude zu erleben. Sie sind also instrumenteller Natur obgleich das Ergebnis als wertvoll für das Selbst erachtet wird. Integrierte Regulation als am stärksten selbstbestimmte Form der extrinsischen Motivation stellt zusammen mit intrinsischer Motivation die Grundlage selbstbestimmten Handelns dar (Deci & Ryan, 1993, S. 228).

Diese unterschiedlichen Arten der Regulation lassen sich auch im Kontext schulischen Mathematiklernens erkennen. Setzt sich ein Schüler oder eine Schülerin etwa aus persönlichem Interesse mit fachlichen Inhalten auseinander, handelt er bzw. sie intrinsisch motiviert. Geschieht diese Auseinandersetzung mit Mathematik, da er bzw. sie von sich das Bild hat, ein guter Schüler bzw. eine gute Schülerin zu sein, steht sie in Einklang mit dem Selbstbild des Schülers bzw. der Schülerin und wird als persönlich wertvoll angesehen. Ihr liegt also integrierte Regulation zugrunde. Wird mit der Beschäftigung mit Mathematik bzw. dem Lernen von Mathematik das Ziel verfolgt, ein möglichst gutes Abitur zu erlangen, um danach das Wunschstudium aufnehmen zu können, wird damit ein selbstgestecktes Ziel verfolgt. Es handelt sich folglich um identifizierte Regulation, eine Regulationsform, die nicht mehr *per se* als selbstbestimmt betrachtet werden kann, jedoch vom Individuum als wichtig erachtet wird. Introjiziert ist die Regulation, wenn der Schüler bzw. die Schülerin Mathematik betreibt, da es auch alle anderen Mitschülerinnen und -schüler tun und er bzw. sie sonst ein schlechtes Gewissen hätte. Bei externaler Regulation findet eine Auseinandersetzung mit dem Fach lediglich aufgrund äußeren Drucks beispielsweise durch die Eltern statt bzw. um angedrohten Strafen zu entgehen.

Dass aufgrund der unterschiedlichen zugrunde liegenden Motivationsform auch verschiedene Sinnkonstruktionen vorgenommen werden, ist nahe liegend. Die Auseinandersetzung mit Mathematik bzw. damit einhergehende Handlungen werden unterschiedlich stark als persönlich relevant gewertet, sodass diese in differenten Sinnkonstruktionen münden. Integriert regulierte extrinsische Motivation oder gar intrinsische Motivation könnte beispielsweise in der Einstellung einer Lernerin münden, Mathematik sei wichtig für das eigene Leben. Geschieht die Auseinandersetzung mit Mathematik lediglich durch external oder introjiziert regulierte extrinsische Motivation, könnte ein Schüler den Sinn konstruieren, dass die Auseinandersetzung mit Mathematik allein zum Bestehen der nächsten Klassenarbeit wichtig sei.

Psychologische Grundbedürfnisse nach Autonomie, Kompetenz und sozialer Eingebundenheit

Die Selbstbestimmungstheorie der Motivation (vgl. Deci & Ryan, 1993, Ryan & Deci, 2002) geht von drei verschiedenen Quellen motivationaler Energien für menschliches Verhalten aus: physiologische Bedürfnisse (Triebe), Emotionen und psychologische Bedürfnisse. In empirischen Studien konnten drei psychologische Grundbedürfnisse identifiziert werden, die für die Förderung intrinsischer Motivation, sozialer Entwicklung und dem eigenen Wohlergehen essentiell sind (Ryan & Deci, 2000). Diese *basic needs* sind das Bedürfnis nach Kompetenz, Autonomie und sozialer Eingebundenheit[8] (Deci & Ryan, 1993, S. 229). Sie

[8] Statt der Begriffe *Kompetenz, Autonomie* und *soziale Eingebundenheit* werden auch die der *Wirksamkeit, Selbstbestimmung* und *sozialen Zugehörigkeit* bzw. im Englischen *competence, autonomy* und *(social) relatedness* verwendet (vgl. Deci & Ryan, 1993, S. 229).

sind *per definitionem* universal, d. h. sie bezeichnen angeborene Bedürfnisse, die als kulturell übergreifend und über alle Entwicklungsstufen persistent angenommen werden (Ryan & Deci, 2002, S. 7). Da jedoch in verschiedenen Kulturen bestimmte Werte und Ziele unterschiedlich stark ausgeprägt sind, kann auch die Ausprägung der Bedürfnisse bzw. die damit einhergehenden Handlungen variieren (Ryan & Deci, 2002, S. 26).

Das Bedürfnis nach Kompetenz zielt darauf, sich selbst als effektiv in den eigenen Interaktionen mit der sozialen Umwelt zu erleben und Gelegenheiten zu suchen, in denen die eigenen Fähigkeiten geübt und ausgedrückt werden können. Dies geschieht etwa durch die Suche nach Herausforderungen, die den eigenen Fähigkeiten angemessen sind. Kompetenz ist dabei nicht die erworbene Fähigkeit oder Fertigkeit, sondern das Gefühl von Selbstvertrauen und Erfolgswirksamkeit. Soziale Eingebundenheit bezieht sich auf das soziale Verbindungsgeflecht, in dem sich ein Individuum befindet. Wichtig ist dabei ein Gefühl der sozialen Geborgenheit, also Zugehörigkeit zu einer gewissen Gruppe, die sich dadurch auszeichnet, dass ihre Mitglieder füreinander da sind und jeder eine akzeptierte Position inne hat. Im Unterricht umfasst dies etwa die jeweilige Rolle, die ein Schüler oder eine Schülerin im Klassenverband einnimmt sowie sein bzw. ihr Verhältnis zur Lehrperson. Das Erleben von Autonomie schließlich kennzeichnet sich durch selbstbestimmtes Handeln, bei dem das Individuum sich selbst als Quelle der eigenen Handlung wahrnimmt. Dabei geschehen diese Handlungen auf Basis von Interesse oder integrierten Werten. Dies heißt jedoch nicht, dass Autonomieerleben und das Befolgen von Anweisungen Widersprüche sind. Auch wenn im Unterricht beispielsweise Arbeitsanweisungen gegeben werden, können diese durch autonome Handlungen erfüllt werden, indem etwa eigene Lösungsstrategien gewählt werden (Ryan & Deci, 2002, S. 7-8).

Die drei *basic needs* werden als relevant für die Sinnkonstruktion angenommen, da sie sich positiv auf die Auseinandersetzung mit mathematischen Inhalten auswirken können. Sich selbst als kompetent zu erleben, etwa nachdem eine Aufgabe korrekt gelöst wurde, befördert eine positive Einstellung zum Fach und hat damit Auswirkungen auf die Motivation und das Interesse, die mit der Auseinandersetzung einher gehen. Erleben die Schülerinnen und Schüler sich selbst im Unterricht als sozial eingebunden, fühlen sie sich in der Gruppe der Lernenden sowie in der Beziehung zur Lehrperson aufgehoben und wertgeschätzt. Sie sind ein Teil einer Gemeinschaft, in der sie ihren sicheren Platz haben. Können sie selbst entscheiden, wie sie sich mit Inhalten auseinandersetzen bzw. welche Inhalte sie bearbeiten wollen, führt das zum Erleben von Autonomie (vgl. auch Ryan & Deci, 2002, S. 7).

Verschiedene Forschungsbefunde haben gezeigt, dass die Unterstützung der drei psychologischen Grundbedürfnisse eine wichtige Bedingung für die Genese und das Aufrechterhalten von einer auf Selbstbestimmung beruhender intrinsischer Motivation bzw. integrierter extrinsischer Motivation ist. Auf diese, ebenso wie auf integrierte Selbstregulation, sei wiederum effektives Lernen angewiesen. Ein Umfeld, welches das Bestreben nach Autonomie, Kompetenz und sozialer Eingebundenheit unterstützt, ist dementsprechend maßgeblich für den Lernerfolg und die Entwicklung des individuellen Selbst (Deci & Ryan, 1993, S. 232-236). Gebhard (2003, S. 210) fasst die drei *basic needs* unter dem „Dach eines grundlegenden Sinnbedürfnisses" zusammen:

> Subjektiv empfundener Sinn ist nur möglich, wenn man damit in Kontakt mit der sozialen Umgebung bleibt bzw. diesen damit herstellt. Kompetenz verstanden als wirksames Verstehen relevanter Umweltausschnitte ist sinnkonstituierend und schließlich ist die Anerkennung des selbstbestimmten Lernens zugleich die Anerkennung von subjektiven Wegen und Interpretationen.

Gebhard stellt also einen expliziten Zusammenhang zwischen der Erfüllung der drei psychologischen Grundbedürfnisse und sinnerfülltem Lernen und damit auch der Sinnkonstruktion her.

Interesse

Nach Wild, Hofer und Pekrun (2001, S. 220) ist Interesse ein Element der Lernmotivation, das sich durch eine positive und wertschätzende Beziehung zu einem spezifischen Gegenstand auszeichnet. Die Auseinandersetzung mit diesem Gegenstand werde daher 'als Ziel an sich' angestrebt. Interesse ist auf diese Weise gegenstandsspezifisch und grenzt sich damit von anderen motivationalen Theorien ab.

Die Münchner Interessentheorie, die von der Forschungsgruppe um Ulrich Schiefele und Andreas Krapp entwickelt wurde, charakterisiert Interesse als eine „bedeutungsmäßig hervorgehobene Person-Gegenstands-Relation" (Krapp, 1992, S. 307), die sowohl hinsichtlich aktueller Auseinandersetzungen mit einem Gegenstand (situationales Interesse) als auch bezüglich habitueller oder dispositionaler Strukturen (persönliches Interesse) untersucht werden kann. Bei einer Auseinandersetzung mit dem Interessengegenstand kann situationales Interesse generiert und persönliches Interesse aktualisiert werden. Unter einem Gegenstand versteht Krapp dabei eine Sinn- oder Bedeutungseinheit, d. h. ein subjektiv bestimmter Ausschnitt der sozialen, dinglichen und ideellen Umwelt, der strukturiert wahrgenommen und kognitiv repräsentiert wird. Diese Umweltausschnitte können neben Sachen auch allgemeine Zustände, Veränderungen, Ereignisse und Zusammenhänge sein. Sie haben eine unterschiedliche Wertigkeit für das Individuum und können vorübergehend oder dauerhaft zum Gegenstand des Interesses werden (Krapp, 1992, S. 304-309; 1999, S. 396-397).

Zur genaueren Beschreibung interessenorientierter Handlungen werden zwei Charakterisierungseigenschaften herangezogen: emotionale Tönung und Wertaspekt. Die emotionale Tönung einer Interessenhandlung bezieht sich auf das Erleben überwiegend positiver Gefühle. Krapp (1992, S. 310-312; 1999, S. 398) unterscheidet in Anlehnung an Prenzel (1988) verschiedene Faktoren, die das positive emotionale Erleben generieren können. Positive Emotionen können mit dem Interessengegenstand in Verbindung gebracht werden. Die Auseinandersetzung mit dem Gegenstand wird als angenehm und anregend erfahren. Es kann Freude, angenehme Spannung oder *flow*, also ein völliges Aufgehen in der Tätigkeit und der Situation (Csikszentmihalyi, 1987, S. 59), erlebt werden. Daneben sind auch die *basic needs*, also das Erleben von Kompetenz, Autonomie und sozialer Eingebundenheit (s. o.), relevant für die Genese oder die Aktualisierung von Interesse. Werden sie erfüllt, können positive Emotionen erlebt werden, die wiederum mit dem Gegenstand und der Auseinandersetzung mit ihm zugeschrieben werden. Eine positive emotionale Tönung kann also durch Erfüllung der psychologischen Grundbedürfnisse hervorgerufen werden. Die Interessentheorie wird damit als anschlussfähig an die Selbstbestimmungstheorie nach Deci und Ryan (s.o.) postuliert. Die wertbezogene Merkmalskomponente verweist nach Krapp (1992, S. 310-316; 1999, S. 399) auf die Selbstintentionalität, die die Auseinandersetzung mit dem Gegenstand kennzeichnet. Diese stellt einen eigenständigen Wert dar. Dementsprechend widerfährt dem Gegenstand bei gleichen Ausgangsbedingungen anderen Gegenständen gegenüber eine Präferenz, da er diesen vorgezogen werde. Der Wertbezug des Interesses zeigt auf diese Weise eine starke Ich-Nähe und besitzt damit eine herausgehobene subjektive Bedeutung für das Individuum. Hierin kennzeichnet sich die persönliche Relevanz des Interessengegenstandes, die wiederum konstitutiv für die Sinnkonstruktion ist. Neben den beiden Bestimmungsmerkmalen *kognitive Prägung* und *Wertaspekte* wird von Krapp (1992, S. 310-311) auch *kognitive Ausprägung* genannt. Grundlegend dafür ist, dass eine Handlung aus Interesse auf „relativ differenzierte (komplexe) kognitive Schemata im Bereich des Interessengegenstands zurückgreifen kann und zugleich zu einer Erhöhung der kognitiven Komplexität führt". Für eine definitorische Bestimmung sei dieses Merkmal jedoch nicht notwendig, da es genüge, dass das Individuum ein Vorwissen über den Gegenstand habe.

Die Inhalte, die beim Lernen als persönlich sinnvoll erlebt werden, geben Mathew Mitchell (1993, S. 427) zufolge den Schülerinnen und Schülern Kraft und versetzen sie in die Lage, ihr Interesse am Unterricht und den darin vermittelten Lerngegenständen zu halten. Mitchell bezeichnet diese Sinnhaftigkeit der Gegenstände (*meaningfulness*) dementsprechend auch als *hold facet*, also als eine Facette, die es schafft, die Aktivität der Lernenden im Unterricht aufrecht zu erhalten. Dabei charakterisiert er *meaningfulness* im Kontext schulischen Lernens folgendermaßen: "Meaningfulness refers to students' perception of the topics under study in their mathematics class as meaningful to them in their present lives" (Mitchell, 1993, S. 427). Diese Beschreibung zeigt, dass auch Mitchell die Perspektive der Schülerinnen und Schüler einnimmt und die Rolle, die die Lerngegenstände aus dem schulischen Unterricht für ihr Leben spielen, als konstituierende Eigenschaft für die Charakterisierung von Sinn heranzieht.

Unter Rückbezug auf Mitchell (1993) beschreibt Angelika Bikner-Ahsbahs (2005, S. 37) dass bei Schülerinnen und Schülern, die ein Engagement in Aktivitäten als sinnvoll oder persönlich bedeutungsvoll empfinden, eine Identifikation mit den behandelten Inhalten oder Ideen entstehe. Dies wiederum führe zu selbstbestimmter Motivation. Darüber hinaus stellt sie fest, dass sich während einer Interessenaktivität die Aspekte wachsender Identifikation, des Involviertseins und der individuellen Sinn- und Bedeutungskonstruktionen gegenseitig bedingen und vorantreiben (Bikner-Ahsbahs, 2005, S. 50):

> Engagement und zunehmende individuelle Bedeutungskonstruktion fördern den Prozess der Identifikation mit dem Gegenstand, und zunehmende Identifikation mit dem Gegenstand kann zu einem intensiveren Engagement und weiterführender Sinn- und Bedeutungskonstruktion beitragen.

Versteht man Interesse als Person-Gegenstand-Beziehung, zeigt sich hier also, dass es sowohl als Voraussetzung als auch als Auswirkung für Sinnkonstruktion relevant werden kann.

2.6.1.2 Konzepte der Mathematikdidaktik

Neben pädagogisch-psychologischen Konzepten werden auch Konzepte der Mathematikdidaktik als einflussreiche Faktoren für die Sinnkonstruktion angenommen. Dies wird exemplarisch an mathematischen Beliefs und dem mathematischen Weltbild sowie an dem Konzept der mathematischen Denkstile aufgezeigt. Weitere relevante Aspekte werden außerdem hinsichtlich verschiedener Grundvorstellungen (vgl. vom Hofe, 1995) vermutet, wenn stärker konkrete fachliche Inhalte im Fokus stehen, als es in der vorliegenden Studie der Fall war.

Mathematische Beliefs und mathematisches Weltbild

Obgleich bisher keine allgemein akzeptierte Begriffsbestimmung für mathematische Beliefs vorliegt (Törner, 2002, S. 103), können ein paar in der Mathematikdidaktik oftmals geteilte Aspekte beschrieben werden: Der Begriff der *mathematischen Beliefs* bezeichnet allgemein epistemologische (Grund-) Überzeugungen dazu, was Mathematik ist und wie Mathematik verstanden wird (Köller, Baumert & Neubrand, 2000; Törner, 2002, S. 103). Nach Günter Törner (2002, S. 109) können Beliefs „Aussagen, Auffassungen, Vermutungen, Assoziationen, Überzeugungen, Philosophien, Vorstellungen, Einstellungen oder auch Ideologien sein, ja auch mentale Bilder können ebenfalls als ‚Beliefs' fungieren". Beliefs setzen sich zusammen aus relativ überdauerndem subjektivem Wissen über die sie betreffenden Objekte oder Angelegenheiten sowie die damit einhergehenden Emotionen und Haltungen. Damit zeichnen sie ein subjektives Bild von der Mathematik als Wissenschaft, als Unterrichts- oder Studienfach, über Lehren und Lernen von Mathematik sowie von dem Individuum selbst und anderen Personen als Mathematik treibende Personen. Beliefs können dabei – wie auch Sinnkonstruktion – bewusst oder unbewusst sein (Grigutsch, Raatz & Törner, 1998, S. 9; Kaiser & Maaß, 2006; Maaß, 2006, S. 119; Schoenfeld, 1985, S. 157; Törner, 2002, S. 119).

Das mathematische Weltbild einer Person setzt sich aus diesen verschiedenen Beliefs zusammen (Maaß, 2006, S. 119). Es beschreibt ein System von Einstellungen gegenüber der Mathematik, dem Lernen von Mathematik, dem Lehren von Mathematik sowie gegenüber der Person selbst und anderen Menschen als Betreibende von Mathematik. Der Begriff der *Einstellung* wird dabei gekennzeichnet durch zwei verschiedene Aspekte: Eine Einstellung stellt einerseits eine Bereitschaft zur Reaktion auf eine bestimmte Situation dar, außerdem wird durch sie eine gewisse Konsistenz der Reaktionen gegeben. Einstellungen sind also Persönlichkeitsdispositionen und damit latente Variablen, die nicht direkt erforschbar sind. So ist eine Beobachtung über Indikatoren oder Auswirkungen (Effekte) von Einstellungen notwendig (Grigutsch, Raatz, & Törner, 1998, S. 5-6). Die zuvor genannten Kategorien des mathematischen Weltbildes sind facettenreich und lassen sich weiter unterteilen. Das mathematische Weltbild setzt sich also aus differenzierten Einstellungen und Vorstellungen zu den verschiedensten Bereichen zusammen. Seine Ausprägung zeigt sich dabei in den Ausprägungen der einzelnen Einstellungen sowie in den Beziehungen zwischen diesen (Grigutsch et al., 1998, S. 9-10).

Sowohl das mathematische Weltbild als auch die mathematischen Beliefs einer Person kennzeichnen also das subjektive Bild, welches diese von der Mathematik und den damit in Zusammenhang stehenden Bereichen hat. Dieses Bild entsteht zu großen Teilen bei der Beschäftigung mit Mathematik im schulischen Unterricht sowie der Auseinandersetzung mit Mathematik in der realen Welt. Beliefs und Weltbild beeinflussen das Verhalten der Person in mathematischen Situationen dadurch, dass eine Gewichtung von Wissen und Handlungen vorgenommen wird, die als möglich, angemessen und relevant für die Lösung des gestellten Problems erscheint. Entsprechend werden dann bestimmte Ideen oder kognitive Ressourcen genutzt (Schoenfeld, 1985, S. 157, 184; 1998, S. 21).

Auswirkungen auf die Handlungen der Lernenden sind äußerst stark und haben zum Teil negative Konsequenzen (Schoenfeld, 1992, S. 359). Alan Schoenfeld (1988, S. 159-160) beschreibt, dass Schülerinnen und Schüler in einer von ihm durchgeführten Fragebogenstudie die Einstellung vertreten, dass sich die Zeit, die sich die Lernenden mit einem mathematischen Problem auseinandersetzen, bevor sie wissen, dass dies nicht lösbar sei, auf 11,7 Minuten belaufe (n = 227). Durch diese Einstellung bringen sie beispielsweise den Belief über das Wesen von Mathematik zum Ausdruck, dass mathematische Probleme nach einer relativ kurzen Zeit lösbar seien, oder aber – sollte sich bis dahin keine Lösung abzeichnen – sich als unlösbar herausstellen. Dieser Belief beeinflusst ihr Verhalten insofern, so Schoenfeld (1992, S. 359), dass die Lernenden die Bearbeitung eines mathematischen Problems nach kurzer Zeit abbrechen. Dies geschehe auch dann, wenn eine darüber hinausgehende Beschäftigung mit den Inhalten vielleicht doch zu einer Lösung geführt hätte. Dieses Erfolgserlebnis bleibt ihnen durch den schnellen Abbruch der Bearbeitung jedoch verwehrt.

An dieser Stelle liegt ein möglicher Zusammenhang zwischen Beliefs und Sinnkonstruktion vor. Schoenfeld beschreibt, dass manche Schülerinnen und Schüler sich zunächst mit der gestellten Aufgabe auseinandersetzen, die Bearbeitung dann aber abbrechen. Bis zu diesem Zeitpunkt hatte die Auseinandersetzung mit der Aufgabe also einen Sinn für die Lernenden. Vielleicht fanden sie die Aufgabe interessant, wollten für die nächste Klassenarbeit üben oder eine Auseinandersetzung mit der Lehrperson vermeiden. Durch die subjektiv als zu lang empfundene Bearbeitungszeit brechen sie die Bearbeitung dann jedoch ab. Als Grund ist denkbar, dass sie keinen Sinn mehr darin erkennen können, sich weiter mit der Aufgabe zu beschäftigen, da diese nicht lösbar zu sein scheint. Langeweile und Frustration können andere intervenierende Bedingungen sein. Der Wunsch nach der Beschäftigung mit dem neuen Computerspiel oder ein Treffen mit dem Freundeskreis gewinnt an persönlicher Relevanz. Die Lernenden handeln dementsprechend: Die Mathematikaufgabe wird zur Seite gelegt, und andere Aktivitäten werden stattdessen aufgenommen.

Ein weiterer Zusammenhang zwischen mathematischen Beliefs, mathematischem Weltbild und Sinnkonstruktion hängt mit der Ausprägung des Beliefs zu Mathematik zusammen, der nach Stefan Grigutsch (1996, S. 97 ff.) in folgende Kategorien unterteilt werden kann: Prozessaspekt, Anwendungsaspekt, Formalismusaspekt und Schemaaspekt (vgl. auch Grigutsch et al., 1998, S. 11-12; Kaiser & Maaß, 2006; Köller et al., 2000, S. 235; Maaß, 2006, S. 119; Törner, 2002, S. 120-121). Je nachdem also, welcher Belief bei einem Schüler oder einer Schülerin am ausgeprägtesten ist, nimmt er bzw. sie auch die ihm bzw. ihr gestellten Aufgaben unterschiedlich wahr. Damit einhergehend können auch verschiedene Arten von Sinn konstruiert werden, die mit dieser Aufgabe in Zusammenhang stehen. Werden die Lernenden beispielsweise aufgefordert, mehrere kalkülorientierte Aufgaben zur Übung zu rechnen, geht dies gut einher mit Beliefs, die dem Schema- oder Formalismusaspekt nahe stehen. Dem Anwendungs- oder Prozessaspekt hingegen kommt eine solche Aufgabenstellung weniger entgegen. Dementsprechend werden die aus der Sinnkonstruktion eines Schülers mit Schema- oder Formalismusorientierung entstehenden Handlungen eher positiv ausfallen, wohingegen eine Schülerin mit Beliefs, die primär dem Anwendungs- oder Prozessaspekt zugeordnet werden können, eher eine nutzenorientierte Sinnkonstruktion vornehmen und sich vom Gegenstand abwenden wird.

Mathematische Denkstile

Der mathematische Denkstil beschreibt „die von einem Individuum bevorzugte Art und Weise, mathematische Sachverhalte und Zusammenhänge durch gewisse interne Vorstellungen und/oder externe Darstellungen zu repräsentieren und durch gewisse Vorgehensweisen zu verarbeiten“ (Borromeo Ferri, 2004, S. 168). Es sind also zwei Komponenten zentral: einerseits die Art der Repräsentation als interne Vorstellung oder externe Darstellung, andererseits die ganzheitliche bzw. zergliedernde Vorgehensweise bei der Auseinandersetzung mit mathematischen Inhalten.

Rita Borromeo Ferri (2004, S. 170) charakterisiert drei verschiedene Denkstile, die sie empirisch basiert rekonstruieren konnte. Lernende mit visuellem Denkstil bevorzugen bildliche interne Vorstellungen und externe Darstellungen. Mit Hilfe anschaulicher Darstellungen, die oftmals durch Assoziationen zu erlebten Situationen geprägt sind, erfassen sie mathematische Sachverhalte und Zusammenhänge ganzheitlich. Lernende, die analytische Denkerinnen und Denker sind, präferieren interne formale Vorstellungen und externe formale Darstellungen. Ihre Vorgehensweise ist zergliedernd, dahingehend dass mathematische Sachverhalte und Zusammenhänge vorzugsweise durch schrittweises

Nachvollziehen anhand bestehender symbolischer oder verbaler Darstellungen erfasst werden. Integrierte Denkerinnen und Denker schließlich präferieren Elemente aus mehreren mathematischen Denkstilen, hängen also einem gemischt-kombinierenden Denkstil an. Sie sind flexibel bei der Auseinandersetzung mit Aufgaben und springen zwischen internen bildlichen und formalen Vorstellungen und den dazugehörigen Darstellungen und Vorgehensweisen. Theoretisch sind neben diesen auch bildlich-zergliedernde und symbolisch-ganzheitliche Denkstile vorstellbar, sie konnten in der Studie von Borromeo Ferri jedoch nicht empirisch nachgewiesen werden.

Da es sich beim mathematischen Denkstil um Präferenzen der Individuen handelt, steht hier, wie auch bei der Sinnkonstruktion, das Individuum im Vordergrund. Die mathematische Sozialisation muss dabei immer mit gedacht werden, da Schülerinnen und Schüler der Sekundarstufe bereits von verschiedenen Lehrpersonen mit den ihnen eigenen Denkstilen unterrichtet wurden. Diese haben ggf. bestimmte Arten der Auseinandersetzung mit mathematischen Inhalten präferiert, so dass die Schülerinnen und Schüler diese übernommen haben. Dementsprechend kann etwa die Anfertigung von Hilfszeichnungen von analytisch denkenden Lernenden den sie umgebenden Unterrichtsanforderungen geschuldet sein, obgleich sie für die eigene präferierte Herangehensweise wenig förderlich sind. Unterschiedliche Denkstile von Lernenden und Lehrperson können dabei ursächlich sein für Schwierigkeiten der Lernenden. Sie können u. U. die Erklärungen der Lehrperson nicht vollständig nachvollziehen und auch die Lehrperson kann die Schülerin bzw. den Schüler nicht bis ins letzte verstehen, da ihre unterschiedlichen Vorgehensweisen die Beteiligten im gegenseitigen Verständnis behindern. Sie sprechen sozusagen in unterschiedlichen Sprachen miteinander (Borromeo Ferri, 2004, S. 171). Die Probleme, die dadurch ggf. für die Lernenden auftauchen, können für die Schülerinnen und Schüler in einem Zweifel an den eigenen mathematischen Fähigkeiten münden.

Dieses Zusammenspiel der Denkstile der Lehrperson und der Schülerinnen und Schüler liefert einen möglichen Zusammenhang zwischen Sinnkonstruktion und Denkstil. Haben eine Schülerin und ihre Lehrperson den gleichen Denkstil, ist es wahrscheinlich, dass der Unterrichtsstil die Schülerin in ihrer präferierten Sinnkonstruktion unterstützt. Kommt es hingegen zu Differenzen im Denkstil und damit einhergehend zu Schwierigkeiten der Lernenden, kann es vorkommen, dass die Schülerin ihre präferierte Sinnkonstruktion nicht vornehmen kann. Nehmen wir beispielsweise an, dass die Schülerin eine visuelle Denkerin ist, für die es persönlich relevant ist, dass Mathematik im Leben angewendet werden kann. Ihre Lehrerin auf der anderen Seite sei eine analytische Denkerin.

Wenn im Unterricht wenig bis keine Anwendungsbezüge thematisiert werden und statt bildlicher Vor- und Darstellungen eher symbolische Repräsentationen bevorzugt werden, ist eine erfolgreiche Sinnkonstruktion zur Anwendung im Leben wenig wahrscheinlich. Sie kommt mit ihren Bedürfnissen und ihrer Denkstruktur, für die Assoziationen zu erlebten Situationen relevant sind, nicht vor. Durch die Sozialisation der Unterrichtsanforderungen, denen sich die Schülerin ausgesetzt sieht, funktionalisiert sie ihre Sinnkonstruktion u. U. dahingehend um, dass das Lernen von Mathematik für sie persönlich relevant wird, um Pflichten, die an sie gestellt werden, zu erfüllen bzw. Prüfungen zu bestehen.

2.6.2 Hintergrundmerkmale

Neben den gerade geschilderten persönlichen Merkmalen werden auch verschiedene Hintergrundmerkmale des Individuums als einflussreich für die Sinnkonstruktion angenommen. Als Hintergrundmerkmal verstehe ich dabei Merkmale, die vom Individuum nicht beeinflussbar sind. Darunter fallen etwa das Alter der Person sowie der familiäre und der kulturelle Hintergrund. Die beiden folgenden Abschnitte geben einen Einblick in die Einflussmöglichkeiten des familiären und kulturellen Hintergrundes auf die Sinnkonstruktionen der Lernenden.

2.6.2.1 Familie

Der familiäre Hintergrund, wie er in dieser Arbeit verstanden wird, umschließt zum einen den sozio-ökonomischen Hintergrund des Individuums sowie zum anderen seinen familiären Rückhalt. Der Zusammenhang des sozio-ökonomischen Hintergrundes der Familie mit den Bildungschancen ihrer Kinder und insbesondere deren Leistungen in Mathematik wurde etwa durch die PISA-Studien gezeigt (vgl. Ehmke, Hohensee, Heidemeier & Prenzel, 2004, S. 235). Ein Bildungsgang, der durch eine positive Perspektive und Bildungserfolg gekennzeichnet ist, legt ggf. andere Sinnkonstruktionen nahe als einer, der durch Schwierigkeiten und Hindernisse geprägt ist. In letztgenanntem Fall kann eine Auseinandersetzung mit fachlichen Inhalten aus Pflichterfüllung oder zum Bestehen von Prüfungen ggf. eher nahe liegen als die Arbeit an der eigenen Perfektionierung.

Der familiäre Rückhalt der Lernenden äußert sich u. a. darin, welchen Anteil Familienangehörige an den schulischen Leistungen des Kindes nehmen und welche Unterstützungsmöglichkeiten seitens der Familie angeboten werden.

Die Lernenden können beispielsweise in ihrem Lernprozess durch regelmäßige Begleitung durch Familienangehörige in Form von Hausaufgabenhilfe oder -kontrolle begleitet werden. Eine Unterstützungsmaßnahme bei nicht ausreichender fachlicher Kompetenz der Familienangehörigen kann die Ermöglichung von Privatunterricht etwa in Form von Nachhilfe oder dem Besuch von Tutoriumskursen sein. Das Ausmaß der Unterstützung kann dabei Einfluss haben auf das Maß der Anerkennung, welches Lernende von ihren Familien bekommen und damit einhergehend das Streben nach positiver Außenwirkung unterstützen oder weniger relevant werden lassen. Es ist dabei anzumerken, dass sowohl geringe als auch intensive Anteilnahme und Unterstützung der Familie zu einem starken Streben nach positiver Außenwirkung führen kann, da entweder der intensiven Unterstützung entsprochen werden kann oder gerade die fehlende Anteilnahme zu intensivem Streben nach Anerkennung führt. Werden von der Familie bestimmte Sinnkonstruktionen befürwortet bzw. positiv herausgehoben, kann angenommen werden, dass sie auch eher von den Heranwachsenden befürwortet werden.

Sowohl der sozio-ökonomische als auch der familiäre Hintergrund eines Schülers oder einer Schülerin kann also Auswirkungen auf die Sinnkonstruktion haben, da es ihn bzw. sie etwa im Denken und in seinen bzw. ihren Einstellungen prägt und dementsprechend bestimmte Handlungen und Sinnkonstruktionen nahe legt.[9] Da ein Mensch durch sein soziales Umfeld und insbesondere seine Familie geprägt wird, geht beides auch in den kulturellen Hintergrund der Person ein. Dieser wird im folgenden Abschnitt mit Sinnkonstruktion in Zusammenhang gebracht.

2.6.2.2 Kultur

Der Begriff *Kultur* ist vielschichtig und schwierig zu definieren, so dass eine Vielzahl unterschiedlicher Definitionen existiert (Thomas, 2005, S. 21). Der holländische Sozialpsychologe und Anthropologe Geert Hofstede grenzt die Breite des Begriffs ein, indem er zwischen zwei verschiedenen Kulturbegriffen unterscheidet (2001, S. 2-4): *Kultur 1* oder „Kultur im engeren Sinne" (Hofstede, 2001, S. 3) umfasst die Bereiche der Zivilisation und der Verfeinerung des Geistes. Hierunter fallen speziell Bildung, Kunst und Literatur. *Kultur 2* versteht er als „kollektive Programmierung des Geistes" (Hofstede, 2001, S. 4), durch die sich Mitglieder einer Gruppe oder Kategorie von Menschen von einer anderen unterschei-

[9] Beide Aspekte werden in der vorliegenden Arbeit nicht explizit untersucht, so dass zum tatsächlichen Zusammenhang dieses Aspekts keine Aussagen gemacht werden können.

den. Unter einer Gruppe von Menschen versteht Hofstede (Hofstede, 2001, S. 4) eine Anzahl von Menschen, die zueinander in Kontakt stehen. Menschen, die in eine Kategorie fallen, müssen nicht unbedingt miteinander in Kontakt stehen, obgleich sie eine Gemeinsamkeit verbindet. Als Beispiele für eine Kategorie nennt er etwa alle weiblichen Führungskräfte bzw. alle vor 1940 geborenen Menschen. Die kollektive Programmierung bezieht sich auf erlernte Denk-, Fühl- und Handlungsmuster, die zum Großteil bereits in der Kindheit erworben wurden. Sie sind geprägt durch das soziale Umfeld, in dem ein Mensch aufwächst und seine Lebenserfahrung sammelt. An dieser Stelle wird der enge Zusammenhang zwischen kulturellem und familiärem Hintergrund der Lernenden deutlich (vgl. Abschnitt 2.6.2.1, S. 63). Der Begriff der Programmierung darf dabei nicht einschränkend verstanden werden, dahingehend dass das Verhalten eines Menschen durch diese Muster fest vorgegeben sei. Sie geben lediglich einen Bezugsrahmen an, in dem bestimmte Reaktionen eines Menschen wahrscheinlich und verständlich sind. Der Mensch hat nichtsdestoweniger die Möglichkeit, von diesen Programmen abzuweichen und auf andere Weise zu reagieren (Hofstede, 2001, S. 3).

Einen anderen Ansatzpunkt zur Beschreibung von Kultur wählt der bedeutende Anthropologe Clifford Geertz (1973, S. 89). Seine Definition beschreibt ein historisch überliefertes Bedeutungsgeflecht, welches in Symbolen auftritt:

> [...] the culture concept to which I adhere [...] denotes an historically transmitted pattern of meanings embodied in symbols, a system of inherited conceptions expressed in symbolic forms by means of which men communicate, perpetuate, and develop their knowledge about and attitudes toward life.

Durch dieses Netz von Bedeutungen sei es möglich zu kommunizieren und sich selbst weiter zu entwickeln. Obgleich die beiden Ansätze eine unterschiedliche Perspektive auf Kultur wählen, ist ihnen gemein, dass Kultur als eine Art Orientierungssystem für das eigene Leben und die eigene Entwicklung verstanden werden kann.

Unterschiede zwischen Kulturen manifestieren sich, so Hofstede (2001, S. 8-10), insbesondere durch Symbole (Worte, Gesten, Bilder und Objekte), Helden (Verhaltensvorbilder), Rituale (kollektive Tätigkeiten, die eigentlich überflüssig sind aber als sozial notwendig gelten; z. B. Grüßen, religiöse Zeremonien) und Werte (Neigung, bestimmte Umstände anderen vorzuziehen). Symbole, Helden und Rituale werden durch Praktiken sichtbar, wohingegen ihre kulturelle Bedeutung nicht direkt zu erkennen ist. Sie liegt in der Interpretation durch Zugehörige der Kultur (Hofstede, 2001, S. 9).

Mathematikunterricht zeigt auf verschiedene Weise eine kulturelle Prägung. Gellert (2007, S. 76) entwickelt dazu ein Vierebenenmodell mathematischer Fachkultur in der Schule. Die erste Ebene beschreibt das akademische Fach Mathematik als einen kulturellen Prozess, in dem Zwischenergebnisse oder Verfahren wissenschaftlicher Mathematik im Handlungsfeld Unterricht rekontextualisiert werden. Die zweite Ebene fokussiert auf die Rahmung mathematischen Wissens durch individuelle und sich entwickelnde mathematische Beliefs (vgl. auch Abschnitt 2.6.1.2, S. 58). Die dritte Ebene ist gekennzeichnet durch die Übernahme von (mathematischen) Handlungsmustern, die im Handlungsfeld Mathematikunterricht als legitim ausgehandelt vorliegen. Die vierte Ebene schließlich nimmt die Feinstruktur des Mathematikunterrichts in den Blick, wobei in der konkreten Interaktion zwischen Lehrperson und Lernenden der Umgang mit Mathematik und damit auch die mathematische Fachkultur ausgestaltet werden.

Der kulturelle Hintergrund der interagierenden Personen nimmt durch die etablierten kulturellen Praktiken der Handelnden auf allen vier Ebenen Einfluss auf das Lehren und Lernen von Mathematik und trägt damit zu einer Ausprägung verschiedener Fach- und Unterrichtskulturen in den Kulturen bei. Diese unterschiedlichen Ausprägungen lassen sich sowohl auf der Makroebene der Unterrichtsstruktur (vgl. TIMSS-Videostudie; zur Kritik dazu vgl. Gellert, 2007, S. 73) als auch in der Feinstruktur des Unterrichts rekonstruieren (Jablonka, 2004; Knipping, 2003). Neil Mercer (1993, S. 35) stellt damit einhergehend fest, dass in jeder Lernsituation die Art und Weise, auf die Wissen erworben, geteilt und bewertet werde, stark von kulturellen Faktoren beeinflusst sei und beschreibt schulisches Lernen folgendermaßen (Mercer, 1993, S. 43):

> [...] activity, and hence learning, in the classroom is: (a) culturally saturated in both its content and structure; and (b) accomplished through dialogue which is heavily dependent on an implicit context constructed by participants from current and past shared experience.

Kulturelle Unterschiede zeigen sich also sowohl in Struktur und Inhalt des Unterrichts als auch in der Kommunikation zwischen den Handelnden. Dass mit diesen Unterschieden auch unterschiedliche Sinnkonstruktionen einher gehen können, ist nahe liegend, da etwa die Rollen der Schülerinnen und Schüler bzw. der Lehrperson im Unterricht unterschiedlich sein können, die Rolle mathematischer Bildung für den weiteren Bildungsgang eine andere sein kann und auch persönliche Eigenschaften und Einstellungen der handelnden Personen verschieden sein können (vgl. Abschnitte 3.2 und 3.3, S. 69 bzw. 78).

3 Die Außenperspektive Hongkong

Im vorangehenden Abschnitt wurde das Konzept der Sinnkonstruktion verstanden als individuelle Relevanzzuschreibungen von Schülerinnen und Schülern dargelegt, welches zusammen mit Katrin Vorhölter (vgl. Vorhölter, 2009) im Rahmen unserer Dissertationsprojekte erarbeitet wurde. Auf dieser Basis sind nun Analysen zur Sinnkonstruktion und den ihnen zugrunde liegenden Prozessen möglich. Zusätzlich zur Ausgestaltung in verschiedene Arten und Typen von Sinnkonstruktionen sieht der Fokus meiner Arbeit eine Reflexion der kulturellen Bedingtheit von Sinnkonstruktion vor (vgl. Forschungsfragen der Arbeit in Kapitel 1, S. 1). Aus diesem Grund wurde die vorliegende Studie in zwei Ländern bzw. Bildungssystemen unterschiedlicher kultureller Traditionen durchgeführt: Auf der einen Seite steht Deutschland als Beispiel für eine westliche Kultur und auf der anderen Seite Hongkong als Beispiel für eine konfuzianisch geprägte ostasiatische Kultur. Die folgenden Abschnitte sollen daher auf der einen Seite einen Einblick in die Möglichkeiten geben, die Studien in verschiedenen Kulturen bzw. Bildungssystemen eröffnen, auf der anderen Seite sollen die Grundzüge der konfuzianisch geprägten Kultur Hongkongs ebenso wie das Hongkonger Schulsystem dargestellt werden. Diese Informationen dienen als Hintergrundinformation, vor denen die Ergebnisse der Studie später reflektiert und interpretiert werden können.

3.1 Möglichkeiten durch die Außenperspektive

Mit der Durchführung einer Zweiländerstudie eröffnen sich verschiedene Möglichkeiten, die zur besseren Ausschärfung der entwickelten Theorie sowie zur Weiterentwicklung der eigenen Auffassung von Unterricht führen können. Im Folgenden werde ich diese verschiedenen Vorteile darstellen.

In einer Studie, die in zwei Kulturen durchgeführt wird, ist der Forschungsprozess durch Fremdheitserfahrungen geprägt, die sowohl bei der Datenerhebung als auch bei der Datenauswertung auftreten. Bei der Auseinandersetzung mit dem Fremden besteht die Möglichkeit, eine Außenperspektive auf die eigene Kultur einzunehmen, sie also unter Reflexion der anderen Kultur von außen zu betrachten. Auf diese Weise ist es möglich Aspekte, die bisher als gegeben hingenommen wurden, zu hinterfragen (Hiebert, Gallimore, Garnier, Bogard Givvin, Hollingsworth, Jacobs et al., 2003, S. 3). Eigenschaften werden sichtbar, die zuvor unsichtbar und für Reflexion nur schwer zugänglich waren. James Stigler und Michelle Perry (1988, S. 199) beschreiben dies im Hinblick auf Unterrichtspraktiken folgendermaßen:

> Cross cultural comparison [...] leads researchers and educators to a more explicit understanding of their own implicit theories about how children learn mathematics. Without comparison, we tend not to question our own traditional teaching practices and we may not even be aware of the choices we have made in constructing the educational process.

Der Blick in eine andere Kultur ermöglicht also einen tieferen Einblick in die eigene Unterrichtskultur und die sie bestimmenden Aspekte (Jablonka, 2006; Kaiser, Hino & Knipping, 2006, S. 323). Die Außenperspektive ist also methodisches Hilfsmittel, um Charakteristika beider Kulturen deutlicher zu erkennen. Die Bewusstmachung von Unterschieden liefert damit den ersten Schritt im Hinblick auf eine mögliche Verbesserung der Strukturen in Erziehungs- und Unterrichtsprozessen. Dabei ist es jedoch zwingend notwendig, den jeweiligen kulturellen Hintergrund zu berücksichtigen, um nicht Besonderheiten einer Kultur unreflektiert in eine andere Kultur zu übertragen (vgl. auch Leung & Li, 2010). Da es sich in meiner Studie jedoch um Sinnkonstruktionen, also um individuelle Relevanzzuschreibungen der Lernenden handelt, ist der Aspekt der Unterrichtsverbesserung zunächst nicht im Fokus.

Die zweite Möglichkeit, die sich durch eine Vergleichsstudie bietet, liegt in der genaueren Ausschärfung des Konzepts der Sinnkonstruktion auf mehreren Ebenen. Dazu sollen die verschiedenen Sinnkonstruktionsarten und -typen, die im Rahmen dieser Arbeit entstehen, unter Berücksichtigung des kulturellen Hintergrunds der Lernenden reflektiert werden. So kann erstens festgestellt werden, inwiefern kulturspezifische Realisationen der Sinnkonstruktionen vorkommen. Es können also Ausprägungen bestimmter Sinnkonstruktionsarten gefunden werden, die ohne die Durchführung der Studie in einem zweiten Land nicht hätten rekonstruiert werden können. Nach dem Auffinden kulturspezifischer Ausprägungen bestimmter Sinnkonstruktionsarten und -typen können zweitens diese Ausprägungen mit dem kulturellen Hintergrund der Lernenden in Zusammenhang gebracht werden. Auf diese Weise wird das Konzept der Sinnkonstruktion stärker ausgeschärft, da durch eine Reflexion der empirischen Ergebnisse bestimmte Zusammenhänge zwischen den individuellen Voraussetzungen und der Sinnkonstruktion, hier Merkmale des persönlichen Hintergrunds, genauer geklärt werden können. Darüber hinaus kann drittens der Zusammenhang zwischen Voraussetzungen und Sinnkonstruktionen deutlicher werden. Nach der Analyse eines Landes können etwa Zusammenhänge aufgefunden werden, die sich in den Ergebnissen des zweiten Landes als nicht zutreffend erweisen (Stigler & Perry, 1988, S. 199). Auf diese Weise können unzulässige Verallgemeinerungen vermieden werden.

Hongkong bietet sich für eine interkulturelle Studie insofern an, als dass es einerseits Teil der konfuzianisch geprägten ostasiatischen Kultur ist. Durch die Zeit als britische Kronkolonie ist Hongkong andererseits westlich orientiert, sodass ein großer Teil der Bevölkerung Englisch spricht. An vielen Schulen wird in englischer Sprache unterrichtet, so dass im Zuge dessen die Durchführung meiner Studie gewährleistet war. Trotz aller westlichen Einflüsse sind aber konfuzianische Werte nach wie vor bestimmend und tief in der Hongkonger Bevölkerung verwurzelt.

Der folgende Abschnitt soll nun die Grundzüge der konfuzianisch geprägten Kultur Hongkongs darlegen und insbesondere die Auswirkungen dieses kulturellen Hintergrunds auf das Lehren und Lernen von Mathematik aufzeigen.[10] Mit diesem Hintergrund ist es möglich, die empirischen Ergebnisse der Studie unter einer kulturellen Perspektive zu reflektieren.

3.2 Kulturell geprägte Beliefs zum Lernen und Lehren von Mathematik in der konfuzianisch geprägten Kultur Hongkongs

Hongkong ist Teil der "Confucian-heritage' culture" (CHC), also der konfuzianisch geprägten Kultur, der auch die Länder China, Japan, Korea, Singapur und Taiwan angehören (Biggs, 1996, S. 46). In dieser Kultur haben die Lehren von Konfuzius (ca. 551-479 v. Chr.) nach wie vor eine zentrale Position und zeigen sich in verschiedenen tief verwurzelten Einstellungen (*beliefs*), die mit dem Lernen in Verbindung stehen. Dies darf nicht darüber hinweg täuschen, dass auch innerhalb der konfuzianisch geprägten Kultur ein großes Maß an Heterogenität vorhanden ist (Morrison, 2006, S. 16-17). Ngai-Ying Wong (2004, S. 511-512; 2008, S. 974) diskutiert daher verschiedene Aspekte, die eigentlich gegen eine Gruppierung der genannten Länder anhand der konfuzianischen Prägung sprechen: Können alle oben genannten Länder zur konfuzianisch geprägten Kultur gezählt werden oder ist in Ländern wie Japan oder Singapur die Rolle der

[10] In den letzten Jahren ist viel über das Lehren und Lernen von Mathematik in westlichen vs. konfuzianisch geprägten Kulturen veröffentlicht worden. In dieser Arbeit kann nur ein kleiner Einblick gegeben werden. Weitere Informationen finden sich etwa in folgenden Sammelwerken bzw. ZDM-Themenheften: Cai, Perry, & Wong, 2007; Chan & Rao, 2009; Fan, Wong, Cai, & Li, 2004; Leung, Graf, & Lopez-Real, 2006; Li & Kulm, 2009; Li & Shimizu, 2009; Lim, White, & Kaur, 2008 sowie Watkins & Biggs, 1996, 2001a.

konfuzianischen Prägung zu gering bzw. lediglich eine unter vielen? Ist Hongkong zu stark westlich orientiert, um noch als konfuzianisch geprägt zu gelten? Können die Einflüsse des Daoismus, Buddhismus und anderer Traditionen vernachlässigt werden? Wie können die verschiedenen Ideologien, die in verschiedenen Dynastien des Konfuzianismus vertreten wurden, einheitlich als Konfuzianismus gefasst werden? Wong (2004, S. 512) argumentiert anschließend unter Rückbezug auf Weining Chang (2000), dass es in den aufgezählten Ländern eine gemeinsame chinesische bzw. konfuzianisch geprägte Identität gibt:

> Chang (2000) suggested that the 'search' for 'Chinese' shall not be targeted at the geographical regions or kinship. Rather, it should be targeted at the 'vernacular culture that common people endorse' which includes 'the beliefs and values held by ordinary folks who identify themselves as Chinese.'

Wing On Lee (1996) liefert in dieser Richtung einen ersten Ansatz durch die Analyse von Beliefs zum Lernen und zur Rolle von Bildung, die in den konfuzianisch geprägten Ländern gemeinsam geteilt werden.

Obgleich Heterogenität innerhalb der konfuzianisch geprägten Kultur vorhanden ist, treten die Unterschiede zwischen der westlichen und der konfuzianisch geprägten Kultur in der Gegenüberstellung deutlicher hervor. Frederick Leung (2001) formuliert daher Dichotomien zu verschiedenen Aspekten, die mit dem Lernen und Lehren von Mathematik in Zusammenhang stehen. Diese Dichotomien sollen dabei als Endpunkte von Kontinua verstanden werden, auf denen Länder der westlichen Kultur eher auf der einen Seite verortet werden können, während Länder der konfuzianisch geprägten Kultur eher zu der anderen Seite tendieren. Er hält fest:

> It should be pointed out that the different features are presented in the form of dichotomies in order to provoke discussion only. It does not mean that all East Asian societies are on one side of the dichotomies and all Western countries are on the other side. Very often, it is a matter of the relative positions of the two cultures on a continuum between two extremes rather than two incompatible standpoints. (Leung, 2001, S. 38)

In den folgenden Abschnitten sollen die in der Literatur analysierten kulturellen Beliefs der konfuzianisch geprägten Kultur kurz vorgestellt werden. Die verschiedenen Aspekte lassen sich dabei nur schwer voneinander trennen und sind oftmals relevant für verschiedene Bereiche. Die beschriebenen Punkte sollten dabei nicht als Prototypen missverstanden werden, sondern lediglich die kulturellen Potentiale (Wong, 2006, S. 113; 2008, S. 974) der konfuzianisch geprägten Kultur deutlich machen.

3.2.1 Die Rolle von Bildung

Bildung hat in der konfuzianisch geprägten Kultur einen besonderen Stellenwert sowohl für das Individuum selbst als auch für seine Position in der Gesellschaft und damit für deren Wohlergehen. Konfuzius selbst beschreibt sein Leben als Lernprozess mit verschiedenen Stufen auf dem Weg zur Weisheit (*Analects* II.4; Legge, 1867, S. 122):

> At fifteen, I had my mind bent on learning. At thirty, I stood firm. At forty, I had no doubts. At fifty, I knew the decrees of heaven. At sixty, my ear was an obedient organ *for the reception of truth.* At seventy, I could follow what my heart desired, without transgressing what was right. (Hervorhebung im Original, MV)

Das Streben nach Weisheit und moralischer Perfektionierung ist in der konfuzianisch geprägten Kultur verwurzelt und schlägt sich auch in den Beliefs der Lernenden nieder: Jin Li (2004) konnte zeigen, dass das Streben nach moralischer Perfektion der wichtigste Lernzweck für chinesische Lernende darstellt.

Wong (2004, S. 509-510) zufolge wird der persönliche Lebenserfolg in Ländern der konfuzianisch geprägten Kultur sowohl an der weltlichen Karriere und dem geleisteten Beitrag zum Wohlergehen der Gesellschaft gemessen als auch darin, inwiefern die eigenen Errungenschaften von der nächsten Generation weitergeführt werden. Hierin liegen einerseits die hohen Erwartungen begründet, die Eltern an ihre Kinder haben, als auch andererseits das Bestreben der Kinder und Jugendlichen, den Wünschen der Eltern zu genügen. Dafür arbeiten die Schülerinnen und Schüler hart. Ein hohes Maß an Bildung komme wiederum der Gesellschaft zugute, wenn die gebildeten Personen Regierungspositionen bekleiden, wie es Konfuzius fordert (vgl. Lee, 1996, S. 27).

Hohe akademische Leistungen seien insbesondere in der heutigen Situation notwendig, wenn starker Wettstreit bei schwierigen Eingangsprüfungen zu angesehenen Schulen und anderen Bildungsinstitutionen vorherrschen, so Lee (1996, S. 27). Wong (2010, S. 33) hingegen beschreibt die soziale Selektion der Examina für die letzten Jahrzehnte als wesentlich gemäßigter:

> The function of examinations has also changed: it is becoming less a means of screening students. In addition, the expansion of tertiary education means that the apex of the educational pyramid is broadened considerably. There are now more ways of climbing the social ladder.

Für diese Darstellung gibt er jedoch keine empirischen Hinweise.

3.2.2 Grundsätzliche Bildbarkeit und Perfektionierbarkeit der Menschen

Dass Bildung einen besonderen Stellenwert in der konfuzianisch geprägten Kultur einnimmt, liegt neben den gerade angeführten Gründen daran, dass Konfuzius davon ausging, dass grundsätzlich jeder Mensch 'bildbar' sei. Die Menschen können dabei in vier Gruppen eingeteilt werden (*Analects* XVI.9; Legge, 1867, S. 235-236):

> Those who are born with the possession of knowledge are the highest class of men. Those who learn, and so, *readily*, get possession of knowledge, are the next. Those who are dull and stupid, and yet compass the learning, are another class next to these. As to those who are dull and stupid and yet do not learn; they are the lowest of the people. (Hervorhebung im Original, MV)

Konfuzius betont hier, dass es nicht wichtig sei, ob man mit Wissen geboren sei oder aber es durch die Schmerzen des Lernens erworben habe. Die Quelle des Wissens sei also nicht von Bedeutung, allein der Bildungswille zähle. Dieser sei damit Grundlage für einen Prozess der individuellen Entwicklung zur Weisheit, so Lee (1996, S. 28-30). Auf dieser Einstellung basiert nun die Erwartung, dass Schülerinnen und Schüler sich hart anstrengen sollen. In der konfuzianisch geprägten Kultur herrscht dementsprechend der Belief vor, dass es grundsätzlich möglich sei, seine Ziele zu erreichen, wenn man sich nur hart genug anstrenge (Leung, 2008, S. 988). Es besteht also die Überzeugung der menschlichen Perfektionierbarkeit unter dem Einsatz hoher Anstrengung und einem starken Bildungswillen (vgl. Lee, 1996, S. 28-39).

3.2.3 Lernen für die Selbstperfektionierung

Das Streben nach menschlicher Perfektionierung, welches in der konfuzianisch geprägten Kultur weit verbreitet ist, hat Auswirkungen auf das Verständnis von Bildung und Erziehung. Sie sind nur dann sinnerfüllt, wenn sie zur Selbstperfektionierung beitragen. In diesem Streben nach Selbstperfektionierung liegt der Kern der individualistischen Orientierung (vgl. Lee, 1996, S. 33), die sich in den Ländern der konfuzianisch geprägten Kultur auch neben einer ausgeprägten kollektivistisch-sozialen Orientierung (Yang, 1981) zeigt (vgl. auch Leung, 2008, S. 987-988). Für die individualistische Ausrichtung ist Konfuzius' Verurteilung des zweckgerichteten Lernens, um anzugeben oder anderen zu gefallen, maßgebend (*Analects* XIV.25; vgl. Lee, 1996, S. 33): "The Master said, 'In ancient times, men learned with a view to their own improvement. Now-a-days, men learn with a view to the approbation of others.'" (*Analects* XIV.25; Legge, 1867,

S. 215). Das Lernen für die Selbstrealisation bzw. -perfektionierung ist also eine Form der intrinsischen Lernmotivation. Dabei ist es das Bestreben des Menschen, sich selbst auf verschiedene Weise weiter zu bilden (Lee, 1996, S. 34):

> The purpose of learning is therefore to cultivate oneself as an intelligent, creative, independent, autonomous, and what is more, an authentic being, who is becoming more fully human in the process of learning.

Ziel des Lernens ist es also, selbst authentisch zu bleiben und sich dabei weiter zu entwickeln.

3.2.4 Das Zusammenspiel von Lernen, Anstrengung, Willensstärke und menschlicher Perfektionierung

In der konfuzianisch geprägten Kultur werden Unterschiede hinsichtlich einer bestimmten Begabung für ein Fachgebiet im Gegensatz zur westlichen Kultur weniger als mögliche Gründe für Lernerfolg herangezogen (vgl. Li, 2004, S. 124-125). Für das Lernen zählen stattdessen Anstrengung und Willensstärke. Leung (2001, S. 41-42) zufolge sei Lernen notwendigerweise von harter Arbeit begleitet. Erfüllung und Zufriedenheit resultieren dann als Ergebnis aus großer Anstrengung. In der westlichen Kultur auf der anderen Seite herrsche die Einstellung vor, dass die Schülerinnen und Schüler möglichst während des Lernprozesses Freude erleben sollen; das Lernen selbst solle Spaß machen. Die Unterschiede zwischen den Kulturen seien daher in einem unterschiedlichen Verständnis des Lernprozesses selbst begründet.

Konfuzius formuliert die Rolle von Anstrengung und Fleiß auf dem Weg zur Weisheit folgendermaßen (*The Mean*, XX.20-21; Legge, 1867, S. 305):

> If another man succeeds by one effort, he will use a hundred efforts. If another man succeeds by ten efforts, he will use a thousand. Let a man proceed in this way, and though dull, he will surely become intelligent; though weak, he will surely become strong.

Es ist Konfuzius zufolge also nicht wichtig, welche Voraussetzungen ein Mensch mitbringt, solange er sich nur genug anstrenge. Lee (1996, S. 31) zieht dabei eine Parallele zur Goldgewinnung aus einem Gesteinsklumpen: Unabhängig von der Menge Gold, die in einem Klumpen enthalten sei, werde doch schließlich reines Gold gewonnen. Die Voraussetzungen seien also nicht bestimmend, um trotzdem das Potenzial des Menschen zum bestmöglichen Umfang entwickeln zu können.

Der Zusammenhang zwischen Fleiß und Lernerfolg hat sich auch in dem chinesischen Sprichwort "Slow bird should fly earlier" (vgl. Li, 2006, S. 131) niedergeschlagen. Es umschreibt, dass Lernende einen größeren Lernfortschritt erreichen können, je mehr sie sich anstrengen. In engem Zusammenhang mit der Anstrengung stehe damit auch die Willensstärke, die ein Mensch zeigt, da sie die treibende Kraft für Anstrengung und Fleiß sei, so Lee (1996, S. 32).

Mit Fleiß und Anstrengung geht, wie oben bereits angesprochen, auch harte Arbeit einher, die sich bei den Schülerinnen und Schülern der konfuzianisch geprägten Länder etwa in der Bearbeitung vieler Übungsaufgaben zeigt. In diesem Punkt wird der kulturelle Belief des "practice makes perfect" (vgl. Li, 2006) ersichtlich. Das wiederholte Üben bestimmter Tätigkeiten wird dabei oftmals aus westlicher Perspektive als Drill von Algorithmen bzw. als Auswendiglernen missverstanden (Biggs, 1996). Ference Marton, Gloria Dall'Alba und Lai Kun Tse (1996, S. 82) zeigen jedoch, dass in Ländern der konfuzianisch geprägten Kultur ein ausdifferenziertes Bild von "memorization" vorhanden ist (vgl. auch Dahlin & Watkins, 2000):

> [...] the traditional Asian practice of repetition or memorization can have different purposes. On the one hand, repetition can be associated with mechanical rote learning; on the other hand, memorization can be used to deepen and develop understanding.

Ist die vielfältige Wiederholung also nicht bloß mechanisch, sondern dient sie einem höheren Ziel, kann sie auch Teil eines vertieften Lernprozesses sein (Dahlin & Watkins, 2000, S. 66; Lee, 1996, S. 34-37; Li, 2004, S. 131; Marton et al., 1996, S. 82). Hier zeigen sich also unterschiedliche Bilder des Lernens von Mathematik (Leung, 2001, S. 39-44).

Mit dem Belief des *practice makes perfect* können zwei chinesische Sprichwörter in Zusammenhang gebracht werden, die die Rolle von Fleiß und Anstrengung für das Lernen illustrieren: "diligence could remedy mediocracy" und "familiarity breeds sophistication" (Wong, 2002, S. 224). Sie zeigen, dass sich im Fleiß das Potenzial verbirgt, durch wiederholte Auseinandersetzung eine Vertrautheit und damit auch Erfahrenheit im Umgang mit Inhalten zu erreichen und andererseits die Möglichkeit eröffnet, die Mittelmäßigkeit zu überwinden, zur Weisheit zu kommen und sozial aufzusteigen. Diese Möglichkeit und das Streben danach, die Erwartungen der Familie zu erfüllen, habe die Schülerinnen und Schüler der konfuzianisch geprägten Ländern zu den am härtesten arbeitenden Lernenden der Welt gemacht, so Wong (2006, S. 111).

Die große Last, die auf den Schultern der Heranwachsenden liegt, zeige sich auch, so Shiqi Li (2006, S. 131), im chinesischen Schriftzeichen 教育 für

'Bildung' bzw. 'Erziehung'. Es bestehe aus mehreren Elementen, die für sich genommen eine eigene Bedeutung tragen. Das linke Zeichen setze sich im linken Teil zusammen aus 子, was 'Kind' bedeute. Die Bedeutung des oberen Teils sei 'schwere Bürde'. Zusammengenommen stehe es dann für die schwere Bürde, die auf den Schultern von Kindern laste. Das zweite Zeichen 育, stehe dann für 'Entwicklung'. Die beiden Zeichen 教育 zusammengenommen vermittelten im Zuge dessen das Bild, dass junge Menschen wachsen und sich entwickeln unter den Umständen, dass sie jede Anstrengung unternehmen, um den ihnen gestellten harten Anforderungen zu begegnen. Diese Interpretation des Schriftzeichens für Bildung und Erziehung geht einher mit dem Beginn der Analekten von Konfuzius, in denen er schreibt: "The Master said, 'Is it not pleasant to learn with constant perseverance and application?'" (*Analects* I.1; Legge, 1867, S. 116; vgl. auch Li, 2006, S. 131). Auch hier zeigt sich also wieder der Belief des *practice makes perfect*.

3.2.5 Leistungsmotivation

Neben der intrinsischen Lernmotivation zur Selbstperfektionierung ist auch die Leistungsmotivation in der konfuzianisch geprägten Kultur verbreitet. Dies leitet sich aus dem konfuzianischen Idealvorstellungen des Menschen her, die Konfuzius im Gespräch mit Tsze-loo folgendermaßen beschreibt (*Analects* XIV.44; Legge, 1867, S. 220):

> Tsze-loo asked what constituted the superior man. The Master said, ‚The cultivation of himself in reverential carefulness.' 'And is this all?' said Tsze-loo. 'He cultivates himself so as to give rest to others,' was the reply. 'And is this all?' again asked Tsze-loo. The Master said, 'He cultivates himself so as to give rest to all the people. [...]'

Leung (1998, S. 32) interpretiert diese Textstelle derart, dass ein Mensch sich als ersten Schritt selbst disziplinieren müsse. Erst dann könne er seine Familie lenken und später den Staat führen. Konfuzius' Ausspruch lasse sich damit auf mehrere Weisen interpretieren. Einerseits beschreibt er, dass es in kleineren Schritten möglich sei, Großes zu erreichen. Andererseits zeigt er auf, dass das Streben nach hohen Ämtern eine Tugendhaftigkeit voraussetze (Leung, 1998, S. 32) bzw. legt er einem gebildeten Menschen nahe, sich für Regierungsämter einzusetzen. Auf diese Weise komme der Gesellschaft die Bildung dieses Menschen zugute und dessen guter Einfluss könne ausgeweitet werden (Lee, 1996, S. 37).

Das Streben nach öffentlichen Ämtern ist also eng mit dem konfuzianischen Menschenbild verwurzelt. Hohe Regierungsämter wiederum stehen in engem Zusammenhang mit staatlichen Prüfungen, da diese in China bereits seit dem Jahr 587 v. Chr. den Zugang zu staatlichen Stellen regeln (Leung, 2008, S. 988). Durch das Bestehen solcher Prüfungen werde es selbst Bauern möglich, offizielle Ämter zu bekleiden und sozial aufzusteigen (Zhang, Li & Tang, 2004, S. 191). Die Prüfungen wurden dabei als faire und vertrauenswürdige Methode angesehen, die fähigste Person für ein Amt auszuwählen. Auf diese Weise sei Lernen mit dem Ziel, eine Prüfung zu bestehen, in Ländern der konfuzianisch geprägten Kultur eine durchaus anerkannte Form der Leistungsmotivation (Leung, 2008, S. 989). Auch heute noch nehmen Examina und Prüfungen in Hongkong eine sehr wichtige Rolle ein, da sie als Selektionsinstrument beispielsweise für die weitere Schullaufbahn oder einen Studienplatz fungieren. Das *Hong Kong Certificate of Education Examination* (HKCEE, ähnlich dem GCSE in Großbritannien) sei zudem so beschaffen, dass es am oberen Leistungsspektrum der Schülerinnen und Schüler selektiere, so Catherine Tang und John Biggs (1996, S. 169; vgl. auch Abschnitt 3.3, S. 78). Die Lernenden messen guten Leistungen in den Prüfungen daher eine besondere Wichtigkeit zu.

Leung (2001, S. 42-43) zufolge werde in der ostasiatischen Kultur die Ansicht vertreten, dass die Lernenden einen Anstoß brauchen, der sie zum Lernen animiert. Das Maß des damit einhergehenden Drucks müsse jedoch noch dahingehend optimiert werden, dass er zwar nicht zu stark ausgeübt werde aber doch ausreichend, um die Energie der Lernenden auf die Inhalte zu lenken. Im Westen auf der anderen Seite herrsche die Einstellung vor, dass es ausreichend sei, das Interesse der Lernenden an Mathematik zu entfachen und sie dadurch zum Lernen zu animieren. Es liegen also unterschiedliche Verständnisse vom Verhalten der Menschen und von Lernmotivation vor.

Gute Prüfungsergebnisse schließlich eröffnen gute Zukunftsperspektiven. Das Streben nach einflussreichen Positionen bzw. hohen Regierungsämtern bietet dabei auch äußere Anreize zum Lernen, da sie mit weltlichen Belohnungen vergütet werden. Zwei chinesische Sprichwörter veranschaulichen dies (Lee, 1996, S. 37): "There are golden houses in books and there are beautiful girls in books." (vgl. auch Leung, 2008, S. 983) und "Although studying anonymously for ten years, once you are successful, you will become well-known in the world." Beide zeigen, dass nach einem intensiven Studium Ziele wie Reichtum, Berühmtheit oder eine attraktive Ehefrau leichter zu erreichen seien (Lee, 1996, S. 37). Diese Ansicht spiegele sich auch in dem Ausspruch "the root of knowledge is bitter; its fruits are sweet" wider, den Leung (2001, S. 41) auf einem Poster in einer Grundschulklasse im Pekinginger Umland entdeckt hat. Dieses Bestreben nach extrinsischen Belohnungen koexistiere dabei in der konfuzianisch geprägten Kultur mit dem intrinsisch motivierten Streben nach Perfektion, obgleich sie zunächst widersprüchlich wirken können (vgl. Lee, 1996, S. 38).

3.2.6 Lehren von Mathematik

Neben Unterschieden hinsichtlich der Aspekte, die mit dem Lernen allgemein und dem Lernen insbesondere von Mathematik in Zusammenhang stehen, finden sich auch solche, die das Lehren von Mathematik bzw. das Bild von Mathematik betreffen. Leung (2001, S. 38-39) stellt zunächst die Bilder von Mathematik, die in Ländern der westlichen und der konfuzianisch geprägten Kultur vorhanden sind, gegenüber. Er betrachtet dabei, dass Mathematik in den konfuzianisch geprägten Ländern eher als Produkt, also als ein Körper von Wissen mit einer bestimmten Struktur verstanden werde, wohingegen sie in den Ländern der westlichen Kultur eher als ein Prozess, d.h. eine bestimmte Art der Auseinandersetzung mit Aspekten der Realität, beschrieben werde.

Dieses unterschiedliche Bild von Mathematik spiegele sich auch im Bild von der Lehrperson wider, welches in den verschiedenen Kulturen vertreten werde. Die starke Inhalts- oder Produktorientierung in den Ländern der konfuzianisch geprägten Kultur gehe einher mit dem Anspruch, dass die Lehrpersonen neben pädagogischer Expertise insbesondere Expertinnen ihres Faches sein sollen. Im Westen liege auf der anderen Seite der Schwerpunkt ihrer Tätigkeiten eher darauf, die Lernenden dazu zu befähigen, das Wissen und die Informationen, die sie sich auf verschiedenste Weise selbst erreichbar machen können, zu analysieren und zu verarbeiten (Leung, 2001, S. 45-46). Die unterschiedlichen Rollen der Lehrpersonen lassen sich damit eher als Fachexpertinnen vs. als Unterstützerinnen, die ihre Schülerinnen und Schülern dabei fördern, das Lernen zu lernen, beschreiben. Auch hier steht also vereinfacht gesprochen eine Inhaltsorientierung einer Prozessorientierung gegenüber.

Betrachtet man die Lehr-Lernsituation im Unterricht, spielen Leung (2001, S. 44) zufolge Integration und Harmonie als zentrale Begriffe der ostasiatischen Philosophie eine wichtige Rolle. Sie schlagen sich in der sozialen Orientierung (Yang, 1981) nieder, die sich etwa in der Tendenz der Person kennzeichne, eher erwartungskonform zu handeln als auf eigene Bedürfnisse Rücksicht zu nehmen sowie als integrierter Teil eines sozialen Netzwerks zu funktionieren. Solidarität und soziale Bewusstheit seien ausschlaggebendere Determinanten für das individuelle Verhalten und eine Selbstbehauptung (Yang, 1981, S. 159-160). Leung (2001, S. 44-45) hält fest, dass mit der sozialen Orientierung auch das Lernen in größeren Gruppen befürwortet werde. Das Individuum müsse sich dabei der sozialen Struktur unterordnen, so dass Bildung und Erziehung zu einem sozialen Prozess würden. Der Lehrperson komme dabei die Funktion eines Rollenmodells zu. In westlichen Kulturen werden eher Unabhängigkeit und Individualität betont. Im Klassenzimmer werde entsprechend individualisiertes Unterrichten und Lernen als Ideal angesehen. Hier zeige sich ein unterschiedliches Verständnis der Rolle der Lehrperson sowie der angestrebten Unterrichtsform (vgl. auch Zheng, 2006, S. 385).

Bei der Analyse der Ursachen der hier aufgezeigten Unterschiede zwischen konfuzianisch geprägten Ländern und westlichen Ländern zeige sich, so Leung (2001, S. 46-47), dass es sich nicht lediglich um Unterschiede in den Unterrichtspraktiken handele, die sich über die Zeit etabliert haben, sondern um kulturelle Werte, die von den verschiedenen Ländern der konfuzianisch geprägten Kultur bzw. Ländern der westlichen Kultur geteilt werden. Dies seien überdauernde Überzeugungen, die fundamentale Werte wie etwa das Wesen der Menschen, der Mathematik oder des Lehrens, Lernens und Verstehens betreffen. Die verschiedenen kulturellen Werte liefern eine plausible Erklärung für die Unterschiede zwischen den beiden Kulturen und seien die Grundlage dafür, dass sich unterschiedliche Handlungspraktiken im Mathematikunterricht etablieren konnten (Leung, 2001, S. 46-47; für die dieser Studie zugrunde liegenden Unterrichtsstunden vgl. Friedrichs, 2008).

Nachdem nun kulturelle Unterschiede zwischen der konfuzianisch geprägten Kultur und der westlichen Kultur hinsichtlich der Auffassungen vom Lernen und Lehren von Mathematik aufgezeigt wurden, gibt der nächste Abschnitt einen Einblick in das Schulsystem Hongkongs.

3.3 Das Schulsystem in Hongkong

Das Hongkonger Bildungssystem gliedert sich in mehrere Phasen (vgl. Abbildung 4, S. 79). Im Folgenden werde ich mich lediglich auf eine Beschreibung des Hauptstranges des Schulsystems bestehend aus Primar- und Sekundarschule beschränken.

Vor dem Schuleintritt besteht in Hongkong die Option, den Kindergarten zu besuchen, der Kinder aller Altersstufen aufnimmt. Die Schulpflicht beginnt mit dem Eintritt in die *primary school*, die die sechs Schuljahre *Primary 1* (P1) bis *Primary 6* (P6) umfasst. Zum Zeitpunkt der Einschulung sind die Kinder zwischen

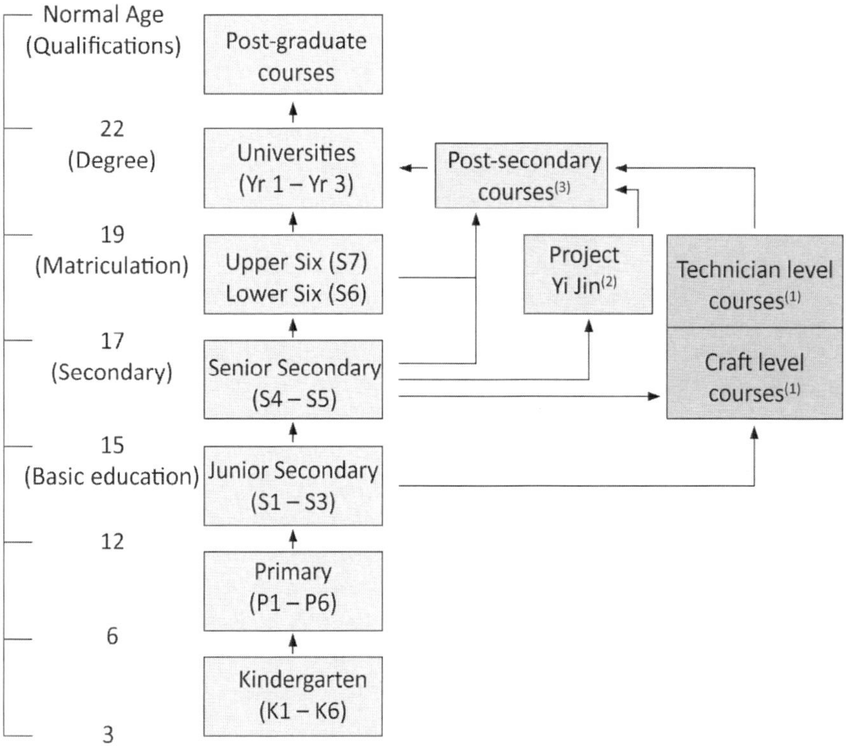

(1) Including courses run by the Hong Kong Institute of Vocational Education (IVE) and other training institutions, etc.

(2) Project Yi Jin was launched in October 2000 to provide an alternative route and to expand the continuing education opportunities for secondary school leavers and adult learners. Students who can successfully complete the programme will be awarded a full certificate which has been assessed by the Hong Kong Council for Academic Accreditation as comparable to five passes in the Hong Kong Certificate of Education Examination.

(3) Including associate degree, higher diploma, professional diploma and other post-secondary programmes.

Abbildung 4: Aufbau des Hongkonger Bildungssystems (nach Education Commission, 2006, S. 5).

fünf Jahren und acht Monaten und sieben Jahren alt. Während der ersten 4,5 Schuljahre werde noch nicht nach Leistung selektiert, so David Watkins und

John Biggs (2001b, S. 14). Erst im zweiten Halbjahr der fünften und in der sechsten Klasse müssen Leistungstests von den Schülerinnen und Schülern absolviert werden. Die darin erzielten Noten werden nach einem Schlüssel gewertet, in den verschiedene Faktoren, u. a. das Geschlecht des Kindes und das Abschneiden der besuchten Primarschule in den letzten Jahren, eingehen. Auf diese Weise werden die Schülerinnen und Schüler drei Leistungsstufen zugeteilt, die zum Besuch einer Schule aus der jeweiligen Leistungsklasse berechtigen. Der Übergang von der sechsten in die siebte Jahrgangsstufe kennzeichne damit die erste hohe Selektionsstufe im Hongkonger Bildungssystem.[11]

Im Zuge der *Education Reform* um die Jahrtausendwende wurden die weiterführenden Schulen in Hongkong von ehemals fünf in nunmehr drei Leistungsstufen eingeteilt: *Band 1, Band 2* und *Band 3*, wobei *Band 1* den höchsten akademischen Standard aufweist. Die Zuteilung der Schulen zu den drei Stufen orientiert sich am Abschneiden ihrer Schülerinnen und Schüler an hongkongweiten Abschlussprüfungen. Die Hongkonger Sekundarstufe besteht aus zwei Abschnitten: der *Junior Secondary* (die Klassenstufen *Secondary 1* bis *3* (S1-S3 bzw. *Form 1-3*) umfassend) und der *Senior Secondary* (die Klassenstufen *Secondary 4* und *5* (S4-5 bzw. *Form 4-5*) umfassend). Nach Abschluss der *Junior Secondary* endet nach 9 Schuljahren die Pflichtschulzeit. Etwa 90% der Schülerinnen und Schüler besuchen darüber hinaus die *Senior Secondary School*, um sich auf das daran schließende *Hong Kong Certificate of Education Examination* (HKCEE)[12] vorzubereiten, so Bob Perry, Ngai-Ying Wong und Peter Howard

[11] Beim *Academic Aptitute Test* (AAT), der den Zugang zur Sekundarstufe regelt, stellt sich die Frage der Chancengleichheit, wie Watkins und Biggs (2001b, S. 14-15) zeigen. So bekommen Schülerinnen und Schüler von besseren Primarschulen eine höhere Bewertung für eine bestimmte Leistung im Vergleich mit Schülerinnen und Schülern von schlechteren Schulen. Dabei könne diesen zugutegehalten werden, dass sie trotz nachteiliger Umstände die gleiche Leistung erbracht haben. Im Gegensatz dazu werden nachteilige Umstände bei der anteiligen Vergabe der Sekundarschulplätze nach Geschlecht berücksichtigt. Insgesamt werden mehr Plätze für Jungen reserviert, da diese von der Entwicklung hinter den Mädchen zurück seien und daher bei gleicher Leistung bevorzugt werden müssen. Eine weitere Frage hinsichtlich der Chancengleichheit stellt sich hinsichtlich des Unterrichts in der Sekundarstufe, da an allen Schulen gleich welcher *Band*, nach dem Curriculum für *Band 1* Schulen unterrichtet werde. Dies solle zwar auch den Schülerinnen und Schülern an Schulen der anderen *Bands* die Chance auf ein Hochschulstudium eröffnen, benachteilige sie aber dahingehend, dass sie kaum in der Lage seien, den akademischen Anforderungen gerecht zu werden. Ihr Versagen werde dann jedoch in Zusammenhang mit einer zu geringen Anstrengung gebracht und setze sie unter einen besonders hohen Leistungsdruck, so Watkins und Biggs (2001b, S. 14-15).

[12] Das HKCEE ist in etwa mit dem *General Certificate of Secondary Education* (GCSE) des britischen Schulsystems vergleichbar.

(2006, S. 437). Mathematik sei dabei eines der Kernfächer. Etwa 25% der Schülerinnen und Schüler belegen darüber hinaus das Wahlfach *Additional Mathematics*, das sich insbesondere an die Jugendlichen des naturwissenschaftlichen Fachprofils richte. Es werden Inhalte der Bereiche Algebra, Trigonometrie, Koordinatengeometrie, Analysis, zweidimensionale Vektoren und komplexe Zahlen behandelt (Wong, 2010, S. 34-35).

Die Schülerinnen und Schüler wählen für das HKCEE normalerweise sieben bis acht Prüfungsfächer, unter denen verpflichtend Mandarin-Chinesisch, Englisch und Mathematik sind. Jedes Fach wird mit Noten von A (fünf Punkte) bis F (null Punkte) bewertet. Die besten sechs Prüfungen gehen in die Endnote ein. Um das HKCEE zu bestehen sind mindestens 14 Punkte notwendig, die maximal erreichbare Anzahl beträgt 30 Punkte. Catherine Tang und John Biggs (1996, S. 169) beschreiben, dass das HKCEE darauf ausgelegt sei, am oberen Leistungsspektrum der Schülerinnen und Schüler zu selektieren, so dass lediglich etwa 50% der Jugendlichen das HKCEE bestehen (vgl. Lam, 2002, S. 204). Tang (1996, S. 170) fasst die elitäre Funktion des Hongkonger Bildungssystems folgendermaßen zusammen: "[...] the primary function of [the educational system in Hong Kong] appears to be to select the top 5% or so of students for tertiary study rather than to educate the majority."

Die Abschlussnote des HKCEE hat großen Einfluss auf den weiteren Bildungsgang der Schülerinnen und Schüler. Von der Note hängt ab, ob sie die Schule verlassen müssen und welchen Ausbildungsplatz sie bekommen, oder ob sie in die zehnte Klassenstufe (*Secondary 6*), versetzt werden. Bei ausgezeichneten Leistungen im HKCEE kann der weitere Schulbesuch verkürzt werden und über das *Early Admission Scheme* (EAS) ein direkter Zugang zur Universität gewährt werden. Bei weniger herausragenden Leistungen folgt ein weiterer Schulbesuch von ein oder zwei Jahren im *Matriculation Course* (*Secondary 6* und *7*). Hier unterteilt sich das mathematische Curriculum in reine vs. angewandte Mathematik mit einer teilweisen Ausrichtung auf technische oder ingenieurswissenschaftliche Bereiche (Wong, 2010, S. 35). Mit dem Bestehen des *Hong Kong Advanced Level Education Test* (HKALE)[13] wird der Zugang zur Universität gewährt. Das HKALE bestehen meist etwa 50% der teilnehmenden Schülerinnen und Schüler, so Louisa Lam (2002, S. 204), wobei etwa 25% zum wiederholten Mal versuchen, das HKALE abzulegen. Lediglich etwa 18-20% bekommen dann einen Studienplatz in Hongkong, der als Ausgangspunkt für

[13] Das HKALE ist in etwa mit den *A-level-examinations* des britischen Schulsystems vergleichbar.

eine erfolgreiche Berufslaufbahn angesehen werde. Der Leistungsdruck und Wettstreit zwischen den Schülerinnen und Schülern sei dementsprechend hoch.

Hongkong hat einen sehr großen Anteil an Privatschulen; nur etwa acht Prozent der Schulen sind in staatlicher Hand. Von den Privatschulen genießen ca. 77% staatliche Unterstützung (Education Encyclopedia, 2010). Bis 1997 wurde in allen *Secondary Schools* in Hongkong in englischer Sprache unterrichtet. 1998 wurde Mandarin-Chinesisch als Unterrichtssprache vorgeschrieben, wobei Schulen, die bestimmte Kriterien[14] erfüllen, weiterhin auf Englisch unterrichten dürfen. Diese Regelung ermöglicht es, dass etwa ein Drittel der Schulen weiterhin Englisch als Unterrichtssprache verwendet (*English as Medium of Instruction*, EMI). Die von mir besuchten Hongkonger Schulen waren alles private EMI-Schulen.

Nachdem nun ein Einblick in den kulturellen Hintergrund in Hongkong gegeben wurde und eine Verbindung zum Lernen und Lehren von Mathematik aufgezeigt wurde, wird die vorliegende Studie im nächsten Teil der Arbeit methodologischen verortet. Außerdem werden das Design der Studie und das Vorgehen bei der Datenerhebung, -auswertung und Theoriebildung beschrieben.

[14] In den Schuljahren zwischen 1995 und 1998 mussten 85% der Schülerinnen und Schüler als fähig eingeschätzt werden, in englischer Sprache unterrichtet zu werden. Außerdem müssen die Lehrerinnen und Lehrer über eine so hohe Sprachkompetenz im Englischen verfügen, dass sie auf Englisch unterrichten können. Darüber hinaus muss für die Lernenden ein Unterstützungsangebot etwa in Form spezieller Brückenkurse vorhanden sein.

Teil B: Methodologie und methodisches Vorgehen

In Teil A (S. 9) dieser Arbeit habe ich den theoretischen Hintergrund der Studie dargelegt und das zugrunde liegende Konzept der Sinnkonstruktion als individuelle Relevanzzuschreibungen von Schülerinnen und Schülern expliziert. Außerdem wurden die Möglichkeiten, die sich aus der Anlage der Studie in zwei Kulturen ergeben, vorgestellt und ein Einblick in die konfuzianisch geprägte Kultur gegeben. In den folgenden Kapiteln 4, 5 und 6 (S. 83, 99bzw. 109) verorte ich die Studie nun methodologisch und lege den Ablauf des Forschungsprozesses sowie die verwendeten Methoden ausführlich dar. Auf diese Weise soll die Nachvollziehbarkeit der Ergebnisse, die in Teil C (S. 127) vorgestellt werden, ermöglicht werden.

4 Methodologische Grundorientierungen

Im Forschungsprozess müssen Entscheidungen hinsichtlich der methodologischen und methodischen Verortung der Studie getroffen werden. Bezüglich der Methodologie muss eine Antwort auf die Frage gefunden werden, unter welchen Bedingungen wissenschaftliche Erkenntnis möglich ist. Die Wahl der Methoden befasst sich mit systematischen Verfahren, die zur Entwicklung wissenschaftlicher Erkenntnis in einer Disziplin eingesetzt werden (Lamnek, 2005, S. 728-729). Beide, die Wahl der Methodologie und der Methoden, werden von der zu untersuchenden Fragestellung determiniert, die wiederum in Zusammenhang mit der generellen Auffassung von der Welt und dem Menschen steht, welche die Forscherin bzw. der Forscher einnimmt (Jungwirth, 2003, S. 189).

Nach Thomas Wilson (1973) kann in der empirischen Sozialforschung zwischen einem interpretativen und einem normativen Paradigma differenziert werden, die sich in ihrer jeweiligen Weltsicht unterscheiden. Das normative Paradigma basiert nach Siegfried Lamnek (2005, S. 34-35 unter Rückbezug auf Matthes 1976, S. 201-202) auf einem normativen Wirklichkeitsverständnis, nach dem gesellschaftliche Wirklichkeit verstanden werde als objektiv, sachhaft und äußerlich vorgegeben durch soziale Normierungen. Das interpretative Paradigma hingegen verstehe soziale Interaktion als interpretativen Prozess, der Realität konstruiere. Wirklichkeit entstehe hier also im Handeln der Gesellschaftsmitglieder (vgl. auch Flick, von Kardorff & Steinke, 2005, S. 20-22; Jungwirth, 2003, S. 189-190).

Studien, die in den jeweiligen Paradigmen verortet sind, weisen in der Regel ein unterschiedliches Vorgehen auf. Bohnsack (2003, S. 10) unterscheidet zwischen hypothesenprüfenden und rekonstruktiven Verfahrensweisen, wobei hypothesenprüfende Verfahren üblicherweise mit quantitativen Methoden durchgeführt werden, wohingegen rekonstruktive Studien gewöhnlich qualitative Methoden verwenden.

4.1 Zur rekonstruktiven Anlage der Studie

Im Rahmen der vorliegenden Studie sollen Sinnkonstruktionen von Schülerinnen und Schülern im Kontext schulischen Mathematiklernens erforscht werden. Wie ich in den Abschnitten 2.3 und 2.4 (S. 23 bzw. 40) dargelegt habe, verstehe ich Sinn dabei als persönliche Relevanzzuschreibung des Individuums und den Akt der Entstehung von Sinn als einen konstruktiven. Sinnkonstruktion ist dabei subjektiv, individuell und kontextgebunden (vgl. Abschnitt 2.5, S. 43). Da jedes Individuum selbst Sinn konstruiert, nimmt es die Welt u. U. anders wahr als seine Mitmenschen. Die Interpretation der es umgebenden sozialen Wirklichkeit ist dementsprechend ebenfalls subjektiv, individuell und kontextabhängig. Nach diesem Verständnis existiert keine Welt an sich, sondern die soziale Welt wird erst durch die Interaktion der Individuen erzeugt. Die hier somit vertretene konstruktivistische Auffassung von der Entstehung von Sinn legt für die Untersuchung von Sinnkonstruktion eine rekonstruktive Studie mit qualitativen Methoden nahe.

In welcher Weise Sinn im Kontext schulischen Lernens konstruiert wird und welche Konzepte sich als einflussreich für die Sinnkonstruktion erweisen, ist bisher wenig erforscht worden. Für den Mathematikunterricht liegen mittlerweile erste empirische Ergebnisse von Katrin Vorhölter vor (vgl. Vorhölter, 2009). Sie konnte einen Einfluss der psychologischen Grundbedürfnisse nach Autonomie, Kompetenz und sozialer Eingebundenheit sowie von Motivation (vgl. Deci & Ryan, 1993, Ryan & Deci, 2002), Interesse (vgl. Bikner-Ahsbahs, 2005; Krapp, 1992) und mathematischen Beliefs (vgl. Grigutsch et al., 1998; Törner, 2002) auf die Sinnkonstruktion der interviewten Schülerinnen und Schüler zeigen (vgl. auch die Abschnitte 2.6.1.1 und 2.6.1.2, S. 52 bzw. 58). Diese Ergebnisse lagen zum Zeitpunkt der Durchführung meiner Studie jedoch noch nicht vor, so dass die genannten Aspekte als sensibilisierende Konzepte in die Arbeit eingingen.

Das Anliegen rekonstruktiver Forschung ist zu verstehen, Neues zu generieren und empirisch begründete Theorien zu entwickeln (vgl. Flick, 2005, S. 18; Jungwirth, 2003, S. 191). Dabei steht hinter einem großen Teil qualitativ orientierter Forschung die „Konzentration auf die Sicht des Subjekts und den Sinn, den es mit Erfahrungen und Ereignissen verbindet" (Flick, 2005, S. 38). Das Ziel meiner Arbeit ist es insbesondere, das Konzept von Sinnkonstruktion genauer auszuarbeiten und verschiedene Sinnkonstruktionsarten aus den Daten zu rekonstruieren. Aus diesen Arten soll dann eine Typologie entwickelt werden, so dass eine empirisch basierte Theorie der Sinnkonstruktion vorliegt. Die Anlage der Studie in zwei Kulturen wird schließlich dafür genutzt, Hypothesen zur Rolle des kulturellen Hintergrundes der Schülerinnen und Schüler zu generieren. Diese Hypothesen bilden die Grundlage für weiterführende Forschung.

Dem Forschungsanliegen der Arbeit entsprechend verorte ich sie im interpretativen Paradigma und arbeite im Rahmen der datenbasierten Theorieentwicklung mit qualitativen Methoden. Um den Zusammenhang zwischen kulturellem Hintergrund der Lernenden und den von ihnen vorgenommenen Sinnkonstruktionsarten zu erforschen werden zusätzlich – mit der gebotenen Vorsicht – statistische Methoden hinzugezogen. Auf diese Weise können kulturspezifische Hypothesen entwickelt werden, so dass das Ziel dieses Vorgehens ist, Hypothesen zu generieren und nicht zu testen.

4.2 Grundlegende Annahmen rekonstruktiver Forschung

Obgleich rekonstruktive Forschung diverse Forschungsansätze umfasst und von Heterogenität geprägt ist, beschreiben Uwe Flick, Ernst von Kardorff und Ines Steinke (2005, S. 20-22) vier Grundannahmen rekonstruktiver Forschung, die alle diese Ansätze vereinen. Dabei handelt es sich um Aspekte bzgl. der Auffassung sozialer Wirklichkeit und damit einhergehende Folgerungen für die Forschung. Die erste Annahme geht davon aus, dass soziale Wirklichkeit als Ergebnis eines sozialen interaktiven Prozesses verstanden werden könne, in dem gemeinsam Bedeutungen hergestellt werden und Zusammenhänge verstanden werden (vgl. auch Berger & Luckmann, 2004). Diese Bedeutungen und Zusammenhänge werden von den Subjekten in konkreten Situationen auf ihre Adäquatheit hin überprüft und stellen die Grundlage für ihre Handlungen dar. Methodologisch folge daraus für die Forschung ein Schwerpunkt auf die Rekonstruktion subjektiver Sichtweisen und Deutungen der sozial Handelnden. Dieser beständig ablaufende soziale Konstruktionsprozess sei kontinuierlichen Veränderungen unterworfen. Soziale Wirklichkeit sei daher, so die zweite Annahme, durch einen Prozesscharakter, Reflexivität und Rekursivität geprägt. Daraus folge methodologisch zunächst die Analyse von Kommunikations- und Interaktionssequenzen mit anschließender Textanalyse. Die dritte Grundannahme rekonstruktiver Forschung richtet sich auf die Lebensbedingungen der Menschen. Manche Aspekte ihrer Lebenslagen wie beispielsweise Alter, Einkommen und Beruf lassen sich 'objektiv' bestimmen. Durch die subjektive Deutung dieser Lebensumstände werden solche Indikatoren interpretierbar hinsichtlich ihrer subjektiven Sinnhaftigkeit. Methodologisch münde dies in einer hermeneutischen Interpretation subjektiv gemeinten Sinns, durch die dann individuelle und kollektive Einstellungen erklärbar werden. Die vierte Annahme bezieht sich auf den Stellenwert der Kommunikation für die Konstruktion sozialer Wirklichkeit. Da soziale Wirklichkeit als Geflecht von Bedeutungen und Zusammenhängen in einem kommunikativen Prozess individuell konstruiert werde, sollen auch die Strategien der Datenerhebung diesen dialogischen Charakter aufweisen. Ansatzpunkt für rekonstruktive Forschung sei daher die Rekonstruktion von Konstruktionen sozialer Wirklichkeit.

Die rekonstruktive Anlage einer Studie kann nach Ralf Bohnsack (2003, S. 20-30) auf zweifache Weise verstanden werden: Die Rekonstruktion der Rekonstruktion untergliedere sich in eine methodologische bzw. erkenntnistheoretische Ebene einerseits und eine forschungspraktische Ebene andererseits. Die methodologische bzw. erkenntnistheoretische Ebene beziehe sich auf die Konstruktionen der handelnden Subjekte, die als solche rekonstruiert werden müssen. Es handele sich also um „Konstruktionen zweiten Grades" (Schütz 1971; zitiert nach Bohnsack 2003, S. 23). Auf die Erforschung von Sinnkonstruktionen übertragen heißt das, dass den Schülerinnen und Schülern zunächst die Möglichkeit gegeben werden muss, „ihre Konstruktionen und ihr kommunikatives Regelsystem zu entfalten" (Bohnsack, 2003, S. 24). Anschließend müssen ihre Konstruktionen dann von den Forschenden in einem interpretativen Prozess rekonstruiert werden. Die Rekonstruktion der Rekonstruktion auf der forschungspraktischen Ebene bezieht sich auf das eigene Vorgehen im Forschungsprozess. Es muss dahingehend rekonstruiert und dokumentiert werden, dass der Prozess der Rekonstruktion für andere nachvollziehbar, also rekonstruierbar ist. Um diesem Aspekt zu erfüllen, wird der Forschungsprozess dieser Arbeit in den Abschnitten 5 und 6 (S. 99 bzw. 109) ausführlich dargelegt.

4.3 Charakteristika rekonstruktiver Forschungspraxis

Nachdem im vorangehenden Abschnitt die Grundannahmen rekonstruktiver Forschung im Hinblick auf ihre Auffassung von sozialer Wirklichkeit und damit einhergehenden Implikationen für die Forschung formuliert wurden, stellt dieser Abschnitt Merkmale des rekonstruktiven Forschungsprozesses dar (vgl. Flick, 2005, S. 16-20; Flick et al., 2005, S. 22-24; Lamnek, 2005, S. 20-27; Steinke, 1999, S. 15-42). Dabei wird insbesondere kurz auf die Umsetzung der Charakteristika in der vorliegenden Studie eingegangen.

Rekonstruktive Forschung ist durch eine Gegenstandsangemessenheit und Flexibilität der Methoden gekennzeichnet, die in Zusammenhang mit dem Prozesscharakter der Forschung steht. Je nach Forschungsfrage und -ziel werden die benötigten Methoden aus einem breiten Spektrum ausgewählt, wobei der untersuchte Gegenstand Grundlage für die Wahl der Methoden ist. Der Forschungsgegenstand ist nicht zwangsläufig als Dingliches zu verstehen, sondern als Sammelbegriff für das im Fokus der Untersuchung stehende Thema, Konzept oder Objekt. Kann ein Forschungsgegenstand mit den vorhandenen Methoden nicht untersucht werden, können die Methoden flexibel an eine sich ändernde Situation im Forschungsfeld angepasst werden. Dies ermöglicht und unterstreicht den Prozesscharakter der qualitativen Forschung. In der vorliegenden Arbeit wurde die Methode der Grounded Theory dahingehend adaptiert, dass das Kodierparadigma im Hinblick auf die Forschungsfrage angepasst wurde (vgl. Abschnitt 6.3, S. 112). Außerdem stellte sich im Verlauf des Forschungsprozesses heraus, dass das Hinzuziehen statistischer Methoden zu Generierung von kulturspezifischen Hypothesen notwendig wurde (vgl. Abschnitt 6.5, S. 121).

Gegenstand rekonstruktiver Forschung sind schwerpunktmäßig Alltagssituationen. Die Daten werden im natürlichen Kontext erhoben und im kontextuellen Zusammenhang analysiert. Die aufgefundenen Zusammenhänge werden schließlich im konkreten Kontext beschrieben, also in der jeweiligen Situation reflektiert. Im Zuge dessen spielt der Kontext eine sehr bedeutende Rolle. Dieser Aspekt ist insbesondere für die Erforschung von Sinnkonstruktion relevant, da angenommen wird, dass die Konstruktion von Sinn kontextabhängig ist (vgl. Abschnitt 2.5, S. 43). Die kontextimmanente Analyse ist in meiner Arbeit durch das kodierende Vorgehen in Anlehnung an die Grounded Theory gegeben, da die Äußerungen der interviewten Schülerinnen und Schüler vor ihrem subjektiven Relevanzsystem interpretiert werden (vgl. Abschnitt 6.3, S. 112). Oftmals werden im Rahmen von rekonstruktiver Forschung unterschiedliche Perspektiven von in das Forschungsfeld involvierten Personen erhoben. Dies war im Rahmen meiner Studie nicht notwendig, da mit dem Verständnis von Sinn als persönliche Relevanz und der Verortung in der Bildungsgangforschung die Perspektive der Schülerinnen und Schüler im Vordergrund steht.

In der rekonstruktiven Forschung macht die Reflexivität der Forscherin über ihr Handeln und ihre Wahrnehmungen einen wesentlichen Teil der Forschung aus und wird sowohl bei der Datenerhebung als auch bei der -analyse erwartet. Beide Aspekte werden nicht als Störfaktoren wahrgenommen, sondern sind wichtiger Bestandteil des Erkenntnisprozesses. Insbesondere bei einem Forschungsprojekt, das in zwei Kulturen angesiedelt und von Fremdheitserfahrungen geprägt ist, kommt ihnen eine zentrale Rolle zu. Aus diesem Grund wurde bei der Datenerhebung ein Forschungstagebuch geführt. Die Reflexivität bei der Datenauswertung schlägt sich in verschiedenen Memos nieder, die während des Auswertungsprozesses verfasst wurden (vgl. Abschnitt 6.3, S. 112).

Ein weiteres zentrales Merkmal rekonstruktiver Forschung ist das Prinzip der Offenheit nach Christa Hoffmann-Riem (Hoffmann-Riem, 1994, S. 29):

> Das Prinzip der Offenheit besagt, daß die theoretische Strukturierung des Forschungsgegenstandes zurückgestellt wird, bis sich die Strukturierung des Forschungsgegenstandes durch die Forschungssubjekte herausgebildet hat.

Das Prinzip der Offenheit beinhaltet infolgedessen einen Verzicht auf vorausgehende Hypothesenbildung. Bei der Generierung von Hypothesen ist theoretisches Wissen notwendig für eine theoretische Fundierung der Forschungsfrage. „Entscheidend ist, dass der Forscher [bzw. die Forscherin, MV] klare Vorstellungen über seine Fragestellung entwickelt und dabei aber noch offen bleibt für neue und im besten Fall überraschende Erkenntnisse“ (Flick, 2005, S. 77). In meiner Arbeit ist das Konzept der Sinnkonstruktion infolgedessen eingebettet in einen theoretischen Rahmen (vgl. Abschnitt 2.6, S. 48), dessen Konzepte als sensibilisierende Konzepte in die Entwicklung der Forschungsfragen eingingen. Die Offenheit gegenüber der Strukturierung des Forschungsgegenstandes durch die Forschungssubjekte zeigt sich u. a. darin, dass der Interviewleitfaden als Referenzrahmen vorlag, die Reihenfolge der Fragen jedoch auf die Antworten der interviewten Schülerinnen und Schüler abgestimmt wurde (vgl. Abschnitt 5.3, S. 102). Offenheit gegenüber neuen und überraschenden Erkenntnissen wurde durch eine datenbasierte Entwicklung von Kategorien in Anlehnung an die Grounded Theory gewährleistet (vgl. Abschnitt 6.3, S. 112).

Das zweite grundlegende Prinzip rekonstruktiver Forschung ist nach Hoffmann-Riem (1994, S. 35) das Prinzip der Kommunikation (vgl. auch Bohnsack, 2003, S. 21):

> Das Prinzip der Kommunikation besagt, daß der Forscher den Zugang zu bedeutungsstrukturierten Daten im allgemeinen nur gewinnt, wenn er eine Kommunikationsbeziehung mit dem Forschungssubjekt eingeht und dabei das kommunikative Regelsystem des Forschungssubjekts in Geltung läßt.

Der ersten Grundannahme rekonstruktiver Forschung entsprechend (vgl. Abschnitt 4.2, S. 85) kann soziale Wirklichkeit als Ergebnis eines interaktiven sozialen Prozesses verstanden werden. Der Kommunikation kommt damit – so die vierte Grundannahme – eine zentrale Rolle für den Forschungsprozess zu, da die Forschenden in direkter Interaktion mit den Forschungssubjekten stehen. Auf der Basis von Primärtexten (z. B. Aufzeichnungen von Schülerinnen und Schülern) oder transkribiertem Audio- und Videomaterial findet später die Analyse der erhobenen Daten statt. Ziel der Forschung ist die Rekonstruktion der subjektiven Konstruktionen der Wirklichkeit der Beforschten. Das Prinzip der Kommunikation wird in der vorliegenden Studie durch die Führung von Interviews (vgl. Abschnitt 5.3, S. 102) und die anschließende kodierende Auswertung in Anlehnung an die Grounded Theory (vgl. Abschnitt 6.3, S. 112) erfüllt.

Ein weiteres Merkmal rekonstruktiver Forschung ist der Verlauf des Forschungsprozesses von der Analyse eines Einzelfalls bis zum Ziel der Theorieentwicklung. Oftmals wird mit der Analyse eines Einzelfalles begonnen, bevor durch Fallvergleiche und -kontrastierungen Verallgemeinerungen herausgearbeitet werden. Im Anschluss daran kann beispielsweise durch eine Typenbildung eine gegenstandsbegründete Theorie gebildet werden. Die Bildung einer solchen gegenstandsbegründeten Theorie stellt das Ziel qualitativer Forschung dar. In dieser Studie wurden die einzelnen Interviews zunächst kodiert. Da eine Typenbildung von Sinnkonstruktionstypen angestrebt wurde, wurden die rekonstruierten Sinnkonstruktionsarten zueinander in Beziehung gesetzt. Dies bildete die Basis für die Typenbildung und damit die Erstellung einer empirisch basierten Typologie (zum genauen Vorgehen bei der Typenbildung vgl. Kapitel 7, S. 127).

Die letzte Charakteristik rekonstruktiver Forschung bezieht sich auf die intersubjektive Nachvollziehbarkeit des Forschungsprozesses. Besonders durch die Methodenvielfalt und Flexibilität des Forschungsprozesses ist eine Offenlegung des Vorgehens notwendig. Damit die Nachvollziehbarkeit dieser Arbeit gewährleistet ist, dokumentieren die Kapitel 5, 6 und 7 (S. 99, 109 bzw. 127) das genaue Vorgehen bei der Anlage der Studie, der Datenauswertung und Theoriebildung sowie der Entwicklung der Typologie. Die Nachvollziehbarkeit ist gleichzeitig ein Gütekriterium rekonstruktiver Forschung, auf das im folgenden Abschnitt genauer eingegangen wird.

4.4 Gütekriterien rekonstruktiver Forschung

Das methodische Vorgehen rekonstruktiver Forschung ist nicht standardisierbar, sondern hängt stark vom Gegenstand, der Situation und dem Milieu der jeweiligen Untersuchung ab. Deshalb ist auch nicht möglich, universelle, allgemein verbindliche Gütekriterien für rekonstruktive Forschung festzustellen (Steinke 1999, 205). Insbesondere können Objektivität, Reliabilität und Validität als Gütekriterien der hypothesentestenden Forschung (vgl. Bortz & Döring, 2006, S. 195-202) nicht auf interpretative Forschung übertragen werden, da sie sich auf das normative Forschungsparadigma beziehen und somit ein anderes Verständnis von Wirklichkeit zugrunde legen (Steinke, 1999, S. 204; 2005, S. 322). Im Zuge dessen müssen für rekonstruktive Studien Kriterien gefunden werden, die für das jeweilige Projekt angemessen sind. Insbesondere zur Validierung der Ergebnisse qualitativer Sozialforschung ist bei der textlichen Präsentation die Offenlegung des Vorgehens und des Interpretationsprozesses notwendig, um die Nachvollziehbarkeit zu gewährleisten. Darüber hinaus muss sichergestellt sein, dass das Datenmaterial beispielsweise in Form von Transkripten[15] zugänglich ist (Matt, 2005, S. 585). Steinke schlägt einen Katalog von sieben Kernkriterien für die Sicherung der Qualität qualitativer Forschung vor, die „methoden-, gegenstands- und fragestellungsbezogen zu füllen, zu modifizieren und zu ergänzen" sind (Steinke, 1999, S. 205). Im Folgenden werden diese Kriterien und die Umsetzung in der vorliegenden Arbeit kurz vorgestellt.

Das erste Gütekriterium ist die intersubjektive Nachvollziehbarkeit einer Studie (Steinke, 1999, S. 207-225; 2005, S. 324-326). Die Dokumentation des Forschungsprozesses bis hin zu den Ergebnissen der Studie ermögliche eine Verständigung über die Studie mit anderen Forschenden bzw. ihren Leserinnen und Lesern. Die intersubjektive Nachvollziehbarkeit gehe daher eng einher mit dem zweiten Gütekriterium rekonstruktiver Forschung, der Indikation des Forschungsprozesses (Steinke, 1999, S. 215-221; 2005, S. 326-328). Die Indikation umfasse eine Beschreibung der Gegenstandsangemessenheit von Erhebungs- und Auswertungsmethoden und biete damit die Möglichkeit, den gesamten Forschungsprozess hinsichtlich seiner Angemessenheit zu beurteilen. Dabei werde das qualitative Vorgehen an der Fragestellung gemessen sowie die gewählten Methoden am Untersuchungsgegenstand. Die Indikation des Forschungsprozesses beinhalte die Dokumentation des Vorverständnisses, der Informationsquellen, der Erhebungsmethoden und des Erhebungskontextes,

[15] Die in dieser Arbeit zitierten Transkriptausschnitte liegen im Zusatzmaterial zu diesem Buch vor, das im Internet über die URL http://www.vieweg-teubner.de/ zugänglich ist.

der Daten, wie auch der Transkriptionsregeln und dem Vorgehen bei der Interpretation. Darüber hinaus müssen Auswertungsmethoden und die einzelnen Auswertungsschritte detailliert dargestellt werden. Außerdem sollen Probleme und Entscheidungen aufgezeigt werden, die während des Forschungsprozesses aufgetreten sind. Die Dokumentation des Vorverständnisses findet sich hier in der Offenlegung der sensibilisierenden Konzepte und des Konzepts der Sinnkonstruktion (vgl. Abschnitte 2.3 und 2.6, S. 23 bzw. 48). Das genauere Vorgehen bei der Datenerhebung und Auswertung wird in den Kapiteln 5, 6 und 7 (S. 99, 109 bzw. 127) offen gelegt. Durch die detaillierte Beschreibung des Vorgehens wird die Bewertung der Studie ermöglicht.

Das dritte Gütekriterium betrifft die empirische Verankerung der Theoriebildung und -prüfung (Steinke, 1999, S. 221-227; 2005, S. 328-329). Die Grounded Theory stelle in diesem Zusammenhang ein Vorgehen dar, dass explizit eine Theorie aus den Daten entwickele und damit in den Daten verankere (zum Vorgehen in dieser Arbeit vgl. Abschnitt 6.3, S. 112). Zur Prüfung der Theorie an den Daten müsse eine hinreichende Menge an Textbelegen angegeben werden. Die zitierten Transkriptausschnitte können daher im Zusatzmaterial zu diesem Buch eingesehen werden, das im Internet über die URL http://www.viewegteubner.de/ zugänglich ist. Die Grenzen des Geltungsbereichs der entwickelten Theorie müssen reflektiert werden, um dem Kriterium der Limitation gerecht zu werden (Steinke, 1999, S. 227-231; 2005, S. 329-330). Dies geschehe insbesondere durch eine Untersuchung von Fällen im kontrastierenden Vergleich. Dabei werden „Elemente, Ursachen, Bedingungen etc., die gleichartige Fälle miteinander teilen und die für das theoretische Phänomen wesentlich sind" (Steinke, 2005, S. 329-330), herausgearbeitet. In der vorliegenden Studie wurden solche kontrastierenden Vergleiche auf unterschiedlichen Ebenen durchgeführt. Das Anstellen von Vergleichen ist zentrales Element in der Grounded Theory (vgl. Abschnitte 4.5 und 6.3, S. 92 bzw. 112) und war auf diese Weise Teil der Rekonstruktion der Sinnkonstruktionsarten. Im Rahmen der Typenbildung wurden die verschiedenen Sinnkonstruktionsarten miteinander verglichen und kontrastiert um eine Typologie der Sinnkonstruktion zu erstellen (vgl. Kapitel 7, S. 127). Die Reichweite der auf diese Weise entwickelten Theorie wird schließlich in Abschnitt 11.1 (S. 261) reflektiert. Damit einhergehend stellt sich auch die Frage nach der Relevanz, ein weiteres Gütekriterium rekonstruktiver Forschung (Steinke, 1999, S. 241-248; 2005, S. 330). Neben der Relevanz der Fragestellung, auf die bereits in Kapitel 2 (S. 9) eingegangen wurde, muss vor allem die Relevanz der entwickelten Theorie bewertet werden. Dies geschieht in Kapitel 11 (S. 261).

Im Zuge der Durchführung von kontrastierenden Vergleichen können Fragen und Widersprüche zur bis dato entwickelten Theorie entstehen. Dem Kriterium der Kohärenz zufolge (Steinke, 1999, S. 239-241; 2005, S. 330) müsse diese daher auf ihre Kohärenz hin geprüft werden. Können (scheinbare) Widersprüche nicht in die Theorie integriert werden, müssen sie offen gelegt werden. Widersprüche und Fragen, die im Forschungsprozess dieser Arbeit aufgetreten sind, wurden daher als Feldnotizen im Forschungstagebuch bzw. in Form von Memos im Auswertungsprozess niedergelegt. Sie führten zur Weiterentwicklung von Kodes (Aufspaltung bzw. Zusammenfassung verschiedener Kodes, Entwicklung von Sub- bzw. Oberkategorien) bzw. zur Ausschärfung der Sinnkonstruktionsarten und der Typologie (vgl. Abschnitte 4.5, 6.3 und 7, S. 92, 112 bzw. 127).

Das letzte Gütekriterium rekonstruktiver Forschung betrifft die reflektierte Subjektivität der Forschenden (Steinke, 1999, S. 231-239, Steinke, 2005, S. 330-331). Sie sei notwendig, da die Forschenden explizit Teil des Forschungsprozesses und damit „gleichgültig ob bewußt oder unbewußt – ein *Teilelement* empirischer Forschung“ seien (Steinke, 1999, S. 231). Die Forschenden müssen sich insbesondere bewusst sein, dass sie an der Theoriebildung beteiligt sind – d.h. sie müssen ihre Position und ihre Rolle während des Forschungsprozesses reflektieren und bei der Theoriebildung berücksichtigen. Dies geschehe über Selbstbeobachtung und Reflexion, die in einem Forschungstagebuch festgehalten werden können. Während der Datenerhebung habe ich ein solches Forschungstagebuch geführt. Im Prozess der Auswertung wurden entsprechende Beobachtungen und Reflexionen in Memos fest gehalten (vgl. Abschnitt 6.3, S. 112).

Nachdem nun allgemein die Charakteristika und Gütekriterien rekonstruktiver Forschung und ihre Umsetzung in meiner Arbeit vorgestellt wurden, geht der nächste Abschnitt auf die Bildung einer gegenstandsbegründeten Theorie ein. Ich folge in dieser Arbeit dem Vorgehen der Grounded Theory (vgl. Abschnitt 6.3, S. 112).

4.5 Theoriebildung mittels Grounded Theory

Der Begriff *Grounded Theory* wird auf verschiedene Weise verwendet. Er beschreibt einen rekonstruktiven Forschungsansatz, also eine Methodologie, und rekonstruktive Forschungsmethoden, mit deren Hilfe eine gegenstandsbegründete Theorie erarbeitet werden kann. Darüber hinaus kennzeichnet er den Forschungsprozess, in dem eine solche Theorie entdeckt wird, ebenso wie das

Ergebnis dieses Prozesses, also die entwickelte Theorie selbst (vgl. Böhm, 2005, S. 475; Glaser & Strauss, 2005, S. 11-16; Strauss & Corbin, 1996, S. 7-9; Strübing, 2004, S. 13). Die Grundlagen der Grounded Theory wurden von Barney Glaser und Anselm Strauss in den 1960er Jahren gemeinsam entwickelt und 1976 in ihrem grundlegenden Buch "The Discovery of Grounded Theory" veröffentlicht (deutsch 1998; Glaser & Strauss, 2005). Beide entwickelten später eigene Varianten des Verfahrens. In der vorliegenden Arbeit folge ich dem Vorgehen von Anselm Strauss, welches er zusammen mit Juliet Corbin weiter ausgearbeitet hat (vgl. Strauss, 1998; Strauss & Corbin, 1996). Jörg Strübing (2004, S. 8-9) hält diese Richtung der Grounded Theory für die weiterführendere und schätzt sie als wissenschafts- und methodentheoretisch gehaltvoller ein (vgl. auch Strübing, 2004, S. 72).

Strauss und Corbin (1996, S. 8) beschreiben Grounded Theory als „eine qualitative Forschungsmethode bzw. Methodologie, die eine systematische Reihe von Verfahren benutzt, um eine induktiv abgeleitete, gegenstandsverankerte Theorie über ein Phänomen zu entwickeln." Ein Phänomen bezeichnet dabei ein Vorkommnis in den Daten, welches im Rahmen der Datenanalyse begrifflich gefasst wird (Strübing, 2004, S. 27). Es handelt sich dabei um komplexe soziale Phänomene der untersuchten Wirklichkeit, die durch die Konzeptualisierung in Kategorien in ihrer Struktur untersucht und verstanden werden sollen (Strauss 1998, S. 25, 31, 35). Zentral ist dabei, dass die Forschungsergebnisse eine Theorie über die untersuchte Wirklichkeit bilden, so dass die zugrunde liegenden Konzepte in enger Beziehung zueinander stehen (Strauss & Corbin, 1996, S. 8-9). Dabei geht die Zielsetzung der Grounded Theory weit über die dichte Beschreibung (vgl. Geertz, 1973, S. 3-30) eines empirisch untersuchten Phänomens hinaus. Es wird angestrebt „aus dem Verstehen erklären [zu] können, warum ein sozialer Prozess so verlaufen ist, wie er verlaufen ist, warum eine Beziehungskonstellation so beschaffen ist, wie sie beschaffen ist etc." (Strübing, 2004, S. 49).

Ein Vorgehen nach der Grounded Theory soll laut Strauss und Corbin nicht als rigides Regelwerk verstanden werden, sondern als Leitlinie im Forschungsprozess dienen (Strauss, 1998, S. 32; Strauss & Corbin, 1996, S. 41). Dies dürfe jedoch nicht als „Freibrief für ein ›anything goes‹ [...] missverstanden werden" (Strübing, 2004, S. 17). Die gegebenen Leitlinien reichen über eine bloße Aufzählung von Vorschlägen hinaus, da sie bestimmte Operationen als obligatorisch kennzeichnen (Strauss, 1998, S. 33). Dazu gehören etwa das kodierende Vorgehen und das Schreiben analytischer Memos (s. u. sowie Abschnitt 6.3, S. 112).

Am Anfang einer Untersuchung, die der Grounded Theory folgt, steht keine fertige Theorie, sondern ein Untersuchungsbereich, dessen relevante Aspekte sich im Laufe des Forschungsprozesses herauskristallisieren. Dementsprechend wird im Einklang mit dem Prinzip der Offenheit (vgl. Hoffmann-Riem, 1994, S. 29 bzw. Abschnitt 4.3, S. 87) auf eine vorhergehende Hypothesenbildung verzichtet. Im Gegenzug ist eine hohe theoretische Sensibilität der Forschenden notwendig. Erst diese „Fähigkeit, Einsichten zu haben, den Daten Bedeutung zu verleihen, die Fähigkeit zu verstehen und das Wichtige vom Unwichtigen zu trennen [...] erlaubt es, eine gegenstandsverankerte, konzeptuell dichte und gut integrierte Theorie zu entwickeln" (Strauss & Corbin, 1996, S. 25). Eine Annäherung an den Forschungsgegenstand erfordere daher, so Flick (2005, S. 13), sensibilisierende Konzepte, in die auch theoretisches Vorwissen einfließe. Es sei also mitnichten so, dass die Forschenden als *tabula rasa* in den Prozess der Forschung eintreten, wie der Ansatz der Grounded Theory oft missverstanden werde (Strübing, 2004, S. 49-50). Als Quellen theoretischer Sensibilität nennen Strauss und Corbin (1996, S. 25-27) explizit Fachliteratur, berufliche und persönliche Erfahrung sowie die intensive Auseinandersetzung mit den Daten im Zuge des analytischen Prozesses. Zusätzlich beschreiben sie verschiedene Techniken, um die theoretische Sensibilität der Forschenden zu erhöhen (Strauss & Corbin, 1996, S. 56-74).

Als Ergebnis des Forschungsprozesses wird eine Theorie über diesen Untersuchungsbereich angestrebt. Besonderes Kennzeichen der Grounded Theory ist, dass die Theorieentwicklung eng mit der Datensammlung und Analyse verwoben ist (Strauss & Corbin, 1996, S. 7-8). Strübing (2004, S. 14) bezeichnet sie sogar als „funktional abhängig". Dies zeige sich insbesondere im *theoretical sampling*, also der Auswahl der Datenquelle, Fälle, Stichprobe etc. „auf Basis von Konzepten, die eine bestätigte theoretische Relevanz für die sich entwickelnde Theorie besitzen" (Strauss & Corbin, 1996, S. 148). Eine solche theoretische Relevanz weisen Konzepte dann auf, wenn sie wiederholt im Rahmen der Analyse vorkommen (oder offensichtlich fehlen) und den Status von Kategorien erwerben, sich also als zentral für die zu entwickelnde Theorie erweisen. Dem systematischen Erheben und Analysieren der Daten kommt infolgedessen eine zentrale Rolle zu, wobei Datensammlung, Analyse und Theorieentwicklung zum Teil zeitlich parallel ablaufen können.

Strübing (2004, S. 14) hält fest, dass „[k]einer dieser Prozesse [...] als jemals vollständig abschließbar aufgefasst" werde. Flick (2005, S. 71) weist indes darauf hin, dass das „theoretische Sampling [...] als Strategie eigentlich nur Sinn [macht], wenn damit die Konsequenz verbunden ist, dass nicht zuerst alle Interviews durchgeführt werden und dann erst mit der Interpretation der Daten begonnen wird. Vielmehr ist die unmittelbare Interpretation erhobener Daten die Basis für Auswahlentscheidungen. Diese sind dann nicht auf die Auswahl von Fällen begrenzt, sondern beinhalten auch die Entscheidung über die Art der Daten, die als nächste einbezogen werden, und damit im Extremfall auch den Wechsel der Methode." Zum Vorgehen in meiner Studie vgl. Abschnitt 6.2 (S. 110). Die entwickelte Theorie werde dementsprechend auch nicht als Endpunkt des Forschungsprozesses aufgefasst, sondern als eine Version der Welt, die kontinuierlicher Revision, Überprüfung, Konstruktion und Rekonstruktion unterliege. Sie sei durch Relativität und Vorläufigkeit gekennzeichnet, da eine gegenstandsbegründete Theorie durch Hinzunahme neuen Materials weiterentwickelt werden könne (vgl. Flick, 2005, S. 71-74; Strübing, 2004, S. 14).

Im Gegensatz zur Sequenzanalyse interaktionistischer Ansätze, die beispielsweise in der interpretativen Unterrichtsforschung durchgeführt wird[16] (vgl. Jungwirth, 2003, S. 193), ist das zentrale Element der Grounded Theory die kodierende Vorgehensweise. Die Entscheidung für oder gegen die Grounded Theory ist demnach zunächst eine methodologische. Anstatt die natürliche Reihenfolge der Daten beizubehalten, wie dies bei einer sequenzanalytischen *turn-by-turn*-Analyse der Fall wäre, werden die Daten durch das Kodieren „aufgebrochen, konzeptualisiert und auf neue Art zusammengesetzt" (Strauss & Corbin, 1996, S. 39). Dabei beschreibt das kodierende Vorgehen nach Strauss und Corbin einen „Prozess stetigen Vergleichens mit dem Ziel über beschreibende Kategorien zu analytischen Konzepten zu gelangen, die Zusammenhänge explorieren und verdeutlichen" (Tiefel, 2005, S. 75). Die kodierende Herangehensweise unterstützt infolgedessen ein weiteres wichtiges Element der Grounded Theory: die kontinuierliche Komparation. Dabei werden die Textstellen der transkribierten Datengrundlage fortlaufend miteinander verglichen und bestimmten Kodes zugeordnet – unabhängig davon, wo sie im Datenmaterial vorkommen. Dies entspricht der Untersuchung von Sinnkonstruktion als individualpsychologisches Phänomen, welches sich in Form von Charaktereigenschaften und subjektiven Einstellungen zeigt. Es spielt keine Rolle, an welcher Stelle des Interviews bestimmte Äußerungen gemacht werden, die zur Rekonstruktion herangezogen werden können. Wichtig ist lediglich, dass eine Äußerung als relevant eingeschätzt wird.

Strauss und Corbin unterscheiden drei verschiedene Arten von Kodierverfahren: Beim *offenen Kodieren* (Strauss & Corbin, 1996, S. 43-55) werden durch

[16] Einen Überblick über aktuelle mathematikdidaktische Forschung in diesem Bereich geben Helga Jungwirth und Götz Krummheuer (2006, 2008).

einen analytischen Prozess die grundlegenden Phänomene identifiziert, die im Datenmaterial vorhanden sind. Dazu werden verschieden Textabschnitte, die ein für die Forschungsfrage relevantes Phänomen beschreiben, durch das Stellen von Fragen miteinander verglichen und Kodes zugeordnet. Auf diese Weise werden sie benannt und somit konzeptualisiert und kategorisiert. Ähnliche Phänomene werden dabei gleichen Konzepten zugeordnet. Erweisen sich die bestehenden Konzepte als nicht ausreichend, können neue entwickelt werden. Die entwickelten Konzepte werden kontinuierlich miteinander verglichen, so dass im Zuge dessen Ähnlichkeiten und Unterschiede zwischen den Konzepten zu einer Konzeptualisierung höherer Ordnung führen: Kategorien entstehen als abstraktere Konzepte. Beim *axialen Kodieren* (Strauss & Corbin, 1996, S. 75-93) werden anhand eines Kodierparadigmas Verbindungen zwischen den Kategorien des offenen Kodierens aufgezeigt. Auf diese Weise wird das Geflecht aus Oberkategorien und Subkategorien gestärkt. Strauss und Corbin schlagen vor, die Kategorien im Hinblick auf die folgenden Elemente, die sie im Rahmen eines Kodierparadigmas zusammenfassen, zu untersuchen: ursächliche Bedingungen, Kontext, intervenierende Bedingungen, Handlungs- und Interaktionsstrategien sowie Konsequenzen des Phänomens. Dabei sei zu berücksichtigen, dass beispielsweise Konsequenzen einer Interaktion oder Handlung gleichzeitig als ursächliche Bedingung für ein anderes Phänomen fungieren können. Das *selektive Kodieren* (Strauss & Corbin, 1996, S. 94-117) beschreibt eine ähnliche Vorgehensweise wie das axiale Kodieren, unterscheidet sich jedoch dahingehend, dass es auf einer abstrakteren Ebene durchgeführt wird. Dabei wird eine Kernkategorie entwickelt, die in Beziehung zu anderen Kategorien gesetzt wird. Diese Beziehungen werden validiert und Kategorien, die einer Verfeinerung bedürfen, werden weiterentwickelt.

Die Unterteilung in verschiedene Kodierarten sei artifiziell, so Anselm Strauss und Juliet Corbin, 1996, S. 40) und lasse sich während der Auswertung kaum transparent machen. Durch die zirkuläre Anlage des Forschungsprozesses (vgl. Flick, 2005, S. 67-75) verlaufe auch die Kodierung nicht notwendigerweise linear. Sie bewege sich zwischen den verschiedenen Formen – insbesondere zwischen offenem und axialem Kodieren – hin und her (1996, S. 40, 77). Dementsprechend werde im Auswertungsprozess zwischen induktivem und deduktivem Denken gependelt. Dieser kontinuierliche Wechsel zwischen deduktivem Aufstellen von Vermutungen hinsichtlich der Beziehungen zwischen Phänomenen und dem Versuch ihrer Verifikation an den Daten sei grundlegend für die Gegenstandsverankerung der entwickelten Theorie (Strauss & Corbin, 1996, S. 89). Dieser Pendelprozess wird durch das Anfertigen analytischer Memos und

Diagramme unterstützt, die den Auswertungsprozess in Form von schriftlichen Analyseprotokollen bzw. visuellen Darstellungen der Beziehungen zwischen Konzepten widerspiegeln (vgl. Strauss & Corbin, 1996, S. 169-192). Auf diese Weise werden abstrakte Gedanken zum konkreten Datenmaterial festgehalten und für die Verifikation bzw. Falsifikation am Material festgehalten. Neben dem kontinuierlichen Vergleichen von Textstellen und Konzepten bzw. Kategorien beim Kodieren der Daten ist das Erstellen von Memos und Diagrammen also essenziell für die Entwicklung einer datenbasierten Theorie.

5 Design der Studie und Methoden der Datenerhebung

Im vorangehenden Kapitel habe ich meine Arbeit im interpretativen Paradigma verortet und u. a. Gütekriterien für rekonstruktive Forschungsarbeiten dargelegt. Zentrale Kriterien sind die intersubjektive Nachvollziehbarkeit sowie die Indikation des Forschungsprozesses, der Theoriebildung und der Ergebnisse. Mit dem Ziel, diese Kriterien zu erfüllen, beschreibe ich in diesem Kapitel das Design der Studie und das Vorgehen bei der Datenerhebung sowie die dazu verwendeten Instrumente. In Kapitel 6 (S. 109) lege ich anschließend das Vorgehen bei der Datenauswertung und der Theoriebildung offen.

Die grundlegende Frage meiner Arbeit richtet sich auf den Sinn, den Lernende darin sehen, Mathematik zu lernen bzw. sich mit Mathematik auseinanderzusetzen. Da in diesem Bereich zu Beginn des Forschungsprozesses keine fertige Theorie bestand, die geprüft werden sollte, bestand lediglich ein Gegenstandsbereich, der durch die Fragestellung strukturiert werde. Ziel war es, diesen Gegenstandsbereich durch die Studie zu beschreiben und eine Theorie zu entwickeln, die ihm gerecht wird. Anselm Strauss und Juliet Corbin (1996, S. 8-9, 21-24) stellen heraus, dass die Fragestellung im Laufe des Forschungsprozesses Änderungen unterworfen ist und sich im Zuge dessen von einer zunächst breiten Eingrenzung des Forschungsfeldes in eine spezifische Form entwickelt.

Um die Sinnkonstruktionen der Lernenden rekonstruieren zu können, wurde ein kommunikatives Herangehen in Form von Interviews gewählt (vgl. Abschnitt 5.3, S. 102). Die Schülerinnen und Schüler hatten auf diese Weise die Möglichkeit, ausführlich ihre Gedanken zu schildern, so dass der Studie ein reichhaltiges Material zugrunde liegt. Das Forschungsfeld wurde dabei insofern eingegrenzt, als dass der Leitfaden für das Interview (vgl. Anhang 1, S. 275) an den sensibilisierenden Konzepten des theoretischen Rahmens orientiert ist (vgl. Abschnitte 2.6 und 5.3, S. 48 bzw. 102). Um eine Anbindung an den konkreten Mathematikunterricht zu ermöglichen und ggf. auf bestimmte Situationen der letzten Mathematikstunde eingehen zu können, wurde der Unterricht zudem in einem Zwei-Kamera-Design videografiert (vgl. Abschnitt 5.2, S. 101). Die Video-Daten waren Grundlage für nachträgliches lautes Denken, das zu Beginn des Interviews zu einer kurzen Unterrichtssequenz durchgeführt wurde (vgl. Abschnitt 5.3, S. 102). Die folgenden Abschnitte sollen nun einen detaillierteren Einblick in die das Design und die Methoden der Datenerhebung gewähren.

5.1 Auswahl der Schulen sowie der interviewten Schülerinnen und Schüler

Die Daten für diese Studie wurden in Deutschland und Hongkong in jeweils drei Klassen der Sekundarstufe I des leistungsstärksten Schulzweigs erhoben: In Deutschland waren es Klassen der 9. bzw. 10. Klassenstufe eines Gymnasiums, in Hongkong drei Klassen der *Secondary 3* bzw. *Secondary 4* von *Band 1* Schulen (zum Aufbau des Hongkonger Bildungssystems vgl. Abschnitt 3.3, S. 78). Die teilnehmenden Schülerinnen und Schüler waren zum Durchführungszeitpunkt der Studie ca. 15 bis 16 Jahre alt.

Die Schülerinnen und Schüler haben sich freiwillig an der Teilnahme der Studie bereit erklärt. Es waren sowohl leistungsstarke als auch leistungsschwache Jugendliche darunter; welche, die sich mit ihrer Lehrperson gut verstanden, und andere, die kein gutes Verhältnis zu ihr hatten. In Hongkong war für die Teilnahme am Interview oftmals das Motiv ausschlaggebend, mit einer Europäerin Englisch sprechen zu können.[17]

Die Entscheidung, Schülerinnen und Schüler dieser Altersstufe zu interviewen, wurde aus mehreren Gründen getroffen. Erstens ist ein gewisses Maß an Selbstreflexion auf Seiten der Interviewten für das Gelingen meiner Studie notwendig, da ich davon ausgehe, dass Sinnkonstruktionen nicht notwendigerweise bewusstseinspflichtig sind (vgl. Abschnitt 2.5, S. 43). Sie können jedoch ggf. reflektiert werden bzw. im Nachhinein aus sprachlichen Äußerungen rekonstruiert werden. Zweitens fragen Schülerinnen und Schüler dieser Altersstufe oftmals nach dem Sinn von Schule bzw. dem Lernen (Hurrelmann, 1983, S. 44). Dies geht vermutlich auch damit einher, dass ihr Interesse an Schule und zum Teil auch ihre Leistungen sinken (vom Hofe, Hafner, Blum & Pekrun, 2009; Jahnke-Klein, 2001; Köller, Baumert & Schnabel, 2000). Ein dritter Grund für die Wahl der Schülerinnen und Schüler der unteren Sekundarstufe ist, dass sie bereits eine Vorstellung davon haben können, inwiefern Mathematik in ihrem Leben vorkommt bzw. welchen Beruf sie später ergreifen wollen. Mathematik kann auf diese Weise eine besondere persönliche Relevanz für ihr momentanes oder zukünftiges Leben aufweisen. Der vierte Grund für die Wahl dieser Altersstufe liegt in der Durchführung der Studie in Hongkong begründet. Ich habe dort mit Schulen zusammengearbeitet, die in englischer Sprache unterrichten. Um eine gewisse Sprachkompetenz in der Fremdsprache voraussetzen zu kön-

[17] Auch wenn die Unterrichtssprache der interviewten Schülerinnen und Schüler aus Hongkong Englisch ist, sprechen sie selbst im Unterricht vergleichsweise wenig. Im Zuge dessen ist ihre rezeptive Sprachkompetenz deutlich ausgeprägter als ihre aktive. Alle waren dennoch in der Lage, sich recht flüssig im Englischen auszudrücken, so dass die Durchführung der Studie gewährleistet war.

nen, ist ein bestimmtes Mindestalter der Schülerinnen und Schüler notwendig. Die teilnehmenden Interviewpartnerinnen und -partner wiesen diese Sprachkompetenz eindeutig auf, so dass ein Interview in englischer Sprache nahezu ohne Probleme möglich war. Zum Teil suchten die Interviewten während des Gesprächs nach Worten, doch entweder fanden sie es nach kurzer Zeit oder aber sie umschrieben ihren Gedanken mit anderen Worten. Eine fortlaufende und flüssige Kommunikation war während des gesamten Gesprächs gegeben.

Von den interviewten Schülerinnen und Schülern hatten zwei einen Migrationshintergrund. Ayla und Vladimir sind beide in Deutschland geboren worden, ihre Eltern stammen jedoch aus der Türkei bzw. aus Weißrussland. Da beide in Deutschland gut sozialisiert und integriert sind, und der kulturelle Hintergrund der Familie eher der westlichen als der ostasiatischen kulturellen Tradition zugehörig ist, werte ich diesen Umstand als unkritisch. Die meiner Studie zugrunde liegende Stichprobe lässt ohnehin keine Analysen auf Klassen- oder Schulebene zu, sodass keine spezifischeren Aussagen auf diesen Ebenen angestrebt oder gemacht werden.

5.2 Unterrichtsvideografie im Zwei-Kamera-Design

Jede Klasse, die an der Studie teilnahm, wurde eine Woche lang von mir begleitet. In dieser Woche habe ich jede Mathematikstunde mit zwei Videokameras aufgezeichnet. Die Überblickskamera (vgl. Seidel, Dalehefte & Meyer, 2003, S. 51) stand aus der Perspektive der Schülerinnen und Schüler gesehen auf einem Stativ vorne links neben der Tafel und war so ausgerichtet, dass sie frontal einen möglichst großen Ausschnitt der Klasse filmte. Daraus sollte ein grundsätzlicher Eindruck der Tätigkeiten der Schülerinnen und Schüler gewonnen sowie die Wege der Lehrperson durch die Klasse rekonstruiert werden können (vgl. auch Clarke, 2006). Die Einstellung auf maximalem Weitwinkel wurde während der Unterrichtsstunde nicht verändert und die Kamera wurde nicht bewegt. Die Interaktionskamera (vgl. Seidel, 2003; Seidel et al., 2003[18]) wurde in der vorderen rechten Ecke des Klassenzimmers derart positioniert, dass sowohl die Tafel einsehbar war und darüber hinaus mit einem Kameraschwenk eine Gruppe von Schülerinnen und Schülern der ersten Sitzreihe in Großaufnahme

[18] Im technischen Bericht zur Video-Studie „Lehr-Lern-Prozesse im Physikunterricht" des Leibniz-Instituts für die Pädagogik der Naturwissenschaften (IPN) wurde diese Kameraeinstellung noch als *Lehrerkamera* bezeichnet (vgl. Seidel, Dalehefte, & Meyer, 2003, S. 51-53). Tina Seidel hingegen verwendet die in meinen Augen passendere Bezeichnung *Interaktionskamera* (vgl. Seidel, 2003, S. 75-76).

gefilmt werden konnte. Ziel war es, mit dieser Kamera die vollständige Interaktion zwischen Lehrperson und Lernenden aufzuzeichnen sowie darüber hinaus weitere Interaktionen des Unterrichts so umfangreich wie möglich einzufangen. Dazu nahm die Interaktionskamera die Perspektive eines aufmerksamen Schülers bzw. einer aufmerksamen Schülerin ein. Die Kameraeinstellung schwenkte dementsprechend zwischen Objekten und Personen, die die Aufmerksamkeit der Lernenden auf sich ziehen, hin und her. Demonstrierte die Lehrperson beispielsweise Inhalte an der Tafel, wurde diese Handlung fokussiert. In Still- oder Partnerarbeitsphasen richtete sich die Perspektive der Kamera stellvertretend auf eine kleine Gruppe von Lernenden in der ersten Bankreihe. Im Zuge dessen wurden sowohl Interaktionen zwischen Personen (z. B. Gespräch zwischen Lehrperson und Lernenden bzw. unter den Lernenden) als auch zwischen Personen und Objekten (Demonstration an der Tafel, Umgang mit dem Taschenrechner u. ä.) gefilmt (vgl. Seidel et al., 2003, S. 49-57). Die Einstellung der Kamera wurde dabei der Situation angepasst, so dass das Klassengespräch etwa im Weitwinkel aufgenommen wurde, wohingegen der Tafelanschrieb bzw. die Partnerarbeit näher heran gezoomt wurden. Die Unterrichtsaufzeichnung der Interaktionskamera bildete die Grundlage für das nachträgliche laute Denken in den Interviews (vgl. Abschnitt 5.3, S. 102).

Für alle Klassen, die ich in meiner Studie besucht habe, war es außergewöhnlich, im Unterricht gefilmt zu werden. Besonders am Anfang einer Unterrichtsstunde war zu merken, dass die Schülerinnen und Schüler durch die Präsenz der Kameras abgelenkt waren, jedoch geriet die Anwesenheit der Kameras bald in Vergessenheit. Dies lag insbesondere daran, dass beide Kameras zurückgezogen in den Ecken des Klassenzimmers standen und die Interaktionskamera sehr behutsam geführt wurde. Sie waren damit nicht im Fokus der Schülerinnen und Schüler. Sybilla Leutner-Ramme (Leutner-Ramme, 2000b, S. 247-248) beschreibt in einem ähnlichen Setting eine etwas diszipliniertere Klassensituation, die jedoch „keinen entscheidenden Einfluß auf die Gesprächsführung und die unterrichtlichen Handlungen“ zeigt. Dies bestätigten auch die an der Studie teilnehmenden Schülerinnen und Schüler in den Interviews. Sie betonten, dass sie sich abgesehen von der erwähnten Aufmerksamkeit zu Beginn der Stunde normal verhalten hätten.

5.3 Teilstandardisierte Interviews

Ein Ziel meiner Studie ist es, verschiedene Arten der Sinnkonstruktion von Schülerinnen und Schülern im Kontext schulischen Mathematikunterrichts herauszuarbeiten. Basierend auf dem in Kapitel 2 (S. 9) entwickelten Verständnis von Sinnkonstruktion werden dementsprechend folgende Aspekte als zentral für die Rekonstruktion der persönlichen Relevanz angesehen:

1. Einstellungen und Bewertungen der interviewten Schülerinnen und Schüler bezogen auf ihren aktuellen Mathematikunterricht sowie zu Mathematikunterricht allgemein
2. Einstellungen und Bewertungen der interviewten Schülerinnen und Schüler bezogen auf Mathematik als Inhaltsbereich, das Lernen von Mathematik und die aktive Beschäftigung mit mathematischen Inhalten
3. Einstellungen und Bewertungen der interviewten Schülerinnen und Schüler zu einer Verbindung von Mathematik und ihrem Leben
4. Hintergrundmerkmale und persönliche Merkmale der interviewten Schülerinnen und Schüler, die relevant sind für ihr Lernen und Betreiben von Mathematik, insbesondere zu den sensibilisierenden Konzepten des theoretischen Rahmens (vgl. Abschnitt 2.6, S. 48).

Zur Rekonstruktion der persönlichen Relevanz aus diesen Aspekten ist die Genese von Daten notwendig, die die Erfassung und Analyse der subjektiven Perspektive der Schülerinnen und Schüler ermöglicht. In der qualitativen Sozialforschung werden in solchen Fällen häufig qualitative Interviews geführt (vgl. Hopf, 2005, S. 350). Dabei ist zu beachten, dass sowohl der konkrete, aktuell erlebte Mathematikunterricht thematisiert wird als auch allgemeinere Aspekte zum Lernen und zur Beschäftigung mit Mathematik angesprochen werden. Aus diesem Grund habe ich mich entschieden, die Interviews in zwei Teile zu untergliedern. Zu Beginn der Interviews habe ich den Schülerinnen und Schülern eine Videosequenz aus der letzten von ihnen besuchten Mathematikstunde vorgespielt und habe sie dazu nachträglich laut denken lassen (s. u.). Daran an schloss sich ein leitfadengestütztes Interview, das zunächst ebenfalls auf die konkrete Mathematikstunde fokussiert war, sich dann aber sukzessive davon löste und auch allgemeinere Fragen zum Lernen von Mathematik und zur Beschäftigung mit mathematischen Inhalten stellte. Im Folgenden werden etwas detailliertere Einblicke in diese beiden Teile sowie die allgemeine Durchführung der Interviews gegeben.

Allgemeines zur Durchführung

In beiden Ländern wurden jeweils 17 Interviews geführt, so dass insgesamt 34 teilstandardisierte Interviews die Datengrundlage für meine Studie bilden. Sie wurden mit freiwilligen Schülerinnen und Schülern der besuchten Klassen im

Einzelgespräch durchgeführt und dauerten durchschnittlich etwa 35 bis 45 Minuten. Von dieser durchschnittlichen Interviewdauer gab es in Hongkong zwei Ausnahmen: Die erste machte Laura, die mit sehr ausführlichen Angaben in langen narrativen Passagen antwortete, so dass nach Ablauf der zur Verfügung stehenden Zeit lediglich die Hälfte des Leitfadens abgehandelt war. Das Interview wurde daraufhin am nächsten Tag fortgesetzt. Auch hier antwortete sie sehr ausführlich. Die beiden Interviews dauerten zusammengenommen etwa 85 Minuten. Die zweite Ausnahme bildete William, der sehr ausführliche Antworten gab und zum Teil längere Zeit schwieg, um weitere Antwortdetails zu überlegen. Hier war es nicht notwendig, einen zweiten Interviewtermin zu vereinbaren, da das Gespräch im Anschluss an die Unterrichtszeit stattfand. Dieses Interview dauerte etwa 105 Minuten. In Deutschland gab es keine derartigen Ausnahmen.

In Deutschland wurden die Interviews in einem kleinen Besprechungszimmer oder dem Erste Hilfe Raum der Schule geführt. Die Schülerinnen und Schüler wurden entweder in einer Freistunde oder nach Schulschluss interviewt. In Hongkong fanden die Interviews in der Mittagspause der Schülerinnen und Schüler oder nach Schulschluss statt. Dabei konnte ein leer stehendes Klassenzimmer, der Computerraum, ein kleines Lehrerzimmer für Lehrkräfte im Praktikum bzw. der Flur eines ungenutzten Gebäudeflügels genutzt werden. In der Regel verliefen die Interviews ohne Störungen. Ausnahmen bildete ein Interview in Deutschland, das durch eine Unterstufenschülerin unterbrochen wurde, die aus gesundheitlichen Gründen den Erste-Hilfe-Raum aufsuchen musste. In Ermangelung einer räumlichen Ausweichmöglichkeit wurde das Interview – unter Zustimmung der Interviewten – im Beisein der Schülerin fortgesetzt. In Hongkong wurden die Interviews zum Teil kurzzeitig durch Reinigungspersonal unterbrochen, konnten jedoch direkt in gewohnter Weise fortgesetzt werden.

Nachträgliches lautes Denken

Im Rahmen meiner Studie gehe ich davon aus, dass Sinnkonstruktion subjektiv und individuell, kontextgebunden sowie bewusstseinsfähig, nicht aber bewusstseinspflichtig ist (vgl. Abschnitt 2.5, S. 43). Dementsprechend liegt es nahe, den interviewten Schülerinnen und Schülern eine konkrete videografierte Unterrichtssituation vorzuspielen und sie dazu nachträglich laut denken zu lassen (vgl. Fromm, 1987; Gass & Mackey, 2000; Leutner-Ramme, 2000a, 2005). Die kognitiven Prozesse und Einschätzungen der Unterrichtssituation sind dann, so Leutner-Ramme (2005, S. 221-222), zum Teil verbalisierbar und können während des nachträglichen lauten Denkens ausgesprochen werden – „allerdings nur, wenn die Befragten sie auch mitteilen wollen". Findet das nachträgliche laute Denken zeitnah zur videografierten Unterrichtsstunde statt – Susan Gass und Alison Mackey (2000, S. 17) empfehlen, dass das nachträgliche laute Denken maximal 48 Stunden nach der Aufnahme stattfinden sollte – kann auf diese Weise weitgehend erfasst werden, was die Schülerinnen und Schüler im Unterricht gedacht haben und was ihr Handeln zumindest teilweise beeinflusst oder gesteuert hat (Leutner-Ramme, 2000a, S. 43; 2005, S. 222). Auf diese Weise können beispielsweise Voraussetzungen und Auswirkungen mit verschiedenen Sinnkonstruktionen in Verbindung gebracht werden.

Aus zeitlichen Gründen habe ich für das nachträgliche laute Denken jeweils eine Videosequenz von fünf bis zehn Minuten aus dem Filmmaterial der jeweils letzten Mathematikstunde ausgewählt, an der der bzw. die Interviewte teilgenommen hat. Auf diese Weise konnte ich die Interviewdauer auf ca. 45 Minuten beschränken, so dass ein vollständiges Interview inklusive der Sequenz nachträglichen lauten Denkens in einer Freistunde oder in der Mittagspause der Schülerinnen und Schüler geführt werden konnte. Die Videosequenz umfasste eine Situation, in der neue Unterrichtsinhalte behandelt wurden, in der der bzw. die Interviewte im Zentrum der Aufnahme stand (beispielsweise bei der Ergebnispräsentation vor der Klasse) oder in der eine Szene gezeigt wurde, in die die gesamte Klasse intensiv involviert war, etwa bei der gemeinschaftlichen Aushandlung von Fachbegriffen. Die Wahl fiel auf solche Ausschnitte, da ich davon ausgehe, dass bei der intensiven Begegnung mit (neuen) mathematischen Inhalten neue Sinnkonstruktionen vorgenommen werden oder bereits bestehende gefestigt werden können. Es ist also wahrscheinlich, dass die Schülerinnen und Schüler diese beim nachträglichen lauten Denken verbalisieren können.

Die ausgewählte Sequenz wurde mit Hilfe eines Notebooks vorgespielt, lediglich in einem Interview musste aus technischen Problemen auf den Monitor der Kamera ausgewichen werden. Auch wenn der Monitor deutlich kleiner war, konnte auf diese Weise das nachträgliche laute Denken improvisiert werden. Die interviewten Schülerinnen und Schüler wurden aufgefordert, den Film beliebig oft zu stoppen, um dann alles das zu sagen, was sie in der jeweiligen Situation gedacht haben bzw. was ihnen im Interview beim Sehen der Sequenz durch den Kopf gehe. Die meisten Schülerinnen und Schüler konnten diese Anweisung gut umsetzen. Ein paar wenige jedoch stoppten das Interview sehr selten oder äußerten sich zu dem Film, während dieser lief. In diesen Fällen habe ich den Film zum Teil selbst angehalten, um die Gedanken der Interviewten besser dokumentieren zu können. Die Interviewten wurden durch aktives Zuhören und bestätigende Gesten bzw. Laute in ihren Äußerungen unterstützt.

Martin Fromm (1987, S. 229) kritisiert an der Methode des nachträglichen lauten Denkens, dass allein die Aufforderung zum lauten Denken keine Äußerungen evoziere, die differenziert genug seien, „um einem Gegenüber eine verläßliche Grundlage zur Übersetzung und Rekonstruktion des Gemeinten zu bieten." Auf diese Weise bliebe ungewiss, warum sich die Schülerinnen und Schüler auf eine gewisse Art verhalten und was genauer bestimmte Erfahrungen für sie bedeuten. Fromm (1987, S. 232) fasst als Fazit zusammen:

> Allein die Aufforderung an Schüler, anzugeben, was sie in einer bestimmten Situation gedacht haben, liefert uns keine ausreichende Basis, von der aus uns eine annähernd zuverlässige Rekonstruktion der Sicht dieser Schüler möglich wäre. Das NLD stellt vielmehr eine methodische Möglichkeit dar, ein Gespräch mit Schülern einzuleiten. Damit die so provozierten Äußerungen aber verstehbar werden, bedarf es zusätzlicher Anstrengungen. (Hervorhebungen im Original, MV)

Diese Anstrengungen wurden in Form der anschließenden leitfadengestützten Interviews unternommen.

Leitfadengestütztes Interview

Dem von Fromm (1987, S. 232) beschriebenen Problem, dass es kaum möglich sei, die Sicht der Schülerinnen und Schüler allein auf Basis ihrer Äußerungen im nachträglichen lauten Denken zu rekonstruieren, kann begegnet werden, indem im Anschluss an das nachträgliche laute Denken ein Interview durchgeführt wird. Das in der vorliegenden Studie durchgeführte Interview[19] fokussierte zunächst auf das nachträgliche laute Denken, indem genauer auf Unklarheiten o. ä. eingegangen wurde, die dabei auftraten. Dementsprechend habe ich ein leitfadengestütztes Interview an das nachträgliche laute Denken angeschlossen, in welchem ich zunächst Äußerungen und Inhalte aufgriff, die von dem bzw. der Interviewten angesprochen wurden. Die Fragen lösten sich sukzessive vom Videomaterial, so dass zunächst noch die konkrete Mathematikstunde im Fokus war, später jedoch allgemein der Mathematikunterricht als solcher bzw. das Lernen von Mathematik thematisiert wurde.

Der Leitfaden für das Interview ist an den sensibilisierenden Konzepten des theoretischen Rahmens orientiert und so gestaltet, dass alle im Einleitungsabschnitt (S. 1) aufgeführten Bereiche erfragt wurden. Er wurde in deutscher

---

[19] Zur Methode des fokussierten Interviews vgl. Robert Merton und Patricia Kendall (1979). Einen Überblick geben auch Flick (2005, S. 118-126, 143-145) und Hopf (2005).

Sprache entwickelt und anschließend ins Englische übersetzt. Nach einer Pilotierung in Hongkong im Dezember 2005 wurde der Leitfaden noch einmal leicht überarbeitet, so dass die revidierte Version schließlich bei der Datenerhebung in Hongkong und Deutschland (März bis Mai 2005) zum Einsatz kam. Die deutsche Version des Leitfadens kann in Anhang 1 (S. 275) eingesehen werden.

Die Interviews waren teilstandardisiert in dem Sinne, dass sie einerseits zwar durch einen Leitfaden standardisiert waren, dass dieser Leitfaden andererseits jedoch nicht strikt der Reihe nach abgehandelt wurde. Stattdessen wurden die Reihenfolge der Fragen ebenso wie ergänzende, über den Leitfaden hinausgehende Fragen an die Antworten der Schülerinnen und Schüler adaptiert. Durch diese Teilstandardisierung ermöglicht ein Interviewleitfaden „viele Spielräume in den Frageformulierungen, Nachfragestrategien und in der Abfolge der Fragen" (Hopf, 2005, S. 351) und erfüllt damit das Kriterium der Offenheit nach Hoffmann-Riem (1994, S. 29, vgl. auch Abschnitt 4.3, S. 87). Diese Offenheit ermöglicht es, bestmöglich die Sicht der Interviewten zur Geltung kommen zu lassen (vgl. Hopf, 2005, S. 117).

Christel Hopf (2005, S. 357-358) stellt die Anforderung der inhaltlich-theoretischen Kompetenz an die Interviewerinnen und Interviewer, indem sie fordert, dass Interviews nur von Personen durchgeführt werden sollen, die verantwortlich im Forschungsprozess mitarbeiten. Auf diese Weise sei gewährleistet, dass sie mit dem theoretischen Ansatz, den Fragestellungen und den Vorarbeiten der Studie vertraut seien. Im Interview können sie dann einschätzen, an welchen Stellen intensiver nachgefragt werden solle, wo vom Leitfaden abgewichen werden solle bzw. wann es ggf. sogar notwendig sei, unspezifische Fragen zu stellen, um den Interviewten einen breiteren Raum an Antwortmöglichkeiten einzuräumen. Aus diesen Gründen habe ich alle Interviews selbst durchgeführt, so dass zusätzlich ein größtmögliches Maß an Vergleichbarkeit der Interviews gewährleistet ist (vgl. Flick, 2005, S. 143-145).

6 Datenauswertung und Theoriebildung

Nachdem ich in den beiden vorangehenden Kapiteln u. a. meine Studie im rekonstruktiven Paradigma verortet habe und das Design der Studie sowie die Methoden der Datenerhebung vorgestellt habe, schließt sich nun die Darstellung der verschiedenen Schritte der Datenauswertung und der Theoriebildung an. Kennzeichnend für ein Vorgehen nach der Grounded Theory ist dabei die Verschränkung von Datenerhebung (bzw. in meiner Arbeit die Fallauswahl), Datenanalyse und Theoriebildung (vgl. auch Abschnitt 6.2, S. 110). Im Zuge dessen wurde das in Abschnitt 2.3.2(S. 28) beschriebene Konzept der Sinnkonstruktion parallel zur Kodierung der Daten weiterentwickelt und ausgeschärft. Die dabei rekonstruierten Sinnkonstruktionsarten und deren Weiterentwicklung in eine Typologie werden in Teil C (S. 127) beschrieben.

6.1 Transkription

Um die Daten, die im Rahmen einer Studie erhoben werden, analysieren zu können, müssen sie für den Analyseprozess aufbereitet werden. Dabei sind verschiedene Schritte notwendig, um von den Primärdaten (dem tatsächlichen Interview) über die Sekundärdaten (der mp3-Aufnahme des Interviews) zu den Tertiärdaten (dem Transkript der Gesprächsaufnahme) zu gelangen (vgl. Kowal & O'Connell, 2005, S. 440). Nach Sabine Kowal und Daniel O'Connell (2005, S. 438) ist Transkription „die graphische Darstellung ausgewählter Verhaltensaspekte von Personen, die an einem Gespräch (z. B. einem Interview oder einer Alltagsunterhaltung) teilnehmen.“ Diese Verschriftlichung der Handlungen ist notwendig, um sie von der Flüchtigkeit der Situation zu lösen und zeitentbunden als visuelles Produkt für eine Analyse zugänglich zu machen (vgl. Flick, 2005, S. 252; Kowal & O'Connell, 2005, S. 440).

Der Übergang von den Primärdaten zu den Sekundärdaten ist gekennzeichnet durch eine große Datenreduktion. Trotzdem sind jedoch auch Sekundärdaten im Vergleich zu Tertiärdaten von einer wesentlich größeren Reichhaltigkeit gekennzeichnet. Transkription geht also grundsätzlich und notwendigerweise mit einer wesentlichen Reduktion der Daten einher (Kowal & O'Connell, 2005, S. 440). Üblicherweise werden verbale Merkmale, also die geäußerten Wortfolgen, transkribiert. Je nach Forschungsfrage werden zudem noch prosodische Merkmale (lautliche Gestaltung der Worte, also Tonhöhe oder Lautstärke), parasprachliche Merkmale (etwa Gesten oder Blicke) sowie außersprachliche Merkmale wie Handlungen notiert. Mit der Transkription wird also versucht, das Gesprächsverhalten so zu beschreiben, dass „eine Ähnlichkeitsbeziehung zwischen dem Verhalten und seiner Notation auf dem Papier besteht" (Kowal & O'Connell, 2005, S. 438).

Da es in dieser Studie nicht um eine phonetische oder semantische Analyse des gesprochenen Wortes geht, sondern der Gesprächsinhalt von Interesse ist, wurde grundsätzlich die Standardorthografie verwendet. Zum Teil wurden Assimilationen und Elisionen in literarischer Umschrift berücksichtigt (vgl. Kowal & O'Connell, 2005, S. 441). Außerdem wurden die Interviews bei der Verschriftlichung geglättet. So wurden im Regelfall Stotterer, Füllwörter wie *ehm*, Doppelungen (z. B. *ich ich*) sowie die unterstützenden oder bestätigenden Einwürfe des aktiven Zuhörens seitens der Interviewerin (z. B. *aha, mhm, ok*) bei der Transkription herausgelassen. Sie wurden hingegen verschriftlicht, wenn sich dadurch ein Einfluss auf den Inhalt des Interviews ergab. Dies war z. B. der Fall, wenn der bzw. die Interviewte durch einen Einwurf des aktiven Zuhörens der Interviewerin in seinem bzw. ihren Gedanken irritiert wurde und daraufhin den Gedankengang abbrach und neu ansetzte. In Einzelfällen wurden auch offensichtliche Versprecher durch das eigentlich gemeinte Wort ersetzt (z. B. *examcle* durch *example*). Durch diese Interventionen kann eine deutlich bessere Lesbarkeit des Datenmaterials erlangt werden. Die inhaltlichen Gedankengänge der Interviewten bleiben damit erhalten, werden aber einfacher erkennbar. Diese Modifikationen waren vor allem bei den Hongkonger Interviews notwendig, da diese als Transkript ohne Modifikation zum Teil kaum verständlich gewesen wären.

Die Glättung der Interviewtranskripte eröffnet schließlich die einfachere Bearbeitung des Textmaterials sowie eine leichtere Illustration und Zitation der Gedanken in der vorliegenden Arbeit. Eine genaue Auflistung der Transkriptionsregeln befindet sich in Anhang 2 (S. 277).

6.2 Fallauswahl und Sampling-Strategien

Schließt man sich dem Vorgehen an, welches Strauss und Corbin (1996) mit der Grounded Theory beschreiben (vgl. auch Abschnitt 4.5, S. 92), ist der Forschungsprozess bei der Entwicklung einer in den Daten begründeten Theorie iterativ und von Zyklen geprägt (vgl. auch Strübing, 2004, S. 29). Es ist wichtig zu betonen, dass allein das Vorgehen im Forschungsprozess zyklisch ist, nicht aber die dabei entwickelte Theorie. Datenerhebung, Auswertung und Theoriebildung greifen eng ineinander und stehen in einer Wechselbeziehung zueinander (vgl. Strauss & Corbin, 1996, S. 7-8), so dass eine zeitliche Parallelität und funktionale Abhängigkeit dieser Prozesse vorliegt (vgl. Strübing, 2004, S. 14). Keiner der Prozesse wird dabei als endgültig aufgefasst. Selbst die Theorie, die am Ende des Forschungsprozesses steht, ist durch den Charakter der Vorläufigkeit gekennzeichnet, da auch sie in anschließenden Forschungsprojekten weiter entwickelt werden kann (Flick, 2005, S. 72; Strübing, 2004, S. 14).

Dieses enge ineinander Greifen von Datenerhebung, Analyse und Theoriebildung schlägt sich im Vorgehen bei der Datenerhebung und bei der Auswahl der zu analysierenden Fälle nieder. In der Grounded Theory wird dafür das *theoretische Sampling* vorgeschlagen, das nicht zu verwechseln ist mit einem repräsentativen Sample, wie es in hypothesentestenden Studien mit großer Stichprobe angestrebt wird. Glaser und Strauss (2005, S. 53) charakterisieren es ihrer grundlegenden Veröffentlichung zur Grounded Theory folgendermaßen:

> Theoretisches Sampling meint den auf die Generierung von Theorie zielenden Prozess der Datenerhebung, währenddessen der Forscher seine Daten parallel erhebt, kodiert und analysiert sowie darüber entscheidet, welche Daten als nächste erhoben werden sollen und wo sie zu finden sind. Dieser Prozess der Datenerhebung wird durch die im Entstehen begriffene – materiale oder formale – Theorie *kontrolliert.* (Hervorhebung im Original, MV)

Theoretisches Sampling untergliedert sich demnach in zwei Aspekte: zeitliche Parallelität der Datenerhebung, -analyse und Theoriebildung auf der einen Seite und Einflussnahme der entstehenden Theorie auf die Datenerhebung auf der anderen Seite.

Die geforderte zeitliche Parallelität der Datenerhebung, Auswertung und Theoriebildung ist in einem Forschungsprojekt, das in zwei Kulturen angesiedelt ist, praktisch nicht durchführbar. Bezieht man die zeitliche Parallelität jedoch statt auf die Datenerhebung auf die Auswahl der zu analysierenden Fälle aus einem möglichst weitgreifenden Datenpool, ist theoretisches Sampling dennoch möglich. Ich habe mich daher entschieden, zunächst in beiden Ländern so viele Daten wie möglich zu erheben, um anschließend aus dem so entstandenen Datensatz theoretisch zu sampeln. Dabei folge ich Strauss und Corbin (1996), die sich in ihrem Verständnis von theoretischem Sampling auf den letzten von Glaser und Strauss genannten Aspekt beschränken. Für sie meint theoretisches Sampling die Auswahl von Datenquellen, Fällen o. ä., „auf Basis von Konzepten, die eine bestätigte theoretische Relevanz für die sich entwickelnde Theorie besitzen“ (Strauss & Corbin, 1996, S. 148) (vgl. auch Abschnitt 4.5, S. 92). Eine solche theoretische Relevanz weisen Konzepte dann auf, wenn sie wiederholt im Rahmen der Analyse vorkommen (oder offensichtlich fehlen) und den Status von Kategorien erwerben, sich also als zentral für die zu entwickelnde Theorie erweisen.

Um in einem möglichst weitreichenden Datenpool theoretisches Sampling durchzuführen, habe ich in beiden Ländern alle Schülerinnen und Schüler der besuchten Klassen interviewt, die sich freiwillig bereit erklärt haben, an der Studie teil zu nehmen. Auf diese Weise entstand eine Datengrundlage von je 17 Interviews pro Land. Aus dieser Menge wurden die Interviews dann nach bestimmten Gesichtspunkten für die Analyse bestimmt. Das erste Interview wurde nach den Voraussetzungen des Schülers ausgesucht; die im Anschluss daran analysierten Transkripte wurden so gewählt, dass sie – bezogen auf bestimmte Konzepte – entweder einen minimalen oder maximalen Kontrast zu den bereits ausgewerteten Daten ergaben. So habe ich beispielsweise mit der Auswertung von William begonnen, einem leistungsstarken Schüler, der im Unterricht gefordert werden will. Da Vincent ihm in dieser Hinsicht ähnelt, habe ich sein Interview als zweites bei der Datenauswertung analysiert. Hier liegt also ein minimaler Kontrast vor, so dass die bei William entwickelten Konzepte weiter ausgeschärft und neue ergänzt werden konnten. Als drittes Interview wurde dann Alban, ein leistungsschwacher Schüler, der Angst vor dem Versagen und Misserfolgen hat, ausgewertet. Durch diesen maximalen Kontrast zu den beiden vorherigen Interviews (bezogen auf die Leistungsstärke der Schüler) konnten die Konzepte erneut vertieft und neue entwickelt werden. Auf diese Weise wurden sukzessive zunächst die Hongkonger und im Anschluss daran die deutschen Interviews ausgewertet, bis schließlich der Grad der theoretischen Sättigung erreicht war. Dies ist dann der Fall, wenn durch die Hinzunahme neuer Daten keine weiteren Eigenschaften der Kategorien entwickelt werden können (vgl. Glaser & Strauss, 2005, S. 69; Strauss & Corbin, 1996, S. 159; Strübing, 2004, S. 31). In meiner Studie war dies bei der Kodierung der letzten zwei verblieben Interviews der Fall. Zu diesem Zeitpunkt waren bereits alle 17 Sinnkonstruktionsarten entwickelt, sie wurden später lediglich z. T. anders benannt als während des Auswertungsprozesses vorgeschlagen.

6.3 Datenanalyse durch theoretisches Kodieren

Die Entscheidung für ein kodierendes Vorgehen bei der Datenanalyse ist sowohl eine methodologische als auch eine inhaltliche (vgl. Abschnitt 4.5, S. 92). Aus methodologischer Perspektive ist die kodierende Vorgehensweise ein Kernelement von gegenstandsverankerter Theoriebildung. Das Aufbrechen und der kontinuierliche Vergleich der Daten sowie der im Zuge der Auswertung entwickelten Kodes sind grundlegend für die Entwicklung einer Grounded Theory. Auf diese Weise können Beziehungen zwischen den einzelnen Phänomenen in den Daten entdeckt werden, die darüber hinaus voneinander abgegrenzt und ausgeschärft werden können. Diese vergleichende Analyse verfolgt dabei das Ziel, „über beschreibende Kategorien zu analytischen Konzepten zu gelangen, die Zusammenhänge explorieren und verdeutlichen“ (Tiefel, 2005, S. 75).

Darüber hinaus bietet sich ein kodierendes Vorgehen im Rahmen dieser Studie inhaltlich insofern an, da Sinnkonstruktion als individualpsychologisches Konstrukt aufgefasst werden kann. Es offenbart sich durch Charaktereigenschaften und individuelle Einstellungen des Individuums, durch die in einem interpretativen Prozess auf seine Sinnkonstruktion rückgeschlossen werden kann. Dabei spielt es keine Rolle, zu welchem Zeitpunkt im Interview eine bestimmte Äußerung gemacht wurde, solange die angesprochenen Inhalte als relevant erkannt werden. Die Sequenzialität der Interviews kann also vernachlässigt werden, so dass ich für meine Studie die kodierende Vorgehensweise im Gegensatz zum sequenzanalytischen Vorgehen gewählt habe.

Da die Daten dieser Studie erhoben wurden, um eine gegenstandsbegründete Theorie zu entwickeln, handelt es sich bei dem hier angewendeten Analyseverfahren um *theoretisches Kodieren* (vgl. Flick, 2005, S. 258). Das theoretische Kodieren orientiert sich an dem Vorgehen, das von Glaser und Strauss entwickelt wurde, und gliedert sich in drei Kodierschritte. Die folgenden Abschnitte beschreiben das konkrete Vorgehen im Rahmen dieser Arbeit genauer. Ich folge dabei der Ausarbeitung der Kodieranweisung nach Strauss und Corbin (1996, S. 43-117).

Grundsätzliches zum Vorgehen bei der Kodierung

An der Kodierung der Interviews waren mehrere Personen beteiligt. Technisch wurde die Auswertung durch die Verwendung der Software MAXQDA unterstützt (zur Einführung in die computergestützte Analyse rekonstruktiver Daten vgl. Kuckartz, 2005). Das Programm kann im Internet unter der URL http://www.maxqda.de/ als lizenzpflichtige Version erworben bzw. als Demoversion getestet werden. MAXQDA ist ein Programm, das eigens für die Auswertung von qualitativen Daten entwickelt wurde und ein breites Spektrum an Auswertungsmöglichkeiten bietet. Neben einer Hierarchisierung von Kodes ist es möglich, komplexe Anfragen an das kodierte Material zu stellen und so Zusammenhänge oder Unterschiede herauszuarbeiten (vgl. auch Kuckartz, 2005). Bei der Kodierung der Interviews wurde ich zum Teil von studentischen Hilfskräften unterstützt, so dass konsensuell oder auch unabhängig voneinander kodiert werden konnte und die Ergebnisse hinterher miteinander diskutiert werden konnten.

Zu Beginn der Auswertung lag noch kein Kodesystem vor, welches hätte angewendet werden können. Aus diesem Grund wurden die ersten Kodes konsensuell entwickelt. Dazu wurden die Interviews sukzessive im Team durchgegangen und abschnittsweise intensiv diskutiert. Dabei wurde sehr kleinschrittig vorgegangen, so dass schnell eine große Zahl an Konzepten vorlag. Im Anschluss daran haben wir unabhängig voneinander dasselbe Interview durchgearbeitet und die Ergebnisse der Kodierung hinterher miteinander diskutiert. Dabei stellte sich heraus, dass grundsätzlich die gleichen inhaltlichen Kodes für Kategorien vergeben wurden, oftmals wurde jedoch unterschiedlich entschieden, ob es sich bei dem bezeichneten Phänomen um eine Voraussetzung oder eine Sinnkonstruktion handelt, was zu einer genaueren Klärung dieser Kategorien führte. Festzuhalten bleibt, dass in allen Interviews die gleichen Kategorien vergeben wurden. Aus Gründen der Effizienz und Ressourcenknappheit wurde der überwiegende Teil der Interviews schließlich von mir allein kodiert. An Stellen, wo eine Zuordnung von Kodes nicht eindeutig schien, habe ich weiterhin das Gespräch mit Personen gesucht, die bereits längere Zeit in die Studie involviert waren.

Offenes Kodieren

Theoretisches Kodieren in Anlehnung an die Grounded Theory nach Strauss und Corbin (1996, S. 43-55) beginnt mit dem offenen Kodieren als erstem von drei Kodierweisen (vgl. Abschnitt 4.5, S. 92). Beim offenen Kodieren werden die Daten in ihrer Sequenzialität aufgebrochen und die einzelnen Phänomene unabhängig von ihrem zeitlichen Vorkommen in den Daten mit Kodes benannt. Strauss und Corbin beschreiben das offene Kodieren ähnlich dem Beginn eines Puzzlespiels, in dem zunächst die einzelnen Teile geordnet und nach Farben sortiert werden müssen, um sie später Stück für Stück zusammensetzen zu können (vgl. Strauss & Corbin, 1996, S. 176). Beim theoretischen Kodieren richtet sich diese vergleichende Analyse sowohl an die in den Daten aufgefundenen Phänomene als auch an die im Analyseprozess entwickelten Kodes. Im Rahmen dieser Analyse werden die Phänomene verschiedenen Kodes zugeordnet, wobei ähnliche Phänomene unter einem Kode zusammengefasst werden. Dabei können zu einer Textstelle verschiedene Kodes zugeordnet werden. Durch das Zuordnen eines Phänomens zu einem Kode wird es kategorisiert und konzeptualisiert. Die auf diese Weise entstandenen Konzepte werden wiederum miteinander verglichen und zu Konzepten höherer Ordnung zusammengefasst. Diese abstrakteren Konzepte nennen Strauss und Corbin *Kategorien*. Kategorien bilden später die grundlegenden Bausteine der zu entwickelnden Theorie.

Das Datenmaterial, das in der vorliegenden Studie analysiert wurde, gliedert sich in zwei Gruppen von Texten: die transkribierten Interviews aus Deutschland bzw. Hongkong. Um den Hongkonger Daten möglichst unvoreingenommen und mit großer theoretischer Sensibilität zu begegnen, wurden sie als erste ausgewertet. Das Kategoriensystem wurde entsprechend anhand der Hongkonger Interviews erzeugt und später am deutschen Material weiterentwickelt. Dieses Vorgehen vermeidet die Übertragung eines Kategoriensystems, das auch einer westlichen Perspektive an westlichen Daten entstanden ist, auf ostasiatische Daten. Auf diese Weise wurde versucht, den Einfluss der westlichen Perspektive auf die Daten zu minimieren.

Durch das offene Kodieren entstand ein Kategoriensystem, das sich in mehrere Ebenen gliedert. Abbildung *5* (S. 115) gibt anhand eines Ausschnitts aus dem Kategoriensystem ein Beispiel für diese Struktur aus Unter- bzw. Oberkategorien. Darin ist *Lernen von Mathematik* die Oberkategorie dieses Baumausschnittes, also die Kategorie höchster Ordnung. Sie beschreibt Aspekte, die die Interviewten als relevant für ihr Lernen von Mathematik einschätzen. Neben anderen hier nicht aufgeführten Kategorien sind folgende Kategorien untergeordnet: *(logisches) Denken, soziale Eingebundenheit erleben* sowie *Vorbereitung auf Examina*. Die Kategorie *soziale Eingebundenheit erleben* lässt sich darüber hinaus unterteilen in die Personengruppen, auf die sich die soziale Eingebundenheit bzw. der Wunsch danach bezieht. Insgesamt wurden folgende Oberkategorien entwickelt: Betreiben von Mathematik, Lehrperson, Lernen von Mathematik, Mathematik, Mathematikunterricht, Forder- bzw. Förderunterricht,

Lernen von Mathematik
- (logisches) Denken
- soziale Eingebundenheit erleben
  - mit der Lehrperson
  - mit den Schülerinnen und Schülern
- Vorbereitung auf Examina

Abbildung 5: Ausschnitt aus dem Kategoriensystem nach dem offenen Kodieren

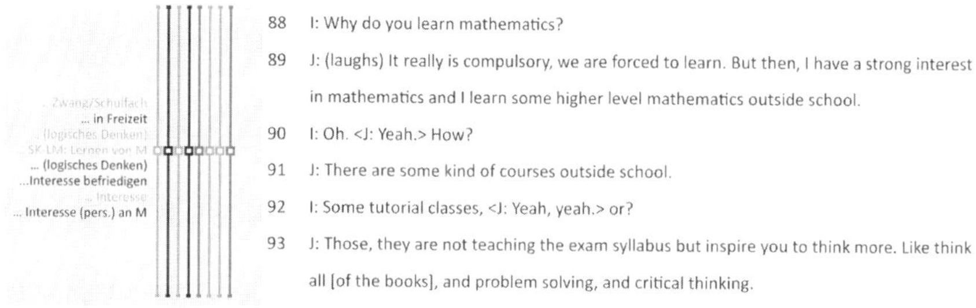

Abbildung 6: Interviewausschnitt von Janice beim offenen Kodieren (Ausschnitt aus MAXQDA).

Gefühle, sensibilisierende Konzepte, lexikalische Kodes. Die sensibilisierenden Konzepte sind dabei diejenigen Konzepte, die als einflussreich für Sinnkonstruktion angenommen werden (vgl. Abschnitt 2.6, S. 48), lexikalische Kodes beschreiben Textstellen, an denen die Interviewten die Worte „Sinn“ oder „Bedeutung“ bzw. “*meaning*“ oder “*sense*“ verwendet haben.

Die Namen von Kodes, Konzepten und Kategorien können auf unterschiedliche Weise gewonnen werden. *In vivo* entwickelte Kodes (Strauss & Corbin, 1996, S. 50) werden der Formulierung nach direkt aus dem Datenmaterial entnommen oder aber nur wenig verändert (Beispiel: *(logisches) Denken*). Es handelt sich um ein Konzept, welches von den Interviewten selbst angesprochen und benannt wird. Hinzu kommen Kodes, die ebenfalls aus den Daten entwickelt werden, um im Laufe des analytischen Prozesses von den Forschenden mit einem selbst entwickelten Namen benannt werden (Beispiel: *Vorbereitung auf Examina*). Darüber hinaus können Kodes auch theoriegeleitet entwickelt werden (*conceptual codes*) (vgl. Kuckartz, 2005, S. 76-78; Strauss & Corbin, 1996, S. 49-50). Dabei werden Theoriekonzepte, die sich für die Forschungsfrage als relevant erweisen und dementsprechend Teil des theoretischen Rahmens der Sinnkonstruktion sind (vgl. Abschnitt 2.6, S. 48) an das Datenmaterial herangetragen und deren Namen übernommen (Beispiel: *soziale Eingebundenheit erleben*). Die Benennung der Kodes, Konzepte und Kategorien ist dabei zunächst vorläufig und kann im Verlauf des weiteren Analyse- und Forschungsprozesses geändert werden (Strauss & Corbin, 1996, S. 49).

Abbildung 6 (S. 116) gibt einen Eindruck vom offenen Kodieren unter Verwendung der Software MAXQDA. Es zeigen sich Kodes auf verschiedenen Ebenen: Die Oberkategorie *Lernen von Mathematik*, Unterkategorien zu dieser

Oberkategorie (z. B. *(logisches) Denken, Zwang/Schulfach*) und Kodes zu sensibilisierenden Konzepten (z. B. *Interesse (persönlich) an Mathematik*).

Axiales Kodieren

Das axiale Kodieren (vgl. Strauss & Corbin, 1996, S. 75-93) nimmt die zweite Stufe des Kodierprozesses ein. Die zuvor aufgebrochenen Daten werden dabei auf neue Art wieder zusammengefügt, indem Verbindungen zwischen den entwickelten Kategorien der verschiedenen Ordnungen sowie den Konzepten herausgearbeitet werden. Ziel ist es, *Hauptkategorien* zu entwickeln, denen eine besondere Position in der zu entwickelnden Theorie zukommt. Diese Hauptkategorien werden durch das Zusammenwirken verschiedener Kategorien und Konzepte charakterisiert, die *Subkategorien* der jeweiligen Hauptkategorie genannt werden (Strauss & Corbin, 1996, S. 76). In dieser Studie wurden die rekonstruierten Sinnkonstruktionsarten als Hauptkategorien weiterentwickelt.

Die Ausarbeitung von Hauptkategorien verläuft anders als bei der Entwicklung der Oberkategorien beim offenen Kodieren. Ging es dort um eine inhaltliche Gruppierung und Zusammenfassung ähnlicher Phänomene in Kategorien verschiedener Abstraktionsgrade, geht es nun um das Herausstellen von Zusammenhängen anderer Art. Beim axialen Kodieren werden Beziehungen zwischen den Kategorien und Konzepten gesucht, die die Interviewten selbst herstellen. Es werden also die Relationen zwischen einer Kategorie (der Hauptkategorie) und anderen Kategorien und Konzepten (den Subkategorien) herausgearbeitet. Hauptkategorien und Subkategorien liegen also auf einer anderen Analyseebene als Oberkategorien und Unterkategorien.

Ein Hauptelement der Grounded Theory ist das *paradigmatische Modell* oder *Kodierparadigma*, mit dem die Beziehungen zwischen Haupt- und Subkategorien beim axialen Kodieren herausgearbeitet werden können. Strauss und Corbin (1996, S. 76-86) schlagen folgende Elemente für das Kodierparadigma vor, die beim Ausfüllen des Paradigmas mit dem in der Hauptkategorie beschriebenen Phänomen in Verbindung gebracht werden: *ursächliche Bedingungen, Kontext, intervenierende Bedingungen, Handlungs- und Interaktionsstrategien* sowie *Auswirkungen*. In meiner Studie löse ich mich von diesen Elementen, da das meiner Studie zugrunde liegende Konzept der Sinnkonstruktion ein anderes Vorgehen nahe legt. Strauss und Corbin verstehen die Verwendung eines Kodierparadigmas zwar als obligatorisches Element der Grounded Theory, nicht jedoch die darin verwendeten Elemente. Sandra Tiefel (2005) entwickelt beispielsweise ein lern und bildungstheoretisch modifiziertes Kodierparadigma für die Analyse von biographischen Lernprozessen. Beide Varianten schienen für

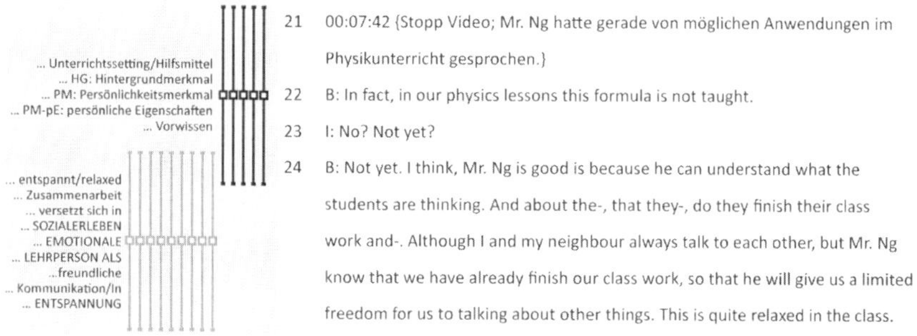

Abbildung 7: Interviewausschnitt von Barry beim axialen Kodieren (Ausschnitt aus MAXQDA).

die vorliegende Studie jedoch wenig geeignet, so dass ich mich bei der Entwicklung eines Kodierparadigmas am theoretischen Rahmen der Sinnkonstruktion orientierte habe. Wie in Abschnitt 2.6 (S. 48) beschrieben, gehe ich davon aus, dass bestimmte Voraussetzungen (persönliche Merkmale und Hintergrundmerkmale der Person) einen Einfluss auf die Sinnkonstruktion der Lernenden haben. Die Sinnkonstruktion selbst kann wiederum verschiedene Auswirkungen auf Handlungen und Bewertungen des Individuums haben. Ich habe daher im Schritt des axialen Kodierens die Phänomene im Hinblick auf ihre Voraussetzungen und Auswirkungen untersucht und die Ergebnisse in theoretischen Memos und Diagrammen festgehalten (vgl. Abschnitt 4.5, S. 92). Auf diese Weise konnten die verschiedenen Sinnkonstruktionsarten, die in den Hauptkategorien beschrieben werden, genauer gefasst und inhaltlich verdichtet werden.

Abbildung 7 (S. 118) gibt einen Eindruck vom axialen Kodieren unter Verwendung der Software MAXQDA. Die entwickelten Hauptkategorien sind darin in Großbuchstaben gekennzeichnet (z. B. *ENTSPANNUNG*), außerdem sind Hintergrundmerkmale bzw. persönliche Merkmale als solche kodiert.

Selektives Kodieren

Das selektive Kodieren (vgl. Strauss & Corbin, 1996, S. 94-117) bildet schließlich den dritten Kodiervorgang beim theoretischen Kodieren. In diesem Schritt wird eine Kernkategorie ausgewählt, die mit anderen Kategorien in Beziehung gesetzt wird. Das selektive Kodieren ist dem axialen Kodieren dementsprechend ähnlich, unterscheidet sich jedoch dahingehend, dass es auf einer abstrakteren Ebene stattfindet. Die Kernkategorie ist dabei diejenige Kategorie, die das

„zentrale Phänomen [beschreibt], um das herum alle anderen Kategorien integriert sind“ (Strauss & Corbin, 1996, S. 94). Sie kann bereits im Prozess des axialen Kodierens entwickelt worden sein oder aber durch das selektive Kodieren neu entstehen. Das darin beschriebene Phänomen besteht möglicherweise schon seit der Formulierung der Forschungsfrage (vgl. Böhm, 2005, S. 482).

Obgleich Strauss (1998, S. 65) zunächst die Einstellung vertrat, dass in manchen Fällen auch mehrere Kernkategorien entwickelt werden können, legen Strauss und Corbin (1996, S. 99) Wert darauf, dass man sich im Forschungsprozess auf eine Kernkategorie beschränken solle. Wirken also zwei Phänomene gleichsam zentral für die Forschenden, sei es „dringend notwendig, zwischen beiden eine Wahl zu treffen“. In dieser Studie habe ich mich für die Kernkategorie *Persönliche Relevanz* entschieden, die bereits in der Forschungsfrage durch den hier zugrunde gelegten Sinnbegriff nahe gelegt wurde. Sie erfüllt die von Strauss (1998, S. 67-68) entworfenen Beurteilungskriterien einer Kernkategorie.[20] Zunächst ist sie zentraler Bestandteil der entworfenen Theorie und lässt sich mit den entwickelten Kategorien leicht in ein enges Verbindungsgeflecht einbinden. Dies liegt darin begründet, dass jede der Hauptkategorien des axialen Kodierens eine andere Sinnkonstruktionsart beschreibt und so verschiedene Ausprägungen der persönlichen Relevanz kennzeichnet. Die einzelnen Hauptkategorien (also die Sinnkonstruktionsarten) und ihre Unterkategorien beschreiben gleichsam Indikatoren für das Kernphänomen, die häufig in den Daten vorkommen und ein stabiles Muster bilden, das sich insbesondere in der später entwickelten Typologie zeigt (vgl. Kapitel 7, S. 127). Die analytische Ausarbeitung der Kategorien führt schließlich zu einer merklichen Weiterentwicklung der Theorie, die an Explizitheit und Dichte gewinnt. Darüber hinaus ist es mit der Kernkategorie *Persönliche Relevanz* möglich, die maximale Variation ihrer Ausprägungen in die Theorie zu integrieren. Die Typenbildung über die verschiedenen Sinnkonstruktionsarten macht dieses Argument später noch explizit (vgl. Kapitel 7, S. 127).

6.4 Theoriebildung

Die Theorie, die in dieser Arbeit gebildet wurde, ist zweigeteilt. Zum einen wurde, wie oben bereits beschrieben (vgl. Abschnitt 2, S. 9), eine Theorie des Sinnkonstruktionsbegriffs entwickelt. Der empirische Teil dieser Arbeit bezieht sich

[20] Strauss nennt die Kernkategorie zu diesem Zeitpunkt noch *Schlüsselkategorie* (vgl. Strauss, 1998, S. 65-68).

nun auf die Rekonstruktion von Sinnkonstruktionsarten aus den empirischen Daten sowie einer darauf basierenden Bildung von Sinnkonstruktionstypen.

Verallgemeinerbarkeit qualitativer Theorien
In der qualitativen Forschung stellt sich zunächst die Frage nach der Verallgemeinerbarkeit einer Theorie, die im Rahmen rekonstruktiver Forschung entwickelt wurde (vgl. Flick, 2005, S. 336). Die Verallgemeinerbarkeit liegt dabei, so Flick, „in der schrittweisen Übertragung von Erkenntnissen aus Fallstudien und ihrem Kontext in allgemeinere und abstraktere Zusammenhänge, z. B. eine Typologie“ (2005, S. 338). Bei der Bildung einer Typologie wird durch Fallvergleich und Fallkontrastierung ein Überblick über das Datenmaterial gewonnen, so dass schließlich ähnliche Fälle in Gruppen zusammengefasst werden können und damit von möglichst differenten Fällen getrennt werden (vgl. Kelle & Kluge, 1999, S. 75; zum Vorgehen in dieser Arbeit vgl. Kapitel 7, S. 127). Durch die Bildung einer Typologie wird also die Ebene des Einzelfalls verlassen und eine Theorie entwickelt, die einen gewissen Grad an Verallgemeinerbarkeit der Erkenntnisse in Anspruch nehmen kann. Ich strebe in dieser Arbeit die Erarbeitung einer solchen Typologie an, indem ich Typen von Sinnkonstruktionen bilde, die von den Schülerinnen und Schülern in Deutschland und Hongkong im Kontext schulischen Mathematiklernens konstruiert werden. Da der Studie mit 34 interviewten Schülerinnen und Schülern (je 17 in Deutschland und Hongkong) für eine qualitative Untersuchung ein vergleichsweise großes Sample zugrunde liegt (vgl. Kelle & Kluge, 1999, S. 75), ist eine solche Typenbildung durchführbar.

Theoretische Grundlagen empirisch begründeter Typenbildung
Die hier verfolgte Typenbildung geht zurück auf die Bildung von Idealtypen im Anschluss an Max Weber (1988). Bei Weber geht der Idealtypenbildung die Fallrekonstruktion und Fallkontrastierung voraus. Den Abschluss bildet die Bildung von Typen, die durch das Verstehen von Zusammenhängen über den einzelnen Fall hinausreichen. Eine besondere Rolle bei dieser Idealtypenbildung nach Weber spielen der minimale und maximale Vergleich von möglichst ähnlichen bzw. möglichst unterschiedlichen Fällen (vgl. Flick, 2005, S. 338).

Udo Kelle und Susann Kluge (1999, S. 81-88) untergliedern den Prozess der Typenbildung in vier Teilschritte: die Erarbeitung relevanter Vergleichsdimensionen, die Gruppierung der Fälle und Analyse empirischer Regelmäßigkeiten, die Analyse inhaltlicher Zusammenhänge sowie die Charakterisierung der gebildeten Typen. Die einzelnen Stufen bauen logisch aufeinander auf und können im

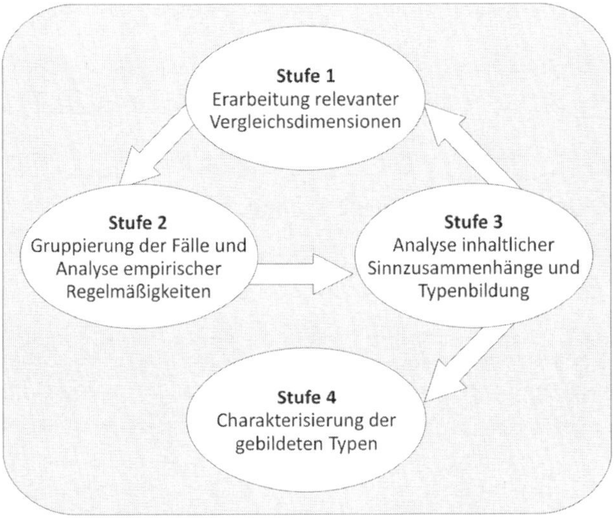

Abbildung 8: Stufenmodell empirisch begründeter Typenbildung (nach Kelle & Kluge, 1999, S. 82).

Verlauf des Forschungsprozesses mehrfach durchlaufen werden, wenn ein Erkenntnisgewinn zu verzeichnen ist (vgl. Abbildung 8, S. 121).

Kapitel 7 (S. 127) beschreibt, wie die vier Stufen des Prozesses der empirisch begründeten Typenbildung im Rahmen der vorliegenden Arbeit umgesetzt wurden. Da Typen von Sinnkonstruktionen herausgearbeitet werden sollen, handelt es sich bei den Fällen dieser Studie um die aus dem empirischen Material rekonstruierten Sinnkonstruktionen (vgl. Kapitel 7, S. 127 bzw. ausführlicher die jeweiligen Abschnitte aus Kapitel 8, S. 139).

6.5 Auffinden der länderspezifischen Unterschiede und Gemeinsamkeiten

Nach der erfolgten Rekonstruktion von Sinnkonstruktionsarten und -typen stellt sich die Frage, inwiefern sich Unterschiede und Gemeinsamkeiten zwischen den länderspezifischen Ergebnissen auffinden lassen und inwieweit Erklärungsansätze unter Rückbezug auf den kulturellen Hintergrund der Schülerinnen und Schüler gefunden werden können. Aussagen, die bei einer solchen kulturellen Reflexion der Ergebnisse kulturspezifisch gewonnen werden, können als Grundlage für eine Generierung von Hypothesen dienen. Diese Hypothesen stehen anschließend für eine Überprüfung in weiterführenden Studien mit größerer Stichprobe zur Verfügung (vgl. auch Kapitel 12, S. 271).

Bei der Sinnkonstruktion steht die persönliche Relevanz von Handlungen oder Objekten für das Individuum im Vordergrund. Die absolute Anzahl der Kodierungen einer bestimmten Sinnkonstruktion kann von der Länge des jeweiligen Interviews abhängen. Werden verschiedene Personen bzgl. einer bestimmten Sinnkonstruktion miteinander verglichen, sind absolute Zahlen wenig aussagekräftig, da eine bestimmte Anzahl an Kodierungen in einem umfangreichen Interview weniger Gewicht zugemessen werden sollte, als es für die gleiche Anzahl in einem kurzen Interview der Fall sein sollte. Naturgemäß ist im zweiten Fall auch die Gesamtzahl der Sinnkonstruktionskodierungen vergleichsweise gering. Aus diesem Grund wurde die relative Häufigkeit der Sinnkonstruktionskodierungen pro Schülerin bzw. Schüler als Grundlage für die Untersuchung gewählt. Unter relativer Häufigkeit verstehe ich dabei den prozentualen Anteil, den die Kodierungen einer bestimmten Sinnkonstruktion an allen Sinnkonstruktionskodierungen der jeweiligen Person einnehmen. Die Berücksichtigung der prozentualen Anteile der Kodierungen dieser einen Sinnkonstruktion an allen Sinnkonstruktionskodierungen gibt die persönliche Gewichtung der Person insofern wieder, als dass durch die prozentuale Gewichtung eine individuelle Präferenz deutlich wird. Dabei lässt sich nicht ausschließen, dass derselbe Gedanke, der an verschiedenen Stellen der Interviews genannt wird, mehrfach kodiert in die Auswertung eingeht und dabei zu einer höheren Anzahl an Kodierungen dieser Sinnkonstruktion führt. Da er jedoch – so lässt sich aus der Nennung an unterschiedlichen Stellen im Interview schließen – der interviewten Person persönlich wichtig zu sein scheint, ist es berechtigt, ihn mehrfach in die Zählung aufzunehmen. Im Gegensatz zu den absoluten Anzahlen der Kodierungen spiegelt die relative Häufigkeit also die persönliche Präferenz einer Schülerin bzw. eines Schülers für bestimmte Sinnkonstruktionen der Personen wider.

Um ein Maß für die Beurteilung von Unterschieden und Gemeinsamkeiten zwischen den Ergebnissen aus Deutschland und Hongkong heranzuziehen, wurden die relativen Häufigkeiten mit Hilfe der Software SPSS (Version 19) dahingehend untersucht, ob die Mittelwerte aus Deutschland und Hongkong statistisch bedeutsam unterschiedlich sind. Unterscheiden sich die Mittelwerte der Länder mehr als nur zufällig voneinander, ist davon auszugehen, dass Unterschiede zwischen den Ergebnissen aus Deutschland und aus Hongkong vorliegen. Zur Untersuchung der Mittelwerte wurde zunächst eine einfaktorielle, multivariate Varianzanalyse (MANOVA) mit Messwiederholung durchgeführt, um generelle Unterschiede zwischen den deutschen und den Hongkonger Ergebnissen aufzudecken. Zu diesem Zweck wurden die Ergebnisse der verschiedenen Sinnkonstruktionsarten als Resultate derselben Stichprobe zu unterschiedlichen Messzeitpunkten behandelt. Die Stichprobengröße blieb auf diese Weise zu jedem 'Messzeitpunkt' unverändert. Als unabhängige Variable wurde das Land gewählt, aus welchem die Schülerinnen und Schüler stammten (Stufe 1: Deutschland, Stufe 2: Hongkong), die abhängigen Variablen waren die verschiedenen Sinnkonstruktionsarten. Die Pillai-Spur (*PS*) wurde als Teststatistik herangezogen, da sie für gleiche Stichprobengrößen robust ist (vgl. Field, 2009, S. 601-602, 609). Zwischen den Ergebnissen aus Deutschland und Hongkong konnten auf diese Weise signifikante Unterschiede gefunden werden ($PS = 0.81$, $F(16, 17) = 4.55$, $p < 0.01$). Auf dieser Grundlage wurden anschließend differenziertere Analysen auf Ebene der Sinnkonstruktionstypen und -arten mit Hilfe von *t*-Tests für unabhängige Stichproben durchgeführt. *T*-Tests entsprechen einfaktoriellen, univariaten Varianzanalysen, also Mittelwertvergleichen, die eine unabhängige Variable (Land) und eine abhängige Variable (die jeweilige Sinnkonstruktionsart) berücksichtigen (vgl. Nachtigall & Wirtz, 2006, S. 183). Zusätzlich wurden die Effektstärken mittels Cohens *d* auf Basis der Mittelwerte und Standardabweichungen berechnet. Dazu wurde der Rechner auf der Homepage der Universität des Saarlandes ermittelt, der unter der URL http://www.phil.uni-sb.de/~jakobs/seminar/vpl/bedeutung/bedeut.htm vorliegt.

Als Voraussetzungen für eine univariate Varianzanalyse müssen neben der Unabhängigkeit der Stichproben die Varianzhomogenität und Normalverteilung der Werte gewährleistet sein (vgl. Nachtigall & Wirtz, 2006, S. 182). Wie in Abschnitt 5.1 (S. 100) beschrieben, besteht die Stichprobe aus deutschen und Hongkonger Schülerinnen und Schülern, die sich freiwillig zur Teilnahme an der Studie bereit erklärt haben. Sie gliedert sich in zwei unabhängige Teilstichproben mit jeweils $n = 17$ Schülerinnen und Schülern. Die Varianzhomogenität der einzelnen Sinnkonstruktionsarten wurde anhand des Levene-Tests überprüft. Kann eine Homogenität der Varianzen angenommen werden ($p > 0.05$), wird der *pooled-variance* t-*Test* durchgeführt, bei einer angenommenen Ungleichheit der Varianzen hingegen der *separate-variance* t-*Test*[21] (vgl. Brosius, 2006,

[21] Wenn eine Homogenität der Varianzen angenommen werden kann, wird für die Berechnung des *t*-Wertes eine Art Mittelwert der Varianzen beider Fallgruppen herangezogen (*pooled-variance t-Test*). Bei einer Ungleichheit der Varianzen hingegen werden die empirischen Varianzen zur Berechnung des t-Wertes genutzt (*separate-variance t-Test*) (vgl. Brosius,

S. 478-484). Außerdem wurde der Shapiro-Wilk-Test durchgeführt, mit dem die Verteilung der Werte aus kleinen Stichproben auf Normalverteilung überprüft werden können (vgl. Nachtigall & Wirtz, 2006, S. 171). Der Shapiro-Wilk-Test ist grundsätzlich genauer als der für große Stichproben verwendete Kolmogorov-Smirnov-Anpassungstest, da er exakte Signifikanzwerte berechnet und nicht teilweise auf Näherungswerte zurückgreift (vgl. Field, 2009, S. 546). Bei signifikanten Abweichungen von der Normalverteilung wurde die Verteilung der Werte in beiden Ländern überprüft. Bei schiefen Verteilungen kann die signifikante Abweichung von der Normalverteilung vernachlässigt werden. Darüber hinaus werden keine zu progressiven Entscheidungen getroffen, wenn die Werte nicht breitgipflig verteilt sind (vgl. Nachtigall & Wirtz, 2006, S. 182). Jürgen Bortz (2005, S. 141) stellt unter Bezugnahme auf Monte-Carlo-Studien fest, dass der *t*-Test für unabhängige Stichproben robust auf die Verletzung seiner Voraussetzungen reagiert. Klaus Kubinger, Dieter Rasch und Karl Moder (2009, S. 25) empfehlen sogar auf die Normalverteilungsprüfung zu verzichten. Darüber hinaus ziehen Markus Bühner und Matthias Ziegler (2009, S. 266) grundsätzlich die Verwendung parametrischer Verfahren den nonparametrischen Vorgehensweisen vor. Aus diesen Gründen habe ich an der Durchführung der *t*-Tests fest gehalten, obgleich nicht alle Ergebnisse der Sinnkonstruktionen normalverteilt waren. In meiner Studie ist dieser Ansatz meiner Einschätzung nach vertretbar, da ich nicht im klassischen Sinne Hypothesen getestet habe, um die Ergebnisse breit zu verallgemeinern. Im Gegenteil: Ziel dieses Vorgehens war es, empirisch basierte Hypothesen zu entwickeln, die anschließend durch Reflexion zugrunde liegender kultureller Merkmale theoretisch untermauert werden sollen. Die so entwickelten Hypothesen stehen anschließend für eine Überprüfung zur Verfügung.

Ich habe in meiner Arbeit *t*-Tests mit unspezifischen und ungerichteten Hypothesen durchgeführt. Damit sollte getestet werden, ob grundsätzlich Unterschiede zwischen den Ergebnissen aus Deutschland und Hongkong vorhanden sind. Eine Vorwegnahme von Hypothesen auf Basis der Darstellung der kulturellen Unterschiede des Lernens und Lehrens von Mathematik in Deutschland und Hongkong (vgl. Abschnitt 3.2, S. 69) wäre zwar möglich gewesen, widerspricht aber dem Ansatz der rekonstruktiven Forschung, die das Ziel verfolgt, Hypothesen aufzustellen.

Zur Absicherung der durch die *t*-Tests gefundenen Resultate greife ich ergänzend auf das nonparametrische Äquivalent des *t*-Tests zurück und untersu-

---

2006, S. 483). Die Ausgabe des Ergebnisses von SPSS berücksichtigt jeweils beide Verfahren, so dass der entsprechende Fall ausgewählt werden kann.

che die landesspezifischen Ergebnisse ebenfalls mit dem *U*-Test von Mann-Whitney (vgl. Field, 2009, S. 540-551). Neben der Untersuchung der Signifikanzen werden außerdem nonparametrische Effektstärken *r* berechnet, derart, dass der *z*-standardisierte Wert des Mann-Whitney-*U*-Tests durch die Wurzel der Größe der Gesamtstichprobe geteilt wird (vgl. Field, 2009, S. 550 unter Rückbezug auf Rosenthal, 1991).

Auf Grundlage der Ergebnisse, die auf die gerade beschriebene Weise ermittelt wurden, berichte ich Unterschiede zwischen Deutschland und Hongkong, wenn sowohl im *t*-Test als auch im Mann-Whitney-*U*-Test signifikante Resultate aufgefunden werden konnten, bzw. Gemeinsamkeiten, wenn die Werte des Cohens *d* sowie die *r*-Werte gering sind ($|d| < 0.2$, $|r| < 0.3$). Die Fälle, für die $|d| < 0.2$ und $|r| < 0.3$ ist, wurden alle nicht signifikant. Sollten sie bei einer größeren Stichprobe doch signifikant werden, würden die so aufgefundenen Unterschiede jedoch einen äußerst geringen Effekt aufweisen. Nach der Klassifikation von Jürgen Bortz und Nicola Döhring (2006, S. 606) liegen die Schwellenwerte für kleine, mittlere und große Effektstärken für Cohens *d* bei 0.2, 0.5 bzw. 0.8. Andy Field (2009, S. 550) nennt 0.3 und 0.5 als Schwellenwerte für mittlere bzw. große Effektstärken *r*. Legen die Daten statistisch einen Unterschied oder Gemeinsamkeiten nahe, sollen diese unter Rückbezug auf den kulturellen Hintergrund der Lernenden untersucht und ggf. theoretisch erklärt werden.

6.6 Kommunikative Validierung der Ergebnisse

Nach erfolgter Rekonstruktion der Sinnkonstruktionsarten stellt sich die Frage, inwiefern die aufgefundenen Ergebnisse sowie Unterschiede bzw. Gemeinsamkeiten in einer westlichen Perspektive begründet sind oder auch die Gegebenheiten in Hongkong angemessen abbilden. Um eine einseitige Interpretation zu vermeiden, habe ich daher das Gespräch mit Hongkonger Expertinnen und Experten gesucht und meine Ergebnisse mit ihnen diskutiert. Auf diese Weise konnten bis dato nicht berücksichtigte Interpretationsansätze der Gemeinsamkeiten und Unterschiede eröffnet werden sowie Aspekte, die aus einer westlichen Perspektive inkonsistent wirkten, erklärt werden.

Konkret habe ich die rekonstruierten Sinnkonstruktionsarten sowie die jeweiligen Häufigkeiten der Sinnkonstruktionskodierungen der Hongkonger und der deutschen Schülerinnen und Schülern mit Prof. Dr. Frederick Koon Shing Leung von der *University of Hong Kong* diskutiert. Gemeinsam entwickelten wir Interpretationen der Ergebnisse, die u. a. in Kapitel 9 (S. 235) weiter ausgeführt und mit Referenzen auf die relevante Literatur untermauert werden. Darüber hinaus habe ich die Ausprägungen einzelner Schülerinnen und Schüler mit den drei Hongkonger Lehrkräften diskutiert, mit denen ich auch bei der Datenerhebung zusammengearbeitet habe. Ich habe dabei die persönlichen Eigenschaften sowie vorgenommenen Sinnkonstruktionen von einzelnen Schülerinnen und Schülern auf Karteikarten notiert und mit entsprechenden Erläuterungen sukzessive vor Mr Ng, Ms Chan bzw. Ms Ting ausgebreitet. Sie haben jeweils ihre Einschätzungen zu Lernenden der anderen Klassen abgegeben, so dass aufgrund der vorgestellten Personen oder Einstellungen keine Rückschlüsse auf ihre eigenen Schülerinnen und Schüler oder sich selbst als Lehrperson möglich war. Auf diese Weise konnten insbesondere scheinbare Inkonsistenzen in den Antworten der Schülerinnen und Schüler, die aus westlicher Perspektive nicht nachvollziehbar waren, offengelegt und aus konfuzianisch geprägter Perspektive erklärt werden.

Teil C: Ergebnisse der Studie

Auf Grundlage der empirischen Daten konnten im Verlauf der Studie 17 Sinnkonstruktionsarten rekonstruiert werden, die als Basis für die Bildung einer Typologie der Sinnkonstruktion fungierten. In Kapitel 7 lege ich ausführlich das Vorgehen bei der Erarbeitung der Typologie dar, Kapitel 8 (S. 139) ist dann der genaueren Beschreibung der sieben entwickelten Sinnkonstruktionstypen gewidmet. Die Typen werden dabei jeweils unter Rückbezug auf die ihnen zugrunde liegenden Sinnkonstruktionen charakterisiert und anhand von Textbezügen aus dem Datenmaterial beider Länder sowie der Darstellung von je einem Prototypen aus Deutschland und Hongkong illustriert. Auf diese Weise wird die Anbindung der entwickelten Theorie an die ihr zugrunde liegende Empirie deutlich. Abschließend folgt in Kapitel 9 eine Reflexion der Ergebnisse aus einer kulturellen Perspektive.

7 Eine Typologie der Sinnkonstruktion

Dieser Abschnitt beschreibt den Prozess der empirisch begründeten Typenbildung, wie er in dieser Studie durchlaufen wurde. Ich habe mich dabei an den Vorschlägen von Udo Kelle und Susann Kluge (1999) orientiert, die unabhängig von Methodologie und Methode ein Vorgehen zur Typenbildung in rekonstruktiven Studien anregen. Dieses Vorgehen beruht auf dem Prinzip des minimalen und maximalen Kontrastes beim Fallvergleich. Im Vordergrund steht dabei die Erarbeitung relevanter Vergleichsdimensionen, anhand derer die Typologie aufgespannt wird und mittels derer die Fälle, hier also die Sinnkonstruktionen, verortet werden können.

Erarbeitung relevanter Vergleichsdimensionen

Das Ziel bei der Erarbeitung von Vergleichsdimensionen ist es, folgt man Kelle und Kluge (1999), Kategorien zu finden und so zu dimensionalisieren, dass die vorhandenen Fälle anhand dieser Kategorien gruppiert werden können. Auf diese Weise wird eine Typologie aufgespannt. Dabei sollen die Fälle, die möglichst ähnlich bezüglich einer bestimmten Ausprägung einer Kategorie bzw. einer Kombination von Kategorie-Dimensionen sind, in einer Gruppe zusammengefasst werden. Zwischen den verschiedenen Gruppen sollen dann möglichst maximale Unterschiede hinsichtlich der Merkmalskombinationen bestehen. Oder in anderen Worten: „Die Typologie soll auf der *Ebene der Typen* maximal ‚intern' homogen sein, auf der *Ebene der Typologie* jedoch maximal ‚extern' heterogen" (Kelle & Kluge, 1999, S. 83).

Nach Auswertung der Interviewdaten in Anlehnung an die Grounded Theory (vgl. Strauss & Corbin, 1996 bzw. Abschnitt 6, S. 109) konnten insgesamt 17 verschiedene Sinnkonstruktionen aus dem Datenmaterial beider Länder rekonstruiert werden. Sie stellen in dieser Studie die Fälle dar, über die die Typenbildung vollzogen wird. Die folgende Tabelle gibt eine kurze Übersicht über die rekonstruierten Sinnkonstruktionen und charakterisiert sie jeweils kurz. Für eine ausführliche Charakterisierung der Sinnkonstruktionen vgl. die jeweiligen Abschnitte in Kapitel 8 (S. 139).

Tabelle 1: Rekonstruierte Sinnkonstruktionen und ihre Charakterisierungen.

Name der Sinnkonstruktion	**Charakterisierung:** Die Beschäftigung mit Mathematik bzw. das Lernen von Mathematik ist für das Individuum sinnvoll / persönlich relevant, wenn...
Aktives Betreiben von Mathematik	... es durch das aktive Betreiben von Mathematik Freude erleben kann, die Inhalte leichter versteht oder sich damit gut auf Prüfungen vorbereiten kann.
Anwendung im Leben	... es eine Anwendungsmöglichkeit von Mathematik im Leben erkennt, einen Allgemeinbildungsgedanken von Mathematik vertritt oder das eigene Lernen von Mathematik anhand von realitätsbezogenen Aufgaben erleichtert wird.
Ausgeglichenheit	... es dabei Ausgeglichenheit empfindet, etwa durch Phasen der Entspannung im Mathematikunterricht oder durch die freiwillige Beschäftigung mit mathematischen Inhalten in der Freizeit.
Autonomie erleben	... es beim Betreiben von Mathematik, beim Lernen von Mathematik oder im Mathematikunterricht Eigenständigkeit erleben kann in Form von Lernautonomie oder der eigenständigen Erarbeitung von Lösungswegen o. ä.
Berufsvoraussetzung	... es mathematische Kompetenzen als Berufsvoraussetzung ansieht und sich durch die Beschäftigung mit Mathematik auf seinen Wunschberuf vorbereiten kann.
Effizienz	... der Unterricht bzw. die eigenen Handlungen im Unterricht und bei der Auseinandersetzung mit mathematischen Inhalten von Effizienz geprägt sind.

Name der Sinnkonstruktion	**Charakterisierung:** Die Beschäftigung mit Mathematik bzw. das Lernen von Mathematik ist für das Individuum sinnvoll / persönlich relevant, wenn...
Emotional-affektive Bindung an die Lehrperson	... eine emotional-affektive Bindung an die Lehrperson im Mathematikunterricht besteht, die sich durch eine freundliche Unterrichtsatmosphäre sowie gegenseitige Achtung und Wertschätzung ausdrückt.
Kognitive Herausforderung	... es die Auseinandersetzung mit mathematischen Inhalten als kognitive Herausforderung empfindet, durch die es in einen Wettstreit mit sich selbst oder seinen Mitschülerinnen und Mitschülern kommt, oder es dies als Möglichkeit der Leistungsverbesserung empfindet.
Kompetenz erleben	... es sich bei der Auseinandersetzung mit mathematischen Inhalten bzw. im Mathematikunterricht als kompetent oder erfolgreich erlebt, etwa durch das Lösen einer Aufgabe, durch aktive Teilnahme am Unterricht oder im Leistungsvergleich mit anderen Schülerinnen und Schülern.
Pflichterfüllung	... es dadurch Pflichten erfüllt, die es an sich gestellt empfindet und ggf. damit dem an es gestellten Leistungsdruck begegnet.
Positive Außenwirkung	... es durch die Beschäftigung mit Mathematik bzw. die im Fach erzielten Leistungen eine positive Außenwirkung gegenüber anderen als wichtig erachtete Personen erlangen kann und von diesen Anerkennung bekommt.
Prüfungen	... es sich auf Prüfungen vorbereiten kann und sich mit dem Bestehen von Prüfungen Perspektiven im weiteren Bildungsgang eröffnet.
Purismus der Mathematik	... es den Purismus der Mathematik schätzt, der in ihrem Formalismus und logischen Aufbau steckt, und ihm dadurch das Verstehen von Mathematik leichter fällt.
Selbstperfektionierung	... es sich durch die Beschäftigung mit Mathematik selbst perfektionieren kann, also bestimmte Charakterzüge oder persönliche Eigenschaften weiter entwickeln oder die eigene Leistung verbessern kann.
Soziale Eingebundenheit erleben	... es sich in die Gruppe der Lernenden sozial eingebunden und integriert fühlt und sich das Umgehen miteinander durch eine freundliche Atmosphäre sowie kooperative Lernformen auszeichnet.
Unterstützung durch die Lehrperson	... es in seinem Lernprozess Unterstützung durch die Lehrperson erfährt und sich bei Fragen an sie wenden kann.
Zensuren	... ihm die eigene Leistung in Form von Zensuren im Mathematikunterricht reflektiert wird und sich das Streben nach Leistung in einem bestimmten Maß an Ehrgeiz widerspiegelt.

Durch einen intensiven Vergleich dieser empirisch vorfindlichen Sinnkonstruktionen konnten schließlich die Kategorien *Intensität der Mathematikbezogenheit der Sinnkonstruktion* und *Intensität der Individuumsbezogenheit der Sinnkonstruktion* entwickelt werden. Wichtig ist dabei die Unterscheidung von Bezogenheit und Bezug. Alle Sinnkonstruktionen weisen *per definitionem* durch das Kriterium der persönlichen Relevanz einen Bezug zum Individuum auf. Sie unterscheiden sich hingegen in der Intensität ihrer Bezogenheit auf das Individuum, also der Frage inwiefern das Individuum jeweils selbstbestimmt im Fokus der Sinnkonstruktion steht oder es bei seinen Handlungen auf äußere Anforderungen reagiert.

Die beiden Kategorien bieten sich im Kontext dieser Studie an, da sie zum einen auf eine fachliche Bezogenheit abheben und sich zum anderen auf eine Perspektive der Bildungsgangforschung konzentrieren. Dies geschieht folgendermaßen: Durch den Kontext schulischen Mathematiklernens stehen konkrete mathematische Inhalte mehr oder weniger stark im Fokus der Sinnkonstruktionen (vgl. etwa *Aktives Betreiben von Mathematik* vs. *Soziale Eingebundenheit erleben*). Dies legt eine Abstufung hinsichtlich ihrer Bezogenheit auf die fachlichen Inhalte nahe. Auf der anderen Seite steht die Studie im Kontext der Bildungsgangforschung, die einen Schwerpunkt auf die Perspektive der Lernenden legt. Sinnkonstruktionen beschreiben zwar durch das Kriterium der persönlichen Relevanz *per se* Aspekte, die für das Individuum bedeutsam sind, lassen sich jedoch dahingehend unterscheiden, ob sie eher intraindividuelle Aspekte oder die Auseinandersetzung mit gesellschaftlich geprägten, äußeren Anforderungen in den Vordergrund rücken (vgl. etwa *Selbstperfektionierung* vs. *Berufsvoraussetzung*). Insofern ist hier eine Untergliederung in die Intensität der Individuumsbezogenheit der Sinnkonstruktion möglich. Anhand dieser Kategorien lassen sich die Fälle ordnen. Beide Kategorien wurden dabei in hohe, mittlere und geringe Intensität abgestuft. Für die Kategorie *Intensität der Mathematikbezogenheit der Sinnkonstruktion* gestaltet sich die Abstufung folgendermaßen:

- **Hohe Intensität der Mathematikbezogenheit der Sinnkonstruktion:** Die Sinnkonstruktion steht in direktem Zusammenhang mit fachlichen Inhalten. Sie richtet sich also unmittelbar auf bestimmte mathematische Inhalte, etwa in Form von konkreten Aufgaben.
- **Mittlere Intensität der Mathematikbezogenheit der Sinnkonstruktion:** Die Sinnkonstruktion steht in mittelbarem Zusammenhang mit fachlichen Inhalten oder dem Unterrichtsfach Mathematik. Die konkrete Auseinandersetzung mit diesen steht dabei nicht direkt im Fokus. Mathematik wird

eher als Mittel zum Zweck betrachtet oder fungiert als Instrument, bestimmte Ziele zu erreichen.

- **Geringe Intensität der Mathematikbezogenheit der Sinnkonstruktion:** Die Sinnkonstruktion steht in keinem direkten Zusammenhang mit fachlichen Inhalten. Andere relevante Aspekte des schulisch geprägten Lernprozesses (wie etwa die soziale Interaktion der Beteiligten) rücken stattdessen in den Vordergrund.

Für die zweite Kategorie *Intensität der Individuumsbezogenheit der Sinnkonstruktion*, wurde folgende Abstufung vorgenommen:

- **Hohe Intensität der Individuumsbezogenheit der Sinnkonstruktion:** Der Fokus der Sinnkonstruktion ist auf das Individuum selbst gerichtet. Es stehen primär intraindividuelle Bezüge im Vordergrund. Diese Merkmalsausprägung bezeichne ich als *individuelle Dimension*.
- **Mittlere Intensität der Individuumsbezogenheit der Sinnkonstruktion:** Die Sinnkonstruktion steht im Zusammenhang mit dem schulischen Mathematikunterricht und ist weniger stark auf kognitive oder emotionale Aspekte der Person gerichtet als bei Sinnkonstruktionen der individuellen Dimension. Da sich die hier verorteten Sinnkonstruktionen primär mit Aspekten des Mathematikunterrichts auseinandersetzen, bezeichne ich diese Merkmalsausprägung als *schulische Dimension*.
- **Geringe Intensität der Individuumsbezogenheit der Sinnkonstruktion:** Die Sinnkonstruktion steht in einem Zusammenhang mit Institutionen (z. B. Gesellschafts- oder Schulsystem) oder objektiven, gesellschaftlichen Anforderungen. Sie können von anderen Personen (z. B. aus der Familie) an das Individuum gestellt werden. Es internalisiert diese Anforderungen zu einem gewissen Grad und richtet seine Sinnkonstruktionen entsprechend nach diesen aus. Diese Merkmalsausprägung der Individuumsbezogenheit bezeichne ich als *gesellschaftliche Dimension*.

Mit Hilfe dieser Dimensionalisierung lassen sich die Gemeinsamkeiten und Unterschiede zwischen den einzelnen Sinnkonstruktionen differenziert darstellen. Die geforderte interne Homogenität und externe Heterogenität der Fälle wird dabei ermöglicht. Für die genaue Verortung der einzelnen Sinnkonstruktionen in Relation zu den entwickelten Merkmalen vgl. *Abbildung 10* (S. 133) bzw. die jeweiligen Teilabschnitte in Kapitel 8 (S. 139).

Gruppierung der Fälle und Analyse empirischer Regelmäßigkeiten
Kelle und Kluge (1999, S. 86-91) fordern für eine Gruppierung der Fälle und die Analyse empirischer Regelmäßigkeiten grundsätzlich die Bildung eines Merkmalsraums. In diesem werden die Kategorien oder Merkmale üblicherweise in einer gegebenenfalls mehrdimensionalen Kreuztabelle darstellt. Auf diese Art ist ein schneller Überblick über alle potentiellen Merkmalskombinationen möglich. In meiner Studie entstand dabei die in Abbildung 9 (S. 133) abgebildete Mehrfeldertafel. Die Zellennummerierung ermöglicht eine leichtere Bezeichnung der einzelnen Gruppen. Sie hat jedoch keine inhaltliche Aussage.

Die Mehrfeldertafel zeigt neun mögliche Merkmalskombinationen, die jeweils eine Gruppe von Sinnkonstruktionen darstellen. Abbildung 10 (S. 133) veranschaulicht die Verortung der rekonstruierten Sinnkonstruktionen im Merkmalsraum und stellt so die entwickelte Typologie grafisch dar.

Bei genauerer Betrachtung der Typologie fallen zwei Dinge auf. Auf der einen Seite weisen mehr als die Hälfte der rekonstruierten Sinnkonstruktionen eine hohe Individuumsbezogenheit auf und liegen dementsprechend in der individuellen Dimension. Da es sich bei der Sinnkonstruktion *per definitionem* um individuelle Relevanzzuschreibungen handelt, ist es nicht verwunderlich, dass dieser Schwerpunkt sich auch in der Verteilung der Sinnkonstruktionen zeigt. Er liegt quasi im Konzept begründet. Auf der anderen Seite ist es bemerkenswert, dass die Felder der Gruppe 1 (*hohe Mathematikbezogenheit* und *geringe Individuumsbezogenheit*) und Gruppe 5 (*mittlere Mathematikbezogenheit* und *mittlere Individuumsbezogenheit*) leer sind. Entsprechend stellt sich die Frage, ob dort grundsätzlich – also theoretisch begründbar – keine Sinnkonstruktionen verortet werden können, oder ob das Ausbleiben im Sample der Studie begründet ist. Ich gehe davon aus, dass theoretisch in beiden Feldern Sinnkonstruktionen vorkommen können bzw. Erweiterungen von Sinnkonstruktionen aus den Feldern der Gruppen 4 (*mittlere Mathematikbezogenheit* und *geringe Individuumsbezogenheit*) und 8 (*geringe Mathematikbezogenheit* und *mittlere Individuumsbezogenheit*) denkbar sind, wie ich im Folgenden kurz ausführen werde.

Dass im Feld der Gruppe 5 (*mittlere Mathematikbezogenheit* und *mittlere Individuumsbezogenheit*) keine Sinnkonstruktion aufgeführt werden kann, ist zunächst theoretisch begründbar. In der schulischen Dimension steht prinzipiell der Mathematikunterricht im Fokus. Die wichtigen damit einhergehenden Themen sind folglich entweder die behandelten Inhalte (Feld 2, *hohe Mathematikbezogenheit* und *mittlere Individuumsbezogenheit*) oder aber von den Inhalten losgelöste Handlungen (Feld 8, *geringe Mathematikbezogenheit* und *mittlere*

Intensität der Mathematikbezogenheit der Sinnkonstruktion	**Intensität der Individuumsbezogenheit der Sinnkonstruktion**		
	gering *(gesellschaftliche Dimension)*	mittel *(schulische Dimension)*	hoch *(individuelle Dimension)*
hoch	1	2	3
mittel	4	5	6
gering	7	8	9

Abbildung 9: Mehrfeldertafel des Merkmalsraums der rekonstruierten Sinnkonstruktionen mit nummerierten Gruppenfeldern.

Intensität der Mathematikbezogenheit der Sinnkonstruktion	**Intensität der Individuumsbezogenheit der Sinnkonstruktion**		
	gering *(gesellschaftliche Dimension)*	mittel *(schulische Dimension)*	hoch *(individuelle Dimension)*
hoch		Aktives Betreiben von Mathematik	Purismus der Mathematik Kognitive Herausforderung Autonomie erleben
mittel	Berufsvoraussetzung Prüfungen Positive Außenwirkung		Selbstperfektionierung Anwendung im Leben Zensuren Kompetenz erleben
gering	Pflichterfüllung	Effizienz Unterstützung durch die Lehrperson	Emotional-affektive Bindung an die Lehrperson Soziale Eingebundenheit erleben Ausgeglichenheit

Abbildung 10: Typologie der Sinnkonstruktion.

Individuumsbezogenheit), etwa soziale Interaktionen zwischen den am Unterricht beteiligten Personen. Allerdings wird bei der Sinnkonstruktion *Effizienz*[22] eine Nähe der Felder 8 und 5 deutlich, da dort auch effiziente Handlungsstrategien seitens der Schülerinnen und Schüler thematisiert wurden, die Mathematik instrumentalisieren. So kann bei der Strategie, den Lösungswegen der Lehrperson zu folgen, im Fokus stehen, mit möglichst wenig eigenem Aufwand möglichst viel zu erreichen. Hier geht es also nicht primär um die Mathematik bzw. die Inhalte, mit denen sich die Lernenden dabei auseinandersetzen, sondern vielmehr um die Reduzierung der eigenen Anstrengung. Dadurch wird eine Nähe zum Feld der Gruppe 5 deutlich.

Analyse inhaltlicher Zusammenhänge und Typenbildung
Durch einen inhaltlichen Vergleich der Sinnkonstruktionen innerhalb einer Gruppe und über die verschiedenen Gruppen hinweg sowie durch die Suche nach „inhaltlichen Sinnzusammenhängen“[23] (Kelle & Kluge, 1999, S. 92) kommt es schließlich zur „Konstruktion 'sinnvoller' und 'verständlicher' soziologischer (Handlungs-)Typen“ (Kelle & Kluge, 1999, S. 92). Im Verlauf dieses Prozesses wurden mehrere Gruppen zusammengefasst (etwa die Gruppen 1, 4 und 7) und eine Gruppe weiter ausdifferenziert, da starke Unterschiede innerhalb der Gruppe vorlagen (Gruppe 6, vgl. *Abbildung 9* bzw. *Abbildung 10*, S. 133 bzw. 133). Durch die damit einhergehende Reduktion des Merkmalsraums entstanden schließlich sieben Sinnkonstruktionstypen. In Tabelle 2 (S. 135) wird eine Übersicht und Charakterisierung der entwickelten Sinnkonstruktionstypen gegeben. Außerdem wird aufgezeigt, welche Sinnkonstruktionsarten jeweils zugrunde liegen.

Allen bis auf zwei Typen liegen mehrere Sinnkonstruktionen zugrunde. *Aktive Auseinandersetzung mit Mathematik* und *Anwendungsrelevanz* lassen sich nicht mit anderen Sinnkonstruktionen zu einem übergreifenden Typus zusammenfassen, da ihre Fokusse deutlich anders gelagert sind als bei den anderen Sinnkonstruktionsarten. So ist die Sinnkonstruktion *Aktives Betreiben von Mathematik* explizit auf die Tätigkeit des Mathematiktreibens ausgerichtet, wohingegen diese bei den anderen Sinnkonstruktionen bzw. Sinnkonstruktionstypen

[22] Charakterisierung der Sinnkonstruktion *Effizienz*: Die Beschäftigung mit Mathematik bzw. das Lernen von Mathematik ist für das Individuum sinnvoll/persönlich relevant, wenn der Unterricht bzw. die eigenen Handlungen im Unterricht und bei der Auseinandersetzung mit mathematischen Inhalten von Effizienz geprägt ist.

[23] Der von Kelle und Kluge (1999, S. 92) verwendete Sinnbegriff beschreibt im Unterschied zu dem, der dieser Arbeit zugrunde liegt, eher soziologisch-inhaltliche Aspekte.

eher als Voraussetzung fungiert, um eine andere Art von Sinn zu konstruieren. Dementsprechend ist die aktive Auseinandersetzung mit Mathematik zum Teil anderen Sinnkonstruktionen vorgeschaltet. Bei der Sinnkonstruktion *Anwendung im Leben* sind im Gegensatz zu den anderen Sinnkonstruktionsarten konkrete Anwendungsmöglichkeiten von Mathematik im Leben der Schülerinnen und Schüler zentral. Auch sie befindet sich daher auf einer anderen Ebene als die übrigen Sinnkonstruktionsarten. Im Zuge dessen werden diese beiden Sinnkonstruktionen als Grundlage für eigene Typen aufgefasst und nicht mit anderen Sinnkonstruktionen zu einem Typus vereint.

Abbildung 11 (S. 137) veranschaulicht die Verteilung der entwickelten Sinnkonstruktionstypen auf die Typologie. Im Anschluss an die Konstruktion der verschiedenen Sinnkonstruktionstypen verbleibt nun die letzte Stufe des Typenbildungsprozesses: die Charakterisierung dieser Typen. Dies geschieht ausführlich in Kapitel 8 (S. 139). Zur einfacheren Veranschaulichung der Typen empfehlen Kelle und Kluge (1999, S. 94) dabei die Beschreibung von Prototypen, also von realen Fällen, die die Eigenschaften eines Typus am besten repräsentieren. Die Beschreibung von Prototypen sowohl aus Deutschland als auch Hongkong rundet entsprechend die Charakterisierung der entwickelten Typen ab.

Tabelle 2: Entwickelte Sinnkonstruktionstypen, Charakterisierung und zugrunde liegende Sinnkonstruktionen.

Name des Sinnkonstruktionstypus	**Charakterisierung:** Die Beschäftigung mit Mathematik bzw. das Lernen von Mathematik ist für das Individuum sinnvoll / persönlich relevant, wenn...	**Zugrunde liegende Sinnkonstruktionsarten**
Aktive Auseinandersetzung mit Mathematik	... es durch das aktive Betreiben von Mathematik Freude erleben kann, die Inhalte leichter versteht oder sich damit gut auf Prüfungen vorbereiten kann.	Aktives Betreiben von Mathematik
Anwendungsrelevanz	... es eine Anwendungsmöglichkeit von Mathematik im Leben erkennt, einen Allgemeinbildungsgedanken von Mathematik vertritt und das eigene Lernen von Mathematik anhand von realitätsbezogenen Aufgaben erleichtert wird.	Anwendung im Leben

Name des Sinnkonstruktionstypus	**Charakterisierung:** Die Beschäftigung mit Mathematik bzw. das Lernen von Mathematik ist für das Individuum sinnvoll / persönlich relevant, wenn...	**Zugrunde liegende Sinnkonstruktionsarten**
Effiziente und unterstützende Gestaltung von Unterrichtsprozessen	... es in seinem Lernprozess durch die Lehrperson unterstützt wird und sich dabei effizient mit mathematischen Inhalten auseinandersetzen kann.	Effizienz Unterstützung durch die Lehrperson
Emotional-affektiv geprägte Entfaltung	... es das soziale Klima in der Gruppe der Lernenden sowie die emotional-affektive Bindung zu der Lehrperson als positiv erlebt und entspannt am Mathematikunterricht teilnehmen kann.	Ausgeglichenheit Emotional-affektive Bindung an die Lehrperson Soziale Eingebundenheit erleben
Erfüllung gesellschaftlich geprägter Anforderungen	... es durch die im Fach erzielten Leistungen Anerkennung erfährt und durch bestandene Prüfungen die formalen Voraussetzungen für den gewünschten beruflichen Werdegang erfüllt.	Berufsvoraussetzung Pflichterfüllung Positive Außenwirkung Prüfungen
Kognitive Selbstentwicklung	... es im Leistungswettbewerb mit seinen Mitschülerinnen und Mitschülern seine kognitiven Fähigkeiten entwickeln und dabei seine Eigenständigkeit entfalten kann.	Autonomie erleben Kognitive Herausforderung Purismus der Mathematik Selbstperfektionierung
Wohlbefinden durch eigene Leistung	... es Wohlbefinden erlebt durch die Widerspiegelung der eigenen Leistungen sowohl in Form von Zensuren als auch durch den Lernerfolg selbst.	Kompetenz erleben Zensuren

<table>
<tr><th rowspan="2">Intensität der Mathematikbezogenheit der Sinnkonstruktion</th><th colspan="3">Intensität der Individuumsbezogenheit der Sinnkonstruktion</th></tr>
<tr><th>gering
(gesellschaftliche Dimension)</th><th>mittel
(schulische Dimension)</th><th>hoch
(individuelle Dimension)</th></tr>
<tr><td>hoch</td><td rowspan="5">Erfüllung gesellschaftlich geprägter Anforderungen</td><td>Aktive Auseinandersetzung mit Mathematik</td><td rowspan="2">Kognitive Selbstentwicklung</td></tr>
<tr><td rowspan="3">mittel</td><td rowspan="4">Effiziente und unterstützende Gestaltung von Unterrichtsprozessen</td></tr>
<tr><td>Anwendungsrelevanz</td></tr>
<tr><td>Wohlbefinden durch eigene Leistung</td></tr>
<tr><td>gering</td><td>Emotional-affektiv geprägte Entfaltung</td></tr>
</table>

Abbildung 11: Typologie der Sinnkonstruktion mit entwickelten Sinnkonstruktionstypen.

8 Sinnkonstruktionstypen

Bei der Bildung verschiedener Sinnkonstruktionstypen handelt es sich um eine Verallgemeinerung, bei der verschiedene Sinnkonstruktionen auf einer Metaebene zu einem Typ zusammengefasst werden. Die Sinnkonstruktionen sind einander dabei inhaltlich bzgl. bestimmter Eigenschaften ähnlich, jedoch nicht gleich. Die Charakterisierung des Gemeinsamen des Typus geschieht anhand der im Prozess der Typenbildung entwickelten Vergleichsdimensionen, Merkmalskombinationen und inhaltlichen Zusammenhänge (vgl. Abschnitt 7, S. 220 bzw. die jeweiligen Teilabschnitte dieses Kapitels). Sie bildet nach Udo Kelle und Susann Klug (1999, S. 83-94) die vierte Stufe des Typenbildungsprozesses und damit seinen Abschluss.

Zunächst wird eine inhaltliche Charakterisierung des jeweiligen Typus auf der Metaebene gegeben (Ebene der Theorie) und eine Abgrenzung von anderen ihm in der Typologie benachbarte Typen geliefert (vgl. Abbildung 9, S. 133). Im Anschluss wird der Typus mit den ihm zugrunde liegenden Sinnkonstruktionen in Verbindung gesetzt, welche ebenfalls zunächst charakterisiert und dabei beispielhaft an das Datenmaterial angeknüpft werden (Ebene der Empirie). Es wird dabei gefragt, inwiefern die beschriebenen Handlungen oder Überzeugungen im Kontext des schulischen Lernens von Mathematik sowie der Beschäftigung mit ihr persönlich relevant für die interviewten Schülerinnen und Schüler sind. Die verschiedenen Sinnkonstruktionsarten sind dabei nicht trennscharf, da die einzelnen Textstellen der Interviews mit mehreren Kodierungen versehen werden konnten und somit zum Teil auch verschiedenen Sinnkonstruktionsarten zugeordnet werden können. Die Angabe von exemplarischen Transkriptzeilen soll eine Anbindung an die ausgewerteten Daten nachvollziehbar machen. Die zugehörigen Textstellen können im Zusatzmaterial zu diesem Buch eingesehen werden, das im Internet über die URL http://www.vieweg-teubner.de/ zugänglich ist. Soweit möglich werden beispielhaft Textstellen aus Deutschland und Hongkong angeführt. Ein Schaubild stellt die wichtigsten Voraussetzungen und Auswirkungen der jeweiligen Sinnkonstruktion dar, die mit dieser in Zusammenhang stehen. Dadurch werden die einzelnen Sinnkonstruktionen grafisch zusammengefasst und es wird eine Verbindung zum Schritt des axialen Kodierens bei der Datenauswertung hergestellt (vgl. Abschnitt 6.3, S. 112).

Um die Charakterisierung der entwickelten Typen abzurunden, werden für jeden Sinnkonstruktionstypus Prototypen beschrieben, also Personen aus dem

Datenmaterial beider Länder, die die Eigenschaften des Typus am treffendsten aufweisen (Ebene des Individuums). Alle untersuchten Schülerinnen und Schüler konstruieren Sinn, der verschiedenen Sinnkonstruktionen und auch -typen zugeordnet werden kann. Die gewählten Prototypen weisen dabei die jeweils stärkste Ausprägung in Richtung einer bestimmten Sinnkonstruktion auf.

8.1 Kognitive Selbstentwicklung

Im folgenden Abschnitt wird der Sinnkonstruktionstyp *Kognitive Selbstentwicklung* zunächst mit den ihm zugrunde liegenden Sinnkonstruktionen in Zusammenhang gebracht. Dabei wird die inhaltliche Ähnlichkeit der Sinnkonstruktionen durch ihre Verortung in der Typologie dargelegt (vgl. Abbildung 10 und Abbildung 11, S. 133 bzw. 137). Abschließend wird der hier vorgestellte Typus von anderen, ihm in der Typologie benachbarten Typen abgegrenzt. Abschnitt 8.1.2 (S. 142) beschreibt dann ausführlicher die zugrunde liegenden Sinnkonstruktionen unter Rückgriff auf die empirischen Daten und liefert eine Illustration anhand von Prototypen.

8.1.1 Charakterisierung und Abgrenzung des Typus

Der Sinnkonstruktionstyp *Kognitive Selbstentwicklung* umfasst Sinnkonstruktionen, die den Schwerpunkt auf die Entwicklung des Individuums legen und die dabei an mathematischen Inhalten orientiert sind: *Autonomie erleben, Kognitive Herausforderung, Purismus der Mathematik* und *Selbstperfektionierung*. Die Bezogenheit auf die Mathematik ist bei den Sinnkonstruktionen unterschiedlich stark ausgeprägt.

Die Sinnkonstruktion *Autonomie erleben* ist hinsichtlich ihrer Bezogenheit auf die Mathematik von der Auseinandersetzung mit mathematischen Inhalten geprägt. Das Erleben von Autonomie ist für die Schülerinnen und Schüler etwa bei der Wahl einer Strategie der Aufgabenbearbeitung relevant oder offenbart sich in dem Wunsch, selbst entscheiden zu können, welche Aufgaben bearbeitet werden sollen. Es besteht also ein direkter Bezug auf mathematische Inhalte. Die Auseinandersetzung mit diesen Themen findet überwiegend im Mathematikunterricht statt, jedoch steht bei der Sinnkonstruktion *Autonomie erleben* eine persönliche Eigenschaft des Individuums selbst im Vordergrund: das Bedürfnis nach Selbstbestimmtheit der eigenen Handlungen (vgl. dazu auch das psychologische Grundbedürfnis nach Autonomie (Deci & Ryan, 1992; Ryan & Deci, 2002)). Als Bezugsrichtung wähle ich daher die individuelle Dimension und verorte die Sinnkonstruktion im Feld der Gruppe 3, *hohe Mathematikbezogenheit* und *hohe Individuumsbezogenheit* (vgl. Abbildung 9, S. 133).

Die Sinnkonstruktion *Kognitive Herausforderung* steht in einem engen Zusammenhang mit mathematischen Inhalten, da die zugrunde liegende Herausforderung in dem Bestreben liegt, schwierige Aufgaben zu bewältigen. Das Individuum ist dabei primär auf sich selbst bezogen, da es sich herausfordern möchte bzw. von anderen herausgefordert werden will. Ich ordne die Sinnkonstruktion *Kognitive Herausforderung* entsprechend im Feld der Gruppe 6, *hohe Mathematikbezogenheit* und *hohe Individuumsbezogenheit*, ein (vgl. Abbildung 9, S. 133).

Mathematische Inhalte stehen bei der Sinnkonstruktion *Purismus der Mathematik* zentral im Fokus, da bestimmte Eigenschaft der Mathematik, mathematische Teilgebiete oder spezielle Inhalte thematisiert werden. Durch den Ausdruck einer emotionalen Bezogenheit der Lernenden zur Mathematik liegt zudem eine hohe Individuumsbezogenheit vor, so dass die Sinnkonstruktion dem Feld der Gruppe 3, *hohe Mathematikbezogenheit* und *hohe Individuumsbezogenheit*, zugeordnet wird (vgl. Abbildung 9, S. 133).

Bei der Sinnkonstruktion *Selbstperfektionierung* wird das Ziel verfolgt, sich selbst durch die Auseinandersetzung mit Mathematik zu perfektionieren. Mathematik wird dabei als Mittel zum Zweck gebraucht, so dass lediglich eine mittlere Bezogenheit auf Mathematik vorliegt, obgleich auch hier konkrete mathematische Tätigkeiten (z. B. logisch denken) benannt werden können. Eine hohe Individuumsbezogenheit ist offensichtlich, dadurch dass das Individuum durch die Beschäftigung mit Mathematik persönliche Eigenschaften verbessern möchte. Entsprechend wird die Sinnkonstruktion im Feld der Gruppe 6, *mittlere Mathematikbezogenheit* und *hohe Individuumsbezogenheit*, verortet (vgl. Abbildung 9, S. 133).

Der Sinnkonstruktionstyp *Kognitive Selbstentwicklung* erstreckt sich in der Typologie über die Felder der Gruppen 3 und 6, wobei das der Gruppe 3 vollständig, das der Gruppe 6 nur zum Teil abgedeckt wird. Der Typ vereinigt somit eine hohe bzw. zum Teil mittlere Ausprägung hinsichtlich des Merkmals der Mathematikbezogenheit sowie eine hohe Ausprägung hinsichtlich des Merkmals der Individuumsbezogenheit.

Der Typ *Kognitive Selbstentwicklung* grenzt sich von dem ihm inhaltlich nahe stehenden Typ *Aktive Auseinandersetzung mit Mathematik* insofern ab, als bei letzterem primär die aktive Beschäftigung mit mathematischen Inhalten um ihrer selbst Willen im Vordergrund steht, wohingegen sie bei der kognitiven Selbstentwicklung den Zweck verfolgt, das Selbst weiter zu entwickeln und zu perfektionieren. Der Typ *Wohlbefinden durch eigene Leistung* verfolgt entgegen der *Kognitiven Selbstentwicklung* das Ziel, sich selbst als kompetent aufgrund der eigenen Leistung zu erleben. Es geht hier jedoch nicht primär um eine kognitive Weiterentwicklung des Selbst. Die *Anwendungsrelevanz* schließlich ist inhaltlich noch weiter entfernt vom hier charakterisierten Sinnkonstruktionstyp, da die Mathematik instrumentalisiert wird. Dies geschieht insofern, als sie zur Erklärung von Alltagssituationen oder Aspekten aus dem Leben der Schülerinnen und Schüler dient. Dies widerspricht den Schwerpunkten der kognitiven Selbstentwicklung.

8.1.2 Zugrunde liegende Sinnkonstruktionen

In den vier folgenden Abschnitten werden die Sinnkonstruktionen *Autonomie erleben, Kognitive Herausforderung, Purismus der Mathematik* und *Selbstperfektionierung*, die dem Sinnkonstruktionstyp *Kognitive Selbstentwicklung* zugrunde liegen, ausführlicher dargestellt. Dabei wird konkreter auf die Ausgestaltung der Sinnkonstruktionen eingegangen. Sie wird anhand von Verweisen auf Transkriptausschnitte aus Deutschland und Hongkong illustriert, deren zugehörige Textstellen im Zusatzmaterial zu diesem Buch eingesehen werden können, das im Internet über die URL http://www.vieweg-teubner.de/ zugänglich ist. Die Beschreibungen enden jeweils mit einer grafischen Zusammenfassung der für die jeweilige Sinnkonstruktion wichtigen Voraussetzungen und Auswirkungen und stellen damit eine Verbindung zum Schritt des axialen Kodierens bei der Datenauswertung her.

8.1.2.1 Autonomie erleben

Für die interviewten Schülerinnen und Schüler ist es persönlich relevant, wenn sie bei der Beschäftigung mit Mathematik bzw. beim Lernen von Mathematik eigenständig vorgehen können, indem sie etwa eigene Lösungswege für mathematische Probleme erarbeiten oder ihren Lernprozess selbstbestimmt gestalten können. Diese Sinnkonstruktion wurde aus den empirischen Daten der Studie rekonstruiert, wobei verschiedene Kategorien in diese Sinnkonstruktionsart eingehen. Eine besonders einflussreiche ist das Autonomieerleben als eines der drei psychologischen Grundbedürfnisse der Selbstbestimmungstheorie der Motivation nach Deci und Ryan (vgl. Deci & Ryan, 1993, Ryan & Deci, 2002). Es ist Teil des theoretischen Rahmens der Sinnkonstruktion in diese Arbeit und fungierte als sensibilisierendes Konzept im Kodierprozess. Daraus kann jedoch nicht automatisch geschlossen werden, dass es auch zwingend als Sinnkonstruktionsart rekonstruiert werden musste.[24] Im Gegenteil: Es wurde – wie alle anderen Sinnkonstruktionsarten auch – sukzessive aus den Daten rekonstruiert und zunächst auch anders benannt (*Eigenständigkeit*). Da eine klare Abgrenzung zum Konzept des Autonomieerlebens nach Deci und Ryan jedoch später nicht möglich war, bezeichne ich diese Sinnkonstruktionsart nun im Einklang mit der Selbstbestimmungstheorie der Motivation mit *Autonomie erleben*. Die Eigenständigkeit, die die interviewten Schülerinnen und Schüler für ihren Lernprozess beschreiben, bezieht sich jeweils entweder auf das Betreiben von Mathematik, auf das Lernen von Mathematik oder auf den Mathematikunterricht selbst.

Beim Betreiben von Mathematik, also bei der eigenen aktiven Auseinandersetzung mit Inhalten und Aufgaben, steht die Entwicklung von eigenen Lösungsstrategien im Fokus. So werden bereits im Unterricht besprochene Beispiele als Ausgangspunkt für eigene Überlegungen genommen (Lena 156-157; Vincent 142-145)[25] oder aber selbstständig entwickelte Lösungswege erarbeitet (Sebastian 76-81; Marcus 168-169, Vincent 118-120). Einige der interviewten Schülerinnen und Schüler mögen sich am liebsten mit den Inhalten beschäftigen, wenn dies aus eigenem Antrieb geschieht (Sebastian 76-81) – dies gilt auch allgemein für das Lernen von Mathematik (Vladimir 239-242; Vincent 123-126). Verschiedene Schülerinnen und Schüler lernen vorzugsweise mit Büchern zu Hause (Johanna 206-208; Janice 107-108); für einige ist dies sogar die dem schulischen Unterricht vorgezogene Methode. Darüber hinaus äußern andere, dass sie gern selbst die zu bearbeitenden Aufgaben und Übungen auswählen möchten (Yannick 112-116; Barry 186). Vereinzelte Schülerinnen und Schüler gaben an, dass sie sich sogar selbstständig besonders herausfordernde Aufgaben zum Lösen suchen würden (Johanna 129-130; Janice 210-212).

Auf den Mathematikunterricht bezogen ziehen manche Schülerinnen und Schüler es vor, die eigene Arbeitsgruppe selbst zu wählen (Yannick 182-187). Sie begrüßen es, wenn sie Verantwortung im Unterricht übertragen bekommen (wie z. B. die Präsentation von Lösungen vor der gesamten Lerngruppe) (Mirko

[24] Vgl. etwa die anderen sensibilisierenden Konzepte des theoretischen Rahmens, die nicht als Sinnkonstruktionsarten rekonstruiert werden konnten (siehe Abschnitt 2.6, S. 48).

[25] Zur Illustration werden soweit möglich sowohl Beispiele aus Deutschland als auch aus Hongkong angegeben. Die Angaben vor dem Semikolon beziehen sich dabei auf Interviews aus Deutschland, die danach auf Interviews aus Hongkong. Alle Namen der Personen, Schulen und Ortsbezeichnungen (abgesehen von (Nord-) Deutschland und Hongkong) sind anonymisiert, damit keine Rückschlüsse auf die jeweiligen Personen, Schule und Orte möglich sind.

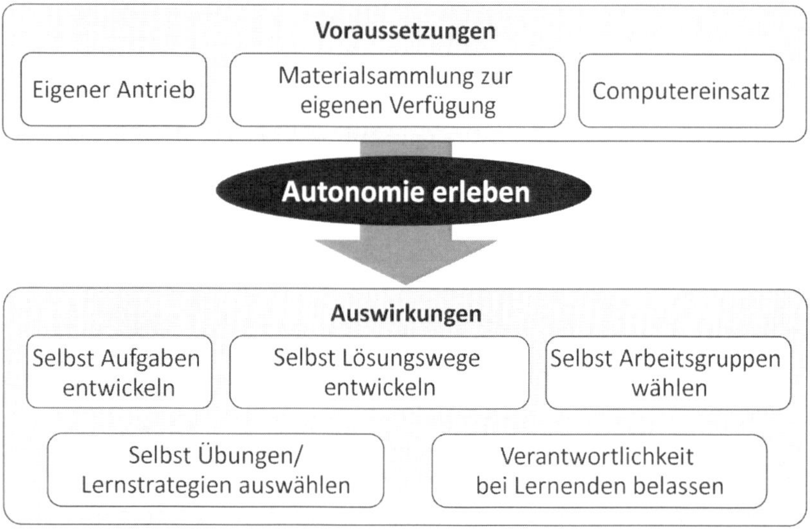

Abbildung 12: Kodierparadigma der Sinnkonstruktion *Autonomie erleben.*

87-88), und wenn diese auch in ihren Händen belassen wird. Außerdem würde eine Schülerin mit Freude selbst Aufgaben entwickeln (Janice 25), mit denen sie dann etwa Klassenkameradinnen oder -kameraden herausfordern könnte. Zudem wird der Computereinsatz[26] seitens der Schülerinnen und Schüler im Mathematikunterricht begrüßt, da er es ermöglicht, sich selbständig und -entdeckend den Inhalten zu nähern (Mack 78-81).

Abbildung 12 (S. 144) veranschaulicht mögliche Voraussetzungen und Auswirkungen der Sinnkonstruktion *Autonomie erleben*, die im Zuge des axialen Kodierens erarbeitet wurden (vgl. Abschnitt 6.3, S. 112).

8.1.2.2 Kognitive Herausforderung

Kognitiv herausgefordert zu werden ist den interviewten Schülerinnen und Schülern persönlich wichtig, wenn sie Mathematik lernen bzw. sich mit ihren

[26] Hierbei handelt es sich nicht um den Computer als Präsentationsmedium der Lehrperson, sondern als Medium, welches den Lernenden zugänglich ist und von ihnen genutzt wird. Durch die eigene Arbeit am Computer sind nach Einschätzung der Schülerinnen und Schüler selbständige Zugänge zur Mathematik und eigene mathematische Entdeckungen möglich.

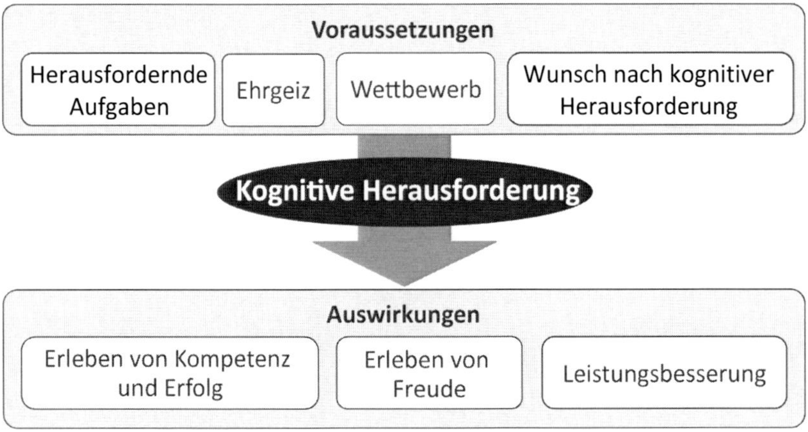

Abbildung 13: Kodierparadigma der Sinnkonstruktion *Kognitive Herausforderung.*

Inhalten beschäftigen. Die zugehörige Sinnkonstruktion bezeichne ich entsprechend als *Kognitive Herausforderung*. Die Aspekte, die diese Sinnkonstruktion charakterisieren, können aus Persönlichkeitseigenschaften des Individuums, aus der Interaktion mit anderen Menschen oder aus Potenzialen der zu bearbeitenden Aufgaben erwachsen.

Als eine relevante Persönlichkeitseigenschaft konnte Ehrgeiz bei den Schülerinnen und Schülern rekonstruiert werden (Lena 62-71). Manche der Lernenden beschreiben sich selbst als ehrgeizig und sehen herausfordernde Aufgaben als eine Möglichkeit, ihren Ehrgeiz zu befriedigen. Zudem formulieren einige Schülerinnen und Schüler den Wunsch oder die Suche nach kognitiver Herausforderung (Sebastian 83-88; Camryn 31-35), besonders dann, wenn die im Unterricht behandelten Inhalte ihnen nicht herausfordernd genug erscheinen oder der Unterricht in ihren Augen zu langsam fortschreitet. Daneben wird teilweise eine Suche nach kognitiver Herausforderung erkennbar (Johanna 126-127; Arnie 46-47). Diese Suche oder der Wunsch nach kognitiven Herausforderungen geht oftmals einher mit einem Wettstreit der Lernenden untereinander (Johanna 129-130; Janice 25). Sie sehen in den Herausforderungen die Möglichkeit, sich selbst als leistungsstärker als ihre Mitschülerinnen und -schüler zu erleben.

Bei der Auseinandersetzung mit herausfordernden Aufgaben zeigt sich das Potenzial der Aufgaben für das Individuum. Sie bieten nach Einschätzung der interviewten Schülerinnen und Schüler die Möglichkeit, die eigene Leistung zu verbessern (Vivian 48-51, Yannick 93) und wecken bei vielen Lernenden Interesse, sich mit den Aufgaben zu beschäftigen (Johanna 136-141; Laura 176-186). Durch die Beschäftigung mit den Aufgaben können die Lernenden schließlich Freude und Erfolg als Konsequenz eines gelungenen Arbeitsprozesses erleben (Lena 62-71; Mark 72-80) (vgl. zum *Kompetenz erleben* auch Abschnitt 8.3.2.1, S. 170).

Abbildung 13 (S. 145) veranschaulicht mögliche Voraussetzungen und Auswirkungen der Sinnkonstruktion Kognitive Herausforderung, die im Zuge des axialen Kodierens erarbeitet wurden (vgl. Abschnitt 6.3, S. 112).

8.1.2.3 Purismus der Mathematik

Bei der Beschäftigung mit Mathematik und dem Lernen von Mathematik ist den interviewten Schülerinnen und Schülern der Purismus der Mathematik, der in ihrem Formalismus und ihrem logischen Aufbau steckt, persönlich relevant. Die damit einhergehende Sinnkonstruktion bezeichne ich entsprechend als *Purismus der Mathematik*. Es lassen sich drei verschiedene Bezugsrichtungen der Relevanz unterscheiden: Bestimmte mathematische Elemente und Eigenschaften der Mathematik können bedeutsam sein, da eine positive Einstellung zu ihnen besteht, oder sie den Verstehensprozess erleichtern. Zudem kann eine emotionale Bezogenheit auf die Mathematik vorliegen.

Zu den Eigenschaften der Mathematik, die für die Lernenden persönlich relevant sein können, gehören jeweils individuell bestimmte mathematische Teilgebiete oder Tätigkeiten (Yannick 267-272; Emma 121-122) wie etwa Geometrie oder das Zeichnen von Graphen. Diese werden mit positiven Beschreibungen bedacht, da damit einhergehende Erfahrungen von Erfolg und Glücksgefühlen geprägt sind. Andere als positiv eingestufte Eigenschaften der Mathematik sind zudem ihr strukturierter Aufbau, die Notwendigkeit, Logik beim Betreiben von Mathematik zu verwenden (Katharina 53-56) sowie der Formalismus und die mathematische Fachsprache (Sebastian 90-93). Beide Aspekte machen die klare Struktur der Mathematik und ihrer Tätigkeiten offensichtlich. Mathematik übt zudem auf einige Schülerinnen und Schüler eine Faszination aus, die sie emotional stark an die Mathematik bindet (Yannick 267-272; William 118-119). Die Emotionalität wird von den Lernenden konkreter benannt, wenn von der Schönheit der Mathematik etwa im Zusammenhang mit kurzen Beweisen oder Lösungsstrategien gesprochen wird (Inga 76-78). Bestimmte Eigenschaften der puristischen Mathematik sind also Grundlage dafür, dass der bzw. die Lernende eine nahezu schwärmerische Beziehung zu ihr aufbaut.

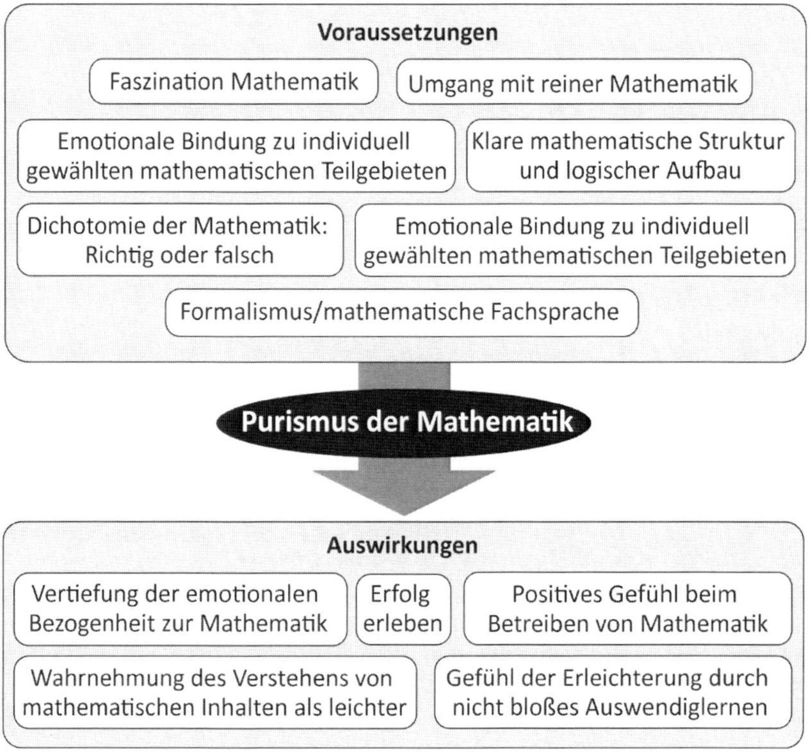

Abbildung 14: Kodierparadigma der Sinnkonstruktion *Purismus der Mathematik.*

Spezifische Eigenschaften der Mathematik haben die Fähigkeit, dass manchen Lernenden das Verstehen der Inhalte leichter fällt. Hierbei ist zunächst wichtig, dass Erklärungen rein innermathematisch bleiben und keine Bezüge zur Alltagswelt oder anderen kontextuellen Anwendungen herstellen. Diese sind für den Verstehensprozess dieser Schülerinnen und Schüler nicht notwendig und stören sie eher (Sebastian 109-113; Alban 327-330). Gerade dadurch, dass rein innermathematisch agiert wird, fällt den Lernenden das Verstehen leichter (Inga 151-164). Viele Schülerinnen und Schüler heben zudem hervor, dass das Verständnis von Mathematik insofern leicht sei, als dass nur eine geringe Anzahl von Formeln verstanden werden müsse, und der Schwerpunkt nicht im Auswendiglernen von Fakten bestehe (Lea 249-258; William 143-148). Auch die

Eigenschaft, dass es in der Mathematik lediglich richtig oder falsch gebe, wurde positiv hervorgehoben (Vladimir 111-112). Das Betreiben von Mathematik falle mit dem steigenden Verständnis von Inhalten zunehmend leicht (Lena 77-80).

Abbildung 14 (S. 147) veranschaulicht mögliche Voraussetzungen und Auswirkungen der Sinnkonstruktion *Purismus der Mathematik*, die im Zuge des axialen Kodierens erarbeitet wurden (vgl. Abschnitt 6.3, S. 112).

8.1.2.4 Selbstperfektionierung

Für die interviewten Schülerinnen und Schüler ist es bei der Beschäftigung mit Mathematik bzw. beim Lernen von Mathematik persönlich relevant, dass sie sich dabei selbst perfektionieren. Die damit einhergehende Sinnkonstruktion bezeichne ich als *Selbstperfektionierung*. Die Lernenden vervollkommnen sich, indem sie versuchen, ihre Leistung zu verbessern und ihren Charakter bzw. ihre persönlichen Eigenschaften weiterzuentwickeln. Sie steht in engem Zusammenhang mit der Entwicklungsaufgabe *Selbst* (vgl. Hericks & Spörlein, 2001 bzw. Havighurst, 1972 und Dreher & Dreher, 1985). Die Sinnkonstruktion beschreibt dabei den Prozess der Perfektionierung und nicht dessen Ergebnis.

Auf der einen Seite streben die Lernenden an, beim Lösen von mathematischen Aufgaben besser oder schneller zu werden (Karsten 172-175; Toby 179-180). Der Wettstreit zwischen den Mitschülerinnen und -schülern erleben sie dabei als Ansporn (Yannick 298-301; Toby 179-180). Auf der anderen Seite ist das Streben der Schülerinnen und Schüler auf eine Weiterentwicklung des eigenen Charakters bzw. ihrer persönlichen Eigenschaften gerichtet. Sie sind der Überzeugung, dass die Beschäftigung mit Mathematik ihre Fähigkeit logisch zu denken übe (Karsten 235-241; Vincent 192-194). Viel Übung durch das Bearbeiten zahlreicher Aufgaben mache dabei meisterlich und helfe, sich diesem Ziel zu nähern (Emma 142-145). Die letzten beiden Punkte weisen bereits ebenfalls in Richtung Leistungssteigerung.

Manche der Lernenden erleben Freude durch die kognitive Aktivität, die mit der Bearbeitung von besonders herausfordernden oder schwierigen Aufgaben einhergeht. Darüber hinaus hilft das Üben bei der Weiterentwicklung des Selbstvertrauens (Christine 218-221; Emma 98-100), da vormals schwierige Aufgaben als leichter empfunden werden. Zudem wird ein tiefes Verstehen der Inhalte angestrebt (Mona 144-146; William 177). Einige Schülerinnen und Schüler geben weiterhin an, für das Leben lernen zu wollen, indem sie die Wichtigkeit von Mathematik für das lebenslange Lernen thematisieren (Johanna 276-

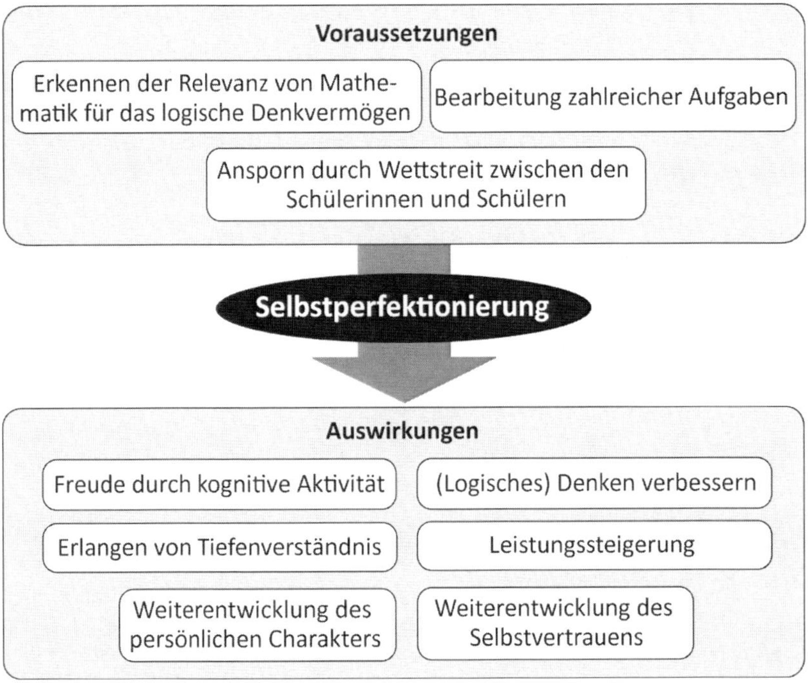

Abbildung 15: Kodierparadigma der Sinnkonstruktion *Selbstperfektionierung.*

281) oder konkrete Beispiele für die Notwendigkeit von Mathematik im späteren Leben angeben (Johanna 83-91).

Abbildung 15 (S. 149) veranschaulicht mögliche Voraussetzungen und Auswirkungen der Sinnkonstruktion *Selbstperfektionierung*, die im Zuge des axialen Kodierens erarbeitet wurden (vgl. Abschnitt 6.3, S. 112).

8.1.3 Prototypen: Johanna und Vincent

Für den Typus der *Kognitiven Selbstentwicklung* kamen jeweils zwei Personen pro Land in die engere Wahl: Johanna und Vladimir in Deutschland und Vincent und Camryn in Hongkong. Vladimir weist viele Eigenschaften auf, die ihn für diesen Typus interessant machen, lässt jedoch auch relevante Aspekte vermissen (etwa den Drang nach Selbstperfektionierung) bzw. zeigt sie nicht so stark ausgeprägt wie Johanna. Daher wurde Johanna ausgesucht. Vincent und Camryn aus Hongkong zeigen beide alle relevanten Aspekte und könnten als Prototypen beschrieben werden. Camryn ist eine Ausnahmeschülerin, da sie Mathematikerin an der Universität werden möchte. Vincents Einstellungen und Äußerungen lassen sich eher auf andere Schülerinnen und Schüler übertragen, so dass er im Folgenden dargestellt wird.

Johanna

Johanna ist Schülerin der 10. Klassenstufe des Theodor-Storm-Gymnasiums in Norddeutschland. Sie besucht den Mathematikunterricht von Frau Thomsen. Johanna ist eine sehr leistungsstarke Schülerin (166-178), die sich neue Inhalte problemlos selbst erschließt (82, 203-207) und bereits Gelerntes auf andere Situationen übertragen und dort anwenden kann (35). Sie empfindet den Mathematikunterricht als nicht sehr anspruchsvoll (127) und fühlt sich leicht im Unterricht unterfordert. Sie lässt ihn dann über sich ergehen und langweilt sich (179-180).

Gerade weil sie leistungsstark ist, ist es Johanna sehr wichtig, im Mathematikunterricht gefordert zu werden. Sie wünscht sich daher, selbst entscheiden zu können, welche Aufgaben sie aus einer Sammlung von Möglichkeiten bearbeiten möchte. Hätte sie die Wahl, würde sie sie sich für herausfordernde Aufgaben entscheiden (siehe auch 64-69, 71).

> [...] ich würde mich zum Beispiel freuen, also wenn wir wirklich auch mal Stunden hätten, wo man denn auch selbst was machen kann, also was vielleicht auch ein bisschen anspruchsvoller ist. Oder dass man einfach mal nen Zettel kriegt, je nach Interesse, so 'da gibt es Aufgaben, da kannst du dir welche besorgen', oder 'da und da gibt es irgendwas, was mit Mathe zu tun hat'. (130)

Zudem wünscht Johanna sich, dass im Unterricht schneller gearbeitet werde und mehr Inhalte behandelt werden (98). Außerdem beklagt Johanna sich darüber, dass in den letzten Jahren vermehrt auf leistungsschwache Schülerinnen und Schüler Rücksicht genommen werde, die Leistungsstarken jedoch nicht entsprechend gefördert würden.

> [...] ich find's ein bisschen schade, [...] wirklich also in den letzten Jahren ist auch immer mehr Rücksicht auf die genommen worden, die halt nicht so leistungsstark sind, aber dabei wird immer vergessen, dass es auch welche gibt, die wirklich Interesse an diesem Fach haben. Und es wird immer mehr auf ein Mittelmaß zusammengestampft [...]. (100)

Die von ihr als rückläufig wahrgenommene Förderung der leistungsstarken Schülerinnen und Schüler zeigt bei ihr starke negative Auswirkungen auf ihre Motivation, sich mit Mathematik zu beschäftigen (127). Die mangelnde Förderung und Unterstützung ihres Interesses sowie das langsame Fortkommen im Inhalt mündet bei Johanna schließlich in dem Verlust der Freude bei der Auseinandersetzung mit Mathematik und damit in einer Abwendung vom Fach.

> Ja doch, also in den letzten Jahren hatten wir auch viele Mathelehrer, die immer gewechselt worden sind und wenn ... ja, ist halt nicht so viel bei rum gekommen. Und ich find das eigentlich ziemlich schade, weil Mathe mir eigentlich ziemlich viel Spaß immer gemacht hat und das ist inzwischen eigentlich nicht mehr so der Fall. (102)

Dieses traurige Fazit zieht eine ehemals interessierte und noch immer sehr leistungsstarke, wenn auch unterforderte und gelangweilte Schülerin.

Johanna wirkt auf der anderen Seite begeistert, wenn sie von herausfordernden Situationen und Inhalten spricht. So löst sie gern die Weihnachtsaufgaben (212), also freiwillige Knobelaufgaben, die als Herausforderung über die Weihnachtsferien ausgegeben werden. Sie hat auch bereits an verschiedenen Mathematikwettbewerben teilgenommen, wie dem Känguruwettbewerb (130) und der Mathenacht (212-224), bei der sie sogar den ersten Platz erlangte (216). Sie beklagt sich jedoch darüber, dass eine Teilnahme an Wettbewerben eigentlich keinen mehr interessiere und es auch kaum Anerkennung dafür gebe.

> I: Und wer schlägt sich schon freiwillig ne ganze Nacht mit Mathe um die Ohren? (lacht)
>
> J: Ja, das kommt dann noch dazu. Zumal es halt auch nicht irgendwie ... es gibt denn halt nicht normal ja Glückwunsch, oder so. Es ist wirklich so, dass ... es weiß eigentlich keiner davon, der sich also nicht mit Mathe beschäftigt, dass es diese Mathenacht überhaupt an diesem Wochenende gibt, oder auch, dass sie stattfindet. Es wird hier eigentlich nicht mehr so populär gemacht, wie vor meinetwegen drei Jahren noch. Da wurde da ganz groß was draus gemacht. (221-222)

Ihr Wunsch nach Anerkennung ihrer mathematischen Leistungen wird also sowohl im Unterricht als auch bei außerunterrichtlichen Wettbewerben nicht (mehr) gewürdigt. Sie ist daher demotiviert und wendet sich enttäuscht vom Fach ab.

Johannas Interesse an Mathematik gründet sich in der kognitiven Herausforderung, die sie durch schwierige Aufgaben erfährt. Entsprechend mag sie auch Knobelaufgaben, die in einen scheinbar authentischen Kontext eingebunden sind:

> […] ich find das auch schon ganz amüsant, wenn denn mal so ne Aufgabe aus dem täglichen Leben wirklich drinne ist. Wenn wirklich da jetzt steht, so 'kleiner Paul hat drei Ein-Cent-Münzen und legt die nun alle in ein Dreieck zusammen. Und wie groß ist denn nun die Lücke, die er da gebaut hat?' (247)

Durch den Kontext wird sie animiert, den Problemlöseprozess aufzunehmen und verschiedene Wege auszuprobieren (247). Analog zu dieser Sequenz beschreibt sie herausfordernde Situationen im Mathematikunterricht, die für sie interessant sind:

> Wenn ich mich selbst hinsetzen muss und überlegen muss, wie ich das jetzt schaffe. Erst mal nachdenken, vielleicht irgendwas ganz Neues, wovon ich noch nichts gehört habe. Ja, überlegen kann, wofür brauche ich das vielleicht auch später. Und auch Zusammenhänge vielleicht auch zur Realität herstellen kann […]. (137)

Sie beschreibt Momente, in denen sie zum Denken herausgefordert wird und die mathematischen Zusammenhänge bzw. Lösungswege nicht offensichtlich sind, bzw. Situationen, in denen Bezüge zur Realität hergestellt werden können. Dabei scheint es ihr eher darum zu gehen, dass eine interessante Knobelaufgabe entsteht, als dass die Bezüge zu ihrer Lebenswelt authentisch sind. Bezüge zum täglichen Leben sind ihr nämlich, wie sie an der folgenden Stelle sagt, weniger wichtig und eher zur Veranschaulichung hilfreich:

> I: Wie wichtig ist dir so ne Beziehung zum täglichen Leben im Unterricht?
>
> J: Ja, also erst mal vielleicht zum Veranschaulichen, dass man da so nen Beispiel aus dem Leben nimmt. Ich mein, bei ner Pyramide, gut das kann man sich nun entweder vorstellen oder man weiß nicht, was das ist. Dass, dass man vielleicht sich erst mal so ein Bild machen kann und denn zum Rechnen nachher ist mir das eigentlich nachher erst mal relativ einerlei, so Übungsaufgaben. (246-247)

Johannas Wunsch nach kognitiver Herausforderung und der Bevorzugung der puristischen Mathematik geht eng einher mit ihren Assoziationen zum Wort *Mathematik*:

> Ja, Mathematik, ja halt hohe Mathematik, schwierige Berechnungen, interessant, … Vielleicht auch ein interessantes Studienfach, aber eher ein bisschen zäh vielleicht auch. Ja … Mathematik sonst? … Ja, sehr logisch … und nachvollziehbar. (124)

Als einzig negative Einschränkung beschreibt sie, dass Mathematik auch zäh sein kann. Es bleibt hier jedoch offen, worin sich dies begründet. Abgesehen davon wird auch an dieser Stelle wieder deutlich, dass für Johanna gerade die Herausforderung, die in der Mathematik steckt, für sie interessant ist. Zusätzlich wertet sie auch den logischen Aufbau der Mathematik und die darin begründete Nachvollziehbarkeit als positiv. Diese Aspekte nennt sie auch als Gründe, warum ihr Mathematik Spaß mache:

> Joa, weil ich einfach Spaß dran hab, irgendwas auszurechnen, weil man auch hinterher genau weiß, ist es richtig, ist es falsch, was hat man falsch gemacht. Also ich finde es ist nachvollziehbar, ... weil es alles logisch aufgebaut ist. (105)

Die Assoziationen zur Mathematik trennt sie klar von denen zum Wort *Mathematikunterricht*:

> Der Unterricht, das unterscheidet sich dann doch schon. Ist eher ... ja nicht so anspruchsvoll ... natürlich von Themen abhängig. ... Und ja ... Matheunterricht, ja manchmal ziemlich stockend, ... in den letzten Jahren auch nicht so positiv. (127)

Kaum wird also die Mathematik Gegenstand des Unterrichts, verliert Johanna das Interesse daran, da es ihr nicht anspruchsvoll genug ist und zu stockend voran geht.

Da Johanna später beruflich „gern was so Ingenieursmäßiges" (84) machen möchte und entsprechend davon ausgeht, dass Mathematik dort für sie eine zentrale Rolle spielen wird (86), steht für sie im Fokus, dass sie eine fundierte mathematische Grundbildung bekommt.

> I: Gibt es etwas, was du im Mathematikunterricht besonders wichtig findest?
>
> J: Ja, dass uns halt viel beigebracht wird, was wir halt auch später brauchen können, können müssen, worauf wir halt achten müssen, dass wir halt viel davon behalten. [...] für mich wär's schon wichtig, dass ich ne gute Grundlage hab. Und wenn die halt nicht gegeben ist, dann muss ich mir halt ein anderes Studienfach suchen und das würde ich natürlich sehr bedauern. (157-158)

Sie sieht also ihre mathematische Bildung, eine Form der Selbstperfektionierung, klar als Grundlage für einen erfolgreichen Berufseinstieg später bzw. als Grundlage für ihr bevorzugtes Studienfach (vgl. auch die Sinnkonstruktion *Berufsvoraussetzung*, Abschnitt 8.7.2.1, S. 223 bzw. den Sinnkonstruktionstypus *Erfüllung gesellschaftlich geprägter Anforderungen*, Abschnitt 8.7, S. 220). Da sie vor kurzer Zeit ein Berufspraktikum bei einem Bauunternehmer gemacht hat, kann sie sogar direkt Situationen beschreiben, in denen sie Inhalte des Mathematikunterrichts anwenden konnte.

> Und joa, da konnte ich mich damit halt auch endlich mal auseinandersetzten, also wirklich diese Formeln auch anwenden, so Sinus und Kosinus und halt auch Höhen berechnen ... schwierige Konstellationen halt von irgendwelchen Gebäuden ... und das fand ich eigentlich schon ganz interessant, weil man dadurch auch eigentlich auf diese irgendwie eher einfachen Form, die man halt in der Schule so behandelt,

> daraus dann halt ... immer so Teile zusammensetzten kann und ... das denn ... doch durchaus gebrauchen kann. (90)

Interessant an dieser Beschreibung ist, dass sie hier eine Möglichkeit erkennt, wie die im Unterricht behandelten einfachen Inhalte in reellen Kontexten dann komplexer werden und somit an Interesse bei ihr gewinnen können. Dennoch verneint sie eine persönliche Bedeutung des Unterrichtsthemas. Die Ablehnung scheint hier jedoch daran zu liegen, dass Johanna der Formulierung „persönliche Bedeutung" sehr großes Gewicht beimisst, es daher nicht so formulieren würde und daher die Frage danach dementsprechend verneint (107-112).

> Nö, ist halt eins von vielen Themen und ist ganz interessant, aber ... ne persönliche Bedeutung ... nö. Hab ich auch noch nie drüber nachgedacht, wenn ich ehrlich bin. (lacht) (114)

Bei Johanna wird insgesamt offenbar, welche Wichtigkeit Sinnkonstruktionen für den schulischen Lernprozess haben können. Für sie ist die kognitive Selbstentwicklung ganz besonders in Form von kognitiver Herausforderung beim Umgang mit Mathematik Voraussetzung dafür, dass ihr Mathematik Spaß macht und sie sich gern damit auseinandersetzt. Wird der Schulunterricht hingegen so gestaltet, dass sie sich unterfordert fühlt, wendet sie sich vom Unterricht ab und verliert ihr Interesse und ihre Motivation. Hier wird also deutlich, dass die fehlende Realisierbarkeit der gewünschten Sinnkonstruktion zu einer Abwendung vom Fach führen kann.

Vincent

Vincent ist Schüler im Mathematikunterricht von Ms Ting am Hongkonger St. Joseph's College. Er besucht die leistungsstärkste Klasse des Jahrgangs[27] und beschreibt, dass die Inhalte des Mathematikunterrichts zum Teil etwas zu einfach für ihn und seine Klassenkameradinnen und -kameraden seien (19). Vincent hat eine sehr positive Einstellung zu Mathematik und zum Mathematikunterricht (107-110). Trotzdem antwortet er auf die Frage, warum er Mathematik lerne, dass er es tue, weil es von ihm erwartet werde. Vincent erfüllt damit Anforderungen, die von der Gesellschaft an ihn gestellt werden (vgl. auch den Sinnkonstruktionstyp *Erfüllung gesellschaftlich geprägter Anforderungen*, Abschnitt 8.7, S. 220, bzw. die Sinnkonstruktionen *Pflichterfüllung*, Abschnitt 8.7.2.2, S. 224 und *Positive Außenwirkung*, Abschnitt 8.7.2.3, S. 225):

[27] Am St. Joseph's College werden die Parallelklassen eines Jahrgangs nach Leistungsstärke gebildet. Vincent besucht die Klasse der 40 besten Schülerinnen und Schüler seiner Altersstufe.

> Why you learn? Because I am forced to do so. (laughs) ... Because in our society, mathematics considered very important elements. It can train people logic, logical thinking and something like that. (192)

Darüber hinaus beschreibt Vincent hier eine Einstellung, die in Hongkong weit verbreitet zu sein scheint: die Annahme eines engen Zusammenhangs zwischen Mathematik und der Fähigkeit, logisch denken zu können. Damit einhergehend ist es für ihn entsprechend wichtig, gute Leistungen in Mathematik zu erbringen. Erfolge in sprachlichen Fächern zeigten hingegen nur, dass man eine emotionale Person sei. Leistungsstärke in Mathematik auf der anderen Seite mache einen zum schnell denkenden, klugen (194) und analytischen Menschen:

> If you can't get a good grade in mathematics that means you are not a smart person. Even though you can get *A* in English or Chinese, they are just language. They just think 'Oh, you have a very emotion person but you are not a smart person, you cannot analyse things of very ... in a sensitive way, sensible way'. (192)

Sehr gute Leistungen im Mathematikunterricht ergeben entsprechend auch eine positive Außenwirkung und eröffnen Zukunftschancen, die sich sonst nicht so leicht ergeben würden (etwa ein leichterer Zugang zum College) (194). Sie sind daher für Vincent sehr erstrebenswert und legen die Grundlage für seinen Drang nach Selbstperfektionierung und kognitiver Selbstentwicklung.

Aufgrund der engen Verknüpfung zwischen Mathematik und dem eigenen Denkvermögen ist Vincents Erklärung, dass Mathematik nicht gelernt werde, um im Leben angewendet zu werden, sonder um das Denken zu trainieren, einfach nachzuvollziehen:

> [...] learning is important, learning mathematics is important but they [students from Hong Kong, MV] don't think mathematics can help them in their daily life ... they only think that mathematics can train them their brain and not have [...] their daily life. (25)

Entsprechend ist es Vincent auch nicht wichtig, dass Realitätsbezüge im Mathematikunterricht thematisiert werden (239-240). Sehr viel wichtiger ist es ihm, sein Ziel zu erreichen, ein A im HKCEE[28], also die bestmögliche Note zu erlangen.

> Then we'll be very happy because everyone know ... mathematics in Hong Kong is ... get a high standard and if we can get A that means we are already very good, very good in mathematics. (155)

[28] HKCEE steht für *Hong Kong Certificate of Education Examination* (vgl. Abschnitt 3.3, S. 80).

Entsprechend strengt Vincent sich sehr an und arbeitet hart dafür, gute Leistungen zu erbringen (124).

Die Konkurrenz und der Wettstreit unter den Klassenkameradinnen und -kameraden sind sehr ausgeprägt. Vincent fasst diesen Zustand treffend und kurz zusammen: "Competition is quite ... vigorous[29]" (149). Er beschreibt als Illustration zum einen die Situation, dass die Schülerinnen und Schüler sofort, wenn sie Testhefte zurück bekommen, ihre Noten untereinander vergleichen (25). Auf der anderen Seite charakterisiert er durch den klasseninternen Wettstreit auch den Druck und Zwang, dass die Lernenden eigene Lösungsansätze entwickeln müssen, um aus der Masse herauszustechen.

> [...] we all do the same thing. If you are not better than the other people and then the other people will have get a high mark, higher marks than you and you feel like you are a looser and you ... and the Hong Kong students don't want to be a looser and they go, they work harder, work harder, work harder. Just like this. It's a pushing force. (145)

Für Vincent ist dies so wichtig, dass er zwar zunächst die Lösungswege seiner Lehrerin nachvollzieht (143), dann jedoch eigene Wege entwickelt, die sogar besser als die seiner Lehrerin sind. Dann ist er mit sich zufrieden:

> Pleased with myself? When I, I would say when I get high marks. When I can solve the questions ... have a perfect solution. Maybe my solution is better than the teacher's. Ya, I've generally solutions that's better than my teacher's and I am very happy. (139)

Eine Lösung ist für Vincent dann perfekt, wenn sie kürzer oder schneller ist als die von der Lehrperson vorgeschlagene (141). Dieser Eifer und Drang nach Selbstperfektionierung scheint eine für Hongkong typische Form einer starken Orientierung auf Schulleistung der Lernenden zu sein. Der Wettstreit unter den Schülerinnen und Schülern liefert einen Grundbaustein dafür.

In dieser Leistungsorientierung kann auch mit begründet sein, dass Vincent einfachere Aufgaben, d. h. Aufgaben vom selben Typ, die zum Einschleifen der Lösungsansätze erarbeitet werden, langweilig findet:

> Oh if it's too easy I'll just do it very fast and just like a copying machine is not fun at all because you're just copying, copying, copying the same equation for the thousandth times, for a hundred times. (118)

---

[29] Engl. *vigorous* kann übersetzt werden mit *energisch, kraftvoll, lebhaft* oder *stark*. Da Vincents Aussprache klar ist, kann eine Verwechslung mit dem inhaltlich ebenfalls passenden *rigorous* ausgeschlossen werden.

Schwierige Aufgaben hingegen machen ihm großen Spaß, da er sich zum Denken herausgefordert fühlt, darin Freude findet und sich die Möglichkeit bietet, mit seinen Freunden, die ebenfalls leistungsstark sind, zusammenzuarbeiten.

> [...] if it's hard, I can think about it and through the thinking process I can find the fun, where is the fun. Thinking is like fun. When we see some hard question, other people, I mean, say, four or five people, people who are good at mathematics like me and ... Vince and Ian, we'll sit together and then discuss about that and ... and that is fun because we are thinking a lot of different solutions and we'll see if it work or if not so what, how can we deal with it. (114)

Vincent macht dies besonders Spaß, da die kreative Gruppenarbeit und gemeinsame Diskussionen oftmals mehrere verschiedene Lösungsansätze hervorbringen. Besonders wichtig ist dies, wenn gemeinsam Probleme gelöst werden, die zunächst scheinbar nicht lösbar waren:

> But then if it's hard you can think about that, you have to observe it very carefully. You see whether there is some solution, there is something that you didn't think about that. And if someone gives you a clue, say 'This side is equal to this side', and then you think about that 'Oh, these two angles are equal then'. Use something, so [where/while] we're discussing, we have something, we find something new. And 'Wow, Ms Ting wanted to prove that equation' or just like Pythagoras' theorem, we have to prove that, we'll generally something and then, if it is not working, and we will think about it again. It can help us to communicate with our friends and make the friendship more deeper. (118)

Vincent strebt nicht eine alleinige Auseinandersetzung mit den Inhalten an, so dass er allein auf die Lösungen kommt. Die soziale Einbindung in die Gruppe der Schülerinnen und Schüler ist ihm sehr wichtig und er schätzt besonders die Möglichkeit der gemeinsamen Diskussion von Lösungswegen (184, 248; vgl. Sinnkonstruktion *Soziale Eingebundenheit erleben*, Abschnitt 8.4.2.3, S. 187).

Vincent hat zudem jedoch noch eine ganz besondere Beziehung zu herausfordernden Aufgaben. Er begibt sich manchmal so intensiv in die Lösung, dass er die Welt um sich herum vergisst und Flow erlebt (vgl. Csikszentmihalyi, 1987).

> While you are doing mathematics you just like, you are ... your mind is falling to it. You don't even notice there is somebody around, ya, while you are doing mathematics. (129)

Eine solche Auseinandersetzung mit besonders herausfordernden Aufgaben macht Vincent Spaß (128-129).

8.2 Anwendungsrelevanz

Im folgenden Abschnitt wird der Sinnkonstruktionstyp *Anwendungsrelevanz* zunächst mit der ihm zugrunde liegenden Sinnkonstruktion in Zusammenhang gebracht und in der Typologie verortet (vgl. Abbildung 10 und Abbildung 11, S. 133 bzw. 137). Anschließend wird der hier vorgestellte Typus von anderen, ihm in der Typologie benachbarten Typen abgegrenzt. Abschnitt 8.1.2 (S. 142) beschreibt dann ausführlicher die zugrunde liegende Sinnkonstruktion unter Rückgriff auf die empirischen Daten und liefert eine Illustration anhand von Prototypen.

8.2.1 Charakterisierung und Abgrenzung des Typus

Der Sinnkonstruktionstyp *Anwendungsrelevanz* gründet sich auf die Sinnkonstruktion Anwendung im Leben (vgl. Abschnitt 8.2.2.1, S. 159). Er beschreibt primär die Anwendungsmöglichkeiten von Mathematik bzw. im Leben der Schülerinnen und Schüler oder Situationen, in denen Mathematik als Werkzeug genutzt werden kann, und die Welt zu erklären.

Die Sinnkonstruktion *Anwendung im Leben* verknüpft die innermathematische Welt mit der Lebenswelt der Lernenden. Die Lernenden beschreiben Situationen, in denen sie Mathematik in ihrem Leben angewendet haben, und die Rolle der Anwendung von Mathematik in ihrem Leben. Es geht ihnen also nicht direkt um die Auseinandersetzung mit der Mathematik selbst, sondern um die Verbindung von Mathematik mit der eigenen Lebenswelt. Es zeigt sich also eine mittlere Mathematikbezogenheit zusammen mit einer hohen Individuumsbezogenheit, so dass ich die Sinnkonstruktion *Anwendung im Leben* im Feld der Gruppe 6 verorte (vgl. Abbildung 9, S. 133).

Obgleich mehrere Sinnkonstruktionen im Feld der Gruppe 6 verortet wurden, ist allein die *Anwendung im Leben* Grundlage dieses Typus. Dies liegt an der inhaltlichen Differenz der verschiedenen Sinnkonstruktionen. Die Sinnkonstruktionen *Kompetenz erleben* und *Zensuren* richten sich primär an das positive Gefühl, welches sich einstellt, wenn die Lernenden sich selbst als kompetent bzw. erfolgreich erleben, d. h. positive Ergebnisse ihrer eigenen Leistung erfahren (vgl. Abschnitt 8.1, S. 140). Bei der Sinnkonstruktion *Selbstperfektionierung* steht die kognitive Selbstentwicklung im Vordergrund, so dass sie in den gleichnamigen Typus mit eingeht (vgl. Abschnitt 8.1, S. 140). Die Mathematik wird also bei den Sinnkonstruktionen im Feld der Gruppe 6 auf drei sehr unterschiedliche Weisen verwendet: zur Erklärung und Beschreibung von Situationen aus dem Leben der Schülerinnen und Schüler, zum Erleben von positiven

Gefühlen die mit der eigenen Leistung und Kompetenz einher gehen und zur weiteren kognitiven Entwicklung. Auf diese Weise kommt es zur beschriebenen Auffächerung in drei verschiedene Sinnkonstruktionstypen.

8.2.2 Zugrunde liegende Sinnkonstruktion

Im folgenden Abschnitt wird die Sinnkonstruktion *Anwendung im Leben*, die dem Sinnkonstruktionstyp *Anwendungsrelevanz* zugrunde liegt, ausführlicher dargestellt. Dabei wird konkreter auf die Ausgestaltung der Sinnkonstruktion eingegangen. Sie wird anhand von Verweisen auf Transkriptausschnitte aus Deutschland und Hongkong illustriert, deren zugehörige Textstellen im Zusatzmaterial zu diesem Buch eingesehen werden können, das im Internet über die URL http://www.vieweg-teubner.de/ zugänglich ist. Die Beschreibung endet mit einer grafischen Zusammenfassung der für die Sinnkonstruktion wichtigen Voraussetzungen und Auswirkungen und stellt damit eine Verbindung zum Schritt des axialen Kodierens bei der Datenauswertung her.

8.2.2.1 Anwendung im Leben

Für die interviewten Schülerinnen und Schüler ist eine (potentielle) Anwendbarkeit von Mathematik in unterschiedlichen Lebensbereichen, beim Lernen von Mathematik und bei der eigenen Auseinandersetzung mit Mathematik persönlich relevant. Die Sinnkonstruktion *Anwendung im Leben* stellt also einen Bezug zwischen der Theorie der Mathematik und der außermathematischen Welt her. Die persönliche Relevanz lässt sich dabei auf verschiedenen Ebenen erkennen: in der Reflexion eines Allgemeinbildungsgedankens, in einer direkten Anwendung im eigenen Leben der Schülerinnen und Schüler sowie in der Herstellung einer Verknüpfung zu ihrem Lernprozess.

Manche Schülerinnen und Schüler messen der Mathematik eine grundlegende Bedeutung für die Gesellschaft bei (Inga 202-205; Barry 160-162) und vertreten die Auffassung, dass ohne die Mathematik eine Teilnahme am Leben nur eingeschränkt möglich sei. Die Mathematik sei somit für jeden Menschen notwendig (Mirko 102-103; Marcus 201-208), und insbesondere Voraussetzung, um ein mündiger Bürger bzw. eine mündige Bürgerin (Mirko 102-103; Marcus 201-208) zu sein oder zu werden.

Neben diesem wenig konkreten Allgemeinbildungsgedanken verknüpfen nahezu alle interviewten Schülerinnen und Schüler die Mathematik mit ihrer realen Umwelt (Yannick 146-147). Sie können Beispiele aus dem Leben an-

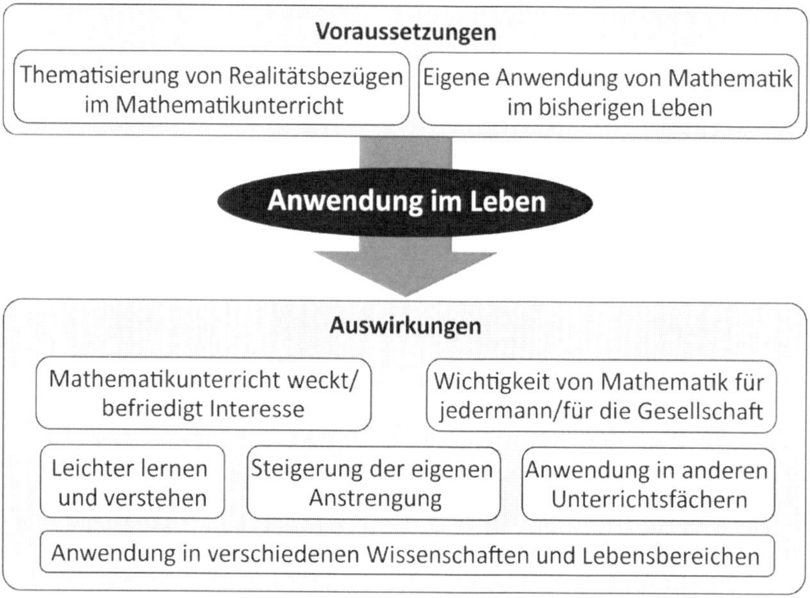

Abbildung 16: Kodierparadigma der Sinnkonstruktion *Anwendung im Leben.*

geben, in denen sie Mathematik angewendet haben (Mirko 78-84; William 349-352). Dabei gehen jedoch nur wenige Beispiele über das Einkaufen hinaus (Karsten 137-141). Viele Schülerinnen und Schüler sind entsprechend auch der Überzeugung, dass lediglich die Grundrechenarten und einige weitere, wenig darüber hinaus gehende basale mathematische Fähigkeiten (z. B. Prozentrechnung) tatsächlich im Leben angewendet werden (Ayla 81-86; Vincent 227-230). Es gibt jedoch auch Schülerinnen und Schüler, die Mathematik darüber hinaus auch in anderen Lebensbereichen (Lea 183-186; Barry 160-162) oder in Wissenschaften (Inga 202-205; Marcus 201-108) erkennen und dies zum Teil mit Beispielen belegen können. Besonders häufig wird eine Beziehung zwischen Mathematik und bestimmten Berufen thematisiert (vgl. dazu auch die Sinnkonstruktion *Berufsvoraussetzung*, Abschnitt 8.7.2.1, S. 223). Auf das Schulleben bezogen spielt die Mathematik für sie eine interdisziplinäre Rolle für andere, meist naturwissenschaftliche Unterrichtsfächer (Lea 70-79; Mack 67-68). Einige Schülerinnen und Schüler gaben sogar an, dass Mathematik überall sei (Sandra 215-216; Camryn 237-238). Losgelöst von dieser Position wird zudem eine mögliche

Anwendbarkeit von Mathematik im Leben als Legitimationsgrundlage für die Behandlung der entsprechenden Inhalte in der Schule gewertet (Ayla 81-86; Janice 41-42, Marcus 22-26).Die letzte Ebene der persönlichen Relevanz der Anwendungen bezieht sich auf den Lernprozess der Schülerinnen und Schüler. Eine Verknüpfung mit Anwendungsbeispielen mache das Lernen und Verstehen der Inhalte leichter (Lea 119-130; Emma 135-140) und wecke persönliches Interesse (Lea 119-130; Danny 102-104). Dadurch angespornt würden sie sich mit den Inhalten vertieft auseinandersetzen. Die Aufgaben seien darüber hinaus durch einen Anwendungsbezug nicht so künstlich wie Aufgaben ohne einen solchen Bezug zum realen Leben (Tobias 232-248; Arnie 88). Manche Lernende gaben weiterhin an, dass sie sich mehr anstrengen würden, wenn eine Aufgabe einen Anwendungsbezug habe (Christine 184-187; Toby 206-210).

Abbildung 16 (S. 160) veranschaulicht mögliche Voraussetzungen und Auswirkungen der Sinnkonstruktion *Anwendung im Leben*, die im Zuge des axialen Kodierens erarbeitet wurden (vgl. Abschnitt 6.3, S. 112).

8.2.3 Prototypen: Lea und William

William ist derjenige Schüler aus Hongkong, der die meisten und kreativsten Anwendungsmöglichkeiten von Mathematik im Leben nennt und damit eindeutig als Prototyp für den Sinnkonstruktionstyp *Anwendungsrelevanz* hervortritt. Bei den deutschen Interviewten kamen zwei Personen infrage, die sehr unterschiedliche Voraussetzungen für die Sinnkonstruktion *Anwendung im Leben* mitbringen. Auf der einen Seite ist es Yannick: ein Schüler, der seine Leistungsfähigkeit in den letzten Monaten stark verbessert hat. Er weist der Anwendung von Mathematik eine zentrale Rolle für die Allgemeinbildung zu, findet verschiedene Beispiele für Anwendungen von Mathematik in seinem Leben und schreibt der Anwendungsmöglichkeit eine unterstützende Funktion für den Lernprozess zu. Damit weist er alle notwendigen Aspekte auf, um als Prototyp charakterisiert zu werden (vgl. Abschnitte 8.2.1 und 8.2.2, S. 158 bzw. 159). Da Yannick William recht ähnlich ist, charakterisiere ich jedoch Lea an seiner Stelle als zweiten Prototypen, weil sie eine andere Facette mit einbringt. Lea ist eine Schülerin, für die Anwendungsmöglichkeiten von Mathematik eine Motivation darstellen, sich weiter mit den Inhalten auseinanderzusetzen. Dabei ist ihr der Aufgabenkontext sehr wichtig. Die Realitätsnähe von Mathematik ist Grundlage für die Genese bzw. die Aktualisierung ihres Interesses an Mathematik und stellt damit für sie ein Potenzial für ihre Leistungsbesserung dar.

Lea

Lea besucht den Mathematikunterricht von Herrn Schmidt in der 10. Klasse des Theodor-Storm-Gymnasiums in Norddeutschland. Sie versucht zurzeit des Interviews, ihren Notendurchschnitt zu verbessern, da sie das folgende Schuljahr in England verbringen möchte und dafür einen Zensurendurchschnitt von höchstens 2,0 anstrebt.

Grundsätzlich mag Lea Mathematik nicht sehr, sodass auch Mathematikunterricht keines ihrer Lieblingsfächer ist. Sie sagt: „Ich finde es nicht so hochinteressant, finde es bisschen trocken mit den ganzen Zahlen immer" (266). Entsprechend mag sie es „überhaupt nicht" (130), wenn nur mit Formeln umgegangen wird. Sie fragt sich stattdessen wiederholt, wozu die im Unterricht behandelten Inhalte gebraucht werden:

> Ich meine, [dass man immer fragt], 'wozu braucht man es denn eigentlich'. Man versteht es nicht und dann denkt man nur so ... 'ach hör doch auf, (I. lacht) was soll ich denn damit?' Das brauche ich sowieso nur für die nächste Arbeit und fertig. (130)

Lea ist auf der Suche nach einem Nutzen von Mathematik und den im Unterricht behandelten Inhalten. Versteht sie die innermathematisch präsentierten Inhalte nicht, wendet sie sich frustriert von ihrer präferierten Sinnkonstruktion *Anwendung im Leben* ab und konstruiert stattdessen einen Hilfssinn mit der Sinnkonstruktion *Prüfungen* („Das brauche ich sowieso nur für die nächste Arbeit und fertig."). Dadurch findet sie zwar keinen Nutzen für ihr außerschulisches Leben, jedoch einen für ihre Rolle als Schülerin: die bessere Chance, die kommende Klassenarbeit zu bestehen und damit die eigenen Zensuren positiv zu beeinflussen.

Die Suche nach dem Sinn in Form von einem Nutzen der Mathematik durch Anwendung im Leben ist für Lea dominant. Ihr Interesse an den Aufgaben des Unterrichts hängen eng zusammen mit dem Kontext, in dem sie gestellt sind. Es ist Lea sehr wichtig, dass diese Kontexte authentisch sind und einen tatsächlichen Bezug zu einem Lebensbereich haben. Sie stellt fest:

> [...] nicht so diese aus der vierten Klasse, diese Textaufgaben von wegen 'Fritzchen geht einkaufen' und so ... so was ja nicht gerade, aber so was wie gesagt mit dieser Halbwertzeit und so. (290)

Oberflächlich eingekleidete Aufgaben, die offensichtlich konstruiert sind und nicht aus einer realen Situation entstehen, reizen Lea nicht, sich weiter mit den Inhalten auseinanderzusetzen. Es genügt ihr jedoch bereits, dass die im Mathematikunterricht behandelten Inhalte in anderen Unterrichtsfächern, etwa der Physik, wieder thematisiert werden. Dies ist der Fall bei der Halbwertzeit, welche in der letzten von ihr besuchten Mathematikstunde behandelt wurde und etwa zeitgleich auch Thema im Physikunterricht war.

Geht es um eine direkte Anwendung von Mathematik in Leas Leben, beschränken sich ihre Beispiele lediglich auf den Umgang mit Geld in Form von Berechnungen beim Shoppen, Einkaufen oder für das Taschengeld (148, 186). Dabei wendet sie ausschließlich Grundrechenarten an, denn mehr brauche sie im normalen Leben nicht (150). Beispiele für eine Anwendung von Mathematik in ihrem Leben, die über die beschriebenen Situationen hinausgehen, gibt Lea nicht.

Die Relevanz des Kontextes offenbart sich deutlich in Leas Einstellung zu verschiedenen mathematischen Inhalten, die im Verlauf des Interviews angesprochen werden. Die Frage nach dem Nutzen von Mathematik ist dabei jedes Mal zentral. Leas Beispiel für mathematische Inhalte, die für sie keinerlei Bezug zum Alltagsleben aufweisen, ist die Sinuskurve (152).

> Wofür man Mathe braucht, also diese Sinuskurve habe ich auch sehr oft gefragt in letzter Zeit ... während des Lernens, das habe ich leider immer noch nicht rausgefunden, das konnte mir bisher auch keiner beantworten. (186)

Es scheint ihr der authentische Kontext zu fehlen, um ihre gewünschte Sinnkonstruktion vorzunehmen.

Schließlich spricht Lea mehrfach über zwei Aufgaben zu Exponentialfunktionen: eine Aufgabe zur Berechnung des Gewichts von Wassermelonen und eine Aufgabe zur Berechnung von Halbwertzeiten verschiedener radioaktiver Stoffe. Sie bewertet die beiden Kontexte, in die die Aufgaben eingebettet sind, unterschiedlich:

> Und so Exponentialgleichungen halt ... ja, man muss bei manchen Sachen schon den Wachstum ausrechnen, wo man nicht so grob schätzen, sondern schon wirklich ... wenn es solche Sachen wie Wassermelonen sind, dann kann man es natürlich nicht einordnen, aber ... jetzt mit der Halbwertszeit ... von diesen radioaktiven Stoffen braucht man natürlich auf jeden Fall, da muss man auch genau rechnen. Für so was kann man es gut gebrauchen. (186)

Die Wassermelonenaufgabe beschreibt sie als „so eine reine ... etwas eigentlich sinnlose Textaufgabe" (75). Der Kontext scheint ihr zu konstruiert zu sein: „Ich setze mich nicht zu Hause hin und rechne das aus, wie lange meine Wassermelone noch braucht, um zu wachsen" (146). Dies würde sie nicht einmal dann interessieren, wenn sie botanisch interessiert wäre (148). Die Berechnung der Halbwertzeit hingegen findet sie insofern interessant, als dass sie diese Fähigkeit im Physikunterricht anwenden kann (77-79) und daher einen Nutzen darin erkennt: „Und ich fand die Aufgabe irgendwie interessant, auch halt weil jetzt der kleine Physikeinfluss. Dann weiß man auch wofür das gut ist“ (122). Auch spricht sie der Halbwertzeitberechnung einen Nutzen zu, da diese Fähigkeit später beruflich von Atomphysikerinnen oder -physikern genutzt werde:

> [...] so was mit der Halbwertzeit, finde ich, braucht man später, wenn man zum Beispiel Atomphysiker werden will oder so, wenn man sich das dann ausrechnet. So was ist dann wieder sinnvoll. So was braucht man dann auch noch mal. (126)

Eine ähnliche Argumentation führt sie jedoch für Berufe aus der Pflanzenzucht nicht an. Sie selbst wird – ihrer Einschätzung nach – spezielle Mathematik in ihrem Berufsleben später eher wenig gebrauchen (133).

Da der Kontext einer Mathematikaufgabe für Lea eine wichtige Rolle spielt, ist es ist kaum verwunderlich, dass Lea Modellierungsaufgaben wie die Regenwaldaufgabe[30] (Leiß, Möller & Schukajlow, 2006, S. 89) „sehr interessant“ (294) findet:

> Die finde ich echt interessant, weil davon hat man irgendwie auch was ... weil das behält man auch im Gedächtnis finde ich. Und Wassermelonen behalte ich nicht im Gedächtnis, wie viel die in sechs Tagen wachsen. Das ist mir völlig egal. Aber so was interessiert einen ja auch, so wird es auch interessanter ... und so was ja, macht vielen Schülern, denke ich mal, auch mehr Spaß. (294)

Modellierungsaufgaben findet Lea interessanter, „als wenn man einfach nur vier Zahlen hingeknallt kriegt und in welchem Bezug sie zueinander“ (298) stehen.[31]

---

[30] Die Regenwaldaufgabe stammt aus dem Projekt DISUM (Didaktische Interventionsformen für einen selbstständigkeitsorientierten aufgabengesteuerten Unterricht am Beispiel Mathematik; nähere Informationen unter http://www.mathematik.uni-kassel.de/~disum/home/home.php). Sie wurde von der Interviewerin als Beispiel einer Aufgabe mit einem lebensweltlichen Bezug im Interview genannt. Dominik Leiß, Viktoria Möller und Stanislaw Schukajlow (2006, S. 89) formulieren die Aufgabe folgendermaßen: „Da täglich etwa 700 Quadratkilometer Regenwald abgeholzt werden und jeder Deutsche im Durchschnitt 130 Liter Bier im Jahr trinkt, hat sich eine Bierbrauerei die im Folgenden beschriebene 'Regenwald-Aktion' ausgedacht: ‚Die Regenwald-Aktion läuft vom 01. 05. bis 31. 07. 2002. In diesem Zeitraum wird für jeden verkauften Kasten Bier unserer Brauerei ein Quadratkilometer Regenwald in Afrika nachhaltig geschützt.‘ Wie ist die Wirkung dieser Aktioin [sic] in Bezug auf die Regenwald-Abholzung einzuschätzen? Begründe deine Antwort.“

[31] Zur Rolle von mathematischen Modellierungsaufgaben bei der Sinnkonstruktion von Schülerinnen und Schülern siehe die Arbeit von Katrin Vorhölter (2009).

Lea helfen authentisch eingebettete Aufgaben mit einem Bezug zur Realität beim Verstehen der Inhalte; bei rein innermathematischen Inhalten tut sie sich schwerer (127-128). Auch stellt sie sich dabei wieder die Sinnfrage:

> Also ich finde es schon ziemlich wichtig, dass es einen Bezug zur Realität hat zur richtigen, weil ... sonst kommt es mir halt irgendwie ein bisschen sinnlos vor. Und wenn dann da irgendwie gesagt wird, 'das ist doch bei der und der, weil es bei anderen mathematischen Sachen auch so', dann verstehe ich das auch nicht so gut, weil man das dann nicht mehr so gut im Kopf hat vielleicht. Und diese Sachen begegnen einem im täglichen Leben, also die normalen und wenn man sich darauf bezieht, dann ist es auch verständlicher ... auf jeden Fall. (155)

Diese „hochlogischen Sachen" (157) der puristischen Mathematik bereiten ihr Schwierigkeiten. Aufgaben mit einem Realitätsbezug fallen ihr leichter (288).

Den Mathematikunterricht für Lea interessanter zu machen hieße, geeignete Anschauungen in der Welt finden. Dies gestaltet sich jedoch nach Leas Auffassung als schwierig:

> L: [...] Mathe ... kann man auch irgendwie keinen ... Anschauungsunterricht daraus machen im Freien wie bei andern Fächern.
>
> I: Und das geht mit Mathe nicht, oder?
>
> L: Nee, keine Ahnung, Bio kann man rausgehen und sich die ... meinetwegen einen Fluss angucken, was da so lebt, aber in Mathe nicht so wirklich, weil es das ja wirklich nicht in der Realität richtig gibt. (286-288)

Einen direkten Bezug zwischen Mathematik und der Realität verneint Lea also.

Lea zeigt insgesamt eine sehr ausdifferenzierte Einstellung zum Kontext einer Aufgabe. Diese hat starken Einfluss darauf, wie leicht oder schwer ihr eine Aufgabe fällt, und ob sie einen Nutzen und damit einen Sinn in dieser Aufgabe und dem sie umgebenden Themengebiet sieht. Kann Lea einen solchen Nutzen erkennen, betitelt sie die Aufgabe als sinnvoll (125-126), anderenfalls als sinnlos (75, 124, 155).

William

William ist Schüler der 9. Klassenstufe des St. Joseph's College in Hongkong. Er besucht den Mathematikunterricht bei Ms Ting. William mag Mathematik sehr gern (15) und empfindet im Mathematikunterricht Freude (187). Er ist sehr wissbegierig und wünscht sich, dass seine Lehrerin schneller nach dem Klingelzeichen zum Unterricht kommt und möglichst viele Inhalte unterrichtet (187).

Das Interview mit William zeichnet sich dadurch aus, dass er beim Antworten lange überlegt und dementsprechend vielfältige Antworten auf die Fragen liefert. Das Interview dauerte insgesamt 105 Minuten; alle anderen Interviews lagen etwa zwischen 30 und 45 Minuten. Ungewöhnlich knapp antwortet er jedoch auf die Frage, ob es zwischen Mathematik und dem täglichen Leben einen Zusammenhang gebe, allein mit einem "certainly" (325). Auf Nachfrage liefert er ausführliche Erklärungen, in denen Mathematik im Leben thematisiert wird. William gibt insgesamt sehr viele Beispiele für eine mögliche Verbindung zwischen Mathematik und dem Leben. Er zählt dabei viele der Beispiele lediglich auf, so dass eine wörtliche Wiedergabe hier nicht notwendig scheint, zumal diese einen angemessenen Umfang sprengen würden. Die meisten Angaben werden daher lediglich per Transkriptionszeile zitiert und können im Zusatzmaterial zu diesem Buch eingesehen werden, das im Internet über die URL http://www.vieweg-teubner.de/ zugänglich ist. Besonders prägnante oder zusammenfassende Stellen zitiere ich hingegen wörtlich. Insgesamt lassen sich seine Beispiele in verschiedene Gruppen unterteilen:

Umgang mit Geld: Wie alle Interviewten nennt auch William als Beispiel für eine Anwendung von Mathematik im Leben den Umgang mit Geld beim Einkaufen (327). Er geht jedoch über die bloße Nennung hinaus, indem er die Preisanzeigen der Scannerkassen (125), das Nachkontrollieren der Einkaufsquittungen und Kassenzettel sowie das Lösen eines Fahrscheins im öffentlichen Personennahverkehr thematisiert (125-127, 278, 300, 327).

Zeit: Die Zeit ist für William ein sehr wichtiger Bereich, der im Leben mit Mathematik zu tun hat. Genaue Zeitbegrenzungen spielen eine Rolle, wenn er berechnet, wie lange er schlafen kann (129), bei Prüfungen und beim Kochen (321) sowie bei der Erstellung eines Lernplans für die nächste wichtige Abschlussprüfung (352). Hinzu kommen Termine und Zeiten bzw. die Reisezeit mit dem Bus zum gewünschten Ziel (327). Auf einer anderen Ebene beschreibt William Geschichte als Zeitentwicklung (327). Zusammenfassend stellt er schließlich fest: "In my mind I think I usually use all mathematics and because of time. Yeah, so it's ... related to daily life, mathematics" (327).

Berufsleben: Ein weiterer großer Bereich, den William mit Mathematik in Verbindung bringt, ist die Berufswelt ("business"). Er möchte entweder Geschäftsmann oder Rechtsanwalt werden (358). Besonders in der Wirtschaft spiele Mathematik eine sehr wichtige Rolle (129): "everything is about mathematics" (358). Grundsätzlich sind Zahlen aus dem Berufsleben wichtig für das Leben:

> Everything about my numbers in ... for example price, jobs, is quite important in life because you need to know ... your boss need to know how long did you have work and you know the how much ... I can pay you. So it's important. (321)

Außerdem werden dort Produkte und Preise kalkuliert (321), zum Teil seien auch Statistiken und Graphen (321) wichtig. Die gerade im Unterricht behandelten Inhalte (Mittelwerte) zeigen für ihn eine potentielle Anwendungsmöglichkeit im späteren Beruf, wenn Untersuchungen oder Forschungsprojekte durchgeführt werden (113).

Technik: Von einer Anwendung oder einem Nutzen der Mathematik im technischen Bereich spricht William vergleichsweise wenig. Zwei seiner Assoziationen zum Wort Mathematik sind Computer und Taschenrechner (129). Außerdem beschreibt er die Situation des Hochfahrens seines Computers sowie die Eingabe seines Passwortes für seinen Email-Account als Momente, in denen er Mathematik gebraucht habe (352).

Außerschulisches Leben: In seinem außerschulischen Leben erkennt William diverse Situationen, in denen Mathematik vorkommt. Wie auch viele andere Interviewte löst er gerne Sudoku-Rätsel. Für ihn kommt Mathematik darin vor, da es mit Zahlen zu tun habe und da es logisches Denken sei (129, 266). Als weitere mathematikhaltige Alltagssituationen beschreibt er das Nachschlagen von Seitenzahlen in einem Wörterbuch (321), das Abwiegen von Süßigkeiten in manchen Läden (352) sowie die Kalkulation seiner Telefonkosten (321). Schließlich beschreibt William Alltagssituationen, die er mathematisch modelliert: Er berechnet Volumina von Gefäßen (352), insbesondere das der Badewanne (129), und seine Gewinnwahrscheinlichkeit bei einem Kartenspiel, welches er sich zusammen mit seinen Freundinnen und Freunden überlegt hat (352). Die Spiegelungen von anderen Menschen in der Busscheibe beschäftigen ihn besonders:

> [...] sometimes [...] I'm on the bus and I see [...] outside. And I can see people in front of me. I look at the window. [...] I think this may probably may related to the material of the glass and the ... what I've see in the angle. So [...] so I will try this questions, I've think about this question. I will move my head and try to answer by the which angle I can see people in front of me. (350)

Die gerade aufgezeigten vielfältigen Beispiele für eine Verbindung zwischen Mathematik und dem Leben zeigen, dass Williams Bild von Mathematik geprägt ist von seiner Einstellung, dass Mathematik überall sei. Daher sieht er es als notwendig an, dass jeder Mensch Mathematik lerne:

> [...] everything we touch we ... (3 sec) ... I mean we ... by using ... it's about mathematics. So maybe I think all the people may know about ... the important of mathematics. (336)

Diese Einstellung zeigt sich auch im Zusammenhang seiner Überlegungen zur Thematisierung von Anwendungsbeispielen von Mathematik im Unterricht. William ist der Auffassung, dass es schwieriger sei, die mathematischen Inhalte ohne einen Anwendungsbezug zu verstehen (344). Dies kann unter Umständen schwerwiegende Folgen haben:

> If there is without any application ... maybe feel boring ... (4 sec) because when we feel difficult to understand [...] mathematics will not interest people. ... I mean not attract [him], not attractive. So ... (5 sec) not attractive, so no one want to know learned mathematics. And so ... maybe [...] this will lead to a great problem because ... if all people are weak at mathematics and the economic and everything may go worse. (344)

Mathematik ohne ersichtlichen Anwendungsbezug sei schwer verständlich, uninteressant und langweilig. Die Folge sei, dass niemand Mathematik lernen wolle: Wenn alle Menschen in Mathematik leistungsschwach seien, würden sich auch die Ökonomie etc. verschlechtern. Werden Anwendungsbezüge hingegen im Mathematikunterricht thematisiert, ist es für William einfacher zu verstehen, seine Aufmerksamkeit und sein Interesse werden geweckt (346). Dies gehe seiner Einschätzung nach auch anderen Menschen so, denn er argumentiert:

> If more people interested in mathematics, everything will go ... great, for example in the space and the explorations on space. Yeah. And ... and many things will go better, the row is go will be more perfect. (346)

Seien also mehr Menschen an Mathematik interessiert, würde der Fortschritt voran gehen. Der Thematisierung von Anwendungsbezügen im Mathematikunterricht kommt nach Williams Argumentation also eine sehr große Bedeutung zu. Sie bildet den Grundstein für eine interessierte Auseinandersetzung mit Mathematik für eine große Personengruppe und bietet damit die Möglichkeit, ökonomischen wie auch wissenschaftlichen Aufschwung zu erreichen.

Den Zusammenhang zwischen Mathematik und Realität möchte William im Unterricht nicht unbedingt von der Lehrperson vorgegeben bekommen, sondern selbst entdecken. Dies steigere die Fähigkeit des logischen Denkens (336). Manche sehr schwierige Zusammenhänge dürfen hingegen doch vom Lehrer oder der Lehrerin gezeigt werden (338). Diese Einstellung ist jedoch nicht typisch für den Sinnkonstruktionstyp *Anwendungsrelevanz*, sondern liegt eher, so scheint mir, begründet in Williams starkem Wunsch nach kognitiver Herausforderung (vgl. die entsprechende Sinnkonstruktion Abschnitt 0, S. 144 bzw. den Sinnkonstruktionstyp *Kognitive Selbstentwicklung* Abschnitt 8.1, S. 140).

8.3 Wohlbefinden durch eigene Leistung

Im folgenden Abschnitt wird der Sinnkonstruktionstyp *Wohlbefinden durch eigene Leistung* zunächst mit den ihm zugrunde liegenden Sinnkonstruktionen dargestellt und in Beziehung gesetzt. Dabei wird die inhaltliche Ähnlichkeit der Sinnkonstruktionen durch ihre Verortung in der Typologie dargelegt (vgl. Abbildung 10 und Abbildung 11, S. 133 bzw. 137). Abschließend wird der hier vorgestellte Typus von anderen, ihm in der Typologie benachbarten Typen abgegrenzt. Abschnitt 170 (S. 170) beschreibt dann ausführlicher die zugrunde liegenden Sinnkonstruktionen unter Rückgriff auf die empirischen Daten und liefert eine Illustration anhand von Prototypen.

8.3.1 Charakterisierung und Abgrenzung des Typus

Der Sinnkonstruktionstyp *Wohlbefinden durch eigene Leistung* basiert auf den Sinnkonstruktionen *Kompetenz erleben* und *Zensuren*. Der Typus richtet die Perspektive auf das individuelle Erleben von eigenen Leistungen, die sich in Zensuren und im Gefühl der Selbstwirksamkeit und des Erfolgs widerspiegeln. Es zeigt sich also eine hohe Performanzorientierung (vgl. Wild et al., 2001, S. 220). Damit steht das Individuum im Zentrum. Die Mathematik wird dabei von den Lernenden benutzt, um Wohlbefinden aufgrund erbrachter Leistungen zu erleben.

Kompetenz erleben, wie auch *Zensuren* sind Sinnkonstruktionen, die von den Lernenden ausgehen. Die Mathematik wird von ihnen für positive Selbsterfahrungen und positive Erfahrungen im Vergleich mit anderen genutzt. Gerade bei der Sinnkonstruktion *Zensuren* geht es um die Reflexion der eigenen Leistung. Die Lernenden beziehen sich dabei nicht auf gesellschaftlich geprägte Anforderungen (vgl. hierfür die Sinnkonstruktion *Prüfungen*, Abschnitt 8.7.2.4, S. 226), sondern setzen die erzielten Leistungen mit sich selbst, dem eigenen Ehrgeiz bzw. den sich dann bietenden beruflichen Perspektiven in Beziehung. Aus diesem Grund verorte ich sowohl *Kompetenz erleben* als auch *Zensuren* im Feld der Gruppe 6, die durch mittlere Mathematikbezogenheit und hohe Individuumsbezogenheit gekennzeichnet ist (vgl. Abbildung 9, S. 133).

Der Typus *Wohlbefinden durch eigene Leistung* grenzt sich von den anderen am Feld der Gruppe 6 beteiligten Sinnkonstruktionstypen durch die Quelle des Wohlbefindens ab. Resultiert es hier aus dem Erleben der eigenen Person als kompetent, erfolgreich oder leistungsstark, gründet es sich bei den anderen im Feld der Gruppe 6 angesiedelten Sinnkonstruktionstypen durch eine Verbindung zum Leben der Schülerinnen und Schüler bzw. die persönliche Weiterentwicklung. Der Sinnkonstruktionstyp *Wohlbefinden durch eigene Leistung* grenzt sich zudem vom Typ *Emotional-affektiv geprägte Entfaltung* dahingehend ab, dass es sich bei letzterem primär um ein emotionales Wohlbefinden im Mathematikunterricht und in der sozialen Gruppe der Mitschülerinnen und Mitschüler handelt.

8.3.2 Zugrunde liegende Sinnkonstruktionen

In den zwei folgenden Abschnitten werden die Sinnkonstruktionen *Kompetenz erleben* und *Zensuren*, die dem Sinnkonstruktionstyp *Erfüllung gesellschaftlich geprägter Anforderungen* zugrunde liegen, ausführlicher dargestellt. Dabei wird konkreter auf die Ausgestaltung der Sinnkonstruktionen eingegangen. Sie wird anhand von Verweisen auf Transkriptausschnitte aus Deutschland und Hongkong illustriert, deren zugehörige Textstellen im Zusatzmaterial zu diesem Buch eingesehen werden können, das im Internet über die URL http://www.viewegteubner.de/ zugänglich ist. Die Beschreibungen enden jeweils mit einer grafischen Zusammenfassung der für die jeweilige Sinnkonstruktion wichtigen Voraussetzungen und Auswirkungen und stellen damit eine Verbindung zum Schritt des axialen Kodierens bei der Datenauswertung her.

8.3.2.1 Kompetenz erleben

Beim Lernen von Mathematik bzw. bei der Beschäftigung mit Mathematik ist es für die interviewten Schülerinnen und Schüler persönlich relevant, sich als kompetent oder erfolgreich zu erleben. Diese Sinnkonstruktion wurde aus den empirischen Daten der Studie rekonstruiert, wobei verschiedene Kategorien in diese Sinnkonstruktionsart eingehen. Eine besonders einflussreiche ist das Kompetenzerleben als eines der drei psychologischen Grundbedürfnisse der Selbstbestimmungstheorie der Motivation nach Deci und Ryan (vgl. Deci & Ryan, 1993, Ryan & Deci, 2002). Es ist Teil des theoretischen Rahmens der Sinnkonstruktion in dieser Arbeit und fungierte als sensibilisierendes Konzept im Kodierprozess. Daraus kann jedoch nicht automatisch geschlossen werden, dass es auch zwingend als Sinnkonstruktionsart rekonstruiert werden musste.[32] Im Gegenteil: Es wurde – wie alle anderen Sinnkonstruktionsarten auch – sukzessive aus den Daten rekonstruiert und zunächst auch anders benannt (*Erleben von Kompetenz oder Erfolg*). Da eine klare Abgrenzung zum Konzept des Kom-

[32] Vgl. etwa die anderen sensibilisierenden Konzepte des theoretischen Rahmens, die nicht als Sinnkonstruktionsarten rekonstruiert werden konnten (siehe Abschnitt 2.6, S. 48).

petenzerlebens nach Deci und Ryan jedoch nicht möglich war, bezeichne ich diese Sinnkonstruktionsart nun im Einklang mit der Selbstbestimmungstheorie der Motivation mit *Kompetenz erleben*. Das Erleben von Kompetenz ist dabei eine Konsequenz aus bestimmten Voraussetzungen und geht mit positiven Gefühlen einher, die entweder aus eigenen Aktivitäten oder der Interaktion mit anderen Schülerinnen und Schülern resultieren.

Eigene Aktivitäten als Quelle des Kompetenzerlebens beziehen sich z. B. auf das öffentliche Präsentieren der eigenen Lösung an der Tafel (Paul 110-118; William 186-187) oder die aktive Teilnahme am Unterrichtsgespräch mit einem relevanten Beitrag (Christine 224-225). Darüber hinaus können Prozesse, die mit dem Verstehen der Unterrichtsinhalte (Johanna 161-162, Karsten 216-220; Marcus 129-132) und der Bearbeitung von Aufgaben (Sebastian 139-144; Marcus 126-127) zusammenhängen, Ursache des positiven Erlebens sein. Ein positives Gefühl stellt sich bei interviewten Schülerinnen und Schülern auch dann ein, wenn der erlebte Erfolg mit der eigenen Leistung in Verbindung steht (Johanna 209-224; Alban 107-114). Dies ist insbesondere nach Schwierigkeiten (Inga 76-78; Arnie 162-163) oder herausfordernden Situationen (Johanna 161-162; Harry 54-55) der Fall, oder wenn der Erfolg auf harter Arbeit bzw. vielem Üben basiert (Vivian 129-133; Arnie 173-176). Andersherum können Kompetenz und Erfolg erlebt werden, wenn der bzw. die Lernende keine Schwierigkeiten bei der Auseinandersetzung mit den Inhalten erlebt (Lena 126-128; Emma 191-192). Manchmal klären sich Inhalte, wenn die Mathematik in einen Anwendungskontext eingebettet oder in anderen – meist naturwissenschaftlichen – Fächern genutzt wird (Inga 83-86). Außerdem stellt sich das positive Gefühl des Kompetenzerlebens etwa nach eigenständigem Lösen von Aufgaben ein (Sandra 135-136), besonders, wenn sich dann herausstellt, dass die eigene Lösung richtig ist (Inga 76-78, Lea 188-191; Toby 92-95).

Schließlich können Kompetenz und Erfolg auf verschiedene Arten aus der Interaktion mit anderen Schülerinnen und Schülern resultieren. Wenn die Schülerinnen und Schüler anderen helfen können und diese es durch die Hilfestellung verstehen, erleben sich die unterstützenden Schülerinnen und Schüler als kompetent (Mirko 127-128; William 215-216). Außerdem kann ein Wettstreit in Unterrichtssituationen (Lena 98-101, Mirko 38-43; Alban 199-204) bzw. im Zusammenhang mit Prüfungen (Tobias 139-146; Danny 175-176) oder durch die Teilnahme an öffentlichen Wettbewerben (Johanna 209-224) zum Erleben von Kompetenz führen. Gute Noten als Referenz für externe Anerkennung der eigenen Leistung können auch für sich genommen ein Indikator für das Erleben von Kompetenz und Erfolg sein. Dies ist dann der Fall, wenn sie widerspiegeln, wel-

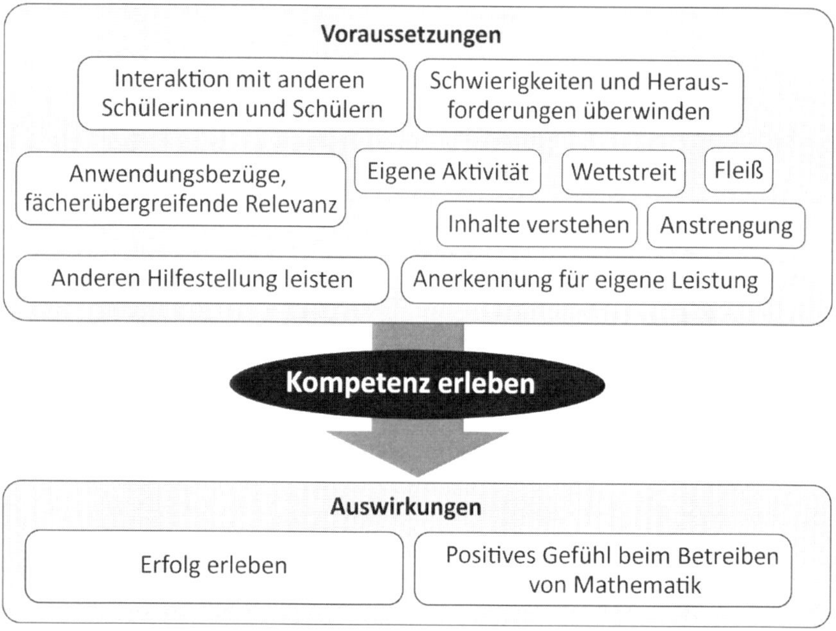

Abbildung 17: Kodierparadigma der Sinnkonstruktion *Kompetenz erleben.*

che Leistung vollbracht wurde, ohne diese in Beziehung zu den Mitschülerinnen und -schülern zu setzen (Lea 198-201; Danny 137-138).

Abbildung 17 (S. 172) veranschaulicht mögliche Voraussetzungen und Auswirkungen der Sinnkonstruktion Kompetenz erleben, die im Zuge des axialen Kodierens erarbeitet wurden (vgl. Abschnitt 6.3, S. 112).

8.3.2.2 Zensuren

Beim Lernen von Mathematik bzw. bei der Beschäftigung mit Mathematik ist es für die interviewten Schülerinnen und Schüler persönlich relevant, gute Noten zu erlangen. Diese Sinnkonstruktion wird mit dem Begriff *Zensuren* bezeichnet. Das Erreichen der als subjektiv gut gewerteten Note nimmt bei den interviewten Schülerinnen und Schülern unterschiedliche Rollen ein, so dass verschiedene Ziele damit verfolgt werden.

Der wichtigste Aspekt ist, dass das Erlangen von guten Zensuren durch den eigenen Ehrgeiz angespornt wird bzw. dazu dient, dem selbst gesetzten An-

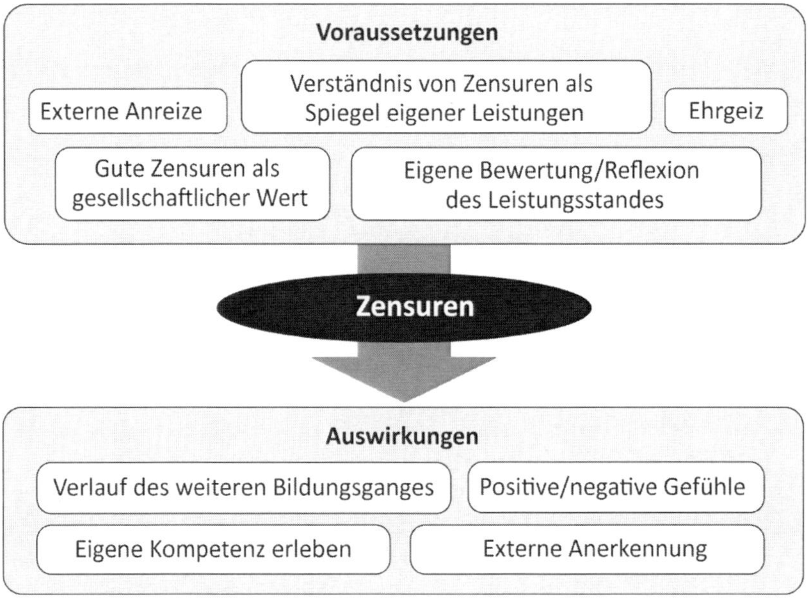

Abbildung 18: Kodierparadigma der Sinnkonstruktion *Zensuren.*

spruch gerecht zu werden (Tobias 116-123). Dabei kann es das Ziel sein, den bisherigen Leistungsstand zu erhalten (Mirko 156-157) oder zu verbessern (Lea 164-169; Camryn 234-235). Es können externe Anreize locken, wie die Teilnahme am Sportwettkampf, den die Eltern nur bei bestimmten Schulleistungen erlauben (Christine 156-169), oder die sehr guten Abschlussleistungen der Geschwister, die es nun ebenfalls zu erreichen gilt (Toby 98-102). Ein möglichst positives Notenbild wird dabei allgemein als erstrebenswert angesehen (Lea 213-218; Vincent 170-177).

Die Notengebung wird selten in Frage gestellt sondern als Reflexion des eigenen Leistungsstandes akzeptiert (Lea 98-102) bzw. gewünscht (Inga 127-128). Zensuren ermöglichen somit den Schülerinnen und Schülern eine Abschätzung, ob die im Unterricht behandelten Inhalte verstanden wurden (Mirko 61-63; Harry 132-133).

Gute Zensuren werden außerdem als wichtig für den weiteren schulischen Bildungsgang und die berufliche Zukunft eingeschätzt (Barry 98-106, Janice 220-222, Toby 98-106; vgl. Sinnkonstruktion *Prüfungen*, Abschnitt 8.7.2.4, S. 226 und *Berufsvoraussetzung*, Abschnitt 8.7.2.1, S. 223). So hängt in Hongkong die

Wahl der Profilfächer und die Dauer des weiteren Schulbesuchs von den Leistungen in den Abschlussexamina ab (vgl. Abschnitt 3.3, S. 78). In beiden Ländern kann die Aufnahme der gewünschten Berufsausbildung (Mona 121-127) bzw. des gewünschten Studiums von dem Durchschnitt der Abschlussprüfung bzw. guten Mathematikleistungen abhängen (Inga 109-118, Lea 213-218, Yannick 226-230). Gute Noten haben folglich Einfluss auf die weitere Zukunft (Mack 105-106).

Da die Zensuren offenbar von vielen Schülerinnen und Schülern mit der eigenen Leistungsfähigkeit in Verbindung gebracht werden, bieten sie eine Möglichkeit, sich selbst als kompetent zu erleben (vgl. dazu Sinnkonstruktion *Kompetenz erleben*, Abschnitt 8.3.2.1, S. 170). Sie haben also Interesse am Erreichen von guten Noten (Katharina 38-42) und bringen diese mit positiven Gefühlen in Verbindung (Katharina 113-116, Lea 198-202, Mirko 127-128; Barry 56-57, Jody 271-272).

Abbildung 18 (S. 173) veranschaulicht mögliche Voraussetzungen und Auswirkungen der Sinnkonstruktion *Zensuren*, die im Zuge des axialen Kodierens erarbeitet wurden (vgl. Abschnitt 6.3, S. 112).

8.3.3 Prototypen: Vivian und Marcus

Im deutschen Datenmaterial erscheinen zwei Schülerinnen geeignet, als Prototypen für den Sinnkonstruktionstypus *Wohlbefinden durch eigene Leistung* charakterisiert zu werden: Katharina und Vivian. Katharina ist, obwohl sie sich im Unterricht kaum anstrengt, eine ziemlich leistungsstarke Schülerin, die eine Leistungsbestätigung aus ihren guten Noten zieht. Vivian zeichnet darüber hinaus ein ausführlicheres Bild von den Sinnkonstruktionen *Kompetenz erleben* und *Zensuren*, so dass sie hier als Prototyp dargestellt wird.

In Hongkong fiel die Wahl der Prototypen zwischen Danny und Marcus zugunsten von Marcus aus. Danny beschreibt einen engen Zusammenhang der beiden Sinnkonstruktionen *Kompetenz erleben* und *Zensuren*. Dieser zeigt sich darin, dass sein Wohlbefinden durch die eigene Leistung sich nahezu ausschließlich in der Freude über gute Zensuren gründet. Wichtig ist ihm in diesem Zusammenhang noch, dass ihm mit der guten Schulleistung Anerkennung etwa von seinem Lehrer zuteilwird. Damit steht aber nicht mehr primär das Individuum im Zentrum, sondern der Fokus der Sinnkonstruktionen schwenkt damit in Richtung einer Erfüllung gesellschaftlich geprägter Anforderungen (vgl. Abschnitt 8.7, S. 220). Dies ist bei Marcus anders. Er zeigt ein ausdifferenzierteres Bild der beteiligten Sinnkonstruktionen als dies bei Danny der Fall ist. Außerdem liegt der Fokus bei seinen Sinnkonstruktionen klar auf dem Individuum selbst. Diese beiden Eigenschaften machen ihn zum geeigneteren Repräsentanten des Sinnkonstruktionstypen *Wohlbefinden durch eigene Leistung*.

Vivian

Vivian besucht den Mathematikunterricht von Frau Thomsen in der 10. Klassenstufe des Theodor-Storm-Gymnasiums in Norddeutschland. Sie ist eine recht leistungsstarke Schülerin (136-139), die normalerweise Spaß am Mathematikunterricht hat und entsprechend positive Gefühle mit ihm in Zusammenhang bringt.

> Ja, eigentlich habe ich Spaß am Matheunterricht. ... Demnach n gutes Gefühl. Aber, ja auch manchmal so 'Och, keine Lust', weil's langweilig ist und weil's so lang ... träg ist, immer so n langer Prozess [...]. (95)

Neben den positiven affektiven Assoziationen empfindet sie den Unterricht also auch als langweilig. Dies ist vor allem dann der Fall, wenn zu viel Zeit mit der Kontrolle von Hausaufgaben verbracht wird, so dass kaum mehr inhaltlich gearbeitet werden kann. Vivian beklagt sich dabei besonders über die Rücksichtnahme auf diejenigen Schülerinnen und Schüler, die die Aufgaben nicht gemacht haben (109). In ihrer Beschwerde über die zu ausführliche Hausaufgabenkontrolle klingt ein für sie wichtiger Punkt an: Sie bemängelt, dass im Unterricht zu viel Rücksicht auf leistungsschwache Schülerinnen und Schüler genommen wird und zu wenig Förderung der leistungsstärkeren stattfindet. Dadurch gehe es auch inhaltlich zu langsam voran.

> [...] es war halt wieder so, wie es oft ist, dass wir lange auf einem Thema rumkauen. Ich hab manchmal das Gefühl, wir kommen überhaupt nicht voran. [...] Weil so viel Rücksicht auf die Leute genommen wird, die ... einfach sagen: 'Nö, ich kann das nicht.' [...] und weil die sich auch keine Mühe geben, so. [...] Die machen nie die Hausaufgaben, aber es gibt jedes Mal wieder Rücksicht. (44)

Die von Vivian beschriebene Einstellung der Mitschülerinnen und -schüler ärgert sie (vgl. auch 27, 46, 86-87, 110-113). Sie würde ihnen Verständnis entgegenbringen, wenn sie sich anstrengen würden. Faulheit hingegen sieht sie ihnen nicht nach.

Damit sich die leistungsschwächeren Mitschülerinnen und -schüler anstrengen, befürwortet Vivian eine konsequente Notengebung seitens der Lehrperson. Anstelle von pädagogisch argumentierten Zensuren solle lieber „einmal knallhart ne Fünf gegeben" werden (98). Vivian verspricht sich davon, dass sich die Schülerinnen und Schüler dann anstrengen und schließlich auch Erfolge sehen würden. „Und Erfolg ist ja auch, wenn man Erfolg hat. Dann bringt das auch Spaß und dann ... hat man auch Freude am Matheunterricht“ (98). Vivian war früher selbst eine leistungsschwache Schülerin und kann daher nachvollziehen, dass ihre Mitschülerinnen und -schüler keine Freude im Mathematikunterricht erleben (128). Sie hat es jedoch aus eigenem Antrieb und Ehrgeiz geschafft, sich zu bessern, und stellt diesen Anspruch nun ebenfalls an ihre Klassenkameradinnen und -kameraden: „[...] ich weiß halt auch selber, dass es ... Eigenverantwortung ist, weil würde man sich zu Hause da hinsetzten, dann es ist wirklich nicht schwer“ (128). Für Vivian besteht also ein enger Zusammenhang zwischen eigener Anstrengung, Leistung, Erfolg, und Freude, den sie selbst erlebt hat:

> Es war wirklich so, dass ich einmal gelernt hatte und auf einmal, ... dann hab ich ne Eins geschrieben. <I: Wow!> Und vorher nur schlecht. Und es hieß auf einmal, 'Was hast du denn gemacht?' Also, ne? Und seitdem hab ich eigentlich gemerkt, also es kann ja auch eigentlich ein tolles Gefühl geben. [...] Und ... das hat mir eigentlich ein Mal so dies Erfolgserlebnis gegeben, was man danach irgendwie immer wieder haben will, so. Wo man eigentlich denkt 'Ja, es ist doch ganz schön.' (130)

Seit der Erfahrung, dass sich Anstrengung in guter Schulleistung niederschlägt, strebt Vivian danach, diesen Erfolg erneut zu erleben. Das mit Lernerfolg und guten Noten einhergehende Wohlbefinden ist für sie der Anreiz, sich mit Mathematik zu beschäftigen (99-100). Auf die Frage, ob es noch weitere für sie gebe, antwortet sie:

> Nein, (lacht) also eigentlich. Also manchmal, wie gesagt, so Hausaufgaben und so mache ich auch gerne, wo ich [danach] zu Hause sitze und Spaß daran hab und dann. ... Ja, mir bringt das auch Spaß mich auch damit auseinanderzusetzen, aber es ist halt im Endeffekt spielt's alles auf das Erfolgserlebnis dann in der nächsten Mathestunde ab. Ja also, dass man sich da drauf dann freut, dass man da dann sitzt und ... wenn man hört, man hat das richtige Ergebnis bei den Hausaufgaben und so [...]. (102)

Sie arbeitet also konsequent auf das Erfolgserlebnis hin, welches sie in der nächsten Mathematikstunde erhofft. Dabei ist es ihr primär wichtig, dass sie selbst weiß, dass sie die Ergebnisse richtig hat. Es kommt ihr weniger darauf an, dieses Bild auch ihrer Lehrerin und ihren Klassenkameradinnen oder -kameraden zu vermitteln, auch wenn es sie stören würde, wenn diese kein so positives Bild von ihr hätten (103-104). Sie ist also auch auf die positive Außenwirkung bedacht, die ihre guten Leistungen im Unterricht erreichen können. Noch wichtiger ist ihr jedoch für sich selbst zu wissen, dass sie die Inhalte verstanden hat. Das Positive am Mathematikunterricht ist für Vivian, dass es hier –

im Gegensatz zu den sprachlichen Fächern – möglich ist, Erfolge sehr direkt zu erleben. Dies sei einer der Gründe, warum sie Mathematik lerne:

> [...] weil ich auch finde, Matheunterricht sieht man sehr stark Erfolg. Auch schnell Erfolg. Anders als in andern Fächern. In Deutsch oder Englisch kann man das nicht. Oder womöglich noch in Latein. Entweder man kann das, oder man kann's nicht. Man kann nicht vor der Arbeit lernen. Und Mathe kann man sehr schnell Erfolg sehen und dann bringt das auch Spaß. (185)

Es ist Vivian sehr wichtig, ihre Wunschzensur zu erreichen (90). Sie ergänzt:

> Obwohl ich's, das ist auch komisch, weil obwohl ich's eigentlich gar nicht brauch später. Aber, ... es ist schon einfach dieses, dass ich weiß dass ich's eigentlich kann, und dass es nur viel Faulheit ist, weil ich denk, 'Joa ... ne? So keine Lust so.' ... Und ... ja, ist mir aber eigentlich schon sehr wichtig, doch. (90)

Vivian betitelt es als „komisch", dass es ihr wichtig ist, ihre Wunschzensur zu erreichen, obwohl sie es später ihrer Einschätzung nach gar nicht brauchen werde. Sie bekräftigt dies an anderer Stelle, indem sie feststellt, dass Mathematik im Studium der Pflegewissenschaft, ihrer gewünschten Berufsrichtung, nicht so wichtig sei: „Also vielleicht [...] ein Grundstock, aber (lacht). [Also] meine Mutter hat das auch gemacht und sie ist nun ganz schlecht in Mathe" (81).

Es ist Vivian wichtig, ihre Wunschzensur zu erlangen, da sie weiß, dass sie eigentlich die Fähigkeiten dazu mitbringt. Würde sie keine guten Noten erreichen, sei es ihrer Faulheit geschuldet. Als weitere Gründe, gute Noten erreichen zu wollen, nennt sie folgende:

> Also, ganz blöd gesagt, weil's einfach blöd aussieht ... im Zeugnis. So ich [mag/pack] das überhaupt nicht, wenn das irgendwie, überall ist es gut und so und dann ist Mathe da irgendwie nachher... weiß ich nicht, was für ne Note[...] ... Und weil man sich auch besser fühlt. Weil man auch mit nem besseren Gefühl einfach in den Matheunterricht geht. (92)

Vivian missfällt es offenbar, schlechte Noten zu bekommen und ihr ist daran gelegen, ein einheitliches Notenbild vorweisen zu können. Hier zeigt sich der Wunsch nach positiver Außenwirkung (vgl. gleichnamige Sinnkonstruktion, Abschnitt 8.7.2.3, S. 225). Zusätzlich nennt sie einen Aspekt intrinsischer Motivation, indem sie hervorhebt, dass sie mit einem besseren Gefühl in den Mathematikunterricht gehe (92). Hier ist wieder deutlich das Wohlbefinden durch die eigene Leistung im Fokus, welches durch den befriedigten Ehrgeiz hervorgerufen wird.

Wohlbefinden empfindet Vivian außerdem, wenn im Unterricht neue Inhalte behandelt werden, etwa die Berechnung einer Pyramide mit sechseckiger Grundfläche:

> [...] das war halt was Neues, und das interessiert mich dann auch und dann hab ich auch wieder irgendwo, wo ich den Spaß wieder im Matheunterricht mal im Unterricht finde. Weil ich denk: Jetzt hat man auch wieder was zu tun. Jetzt kann ich auch wieder was da dran arbeiten und so, ne. (51)

Hier interessiert Vivian offenbar die Herausforderung, die in den ihr unbekannten Inhalten steckt. Andere Momente, in denen sie sich gut fühlt, also ein Wohlbefinden aufgrund ihrer Leistung erlebt, sind folgende:

> [...] wenn was Neues ist oder wenn man halt auch selber schrei- merkt, ja, man versteht das oder auch, wenn man selber Anderen was erklären kann, weil man das besser versteht, dann ist es ... ja, dann kommt das schon mal vor. (56)

Eine andere Situation, in der sie ein Wohlbefinden durch die eigene Leistung zeigt, ist, wenn Vivian Inhalte versteht. Sie ist dann mit sich selbst zufrieden.

> Zufrieden .... bin ich, wenn ich weiß, wenn ich selber weiß, dass ich's verstanden hab [...] also selber davon auch überzeugt bin. Und demnach auch ... gute Noten schreiben. (123)

Vivian stellt hier einen engen Zusammenhang her zwischen dem Verstehen der Inhalte und dem Erreichen von guten Zensuren. Es ist für sie dabei wichtig, die Zensuren durch die eigene Leistung zu erreichen.

> Also es ist auch nicht so schlimm, wenn ich jetzt sag, 'Ich hab mal ne Vier geschrieben.', passiert ja auch mal, und ich dann sag, 'Ja, ich weiß, ich hab's verstanden.' Dann denk ich halt, 'Ja gut, OK.' Ich weiß aber, ich hab's verstanden. Also schlimmer wär's, würde ich jetzt wissen ich hab ne Zwei geschrieben, hab's alles vom Nachbar abgeschrieben und weiß aber, ich hab's überhaupt nicht verstanden, ne? (125)

Noten haben für Vivian eine wichtige Bedeutung, die für sie in engem Zusammenhang mit dem Mathematikunterricht steht:

> I: Also, bei Mathe fällt dir sofort Mathematikunterricht ein. Was fällt dir zu Mathematikunterricht ein?
>
> V: Ja, auf jeden Fall ... Noten, Zensuren. ... Ja, lernen. Für den Unterricht aber wieder eigentlich ausschließlich und demnach wieder für gute Noten. (85-86)

Wenn Vivian gelernt hat, kann sie sich anschließend im Mathematikunterricht entspannen und ihn als ausgeglichene Zeit empfinden, in der sie nicht besonders gefordert wird.

> Also ich sag mal: Für mich ist der Unterricht immer total gemütlich, weil ich das Gefühl hab, ich hab eigentlich selten ne Stunde, wo ich mich wirklich anstrengen muss. Wo ich wirklich sag, 'So, jetzt wirst du gefordert. Jetzt musst du dich hier irgendwie n bisschen anstrengen.' (86)

Einerseits stört es sie, dass sie zu wenig schnell im Unterricht fortkommen (s. o.), andererseits jedoch scheint sie diese Entspanntheit zu genießen.

Für Vivians Wohlbefinden ist es wichtig, die im Unterricht behandelten Inhalte zu verstehen. Dies hängt wiederum eng zusammen mit guten Noten, welche – so ihr Verständnis – von eigentlich allen Schülerinnen und Schülern erlangt werden können, wenn sie sich genügend anstrengten. Vivian sieht sich selbst als Beispiel dafür, wie sich eifriges Lernen und Anstrengung in guten Leistungen in der Schule niederschlagen.

Marcus

Marcus besucht den Mathematikunterricht von Mr Ng in der 10. Klassenstufe des Wah Yan College in Hongkong. Zu Mathematik und zum Mathematikunterricht hat er eine gefühlsneutrale, manchmal positive Einstellung (53-58, 67-72). Er empfindet sich nicht als sonderlich leistungsstark und beschreibt Momente, in denen er dem Unterricht nicht folgen kann. Er bräuchte mehr Zeit, um die Inhalte zu verstehen und die Aufgaben vollständig zu lösen (15-19). Marcus befürwortet die Thematisierung von Alltagsbezügen im Mathematikunterricht, da ihm nur auf diese Weise der Sinn von Mathematik klar würde. Dann verstünde er die Inhalte leichter und arbeitete nicht wie eine Maschine (22-26). Dies sei Grundlage für ihn, Mathematik richtig zu verstehen (22-26, 51, 243-244).

Marcus strebt nach dem Glücksgefühl, welches er beim Kompetenzerleben aufgrund von eigener Leistung verspürt. Er erlebt dieses Wohlgefühl im Unterricht, wenn er die behandelten Inhalte versteht. Er kann sich entspannen und fühlt sich ausgeglichen (86). Als eine Situation aus dem Mathematikunterricht, in der er ein gutes Gefühl verspürte, beschreibt er folgende:

> It's still about the problem whether I understand. If I understand the topic, the questions, I feel good in the lessons. (130)

Marcus ist auch mit sich zufrieden, wenn er im Unterricht eine Frage richtig beantworten kann oder Aufgaben schnell und ohne Probleme löst. Ihn durchströmt dann ein Glücksgefühl.

I: When are you pleased with yourself in mathematics lessons?

M: When I can successfully answer the question. If Mr Ng asks me the answer. If I can do the questions quickly, without any difficulties, then I can: Oh. Just like today, I understand it and I can finish the questions quickly and I will feel very pleased. (126-127)

Andererseits ist es für Marcus unangenehm, wenn er die Inhalte im Unterricht nicht versteht und Probleme mit den Aufgaben hat (129-132). Er beteiligt sich nicht gern mündlich am Unterricht, da er Situationen scheut, in denen seine Fehler öffentlich werden können.

[...] we just don't like answer the question [in class, MV]. Maybe a bit a embarrassed, if we answer the question wrongly or maybe we make a mistake or... (29)

Das Unwohlsein beim Fehlermachen in der Klassenöffentlichkeit ist dabei nicht darin begründet, dass Mr Ng, sein Mathematiklehrer, einen schlechten Eindruck von ihm bekommen könnte, sondern eher mit einem Schamgefühl den anderen Mitschülerinnen und -schülern gegenüber (30-33). Diese Einstellung ist auf gewisse Weise eher in Hongkong als in Deutschland zu finden, da es in Hongkong für die Lernenden vergleichsweise weniger wichtig ist, der Lehrperson ein positives Bild von sich zu vermitteln als in Deutschland (vgl. dazu Abschnitt 8.7.2.3, S. 225).

Marcus beschreibt insbesondere zwei Aspekte, bei denen er ein Wohlbefinden aufgrund eigener Leistung erleben kann: bei der Auseinandersetzung mit herausfordernden Aufgaben und im Wettstreit mit seinen Mitschülerinnen und -schülern. Bei schwierigen Aufgaben versucht er eigenständig, eine Lösung zu finden, um zu ergründen, ob er die richtige Lösung allein erarbeiten kann. Auf die Frage nach seiner Bearbeitungsstrategie von schwierigen Aufgaben, die nicht denen ähnelten, die der Lehrer zuvor erklärt habe, antwortet Marcus:

If it's the extra one I will think of it and try to solve it by myself. Because I want to, I want to know whether I can deal with the questions. It's the challenging point, I like challenging question. Try to do it, do it, do it and try to successfully fix it. (169)

Gerade die Herausforderung, die in der Aufgabe steckt, weckt in Marcus viel Energie, um zur richtigen Lösung zu kommen.

Marcus mag herausfordernde Aufgaben, wenn er sie lösen kann. Droht er zu scheitern, verstärkt er zunächst seine Anstrengungen und wendet sich bei ausbleibendem Erfolg nach einiger Zeit von den Aufgaben ab.

If I can solve it, I like it. If I cannot solve it, just stay there, thinking the questions and I still cannot solve it, then I don't like it any more. (61)

Seine Einstellung zu herausfordernden Aufgaben ändert sich also in Abhängigkeit von seinem Kompetenzerleben.

Der Wettstreit der Klassenkameradinnen und -kameraden ist für Marcus ein ganz besonderer Anreiz, sich mit Mathematik auseinanderzusetzen. Er beschreibt sich selbst als ein wenig arrogant und möchte das Glücksgefühl des Gewinnens erleben.

> I: Is there anything that makes it more attractive for you to deal with mathematics?
>
> M: ... With someone competes with me, have competition. Because maybe I'm the one who [are beet arrogance] sometimes, that I want to win, to feel that feeling of winning, of being a winner. Therefore if someone competes with me, then I can win him or her, then I'm the successful one. Then I feel much better. That's the motivation. That's the motivation for me to do mathematics. (191-192)

Marcus zieht seine Motivation, sich mit Mathematik zu beschäftigen also aus dem Wettstreit mit seinen Mitschülerinnen und -schülern. Kann er einmal nicht gewinnen, ist er frustriert, vergisst seinen Frust jedoch bald wieder und hofft auf eine neue Möglichkeit des Wettstreits (193-194).

Neben diesen Situationen, in denen Marcus sich selbst als kompetent und erfolgreich erleben kann, beschreibt er Momente, in denen er mit seiner nicht ausreichenden Leistung konfrontiert wird. Er empfindet den Mathematikunterricht als schwierig, wenn er Aufgaben nach mehrmaligem Probieren nicht lösen kann und die Inhalte nicht versteht.

> [...] maybe just doing some questions repeatedly and if I do not understand again, I will find it difficult for that mathematics lessons. And I think they are very boring again and frustrating. Maybe I have got some stress after then. Because maybe after the test results are distributed and I think: Oh, I have got such a bad result and oh not a happy in the lesson. (94)

Gute Zensuren sind für Marcus wichtig. Bekommt er eine schlechte Note, ist er unglücklich und ärgert sich über die Zeit, die er für die Vorbereitung auf die Prüfung investiert hat.

> When I've just received the results, maybe I feel very unhappy because: Oh, the time I use for mathematics is useless because I didn't deal with the questions I should have known and understand in the examinations. So, but after some times, when I relieved again, and I will feel much better. (97)

Die negative Stimmung hält jedoch nicht allzu lange an und Marcus fühlt sich nach einem kurzen Moment wieder besser (97).

Marcus zeigt auf verschiedene Weisen, inwiefern Zensuren und das Erleben von Kompetenz auf seiner Leistungsfähigkeit basieren und damit Grundlage für ein Wohlbefinden im Mathematikunterricht sind, welches ihm sehr wichtig ist. Besonders durch den Wettstreit mit anderen Schülerinnen und Schülern und dem Wunsch nach der Befriedigung seiner Arroganz bzw. seines Ehrgeizes ist Marcus motiviert, sich mit Mathematik zu beschäftigen und Aufgaben zu lösen.

8.4 Emotional-affektiv geprägte Entfaltung

Im folgenden Abschnitt wird der Sinnkonstruktionstyp *Emotional-affektiv geprägte Entfaltung* zunächst mit den ihm zugrunde liegenden Sinnkonstruktionen in Zusammenhang gebracht. Dabei wird die inhaltliche Ähnlichkeit der Sinnkonstruktionen durch ihre Verortung in der Typologie dargelegt (vgl. Abbildung 10 und Abbildung 11, S. 133 bzw. 137). Abschließend wird der hier vorgestellte Typus von anderen, ihm in der Typologie benachbarten Typen abgegrenzt. Abschnitt 8.4.2 (S. 183) beschreibt dann ausführlicher die zugrunde liegenden Sinnkonstruktionen unter Rückgriff auf die empirischen Daten und liefert eine Illustration anhand von Prototypen.

8.4.1 Charakterisierung und Abgrenzung des Typus

Der Sinnkonstruktionstyp *Emotional-affektiv geprägte Entfaltung* beschreibt Sinnkonstruktionen, die sich primär auf soziale Prozesse im Unterricht beziehen: *Ausgeglichenheit, Emotional-affektive Bindung an die Lehrperson* und *Soziale Eingebundenheit* erleben. Es geht dabei etwa um das Erleben von kognitiven Rückzugsmomenten im Unterricht, eine zwischenmenschliche und nicht fachgebundene Bindung an die Lehrperson und das Gefühl der sozialen Eingebundenheit in die Gruppe der Schülerinnen und Schüler.

Der Grad der Mathematikbezogenheit ist bei der Sinnkonstruktion *Ausgeglichenheit* nicht eindeutig. Auf der einen Seite werden mathematische Inhalte als Mittel gebraucht, um einen Ausgleich zu finden. Dies spräche für eine Instrumentalisierung der Mathematik. Auf der anderen Seite werden Aspekte angesprochen, in denen die Lernenden selbst ausgeglichen werden. Dabei wenden sie sich normalerweise von mathematischen Inhalten ab und beispielsweise privater, nicht fachgebundener Kommunikation zu. Da diese Art der Entspannung die häufigere ist, ordne ich die Sinnkonstruktion entsprechend in die Reihe derer, bei denen eine geringe Mathematikbezogenheit vorliegt. Die Verortung im Hinblick auf die Individuumsbezogenheit ist einfacher, da hier klar das Individuum selbst im Vordergrund steht. Entsprechend ordne ich diese Sinnkonstruktion in das Feld der Gruppe 9, *hohe Mathematikbezogenheit* und *hohe Individuumsbezogenheit* ein (vgl. Abbildung 9, S. 133).

Bei der Sinnkonstruktion *Emotional-affektive Bindung an die Lehrperson* steht anstelle der mathematischen Inhalte die emotional-affektive Bindung zwischen den Lernenden und der Lehrperson im Vordergrund. Es liegt also lediglich eine geringe Mathematikbezogenheit vor. Ähnlich wie bei *Ausgeglichenheit* geht es auch hier um intrapersonale Affekte der Lernenden. Es besteht eine hohe Individuumsbezogenheit. Entsprechend weise ich die Sinnkonstruktion *Emotional-affektive Bindung an die Lehrperson* ebenfalls dem Feld der Gruppe 9, *hohe Mathematikbezogenheit* und *individuelle Dimension* (vgl. Abbildung 9, S. 133) zu.

Wie die Bezeichnung *Soziale Eingebundenheit erleben* nahe legt, sind bei dieser Sinnkonstruktion statt der Mathematik eher zwischenmenschliche Interaktionen im Fokus, und zwar insbesondere die in der Gruppe der Schülerinnen und Schüler. Die Sinnkonstruktion *Soziale Eingebundenheit erleben* steht in engem Zusammenhang mit der Entwicklungsaufgabe *Peer,* bei der es darum geht, Beziehungen zu Altersgenossen beiderlei Geschlechts aufzubauen (vgl. Hericks & Spörlein, 2001, S. 36 bzw. Havighurst, 1972 und Dreher & Dreher, 1985). Es zeigt sich also eine hohe Individuumsbezogenheit. Ich verorte die Sinnkonstruktion *Soziale Eingebundenheit erleben* infolgedessen auch wie die beiden vorangegangenen im Feld der Gruppe 9, *geringe Mathematikbezogenheit* und *individuelle Dimension* (vgl. Abbildung 9, S. 133).

Der Sinnkonstruktionstyp *Emotional-affektiv geprägte Entfaltung* grenzt sich von den Typen, die ihm inhaltlich in der Typologie nahe liegen, insofern ab, als dass er sich im Gegensatz zu *Effiziente und unterstützende Gestaltung von Unterrichtsprozessen* (vgl. Abschnitt 8.6, S. 204) auf das Individuum fokussiert und nicht allgemeinere Unterrichtsprozesse oder die Lehrperson in den Mittelpunkt rückt. Der Unterschied zum *Wohlbefinden durch eigene Leistung* (vgl. Abschnitt 8.3, S. 169) gründet sich in der unterschiedlichen Quelle des entstehenden Wohlbefindens: Ein emotionales Wohlfühlen im Unterricht oder aufgrund von gegebenen Sozialstrukturen steht im Gegensatz zu einem Wohlbefinden aufgrund von Leistung und Erfolgen.

8.4.2 Zugrunde liegende Sinnkonstruktionen

In den drei folgenden Abschnitten werden die Sinnkonstruktionen *Ausgeglichenheit, Emotional-affektive Bindung an die Lehrperson* und *Soziale Eingebun-*

denheit erleben, die dem Sinnkonstruktionstyp *Emotional-affektiv geprägte Entfaltung* zugrunde liegen, ausführlicher dargestellt. Dabei wird konkreter auf die Ausgestaltung der Sinnkonstruktionen eingegangen. Sie wird anhand von Verweisen auf Transkriptausschnitte aus Deutschland und Hongkong illustriert, deren zugehörige Textstellen im Zusatzmaterial zu diesem Buch eingesehen werden können, das im Internet über die URL http://www.vieweg-teubner.de/ zugänglich ist. Die Beschreibungen enden jeweils mit einer grafischen Zusammenfassung der für die jeweilige Sinnkonstruktion wichtigen Voraussetzungen und Auswirkungen und stellen damit eine Verbindung zum Schritt des axialen Kodierens bei der Datenauswertung her.

8.4.2.1 Ausgeglichenheit

Für die interviewten Schülerinnen und Schüler ist es persönlich relevant, dass sie beim Lernen und Betreiben von Mathematik ausgeglichen sind und sie dabei gewissermaßen entspannen können. In dieser Weise ist es für sie möglich, positive Gefühle mit mathematischen Tätigkeiten zu verbinden. Die damit einhergehende Sinnkonstruktion bezeichne ich als *Ausgeglichenheit*. Die Lernenden unterscheiden dabei zwischen dem Ausgleich zu Hause und dem Ausgleich in der Schule.

Lernende aus beiden Ländern beschäftigen sich in ihrer Freizeit zusätzlich zum schulischen Pensum mit mathematischen Themen und entspannen, indem sie sich freiwillig mit Mathematik oder verwandten Themen auseinandersetzen (Yannick 280-283; William 265-270). Ein häufiges Beispiel ist die Beschäftigung mit Zahlenrätseln wie Sudoku, aber auch das Lesen von mathematisch oder physikalisch geprägten Fachbüchern gehört dazu. Es spiegelt sich darin das Interesse der Lernenden für die Mathematik wider (Sebastian 153-156; Camryn 214). Die Lernenden, die Mathematik grundsätzlich interessant finden, gehen gerne in den Mathematikunterricht und blicken ihm positiv entgegen. Ihnen fällt die Beschäftigung mit mathematischen Inhalten meist nicht schwer, vielmehr wirkt der Umgang mit mathematischen Themen entspannend auf sie.

Ausgeglichenheit kann zudem empfunden werden, wenn große Anstrengung und Fleiß hinter einem Schüler bzw. einer Schülerin liegen, und der Ausgleich als Belohnung folgt bzw. als solche empfunden wird (Yannick 226-229). Im Mathematikunterricht selbst finden Schülerinnen und Schüler einen Ausgleich, wenn Spiele in den Unterrichtsablauf eingebunden werden (Emma 53-58), die Auseinandersetzung mit Mathematik spielerisch aufgefasst wird (Toby 56-57), oder wenn sie eine kognitive Pause machen dürfen (Sandra 101-104;

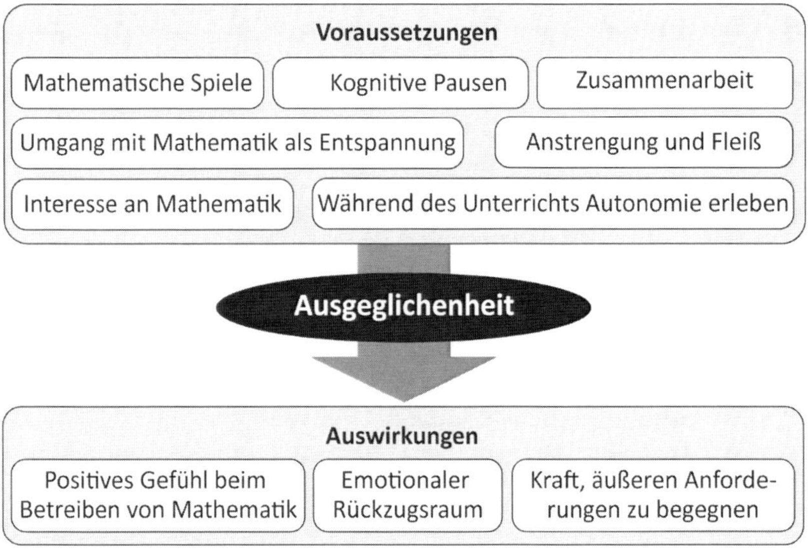

Abbildung 19: Kodierparadigma der Sinnkonstruktion *Ausgeglichenheit.*

Barry 24). Dann werden etwa andere, unterrichtsferne Themen besprochen, die von den Schülerinnen und Schülern im Nebengespräch behandelt werden, oder die zum Teil auch selbst von der Lehrperson angeregt werden. Die Lernenden genießen es zudem, wenn Phasen im Unterricht vorkommen, in denen sie selbst entscheiden können, welchen Tätigkeiten sie nachgehen wollen (vgl. Sinnkonstruktion *Autonomie erleben*, Abschnitt 8.1.2.1, S. 142). Dies ist etwa dann der Fall, wenn sie die Pflichtaufgaben fertig bearbeitet haben.

Abbildung 19 (S. 185) veranschaulicht mögliche Voraussetzungen und Auswirkungen der Sinnkonstruktion *Ausgeglichenheit*, die im Zuge des axialen Kodierens erarbeitet wurden (vgl. Abschnitt 6.3, S. 112).

8.4.2.2 Emotional-affektive Bindung an die Lehrperson

Beim Lernen von Mathematik und bei der Beschäftigung mit Mathematik kann sich eine emotional-affektive Bindung an die Lehrperson für Schülerinnen und Schüler als persönlich relevant erweisen. Die Sinnkonstruktion *Emotional-affektive Bindung an die Lehrperson* beschreibt also Aspekte dieser affektiven Bindung zwischen der lernenden und der lehrenden Person.

Abbildung 20: Kodierparadigma der Sinnkonstruktion *Emotional-affektive Bindung an die Lehrperson.*

Für manche Schülerinnen und Schüler ist das Lebensalter der Lehrperson ausschlaggebendes Kriterium für eine emotional-affektive Bindung. Ist die Lehrperson noch vergleichsweise jung und jugendlich in ihrem Auftreten (Christine 192-193; Emma 127-128), wird die Differenz zwischen der Lebenswelt der Lernenden und der der Lehrperson als gering empfunden, so dass sich die Lehrperson nach Auffassung der Schülerinnen und Schüler einfacher in deren Lebensumstände hineindenken könne. Entsprechend würden auch im Unterricht eher Themen behandelt werden, die für die Lernenden interessant und relevant seien (Emma 127-128).

Die emotional-affektive Bindung selbst entsteht primär durch eine positive und freundliche Atmosphäre zwischen der Lehrperson und dem bzw. der jeweiligen Lernenden (Mona 101-106; Emma 182-186, Vincent 81-98). Diese zeigt sich besonders in der Kommunikation und Interaktion zwischen den Schülerinnen und Schülern und der Lehrperson (Lea 271-280; Emma 127-128). Gestärkt wird die positive Atmosphäre besonders durch Späße (Mona 101-106; Vincent 81-98), die die Lehrperson in das Unterrichtsgeschehen einbindet.

Schließlich zeigt sich die Bindung noch in dem Respekt, den die Schülerinnen und Schüler der Lehrperson entgegenbringen (Toby 75-79), bzw. der Wertschätzung, die diese für die Lernenden hat. Mangelt es an Wertschätzung, kann es dazu kommen, dass sich der bzw. die Lernende so intensiv darum bemüht, dass der Wunsch nach Wertschätzung bzw. nach einer emotionalen Bindung an die Lehrperson zu einem zentralen Punkt seiner bzw. ihrer Aufmerksamkeit wird (Christine 46, 200-205 und andere).

Abbildung 20 (S. 186) veranschaulicht mögliche Voraussetzungen und Auswirkungen der Sinnkonstruktion *Emotional-affektive Bindung an die Lehrperson*, die im Zuge des axialen Kodierens erarbeitet wurden (vgl. Abschnitt 6.3, S. 112).

8.4.2.3 Soziale Eingebundenheit erleben

Beim Lernen von Mathematik und bei der Beschäftigung mit Mathematik ist es für die interviewten Schülerinnen und Schüler persönlich relevant, dass sie in die Gruppe der Mitschülerinnen und Mitschüler eingebunden sind. Diese Sinnkonstruktion wurde aus den empirischen Daten der Studie rekonstruiert, wobei verschiedene Kategorien in diese Sinnkonstruktionsart eingehen. Eine besonders einflussreiche ist das Erleben sozialer Eingebundenheit als eines der drei psychologischen Grundbedürfnisse der Selbstbestimmungstheorie der Motivation nach Deci und Ryan (vgl. Deci & Ryan, 1993, Ryan & Deci, 2002). Es geht als Teil des theoretischen Rahmens der Sinnkonstruktion in diese Arbeit ein und fungierte als sensibilisierendes Konzept im Kodierprozess. Daraus kann jedoch nicht automatisch geschlossen werden, dass es auch zwingend als Sinnkonstruktionsart rekonstruiert werden musste.[33] Im Gegenteil: Es wurde – wie alle anderen Sinnkonstruktionsarten auch – sukzessive aus den Daten rekonstruiert und zunächst auch anders benannt (*Sozialerleben*). Da eine klare Abgrenzung zum Konzept des Autonomieerlebens nach Deci und Ryan jedoch nicht möglich war, bezeichne ich diese Sinnkonstruktionsart nun im Einklang mit der Selbstbestimmungstheorie der Motivation mit *Soziale Eingebundenheit erleben*. Das Erleben der Eingebundenheit der Schülerinnen und Schüler bezieht sich zum einen auf die soziale Interaktion der Gleichaltrigengruppe, zum anderen auf Situationen, in denen das miteinander Lernen im Vordergrund steht.

Die soziale Interaktion spiegelt sich in der direkten Kommunikation und Interaktion der Lernenden (Ayla 190-202; Camryn 162-168). Die Lernenden nut-

[33] Vgl. etwa die anderen sensibilisierenden Konzepte des theoretischen Rahmens, die nicht als Sinnkonstruktionsarten rekonstruiert werden konnten (siehe Abschnitt 2.6, S. 48).

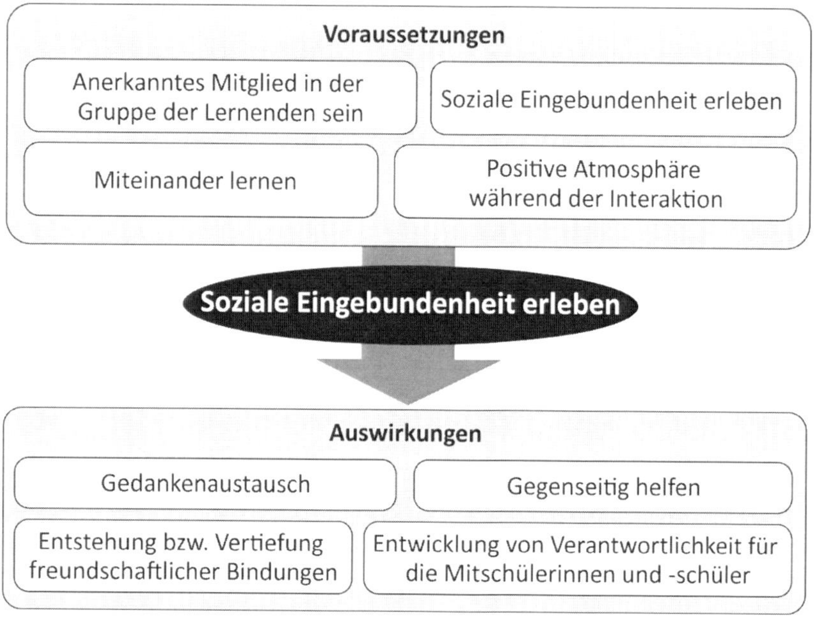

Abbildung 21: Kodierparadigma der Sinnkonstruktion *Soziale Eigebundenheit erleben.*

zen viele Gelegenheiten, in denen sie miteinander interagieren können. Oftmals werden dabei unterrichtsnahe Themen behandelt, zum Teil jedoch auch unterrichtsferne Gespräche geführt. Währenddessen ist ihnen grundsätzlich eine positive und angenehme Atmosphäre wichtig (Mirko 30-33; Toby 110-111). Manche der Interviewten beschreiben Situationen, in denen es ihnen als Außenseiter bzw. Außenseiterin wichtig war, während dieser Interaktion anerkannter Teil der Gruppe zu sein (Inga 136-139).

In Situationen, in denen das miteinander Lernen im Vordergrund steht, arbeiten die Lernenden oftmals und gerne mit Mitschülerinnen und -schülern zusammen (Karsten 60-61; Janice 241-244, Mark 48). Dabei kann sogar die freundschaftliche Bindung vertieft werden (Yannick 66; Vincent 118-120). Eine oftmals beschrieben Situation ist, dass die Lernenden sich gegenseitig helfen (Mirko 12; Emma 72). So fragen sie Sitznachbarinnen oder -nachbarn, wenn sie etwas nicht verstanden haben, oder helfen, wenn sie darum gebeten werden. Zusätzlich wird der gemeinsame Gedankenaustausch positiv gewertet (Yannick

52; Luke 132-133). Dabei geht es nicht darum, anderen Lernenden Inhalte zu erklären, sondern gleichberechtigt Gedanken zu einem Thema auszutauschen. Dies kann auch in Form von Vorrechnen an der Tafel geschehen. Zum Teil stellen sich die Lernenden dabei gegenseitig Aufgaben (Janice 25-26, 183-184). Manche von ihnen sind zudem der Überzeugung, dass alle Schülerinnen und Schüler die im Unterricht behandelten Inhalte verstehen sollen (Lena 120-124). Auch dies zeigt ihre Eingebundenheit in die Gruppe der Mitschülerinnen und -schüler bzw. den Wunsch danach.

Abbildung 21 (S. 188) veranschaulicht mögliche Voraussetzungen und Auswirkungen der Sinnkonstruktion *Soziale Eingebundenheit erleben*, die im Zuge des axialen Kodierens erarbeitet wurden (vgl. Abschnitt 6.3, S. 112).

8.4.3 Prototypen: Yannick und Toby

Die beiden Prototypen, die für den Sinnkonstruktionstyp *Emotional-affektiv geprägte Entfaltung* beschrieben werden, legen unterschiedliche Schwerpunkte. Yannick, ein Schüler des Theodor-Storm-Gymnasiums aus Norddeutschland, zeigt eine starke Ausprägung der Sinnkonstruktion *Soziale Eingebundenheit erleben*. Für ihn sind Interaktionen innerhalb der Gleichaltrigengruppe wichtig, wohingegen seine emotional-affektive Bindung an seine Lehrerin, Frau Thomsen, sowie die Ausgeglichenheit im Mathematikunterricht oder durch die Beschäftigung mit Mathematik vergleichsweise wenig thematisiert werden. Im Gegensatz dazu sind für Toby, ein Schüler des Wah Yan College in Hongkong, gerade diese beiden Sinnkonstruktionen dominierend. Er legt besonderen Wert auf die gute Beziehung zu seinem Lehrer, Mr Ng, die sich insbesondere in einer entspannten und ausgeglichenen Atmosphäre im Klassenzimmer zeigt. Zudem findet Toby Ausgeglichenheit durch die Beschäftigung mit mathematischen Inhalten in der Form, dass er dieses als eine Art Spiel betrachtet. Beide Schwerpunkte, also der Fokus auf das Erleben sozialer Eingebundenheit in Deutschland sowie die Fokussierung auf die emotional-affektive Bindung an die Lehrperson und auf die Ausgeglichenheit in Hongkong, finden sich bei mehreren Schülerinnen und Schülern der jeweiligen Länder und können als eine Art kulturspezifisches Muster interpretiert werden. Dies heißt nicht, dass es die Ausprägungen nicht auch in der jeweils anderen Kultur geben kann,[34] doch die hier genannte Ausprägung scheint einen größeren Schwerpunkt darauf zu legen.

[34] Die Sinnkonstruktion *Emotional-affektive Bindung an die Lehrperson* ist etwa bei Christine, einer deutschen Schülerin, dominierend. Sie ist dabei jedoch insofern ein Sonderfall, da bei ihr der Wunsch nach emotionaler Bindung an ihren Lehrer im Vordergrund ist. Christine hat ein

Yannick

Yannick ist Schüler der 10. Klassenstufe des Theodor-Storm-Gymnasiums im Mathematikunterricht von Frau Thomsen. Er ist ein ehemals leistungsschwacher Schüler, der seine Leistungen in der letzten Zeit vor dem Interview jedoch bessern konnte. Yannick hat grundsätzlich Interesse an Mathematik (160), worüber er selbst verwundert ist. Entsprechend stellt er einen Widerspruch fest:

> Also, eigentlich interessiert mich Mathe an sich. Das ist eigentlich ein Paradoxon, weil ich bin schlecht in Mathe und trotzdem ist es eins meiner Lieblingsfächer. Und vor allen Dingen werde ich da wahrscheinlich auch Leistungskurs machen müssen, weil ich gerne Informatiker werden möchte und deswegen interessiere ich mich eigentlich allgemein für Mathe. (109)

Sein Interesse für mathematische Inhalte begründet sich also neben der Vorbereitung auf seinen späteren Wunschberuf in einer allgemeinen Zuneigung zum Fach. Auf die Frage, warum er Mathematik lerne, antwortet er nach längerem Zögern:

> [...] mm ja, weil mich das schon immer interessiert hat. Und ja weil meine Eltern das gesagt haben, dass es sehr wichtig ist. Diesen, das habe ich mir, habe ich dann angenommen diesen Ratschlag, das auch zu lernen. Und seitdem interessiert es mich auch. Also, das hat mich einfach überzeugt. Deswegen lerne ich Mathe. (287)

In welcher Art Mathematik konkret wichtig ist, lässt er jedoch offen.

Wie oben bereits angedeutet (vgl. Einleitungsabschnitt von Abschnitt 8.4.3, S. 189), geht Yannick vergleichsweise wenig auf die emotional-affektive Bindung zu seiner Lehrerin, Frau Thomsen, ein, oder darauf, inwiefern Mathematik (-unterricht) mit seiner Ausgeglichenheit zusammenhängt. Zum ersten Punkt erwähnt er lediglich, dass ihm „nette Lehrer“ im Unterricht wichtig seien (147), wobei diese Eigenschaft sich ausdifferenziert in „also sie müssen Verständnis haben, innovativ sein“ (147). Yannick fordert die Unterstützung der Lehrerin auf seinem Weg der Leistungsbesserung ein (vgl. Sinnkonstruktion *Unterstützung durch die Lehrperson*, Abschnitt 8.6.2.2, S. 209). So möchte auch er herausfordernde Aufgaben bearbeiten dürfen und sich nicht in eine leistungsschwache Gruppe zurückgesetzt fühlen (93, 112-116). Daher ist er enttäuscht,

---

sehr schlechtes Verhältnis zu ihrem Mathematiklehrer, der sich oftmals über ihre Familienmitglieder bzw. ihr Leben auf dem Land lustig macht. Christine vermisst die Wertschätzung ihres Lehrers und wünscht sich, ein gutes Verhältnis zu ihm aufbauen zu können. Es zeigt sich, dass bei Abwesenheit einer Sinnkonstruktion der Wunsch nach dieser dominierend werden kann (vgl. Christine 14, 40, 46, 61, 69, 71-76, 94-97, 192-193, 200-205, 218-221, 224-225, 227-231).

> [...] dass sie [Frau Thomsen, MV] halt nicht allen die Chance gibt, zu zeigen, was in ihnen steckt. Oder ja das halt nur die Guten in eine Gruppe kommen und so was alles. Das finde ich naja ... nicht ungerecht, aber schon ein bisschen, ja wie gesagt. Das Vertrauen fehlt noch ein bisschen, so dass man das auch selber dann erschließen kann. (187)

Yannick ist wichtig, dass Frau Thomsen merkt, dass er die Aufgaben erfolgreich bearbeitet hat, und freut sich entsprechend über Lob und Anerkennung (218-224; vgl. Sinnkonstruktion *Positive Außenwirkung*, Abschnitt 8.7.2.3, S. 225).

Die zweite eher wenig thematisierte Sinnkonstruktion, *Ausgeglichenheit*, spricht Yannick an, wenn er von den Vorzügen guter Leistungen im Mathematikunterricht spricht:

> Man geht viel entspannter zur Schule. Wenn man alles gemacht hat und ... kann man sich auch mal nen Tag frei nehmen einfach so. (229)

Der Ausgleich durch einen arbeitsfreien Tag folgt als Belohnung auf die vorhergehende Anstrengung. Einen weiteren Ausgleich findet Yannick darüber hinaus in der Beschäftigung mit Mathematik in seiner Freizeit in Form von eigenen Programmierungen am PC oder dem Lösen von Mathematikaufgaben seiner kleinen Schwester (281-283).

Die dritte Sinnkonstruktion, *Soziale Eingebundenheit erleben*, auf der der Sinnkonstruktionstyp *Emotional-affektiv geprägte Entfaltung* basiert, ist für Yannick zentral. Sie äußert sich für ihn insbesondere in einer positiven Atmosphäre in der Klassengemeinschaft. Diese zeigt sich darin, dass die Schülerinnen und Schüler gut aufpassen (52) und engagiert mitarbeiten (179). Sie gehen fair miteinander um und lassen nach einer Gruppenarbeit dasjenige Gruppenmitglied an der Tafel vorrechnen, welches die Aufgabe maßgeblich gelöst hat:

> Obwohl es nicht so aussieht [...], kommen alle super miteinander aus, und das, da ist wirklich nicht so, dass hier jemand, wenn er schon abschreibt, denn lässt er trotzdem den nach vorne gehen, der das dann selber gemacht hat. ... Weil häufig ist das so, wenn man dann abschreibt, will man's ja dann später selber verstehen und nicht Lob einheimsen oder so. (187)

Ein ganz besonderer Schwerpunkt nimmt bei Yannick das von ihm so benannte „Erfolgsprinzip 'Schüler helfen Schüler'“ (147) ein. Dabei helfen sich die Lernenden gegenseitig entweder bei konkreten Problemen in der Kleingruppe (258) oder bei Erklärungsschwierigkeiten während der Präsentationen vor der Klassengemeinschaft (66). Dieses Konzept sei in letzter Zeit „normal“ (177) und wird von Yannick als „ganz toll“ bewertet (147). Vorteile dabei sind für ihn, dass die Schülerinnen und Schüler die Erklärungen ihresgleichen leicht verstehen

(46), wie etwa Johannas Erläuterungen am Tageslichtprojektor zur Lösung der von ihrer Gruppe bearbeiteten Aufgabe:

> Ja, sehr schlüssig hat sie das erklärt, finde ich. Das hat man auch gleich verstanden und so wie ich das gehört hab, [...] haben alle das auch ganz gut verstanden gleich. Doch das fand ich eigentlich ziemlich gut. Obwohl das halt von ner Schülerin erklärt wurde. (56)

Yannicks einschränkende „obwohl"-Formulierung im letzten Satz zeigt, dass er die Erklärungen seiner Lehrerin doch als verlässlicher einschätzt, als die seiner Mitschülerinnen und -schüler. Insgesamt überwiegt jedoch seine Befürwortung für das Konzept 'Schüler helfen Schüler'.

Ein weiterer positiver Aspekt dieses Konzepts sei, dass das gegenseitige Erklären positiv von den Lehrerinnen und Lehrern wahrgenommen werde:

> [...] dass man dann auch anderen Leuten das erklären kann. Das kommt dann ja auch immer gut rüber. Wenn die Lehrer es dann merken, dass der gut ist. Es wird auch häufig was im Lehrerzimmer erzählt und so. Deswegen ist es schon irgendwie wichtig. (301)

In Yannicks Schilderung spiegelt sich das Bedürfnis nach Anerkennung (vgl. Sinnkonstruktion *Positive Außenwirkung,* Abschnitt 8.7.2.3, S. 225) und einer emotionalen Bindung an seine Lehrerinnen und Lehrer. Ob seine Beschreibung des Austausches der Kolleginnen und Kollegen im Lehrerzimmer dabei der Wirklichkeit entspricht, bleibt dahingestellt.

Als letzten Aspekt nennt Yannick Vorteile der Aufgabenbearbeitung in Kleingruppen. Er hat in der zurückliegenden Mathematikstunde die gestellte Aufgabe zunächst mit einem Partner „ziemlich schnell gelöst" (105) und sich im Anschluss daran mit anderen Gruppenmitgliedern ausgetauscht. Bei der Arbeit in der Kleingruppe werden die Schülerinnen und Schüler kreativ und suchen nach eigenen Lösungswegen (179).

Zusammenfassend steht für Yannick im Hinblick auf eine emotional-affektiv geprägte Entfaltung im Mathematikunterricht besonders im Vordergrund, sich in der Gruppe der Klassenkameradinnen und -kameraden aufgehoben zu fühlen. Es ist für ihn sehr wichtig, darauf zählen zu können, dass sich die Schülerinnen und Schüler gegenseitig helfen und füreinander da sind. Diese soziale Eingebundenheit in die Gruppe der Lernenden ist für Yannick Grundvoraussetzung für sein Wohlbefinden im Mathematikunterricht.

Toby

Toby ist Schüler der 10. Klassenstufe des Wah Yan College in Hongkong und besucht dort den Mathematikunterricht bei Mr Ng. Toby hat eine positive Beziehung zum Fach Mathematik, die Teil der Grundlage seines emotionalen Wohlbefindens im Mathematikunterricht ist. Sein Interesse steigt mit dem Schwierigkeitsgrad der behandelten Inhalte.

> I think most of the questions in the textbook or some exercise that given by Mr Ng is very challenging when I'm doing it. So, I like challenging things and I like to solve problems. It's interesting me a lot. (60)

Sein besonderes Interesse am Problemlösen ist begründet in der Möglichkeit, sich selbst als kompetent zu erleben (vgl. auch die Sinnkonstruktion *Kompetenzerleben*, Abschnitt 8.3.2.1, S. 170) und den Sinnkonstruktionstyp *Wohlbefinden durch eigene Leistung*, Abschnitt 8.3 , S. 169). Emotionales Wohlergehen steht also in enger Verbindung mit der eigenen Leistung. Dabei interessieren ihn Aufgaben mit einem Bezug zu seinem Leben mehr als innermathematische Aufgaben ohne einen Anwendungsbezug (207).

Das Lösen mathematischer Probleme betrachtet Toby insgesamt als eine Art Spiel denn als Pflichtaufgabe:

> I think mathematics is a kind of games that is solving some problems. And I think doing exercises is just like solving problem in a game. So I quite enjoy it. (57)

Da Toby offenbar Spaß am Problemlösen hat, ist es auch nicht verwunderlich, dass er gern Sudokus löst und sich jeden Tag das Rätsel von seiner Mutter aus der Zeitung ausschneiden lässt (188). Mathematische Rätsel haben auf diese Weise Anteil an seinem Wohlbefinden.

Neben dem Interesse am Fach Mathematik, das zu einem Wohlbefinden bei der Auseinandersetzung mit seinen Inhalten führt, ist Toby eine entspannte Unterrichtsatmosphäre wichtig. Dass er im Unterricht konzentriert mitarbeitet, liegt dabei insbesondere an seiner emotionalen Bindung an seinen Lehrer Mr Ng, den er sehr schätzt (79). Bei der Beschreibung einer ganz normalen Unterrichtsstunde hebt Toby besonders die nette Art von Mr Ng hervor sowie seine Eigenschaft, im Unterricht Späße zu machen:

> T: Except Mr Ng teaching us the mathematics, I think we always have some laughing and it's happy. Mr Ng often makes some jokes or we also have some jokes or I have some discussion between our classmates. So it's very happy. And sometimes when you are doing exercise, we hear at the corner: ha ha ha ha ha. And then, yeah, it's very normal for us to hear laughing or some funny sound during the lessons. It's quite special.

I: So, it's a nice atmosphere?

T: Yes. And also all of us respect Mr Ng very much. And it's quite amazing that most of us won't do something about other subject during the mathematics lesson compare with other lessons. Some of us will do some Chinese-homework during the English-lesson or otherwise. So, it's quite amazing that all of us are very concentrate and pay a lot of attention to Mr Ng. (73-75)

Toby beschreibt eine sehr positive Unterrichtsatmosphäre, die von Heiterkeit geprägt ist. Zudem ist gegenseitige Wertschätzung der Lernenden und der Lehrperson ein sehr wichtiges Element des Mathematikunterrichts. Die Lehrperson drückt ihre Wertschätzung den Schülerinnen und Schülern gegenüber durch die Schaffung einer freundlichen Atmosphäre aus, wohingegen diese ihren Unterricht mit nahezu unabgelenkter Aufmerksamkeit folgen. Zudem respektieren sie Mr Ng für sein fachliches Wissen, welches er auch spontan für Erklärungen jenseits des aktuellen Curriculums heranzieht.

Well, in fact most of his explanation, he said, is the syllabus in form six. When we are listening to his explanation, we also feel: 'Wow, amazing'. Especially some proof of the formula. There is a lot of ways to proof or to calculate something at that we can't think of that and we feel: 'Wow, amazing, we can't think of this way'. (134)

Neben der Heiterkeit und der gegenseitigen Wertschätzung sind die effiziente Unterrichtsgestaltung und die hohe Autonomie der Lernenden Gründe dafür, dass Toby sich im Unterricht ausgeglichen fühlt.

[...] during the lesson I am very relaxed. It's because Mr Ng can talk very fluent and also he won't talk or teach something too slow or stop too long for some topic. [...] he didn't mind us to have some discussion with our classmates. So I think mathematics lesson is a quite relaxed lesson. (Toby 36)

Es ist also gerade die Kombination aus Effizienz (vgl. Sinnkonstruktion *Effizienz*, Abschnitt 8.6.2.1, S. 206) und sozialer Eingebundenheit, die Toby hier als besondere Unterrichtsatmosphäre hervorhebt (vgl. auch 111).

Für Tobys Ausgeglichenheit im Mathematikunterricht sind insbesondere die Wertschätzung des Lehrers sowie die soziale Eingebundenheit in die Gruppe der Klassenkameradinnen und -kameraden wichtig:

I: Which people are important for your learning of mathematics?

T: Which people. Mr Ng and my classmates. Both of them have give me a lot of help and especially Mr Ng. Every time when we have some problem, we won't feel nervous to ask him because he's very nice and he really do not mind giving a lot of time to explain something to you again. Or even we can ask him something out of the syllabus. Last time we asked him something about the application of mathematics and then he explained a lot when our-, after school to tell about the application in chemistry, biology and physics. So, a group of us have teach-, listen to him and we gained a lot. (131-132)

Sowohl seine Mitschülerinnen und Mitschülern als auch Mr Ng helfen Toby, wenn er Unterstützung benötigt. Insbesondere weitergehendes Interesse der Schülerinnen und Schüler nimmt Mr Ng gerne auf und geht durch seine tief gehenden Erklärungen intensiv auf sie ein. Es findet eine intensive Förderung statt.

Darüber hinaus ist Toby im Mathematikunterricht ausgeglichen, wenn er eine kognitive Pause einlegen bzw. selbst entscheiden kann, womit er sich beschäftigen möchte. Im Gegensatz zu anderen Schülerinnen und Schülern (vgl. etwa die Charakterisierung von Laura, Abschnitt 8.6.3, S. 211) beschäftigt Toby sich im Mathematikunterricht nicht mit Hausaufgaben aus anderen Fächern, sondern entspannt sich im (fachlichen) Gespräch mit seinen Klassenkameradinnen und -kameraden. Entsprechend beschreibt er den Mathematikunterricht als *recess* (Schulpause).

T: [...] I think, mathematics lesson is-, I can say is a recess for me. It's because, as I have say that, it's very relaxing. So, I really enjoy it.

I: In how far is it relaxing?

T: Compare with the other lessons, I can have more discussion with our classmates. And also I won't be afraid to ask questions. Because I think Mr Ng is a really good teacher and he's also very friendly to us. So, I think most of us like him very much. So during the lesson, I can do whatever I want, and of course it must be about mathematics. And Mr Ng won't mind if I do some exercise on the other topic. So I think it's very free in the lessons. (63-65)

Die empfundene Freiheit resultiert also aus dem Erleben von Autonomie zusammen mit sozialer Eingebundenheit in die Gruppe der Klassenkameradinnen und -kameraden (vgl. die Sinnkonstruktionen *Autonomie erleben*, Abschnitt 8.1.2.1, S. 142) und *Soziale Eingebundenheit erleben* (Abschnitt 8.4.2.3, S. 187).

Diese Eingebundenheit erlebt Toby besonders dann, wenn er mit anderen Lernenden auf unterschiedliche Weise zusammenarbeitet. Seine Freunde helfen ihm, die Inhalte zu verstehen, wenn er eine schlechte Note erlangt hat (117) und er fragt sie, wenn er etwas nicht verstanden hat (95, 126, 194). Zum Teil sind sie so intensiv in fachliche Diskussionen vertieft, dass sie Erklärungen ihres

Lehrers überhören (122). Hat die gesamte Kleingruppe Schwierigkeiten mit den Inhalten, wenden sie sich gemeinsam an Mr Ng:

> [...] we ask them[35] in a group, there may be some discussion with Mr Ng and there will be some student may write some new question out. So, we can learn quite a lot that we do not expected before we asked him. (129)

Durch das gemeinsame Fragen in der Gruppe können Themen entstehen, die sonst nicht besprochen worden wären. Auf diese Weise lernen die Schülerinnen und Schüler mehr, als sie es getan hätten, hätten sie ihren Lehrer einzeln gefragt.

Die Lernenden stellen Mr Ng in solchen Situationen oftmals Fragen nach einer möglichen Anwendbarkeit der behandelten Inhalte. Sie tun dies, da die Inhalte für sie interessanter sind, wenn sie eine Anwendung im Leben erkennen können:

> T: Every time when we are [...] having some new topic, we always want to ask: 'It is really useful in our daily life?' So, in [...] my daily life, in fact I do not use the mathematics quite a lot. Maybe only use in calculate the price when I'm buying things or buying food, yeah. So, I always ask the question: 'Is mathematics really useful?' So, I always want to ask, for example the log [Logarithmus, MV] or something else: 'How can we use that in daily life?' [...] I think five to six classmates have the same idea, so we always ask Mr Ng: 'What is the application'.
>
> I: Why do you want to know this, the application?
>
> T: Sometimes, I think, when you are learning something that you don't know is it useful or not, you won't feel interesting to that [... part]. Yeah, if you do not know the application, you may think that: 'Woh, I learnt this just because I want to do best-, do better in the examination.' So, I think we can have change the attitude not just for good on the examination and also focus on our daily life and try to applicate the mathematics into our daily life. (137-139)

Die Frage nach konkreten Anwendungen im Leben liegt für die Schülerinnen und Schüler nahe, da Mr Ng die Unterrichtsinhalte oftmals mit Themengebieten der Physik oder Chemie in Verbindung bringe (140-141).

Tobys emotional-affektiv geprägte Entfaltung im Mathematikunterricht setzt sich also auf der einen Seite zu einem großen Teil aus dem Gefühl der sozialen Eingebundenheit in die Gruppe der Schülerinnen und Schüler zusam-

---

[35] Gemeint ist Mr Ng, auch wenn der Satz grammatikalisch falsch ist. Diese Interpretation ist eindeutig, da die hier zitierte Äußerung als Antwort auf die Frage gegeben wird, ob es in der Gruppe einfacher sei, den Lehrer zu fragen, als dies allein der Fall sei.

men. Auf der anderen Seite ist die besondere Beziehung zu seinem Lehrer für Toby wichtig, bei der sich die gegenseitige Wertschätzung der beteiligten Personen in einem nahezu freundschaftlichen Umgang und intensiver Förderung widerspiegelt.

8.5 Aktive Auseinandersetzung mit Mathematik

Im folgenden Abschnitt wird der Sinnkonstruktionstyp *Aktive Auseinandersetzung mit Mathematik* zunächst mit der ihm zugrunde liegenden Sinnkonstruktion in Zusammenhang gebracht und in der Typologie verortet (vgl. Abbildung 10 und Abbildung 11, S. 133 bzw. 137). Anschließend wird der hier vorgestellte Typus von anderen, ihm in der Typologie benachbarten Typen abgegrenzt. Abschnitt 8.5.2 (S. 198) beschreibt dann ausführlicher die zugrunde liegende Sinnkonstruktion unter Rückgriff auf die empirischen Daten und liefert eine Illustration anhand von Prototypen.

8.5.1 Charakterisierung und Abgrenzung des Typus

Der Sinnkonstruktionstyp *Aktive Auseinandersetzung mit Mathematik* umfasst die Sinnkonstruktion *Aktives Betreiben von Mathematik*. Bei dieser Sinnkonstruktion steht, wie der Name nahe legt, die direkte Auseinandersetzung mit mathematischen Inhalten im Vordergrund. Die interviewten Schülerinnen und Schüler äußern sich zur persönlichen Relevanz des aktiven Betreibens von Mathematik. Dadurch liegt eine starke Mathematikbezogenheit der Sinnkonstruktion vor.

Die Auseinandersetzung der Lernenden mit mathematischen Inhalten findet primär im Mathematikunterricht oder im Rahmen von Hausaufgaben bzw. bei der Prüfungsvorbereitung statt. Die genannten Aspekte fallen daher in den Bereich der schulischen Dimension und weisen eine mittlere Individuumsbezogenheit auf. Entsprechend verorte ich die Sinnkonstruktion *Aktives Betreiben von Mathematik* im Feld der Gruppe 2, *hohe Mathematikbezogenheit* und *mittlere Individuumsbezogenheit* (vgl. Abbildung 9, S. 133).

Der Typ *Aktive Auseinandersetzung mit Mathematik* grenzt sich von den anderen, die ihm inhaltlich in der Typologie nahe liegen, auf verschiedene Weise ab. Im Gegensatz zum Typ *Effiziente und unterstützende Gestaltung von Unterrichtsprozessen* (vgl. Abschnitt 8.6, S. 204) stehen konkrete mathematische Inhalte im Vordergrund. Bzgl. der effizienten und unterstützenden Gestaltung von Unterrichtsprozessen sind andererseits eher allgemeine Unterrichtsprozesse oder soziale Aspekte wesentlich. Die *Erfüllung gesellschaftlich geprägter Anforderungen* (vgl. Abschnitt 8.7, S. 220) orientiert sich stark an Anforderungen, die von externer Seite an die Lernenden herangetragen werden. Hier ist also die gesellschaftliche Dimension im Gegensatz zur schulischen Dimension das Unterscheidungsmerkmal. Schließlich bleibt die Abgrenzung zum Typus *Kognitive Selbstentwicklung* (vgl. Abschnitt 8.1, S. 140). Zwischen diesem und *Aktive Auseinandersetzung mit Mathematik* ist durchaus eine inhaltliche Nähe gegeben, da die kognitive Selbstentwicklung der Lernenden oftmals über die Auseinandersetzung mit konkreten mathematischen Inhalten geschieht, das aktive Betreiben von Mathematik also als Mittel eingesetzt wird, um sich selbst weiter zu entwickeln. Bei genauerer Betrachtung liegt auch genau darin der Unterschied: Beim Typ *Aktive Auseinandersetzung mit Mathematik* steht der Prozess der aktiven Auseinandersetzung mit Inhalten im Vordergrund, wohingegen bei den Sinnkonstruktionen des Typs *Kognitive Selbstentwicklung* die eigene Weiterentwicklung eine übergeordnete Stellung einnimmt. Der Fokus der entsprechend den unterschiedlichen Typen zugeordneten Sinnkonstruktionen ist folglich ebenso verschieden.

8.5.2 Zugrunde liegende Sinnkonstruktion

Im folgenden Abschnitt wird die Sinnkonstruktion *Aktives Betreiben von Mathematik*, die dem Sinnkonstruktionstyp *Aktive Auseinandersetzung mit Mathematik* zugrunde liegt, beschrieben. Dabei wird konkreter auf die Ausgestaltung der Sinnkonstruktion eingegangen. Sie wird anhand von Verweisen auf Transkriptausschnitte aus Deutschland und Hongkong illustriert, deren zugehörige Textstellen im Zusatzmaterial zu diesem Buch eingesehen werden können, das im Internet über die URL http://www.vieweg-teubner.de/ zugänglich ist. Die Beschreibung endet mit einer grafischen Zusammenfassung der für die Sinnkonstruktion wichtigen Voraussetzungen und Auswirkungen und stellt damit eine Verbindung zum Schritt des axialen Kodierens bei der Datenauswertung her.

8.5.2.1 Aktives Betreiben von Mathematik

Beim Lernen von Mathematik bzw. bei der Beschäftigung mit Mathematik ist es für die interviewten Schülerinnen und Schüler persönlich relevant, sich selbst aktiv mit den mathematischen Inhalten auseinanderzusetzen. Die damit einhergehende Sinnkonstruktion bezeichne ich mit *Aktives Betreiben von Mathematik*.

Das aktive Betreiben von Mathematik kann dabei den Lernprozess fördern, der Prüfungsvorbereitung dienen oder Quelle von Freude sein.

Der eigene Lernprozess wird insofern positiv durch die aktive Auseinandersetzung mit Mathematik beeinflusst, als dass die Schülerinnen und Schüler dadurch das Gefühl gewinnen, die zu lernenden Inhalte leichter zu verstehen (Katharina 88-92; Harry 85-86). Die Aufgaben sollten dabei vorzugsweise zunächst von einfachem Schwierigkeitsgrad sein und sich mit der Zeit steigern (Harry 22-27).

Die aktive Auseinandersetzung mit mathematischen Inhalten wird zudem als gute Vorbereitung für Prüfungen angesehen (Emma 71-76). Besonders die Bearbeitung von vielen Aufgaben wird dabei als hilfreich erachtet (Vivian 115-120; Emma 224-227) und dient der Steigerung des Selbstvertrauens (William 151-154) sowie der Beruhigung (Emma 98-100, 194-196).

Schließlich wird durch das aktive Betreiben von Mathematik auch Freude erlebt (Mirko 71-72; William 103-105). Der Abwechslungsreichtum der Aufga-

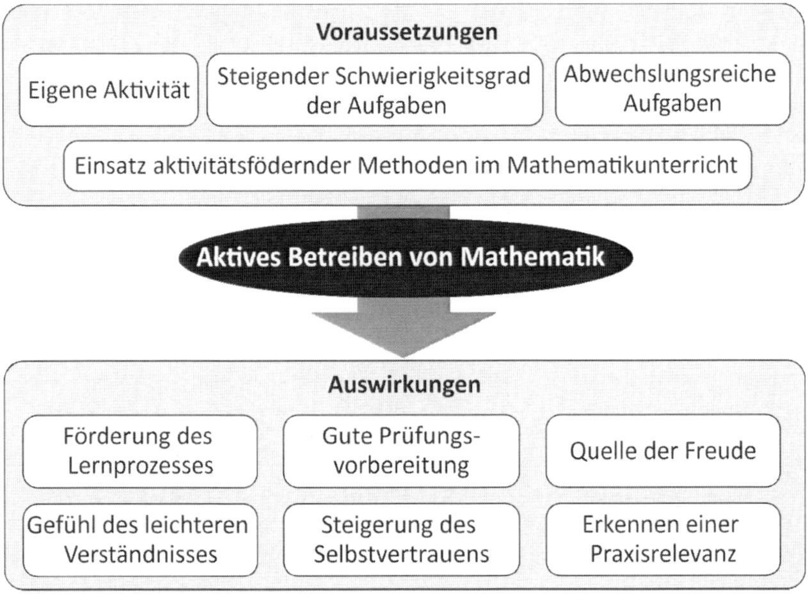

Abbildung 22: Kodierparadigma der Sinnkonstruktion *Aktives Betreiben von Mathematik.*

ben bietet dabei einen Anreiz für die Auseinandersetzung mit ihnen (Vivian 147-156). Dies gilt ebenso für enaktive Handlungen oder Spiele, in denen sich die Schülerinnen und Schüler aktiv engagieren können (Emma 53-58). Zufallsexperimente spornen darüber hinaus an, eine Verbindung zum realen Leben herzustellen (Janice 41-42). Grundsätzlich steht bei dieser Sinnkonstruktion die eigene Aktivität im Fokus (Mirko 118-124, Vivian 115-120; Jody 135-140), die im Gegensatz zur eher passiven Unterrichtsteilnahme während eines Vortrags der Lehrperson o. ä. steht.

Abbildung 22 (S. 199) veranschaulicht mögliche Voraussetzungen und Auswirkungen der Sinnkonstruktion *Aktives Betreiben von Mathematik*, die im Zuge des axialen Kodierens erarbeitet wurden (vgl. Abschnitt 6.3, S. 112).

8.5.3 Prototypen: Mirko und Emma

Aktives Betreiben von Mathematik, die einzige Sinnkonstruktion, die dem Sinnkonstruktionstyp *Aktive Auseinandersetzung mit Mathematik* zugrunde liegt, wird in Deutschland nur in geringer Ausprägung vorgenommen. Auch Mirko, der hier als Prototyp beschrieben wird, äußert sich an nur zwei Stellen im Interview derart, dass der entsprechende Kode vergeben werden konnte. In Hongkong zeigt sich ein anderes Bild: Da dort die Bearbeitung von vielen Aufgaben ähnlichen Typs – anders als in Deutschland – im Zentrum des Unterrichts steht, kommt der Sinnkonstruktion *Aktives Betreiben von Mathematik* eine zentralere Rolle zu, die anhand der Charakterisierung von Emma illustriert wird.

Mirko

Mirko ist Schüler der 10. Klassenstufe des Theodor-Storm-Gymnasiums und besucht den Mathematikunterricht von Frau Thomsen. Für ihn ist der Unterricht besonders dann interessant, wenn er eigene Entdeckungen machen kann und dabei herausgefordert wird (vgl. Sinnkonstruktionen *Autonomie erleben*, Abschnitt 8.1.2.1, S. 142 und *Kognitive Herausforderung*, Abschnitt 0, S. 144). Bei der Herleitung der Formel für die Berechnung der Mantelfläche eines Kegels versuchte er, die Formel über den Winkel an der Kegelspitze zu entwickeln, doch dies stellte sich als „genau der falsche Weg“ (38) heraus. Dieses Misserfolgserlebnis regte Mirko an, sich intensiver mit dem Problem auseinanderzusetzen.

> Da hat mich wirklich, da ich ehrgeizig bin, interessiert, 'Wie geht das denn jetzt?' Also Interesse ist eigentlich bei mir in Mathe hauptsächlich auch mit Ehrgeiz verbunden, also wenn's besonders interessiert. (38)

Mirkos Interesse an Mathematik ist also auf seinen Ehrgeiz zurückzuführen, der als Motor für seine Auseinandersetzung mit mathematischen Inhalten wirkt (68). Er wird durch Wettstreit mit seinen Mitschülerinnen und -schülern weiter angefacht (40).

Für Mirko besteht eine enge Verbindung zwischen Mathematik und Rechnen, welches ihm im Mathematikunterricht besonders wichtig ist (120).

> Weil ohne das ist das ja kein Mathe. <I: Ok.> Hauptsache, ja, also eigentlich dass immer ein paar Aufgaben gestellt werden, dass ich halt auch selbst was machen kann. Immer irgendwelche Aufgaben, das ist es eigentlich. (120)

„Rechnen“ ist dabei offenbar Mirkos Verständnis vom Betreiben von Mathematik. Dabei ist es für ihn wichtig, dass er selbst nachdenken muss.

> Nicht unbedingt Matheaufgaben hier aus dem Buch, es können auch einfach Aufgaben sein, wo man selbst überlegen kann, wie das sein könnte, wie es heute zum Beispiel war. (122)

Mirko bezieht sich an dieser Stelle auf die Möglichkeit, in der letzten Mathematikstunde auf einem Arbeitsbogen Hilfestellungen zur Herleitung der gesuchten Formel zu finden, oder aber die Formel ohne fremde Hilfe zu entwickeln. Durch stufenweises Herausziehen des Blattes aus einem Briefumschlag lag nicht sofort der gesamte Lösungsweg vor, so dass eigenständiges Weiterarbeiten bzw. das Nachkontrollieren eigener Ideen ermöglicht wurde. Dieses Vorgehen kommt Mirko entgegen, da er grundsätzlich Probleme selbständig lösen möchte, manchmal jedoch einen „Anstubs“ (160) von seinen Mitschülerinnen und -schülern oder der Lehrperson benötigt, wenn er „mal nicht Bescheid weiß“ (160). Bekommt er diesen Anstoß, versteht er, so die eigene Einschätzung, die zu lernenden Inhalte dauerhaft (12). Daher ist seine Bewertung dieser Methode „Das war vollkommen eine der besten Ideen [der Lehrerin, MV], sag ich mal so“ (51).

Die aktive Auseinandersetzung mit Mathematik ist bei Mirko schließlich durch das Erleben von Freude gekennzeichnet. Bei dem Begriff Mathematik denkt er entsprechend „als allererstes [...] an Spaß, weil ich immer, wenn etwas zu rechnen ist, dann hab ich halt einfach Lust zu rechnen und da kommt dann auch dieser Spaß her“ (72). Die aktive Auseinandersetzung mit Mathematik ist für Mirko also einerseits eine Möglichkeit, seinem Ehrgeiz zu begegnen und sein Interesse an Mathematik zu vertiefen, und zudem andererseits eine Gelegenheit, Spaß und Freude zu erleben.

Emma

Emma ist Schülerin der 9. Klassenstufe am St. Joseph's College in Hongkong. Sie besucht den Mathematikunterricht bei Ms Ting in der leistungsstärksten Parallelklasse ihres Jahrgangs und fühlt sich durch das hohe Leistungsniveau ihrer Klasse unter Druck gesetzt (101-103). Sie lernt Mathematik primär, da es durch den Lehrplan vorgeschrieben ist, und sieht gleichzeitig eine Anwendungsmöglichkeit in verschiedenen Berufen (147-148; vgl. Sinnkonstruktionstyp *Erfüllung gesellschaftlich geprägter Anforderungen*, Abschnitt 8.7, S. 220).

Obwohl Emma im Unterricht nahezu alles versteht (213), schätzt sie ihre eigenen mathematischen Kenntnisse und Fähigkeiten als gering ein. Sie hat Angst vor Mathematik, da sie Schwierigkeiten mit dem Denken habe.

> I'm afraid of mathematics. Because it is difficult for me to think. Think is the main problem for me. When I saw the mathematics sentence questions, I will feel scared. I think I don't understand whether I understand that question or not, so that I feel scared. (99)

Emma begründet ihre Angst vor Textaufgaben nicht mit sprachlichen Problemen (die Aufgaben sind in ihrer Zweitsprache Englisch gestellt), sondern mit ihrer langsamen Denkgeschwindigkeit (101). Emmas Strategie, ihren Ängsten zu begegnen, ist es, möglichst viele Aufgaben zu bearbeiten:

> When I saw the mathematics sentence questions, I will feel scared. [...] But after I do more exercise, I won't feel scared anymore and I feel I am save. (99)

Emma ist grundsätzlich der Ansicht, dass es nicht ausreichend sei, Aufgaben aus der Schule zu bearbeiten:

> We should do more, so we find more practice exercise. (255)

Sie kauft daher Übungsbücher, kopiert Aufgaben aus der Schulbibliothek und nimmt an den Wochenenden Privatunterricht in einem *Tutorial Centre* (225).

Emmas intensives Üben dient der Prüfungsvorbereitung. Einerseits erinnert sie dann einzelne Schritte der Aufgaben (227), andererseits wirken die Prüfungen nicht mehr wie schwierige Prüfungsfragen, sondern ähneln eher Hausaufgaben oder Arbeitsblättern. Die daraus resultierende Entspannung senkt den Druck, der auf ihr lastet (195). Dementsprechend steht Emma auch der Bearbeitung von vielen ähnlichen Aufgaben nicht ablehnend gegenüber, sondern versteht sie als notwendige und hilfreiche Vorbereitung auf wichtige Prüfungen.

> [...] we will do more easy up to one hundred sentence [d. h. zur Faktorisierung, MV]. But this is good for us. After we did the factorisation exercise, we will did more easily in exam. (74)

In Übereinstimmung mit dieser Einstellung legt Emma anderen Lernenden, die Schwierigkeiten mit einem Themengebiet haben, die Bearbeitung von Aufgaben nahe (72). Emmas Einstellung ist in Hongkong verbreitet und lässt sich mit der darunter liegenden Auffassung beschreiben, dass das (Auswendig-) Lernen von ggf. noch nicht vollständig verstandenen Schemata ein notwendiger Teil des Lernprozesses ist (vgl. Leung, 2001). Diese Auffassung gründet sich auf der kulturell geprägten Überzeugung des *practice makes perfect* (vgl. Li, 2006; vgl. auch Abschnitt 3.2.4, S. 73). Lernen ist demnach ein Prozess der wiederholten Praxis, des Erinnerns und Verstehens.[36]

Neben dem Übungsaspekt zur Prüfungsvorbereitung birgt das eigene Betreiben von Mathematik außerdem die Möglichkeit, Freude zu erleben und das logische Denken zu verbessern (122). Je aktiver die Auseinandersetzung mit den Inhalten dabei ist, desto interessanter ist es für Emma:

> I think if we more active and answer more question, I think maths would be quite interesting. (28)

Die Eigenaktivität der Schülerinnen und Schüler sollte dabei nicht beim Aufgabenlösen stehen bleiben. Emma befürwortet grundsätzlich eine (inter-) aktive Unterrichtsgestaltung.

> I want the mathematics lesson more active because I'm very sporty. (185)

Um diesem Anspruch gerecht zu werden, könnte auf der einen Seite die Lehrperson das Internet einsetzen, da dort Emma zufolge viele Informationen oder mathematische Spiele zu finden seien. Mit diesen könnten die Unterrichtsinhalte spielerisch von den Schülerinnen und Schülern entdeckt werden (45-47).

Auf der anderen Seite würde Emma gern thematisch passende Rollenspiele in den Mathematikunterricht integrieren, etwa als Verkäufer und Kundin bei der Berechnung von finanziellen Gewinnen bzw. Ersparnissen (54-56):

> [...] playing games can relax and when we relax we also can train our mathematics. Both of them is good. (69)

---

[36] Für eine ausführlichere Darstellung von Emma sowie der Diskussion der von ihr vorgenommenen Sinnkonstruktionen aus einer kulturellen Perspektive vgl. Vollstedt (2009 bzw. 2010).

Emma kennt ähnliche Rollenspiele aus dem Englischunterricht und würde sie gern auch in Mathematik aufgreifen. Es geht ihr dabei um die aktive Teilnahme und das Ausleben ihrer Aktivität.

> More actively is good. If we are too silence, I think it is quite strange for us and I think it's very boring that lesson. (60)

Zusammenfassend können zwei verschiedene Aspekte der aktiven Auseinandersetzung mit Mathematik bei Emma festgehalten werden. Zum einen bearbeitet Emma viele Übungsaufgaben, um sich möglichst gut und intensiv auf bevorstehende wichtige Prüfungen vorzubereiten (vgl. Sinnkonstruktion *Prüfungen*, Abschnitt 8.7.2.4, S. 226), zum anderen möchte sie im Unterricht selbst aktiv sein und persönlich eingebunden werden.

8.6 Effiziente und unterstützende Gestaltung von Unterrichtsprozessen

Im folgenden Abschnitt wird der Sinnkonstruktionstyp *Effiziente und unterstützende Gestaltung von Unterrichtsprozessen* zunächst mit den ihm zugrunde liegenden Sinnkonstruktionen in Zusammenhang gebracht. Dabei wird die inhaltliche Ähnlichkeit der beiden Sinnkonstruktionen durch ihre Verortung in der Typologie dargelegt (vgl. Abbildung 10 und Abbildung 11, S. 133 bzw. 137). Abschließend wird der hier vorgestellte Typus von anderen, ihm in der Typologie benachbarten Typen abgegrenzt. Abschnitt 8.6.2 (S. 206) beschreibt dann ausführlicher die zugrunde liegenden Sinnkonstruktionen unter Rückgriff auf die empirischen Daten und liefert eine Illustration anhand von Prototypen.

8.6.1 Charakterisierung und Abgrenzung des Typus

Die *Effiziente und unterstützende Gestaltung von Unterrichtsprozessen* umfasst die beiden Sinnkonstruktionen *Effizienz* (vgl. Abschnitt 8.6.2.1, S. 206) und *Unterstützung durch die Lehrperson* (vgl. Abschnitt 8.6.2.2, S. 209). Beide beziehen sich auf Unterrichtsprozesse, wobei es für die entsprechenden Schülerinnen und Schüler persönlich relevant ist, dass diese Prozesse möglichst effizient gestaltet werden und sie in ihrem Lernprozess von der Lehrperson unterstützt werden. Es kann dabei zwischen Handlungen unterschieden werden, die von den Schülerinnen und Schülern bzw. von der Lehrperson ausgehen.

Die Sinnkonstruktion *Effizienz* befasst sich auf der einen Seite mit effizienten Handlungsstrategien seitens der Schülerinnen und Schüler. Auf der anderen Seite äußert sich in dieser Sinnkonstruktion auch der Wunsch nach bzw. die Wertschätzung von effizienten Unterrichtsstrukturen (vgl. Abschnitt 8.6.2.1,

S. 206). *Effizienz* ist damit eine Sinnkonstruktion, die bei der schulischen Dimension anzusiedeln ist und damit eine mittlere Individuumsbezogenheit aufweist. Die Einordnung der Sinnkonstruktion *Effizienz* im Merkmalsraum bzgl. der Intensität der Mathematikbezogenheit ist zunächst nicht eindeutig, weil sich die *Effizienz* einerseits auf Strategien bei der Bearbeitung von Aufgaben beziehen kann, sie andererseits aber auch auf nicht mathematikgebundene Unterrichtsstrukturen gerichtet ist. Weil der Anteil der Kodes, die sich nicht auf die direkte Auseinandersetzung mit mathematischen Inhalten beziehen, eindeutig überwiegt, verorte ich *Effizienz* als eine Sinnkonstruktion mit geringer Mathematikbezogenheit. Da es sich, wie oben bereits festgestellt, bei der Typenbildung um eine Verallgemeinerung handelt, sind solche Schritte zulässig und notwendig. Damit gehört diese Sinnkonstruktion zum Feld der Gruppe 8, *geringe Mathematikbezogenheit* und *mittlere Individuumsbezogenheit* (vgl. Abbildung 9, S. 133).

Die Sinnkonstruktion *Unterstützung durch die Lehrperson* richtet sich auf die verschiedenen Hilfestellungen, die beim Mathematiklernen für die Schülerinnen und Schüler relevant sind. Es handelt sich dabei primär um zwischenmenschliche Unterstützungsmaßnahmen bzw. Interaktionsformen (vgl. Abschnitt 8.6.2.2, S. 209), bei denen die Mathematik selbst eine untergeordnete Rolle einnimmt und daher vernachlässigt wird. Da es sich um die Interaktion mit der Lehrperson und ihre Unterstützung im Mathematikunterricht handelt, befindet sich die Sinnkonstruktion in der schulischen Dimension. Ich verorte sie daher im Feld der Gruppe 8, *geringe Mathematikbezogenheit* und *mittlere Individuumsbezogenheit* (vgl. Abbildung 9, S. 133).

Der Sinnkonstruktionstyp *Effiziente und unterstützende Gestaltung von Unterrichtsprozessen* erstreckt sich insgesamt über die Felder der Gruppen 5 und 8 (vgl. Abbildung 9, S. 133). Damit deckt er die Merkmalskombinationen *mittlere sowie geringe Mathematikbezogenheit* sowie *mittlere Individuumsbezogenheit* ab. Obgleich das Feld der Gruppe 5 nach Einordnung der Sinnkonstruktionen in den Merkmalsraum leer bleibt, veranlasste mich die inhaltliche Nähe der Felder (vgl. Abschnitt 7, S. 127), sie zu einem Typ zusammenzufassen.

Der Sinnkonstruktionstyp *Effiziente und unterstützende Gestaltung von Unterrichtsprozessen* grenzt sich vom Typus *Erfüllung gesellschaftlich geprägter Anforderungen* (vgl. Abschnitt 8.7, S. 220) durch die Fokussierung auf Unterrichtsprozesse im Gegensatz zur Ausrichtung auf gesellschaftlich geprägte Anforderungen ab, die wenig Bezug auf den konkreten Mathematikunterricht nehmen. Der Typus *Aktive Auseinandersetzung mit Mathematik* (vgl. Abschnitt 8.5, S. 197) nimmt dagegen – ebenso wie der hier charakterisierte Typus – direkten Bezug auf den Mathematikunterricht, fokussiert jedoch die aktive

Auseinandersetzung mit Materialien und konkreten Inhalten im Gegensatz zu allgemeineren und sozialen Unterrichtsprozessen. Die größte inhaltliche Nähe besteht schließlich zum Typ *Emotional-affektiv geprägte Entfaltung* (vgl. Abschnitt 8.4, S. 182), weil beide Typen Sinnkonstruktionen umfassen, die primär im Mathematikunterricht angesiedelt sind, wobei sie nicht zwangsläufig auf die schulische Dimension gerichtet sein müssen. Ihr unterschiedlicher Fokus liegt entweder auf struktureller Ebene bzw. auf der Lehrperson, oder aber die eigene Entfaltung des Individuums im Mathematikunterricht wird in den Vordergrund gerückt.

8.6.2 Zugrunde liegende Sinnkonstruktionen

In den folgenden beiden Abschnitten werden die beiden Sinnkonstruktionen *Effizienz* und *Unterstützung durch die Lehrperson*, die dem Sinnkonstruktionstyp *Effiziente und unterstützende Gestaltung von Unterrichtsprozessen* zugrunde liegen, ausführlicher dargestellt. Dabei wird konkreter auf die Ausgestaltung der Sinnkonstruktionen eingegangen. Sie wird anhand von Verweisen auf Transkriptausschnitte aus Deutschland und Hongkong illustriert, deren zugehörige Textstellen im Zusatzmaterial zu diesem Buch eingesehen werden können, das im Internet über die URL http://www.vieweg-teubner.de/ zugänglich ist. Die Beschreibungen enden jeweils mit einer grafischen Zusammenfassung der für die jeweilige Sinnkonstruktion wichtigen Voraussetzungen und Auswirkungen und stellen damit eine Verbindung zum Schritt des axialen Kodierens bei der Datenauswertung her.

8.6.2.1 Effizienz

Effiziente Handlungen im Unterrichtsgeschehen sind für die interviewten Schülerinnen und Schüler beim Lernen von Mathematik und bei der Beschäftigung mit ihren Inhalten persönlich relevant. Dies wird in der Sinnkonstruktion *Effizienz* gebündelt. Dabei lassen sich zwei verschiedene Richtungen unterscheiden: effiziente Handlungsstrategien der Schülerinnen und Schüler auf der einen Seite und die Wertschätzung von bzw. der Wunsch nach einer effizienten Unterrichtsorganisation und -struktur auf der anderen Seite.

Sind effiziente Handlungsstrategien im Fokus der Schülerinnen und Schüler, geht es darum, mit minimalem eigenem Aufwand möglichst viel zu erreichen. Die Effizienz ist dabei auf verschiedene Bereiche fokussiert: den Mathematikunterricht allgemein, die Interaktion mit der Lehrperson und die eigene

Auseinandersetzung mit Inhalten. Richtet sich die Handlungseffizienz auf den Mathematikunterricht, geht es zum Beispiel darum, durch 'Aufpassen' im Unterricht die außerschulische Nachbereitungszeit zu minimieren (Karsten 80-81). Die Unterrichtszeit kann aus Sicht der Schülerinnen und Schüler bestmöglich genutzt werden, indem beispielsweise lediglich bei prüfungsrelevanten Themen aktiv mitgearbeitet wird (Mirko 35-36; Laura 274-281). Die restliche Zeit kann anderen Beschäftigungen nachgegangen werden, die inhaltsfern sein können, jedoch nicht sein müssen. So wiederholen manche Schülerinnen und Schüler etwa bereits behandelte Inhalte, wenn sie inhaltlichen Leerlauf im Unterricht verspüren (Laura 29).

Bei der eigenen Auseinandersetzung mit konkreten Aufgaben oder Inhalten besteht die Effizienz nach Einschätzung der Lernenden darin, bekannte Lösungsstrategien anzuwenden (Sandra 207-208; Alban 294-298) bzw. sich an bereits bekannte Theorien zu erinnern (Christine 137-139, Mona 183-186; Jody 199-202). Noch effizienter für den eigenen Aufwand wird das Abschreiben von Lösungen empfunden (Christine 126-127). Dies birgt jedoch die Gefahr, dass die Inhalte nicht verstanden werden.

Schließlich kann Effizienz auch die Interaktion mit der Lehrperson bestimmen. Manche Schülerinnen und Schüler versuchen, möglichst erwartungskonform zu handeln. Sie beobachten also ihre Lehrperson und bemühen sich, ihr eigenes Handeln an die der Lehrperson unterstellten Ansprüche oder Erwartungen anzupassen (Mirko 8; William 167-171). Das vorherige Nachschlagen für eine mit Sicherheit richtige Antwort (Karsten 11) oder das undurchdachte Antworten in der grundsätzlichen Annahme, dass ein Teil der Antwort passen werde (Paul 22-24), stellen zwei weitere Strategien des effizienten Handelns dar. Die Lehrperson soll sich bei der zweiten Variante die wichtigen Informationen selbst heraussuchen.

Die zweite große Effizienzart, die rekonstruiert werden konnte, bezieht sich auf Unterrichtsstrukturen, die entweder als effizient wertgeschätzt werden oder als effizienter gewünscht werden. Sie zielen schwerpunktmäßig in drei Richtungen: die Steigerung des Unterrichtstempos, die Lehrperson als Autoritätsperson sowie die Arbeitsorganisation im Unterricht. Die Stringenz des Unterrichts ließe sich nach Einschätzung der interviewten Schülerinnen und Schüler auf verschiedene Arten steigern. Auf der inhaltlichen Ebene sollten zum einen nur die Inhalte unterrichtet werden, die wirklich notwendig sind (Tobias 173-180; Toby 31), zum anderen sollte weniger geübt und wiederholt und stattdessen sollten mehr neue Inhalte unterrichtet werden (Johanna 98-103). Das Unterrichtstempo sollte möglichst hoch sein (Sebastian 127-131). Dafür sei

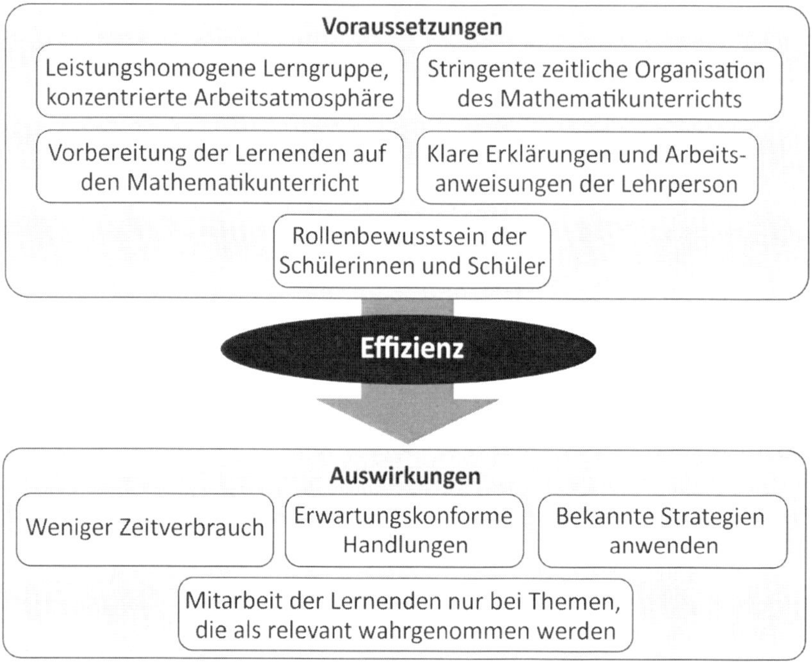

Abbildung 23: Kodierparadigma der Sinnkonstruktion *Effizienz.*

eine gute Vorbereitung aller Schülerinnen und Schüler auf den Unterricht hilfreich (Vivian 110-113). Grundsätzlich sollte also Zeitverschwendung vermieden werden (Johanna 152-156; Laura 18, 79-81), etwa durch die Vermeidung wiederholter Redebeiträge (Vivian 33-38), oder weniger Rücksichtnahme auf leistungsschwache Schülerinnen und Schüler (Sebastian 102-107).

Diese Aspekte gehen bereits über in die Effizienz der Arbeitsorganisation im Unterricht. Das Arbeiten in einer leistungshomogenen Gruppe (Yannick 93; Camryn 145-152) und eine konzentrierte Arbeitsatmosphäre (Sandra 143-148; Barry 166-169) seien ebenso hilfreich wie die Autorität der Lehrperson (Sandra 43-50; Laura 290-307). Sie beendet beispielsweise die Stunde und nicht das Klingelzeichen (Yannick 84). Die Klarheit ihrer Unterrichtsorganisation sowie ihrer Erklärungen werden zudem positiv hervorgehoben (Sandra 43-50; William 38). Die Wertschätzung ihrer Autorität drückt sich auch darin aus, dass manche Schülerinnen und Schüler lieber auf Fragen verzichten, um sie nicht in ihrem Unterrichtsfluss zu stören (Marcus 139-146).

Abbildung 23 (S. 208) veranschaulicht mögliche Voraussetzungen und Auswirkungen der Sinnkonstruktion *Effizienz*, die im Zuge des axialen Kodierens erarbeitet wurden (vgl. Abschnitt 6.3, S. 112).

8.6.2.2 Unterstützung durch die Lehrperson

Beim Lernen von Mathematik und der Beschäftigung mit Mathematik ist es für die interviewten Schülerinnen und Schüler persönlich relevant, von ihrer Lehrperson unterstützt zu werden. Diese Sinnkonstruktion bezeichne ich mit *Unterstützung durch die Lehrperson*. Die Unterstützung ist dabei durch die Fokussierung auf die unterschiedlichen handelnden Personen differenzierbar. Unterstützung durch die Lehrperson zeigt sich aus der Perspektive der Lernenden etwa darin, dass sie im Unterricht Fragen stellen dürfen (Lea 231-234; Luke 118-119), Lösungswege der Lehrperson nachahmen können (Alban 111-114) oder in die Evaluation von Mitschülerinnen oder -schülern etwa nach Referaten oder Vorträgen an der Tafel involviert werden (Yannick 89). Bezogen auf die Lehrperson selbst zeigt sich die Unterstützung in drei Aspekten: Sie gründet sich auf Persönlichkeitseigenschaften der Lehrperson, zeigt sich in der Interaktion zwischen den Lernenden und der Lehrperson sowie in deren Unterrichtsgestaltung.

Die wichtigste Eigenschaft einer Lehrperson ist aus Sicht der Schülerinnen und Schüler, dass sie gut unterrichtet bzw. gut erklären kann (Christine 131-134; Arnie 128-131) und schwierige Inhalte möglichst leicht begreifbar macht (Karsten 160-161; Barry 27). Weitere positive Eigenschaften sind darüber hinaus Fairness gegenüber den Lernenden (Johanna 49-51, Lea 271-280) und Geduld bei Erklärungen (Ayla 53-55; Harry 94, Laura 371-375), das heißt insgesamt, dass sich die Lehrperson ausreichend Zeit für die Belange der Schülerinnen und Schüler nimmt. Zudem wird wertgeschätzt, wenn die Lehrperson über ein großes fachliches Wissen verfügt (Vincent 243-244).

Die Interaktion zwischen der Lehrperson und den Schülerinnen und Schülern untergliedert sich auf der einen Seite in eine Beziehungsebene zwischen der Lehrperson und den Schülerinnen und Schülern und auf der anderen Seite in eine fachliche Ebene der Interaktion. Auf fachlicher Ebene ermuntert die Lehrperson die Lernenden zur Eigenaktivität (Lena 62-71; Mack 78-81) oder Eigenständigkeit (Inga 97-98) und fördert sie möglichst optimal entsprechend ihrem jeweiligen Leistungsstand (Ayla 216-221; William 78). Sie bereitet die Schülerinnen und Schüler auf anstehende Prüfungen vor (Lea 70-89; William 73) und gibt Rückmeldung, ob ihr Lösungsansatz richtig oder falsch ist (Lea 13-15, Tobias 216-219; Mark 145-148). Geht es andererseits um die nicht fachgebun-

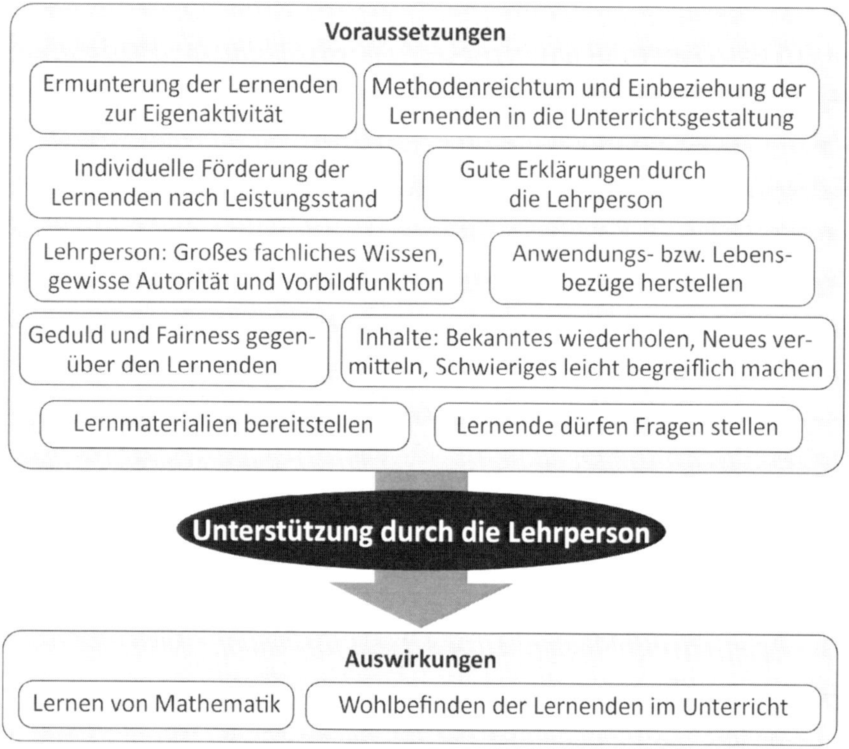

Abbildung 24: Kodierparadigma der Sinnkonstruktion *Unterstützung durch die Lehrperson*.

dene Interaktion zwischen der Lehrperson und den Lernenden, wird eine gewisse Autorität seitens der Lehrperson geschätzt (Karsten 204-209; Laura 290-307). Außerdem ist den Lernenden wichtig, dass die Lehrperson an ihrem Verständnis der Lerninhalte interessiert ist (Yannick 198-199; Harry 94) und diese mit den Schülerinnen und Schülern diskutiert (Lea 282-283; Mark 145-148). Für manche Lernende hat die Lehrperson eine Vorbildfunktion (Tobias 216-219).

Die Unterrichtsgestaltung der Lehrperson wird auf drei Arten für die Schülerinnen und Schüler persönlich relevant: inhaltlich, methodisch und interpersonal. Auf inhaltlicher Ebene ist es den Lernenden wichtig, dass die Lehrperson neue Inhalte vermittelt (Marcus 212-213) bzw. bereits bekannte wiederholt (Lena 109-114; Toby 18). Dabei hält sie die notwendigen Lernmaterialien bereit

(Sebastian 76-81; Danny 64-67) oder stellt eine Verbindung zu Anwendungsmöglichkeiten her (Lea 70-80; Toby 136-137). Manche Schülerinnen und Schüler schätzen es, wenn Inhalte behandelt werden, die nicht unmittelbar in den Lehrplänen thematisiert werden, wie beispielsweise die Geschichte oder philosophische Ansätze der Mathematik (Lea 53-55; Alban 133-138). Bei den Methoden wird grundsätzlich eine abwechslungsreiche Unterrichtsgestaltung durch Methodenreichtum als positiv eingeschätzt (Mona 168-174; Emma 45-47). So sollten etwa Anschauungsobjekte oder mathematische Spiele in den Unterricht eingebunden werden. Zudem wird Metakommunikation über die Struktur des Unterrichts und dessen Planung gerne gesehen (Mirko 92-93; Harry 17-19). Im Hinblick auf interpersonale Prozesse fühlen sich die Lernenden im Unterricht wohl, wenn die Lehrperson auf ihre Bedürfnisse eingeht, z. B. durch Schaffung eines eigenen Entfaltungsfreiraums (Sandra 101-104) oder dadurch, dass genug Zeit zum Verstehen der Inhalte gelassen wird (Inga 142-143; Marcus 15-19). Sie sollte bei der Unterrichtsgestaltung außerdem das Interesse der Lernenden berücksichtigen bzw. wecken (Camryn 216-217), indem Inhalte an ihre Lebenssituation angepasst werden. Außerdem schätzen die Lernenden eine ggf. von der eigentlichen Unterrichtsplanung abweichende Unterrichtsgestaltung, die spontan an die Bedürfnisse der Lernenden angepasst wird (Lena 42-45).

Abbildung 24 (S. 210) veranschaulicht mögliche Voraussetzungen und Auswirkungen der Sinnkonstruktion Unterstützung durch die Lehrperson, die im Zuge des axialen Kodierens erarbeitet wurden (vgl. Abschnitt 6.3, S. 112).

8.6.3 Prototypen: Sandra und Laura

Von der Häufigkeit ihrer Äußerungen, aus denen die Sinnkonstruktionen *Effizienz oder Unterstützung durch die Lehrperso*n rekonstruiert werden konnten, kamen Yannick und Sandra in die engere Wahl, als Prototyp für Deutschland dargestellt zu werden. Da Yannick sich jedoch sowohl quantitativ als auch qualitativ in seinem Interview deutlich intensiver mit Aspekten der emotional geprägten Entfaltung auseinandersetzte, wird er für jenen Sinnkonstruktionstyp als Prototyp charakterisiert. Somit fiel die Wahl auf Sandra als deutscher Prototyp. In Hongkong war Laura diejenige Person, die sich am ausgeprägtesten mit der effizienten und unterstützenden Gestaltung von Unterricht auseinandersetzt. Ihre intensive Auseinandersetzung mit diesen Aspekten rührt daher, dass sie neben dem schulischen Unterricht auch privaten an einem Tutoriumszentrum nimmt, in dem sie ihrer Ansicht nach mehr lernt als in der Schule. Derartiger Extraunterricht kann für Hongkong als typisch angesehen werden.

Sandra

Sandra ist ca. zwei Monate vor dem Interview aus Brandenburg nach Norddeutschland gezogen und besucht seitdem den Mathematikunterricht von Herrn Schmidt in einer zehnten Klasse des Theodor-Storm-Gymnasiums. Durch diese kurze Zeitspanne ist ihr der ehemalige Mathematikunterricht noch gut gegenwärtig, so dass sie die beiden Unterrichtsformen oftmals miteinander vergleicht.

Zu Herrn Schmidt hat Sandra ein zwiegespaltenes Verhältnis. Menschlich steht sie ihm positiv gegenüber, doch auf professioneller Ebene hat sie Probleme mit seinem Unterrichtsstil, die sich auch auf ihre Einstellung zum Mathematikunterricht niederschlagen. Darin zeigt sich Sandras didaktische Kompetenz, da sie klar zwischen Herrn Schmidt als nettem Menschen und seiner Unterrichtsqualitäten trennt:

> [...] ich finde ihn [Herrn Schmidt, MV] total nett, ich mag ihn richtig, aber im Unterricht finde ich ihn katastrophal. Also da komme ich überhaupt nicht mit ihm klar. Weil ich nicht finde, dass er das gut erklären kann und dann ... ist es teilweise halt kein richtiger Unterricht, sondern dann schweift er so ... ab, dann sind wir irgendwie, weiß ich nicht ... bei irgendwelchen anderen Themen. Also es ist sehr schwer bei ihm. (46)

Die Bewertung von Herrn Schmidts Unterrichtsstil, der von Abschweifungen zu inhaltsfernen Themen geprägt ist, als „kein richtiger Unterricht" drückt Sandras Wunsch nach mehr Unterrichtseffizienz aus. Mit dem Wunsch nach mehr Effizienz im Mathematikunterricht eröffnet sich jedoch ein Konflikt für Sandra, da gerade diese Abschweifungen zu einer lockeren Unterrichtsatmosphäre führen und die Möglichkeit einer emotional geprägten Entfaltung bieten (vgl. Sinnkonstruktionstyp *Emotional-affektiv geprägte Entfaltung*, Abschnitt 8.4, S. 182 bzw. Sinnkonstruktionen *Ausgeglichenheit*, Abschnitt 8.4.2.1, S. 184 und *Emotional-affektive Bindung an die Lehrperson*, Abschnitt 8.4.2.2, S. 185). Gerade diese Abwechslung zwischen fachlichen und fachfremden Themen, die im Unterricht besprochen werden, macht den Mathematikunterricht amüsant und damit angenehm (104). Dass Sandras Wunsch nach Effizienz schließlich überwiegt, zeichnet sich in ihrem Verbesserungsvorschlag für den Unterricht ab, in dem sie eine mögliche Verhaltensänderung auf Seiten der Schülerinnen und Schüler wünscht, die ihn „zum Beispiel jetzt ablenken und immer mit ihm unmathematische Dinge reden, aber [...] das ist verlockend auf jeden Fall" (128). Sie sieht die Verantwortung für mehr Effizienz also nicht allein bei Herrn Schmidt, sondern auch auf Seite der Lernenden.

Sandra vermisst an ihrer neuen Schule die „Strengheit“ (146) ihrer ehemaligen Lehrerinnen und Lehrer, die sich auch in effizienter Unterrichtsgestaltung zeigt.

> [...] hier ist es alles total locker und die Lehrer laufen rum und quatschen und schnacken und das war auf meiner alten Schule gar nicht so. Also da saßest du streng am Tisch und hast zugehört und hast halt auch eine Menge gelernt und das fehlt mir hier, diese Strengheit, also ... sicherlich ist es schön so zu schnacken, aber ich finde auch ... die Strengheit sollte da sein, damit man dem Unterricht folgt. (146)

Wenn ein gewisses Maß an strikter Unterrichtsgestaltung vorhanden ist, fühlt sich Sandra im Unterricht wohler und kann sich auch länger an die bereits behandelten Inhalte erinnern (147-148).

Die „Strengheit“, die Sandra vermisst, charakterisiert gut den Unterschied zwischen dem Mathematikunterricht an ihrer ehemaligen Schule im Vergleich zum Theodor-Storm-Gymnasium. Im Gegensatz zu ihrem momentanen Unterricht, der ihrer Auffassung nach „kein richtiger Unterricht“ ist, beschreibt sie – als Antwort auf die Frage, wie es ihr denn lieber wäre – ihre ehemalige Schule als „da war es halt wesentlich strenger und da haben wir halt radikal richtig Unterricht gemacht“ (48). Ihr Lehrer dort „war richtig streng, aber total nett“ (48). Sie scheint sich also einerseits nach einer emotionalen Bindung an ihre Lehrperson zu sehnen (vgl. Sinnkonstruktion *Emotional-affektive Bindung an Lehrperson*, Abschnitt 8.4.2.2, S. 185), auf der anderen Seite scheinen die Begriffe der Strenge und des „radikal richtigen Unterrichts“ bei ihr nicht negativ belegt zu sein. Sie beschreiben stattdessen einen Unterrichtsstil, der neben Aufmerksamkeit und Effizienz von einem Interesse der agierenden Personen aneinander geprägt ist.

Ein sehr wichtiger Punkt in Bezug auf die effiziente und unterstützende Unterrichtsgestaltung ist für Sandra, dass die Lehrperson auf die Fragen der Schülerinnen und Schüler eingeht und die Inhalte geduldig in direkter Interaktion und anhand von Beispielen erklärt. Auf diese Weise unterrichtet ihr ehemaliger Mathematiklehrer:

> [...] er hat ganz viel mit Beispielen gemacht. Wenn man das nicht verstanden hat, dann hat er sich meinetwegen hingestellt, 'also guck mal, das ist eine blaue Kreide, das ist eine grüne Kreide' und hat so an ... alltäglichen Beispielen das erklärt und dann hat man es auch richtig gut verstanden und ... ist halt auf die Fragen auch eingegangen. (48)

Herr Schmidt andererseits gehe nicht auf die Fragen der Schülerinnen und Schüler ein, sondern stelle sie als „doof" dar (48). Für Sandra steckt besonders in der Hinwendung der Lehrperson auf die Schülerinnen und Schüler eine Form der Wertschätzung und Unterstützung.

Hier fügt sich auch gut eine Sequenz aus dem nachträglichen lauten Denken ein. Sandra kommentiert dabei eine Phase aus der letzten Mathematikstunde, in der Herr Schmidt die Besprechung einer Aufgabe „wegen Sinnlosigkeit" abbricht, da die Schülerinnen und Schüler die Potenzgesetze, die zum Lösen der Aufgabe notwendig sind, nicht erinnern. Er weigert sich dabei zunächst, die Gesetze zu wiederholen und an die Tafel zu schreiben.

> [...] das sollte man nicht machen als Lehrer. Da einfach eine Aufgabe abbrechen und dann ... verzweifeln, weil die Schüler nicht wissen, 'ja, dann versuche ich es auch nicht zu erklären' oder so. [...] die Konfrontation, also das fand ich schon ganz schön krass. Und wir auch alle so ... 'wie jetzt' also da hätte er jetzt derjenige sein müssen, der sagt, so 'okay dann zeig ich euch das jetzt, dann rechne ich euch das vor und so wird es gemacht'. (16)

Sandra sieht die Verantwortlichkeit für die Eskalation der Situation eindeutig auf der Seite des Lehrers, zumal sie auch ihn für das Verständnis bzw. Nicht-Verständnis der Schülerinnen und Schüler verantwortlich macht:

> Das sind auch so eine Sachen, wenn er sagt ... 'man weiß nicht, was es [x Halbe, MV] bedeutet' oder so, dann liegt es glaub ich weniger an den Schülern, sondern eher an dem Lehrer, weil wir hatten, oder die andern hatten ihn auch schon vorher und er muss ja derjenige sein, der uns beibringt, dass ein Halb x, x Halbe ist. Und wenn er sich dann aufregt, dass wir das nicht wissen, dann sollte er, glaube ich, erst mal überlegen oder ganz im Ruhigen nochmal mit uns reden, weil es liegt ja an ihm eigentlich, dass wir es nicht wissen. (21)

Sandra ist in der gesamten Sequenz des nachträglichen lauten Denkens (16-38) sehr aufgebracht und zeigt ein starkes Bedürfnis, die Inhalte, die sie und ein Großteil der Klasse nicht mehr erinnern, zu wiederholen. Außerdem fordert sie, dass Herr Schmidt auf die Klasse zugeht und ohne weitere Diskussion den Stoff erneut erklärt (30). Schließlich lenkt er ein, wiederholt die Potenzgesetze und notiert sie an der Tafel. Dies wird von Sandra jedoch bitter abgetan: „Vorhin haben wir ... drei, vier Mal gesagt, 'können wir die bitte hinschreiben', er hat es völlig abgestritten und jetzt auf einmal, 'wollen wir die noch mal hinschreiben?' So ... das ist typisch Herr Schmidt" (38). Sie bewertet die Stunde entsprechend insgesamt als „[a]nstrengend, glaube ich. Also sie hat mir nicht so'n Spaß gemacht" (44). Sandra wünscht sich von ihrem Lehrer also, dass er ruhig und geduldig bleibt, auch wenn die Schülerinnen und Schüler inhaltliche Defizite haben, und dass er nicht – wie oben beschrieben – die Besprechung einer Aufgabe abbricht. Ihr gewünschtes Vorgehen wäre, dass er sich die Zeit nehme, die Inhalte ausführlich und mit Beispielen zu erklären.

Es scheint Sandra zudem wichtig zu sein, dass ihr Lehrer in die direkte Interaktion mit den einzelnen Lernenden übergeht (56-57). Dabei geht es ihr primär um nachvollziehbare Erklärungen, die nicht notwendigerweise einen Alltagsbezug aufweisen müssen:

> I: Und das Erklären, das ist dann ganz hilfreich, wenn es dann mit Alltag irgendwie zu tun hat oder mit Anwendung?
>
> S: Nö, das muss nicht sein, aber wenn man ... jetzt was mathematisch erklärt, dann muss man es nachvollziehbar erklären. Muss nicht immer mit ... also aus dem Alltag was sein. (62-63)

Als Beispiel für gutes Erklären mit rein mathematischen Erklärungen ohne Alltagsbezug führt sie an, dass es gut ist, „wenn man das richtig so zeigt meinetwegen, 'ja die zwei mach ich jetzt, weil da ein Plus davor steht, mach ich dann Minus, um es auf die andere Seite' – jetzt bei einer Gleichung meinetwegen" (61). Insgesamt befürwortet Sandra ausführliche Erklärungen mit Zwischenschritten, die an der Tafel festgehalten werden. Dementsprechend kritisiert sie auch die Tafelbilder ihres Mathematiklehrers (48). Eine detailliertere Notation mit Erklärungen wäre ihr lieber, dass er also „nicht da was an die Tafel klatscht ohne irgendwelche Zwischenschritte und dann sozusagen sagt, 'na jetzt versteht mal'. Also ... es sollte schon einfach leichter zu verstehen sein" (123). Diese ermöglicht ihr dann auch, dass sie die im Unterricht erlernten Schemata später bei der Aufgabenbearbeitung anwenden kann (207-208).

Neben ausführlichen Erklärungen und detailliertem Tafelanschrieb fordert Sandra außerdem, dass die behandelten Aufgaben im Unterricht ausführlich besprochen werden, so dass sie die Inhalte wirklich verstehe. Wenn zu viele Aufgaben zu schnell nacheinander folgen, könne sie nicht mehr folgen:

> [...] es war zu viel, denke ich mal, weil ... da war die eine Aufgabe, dann die andere, die wurde nicht richtig erklärt. Naja, dann kam die nächste, dann brauchte ich die alte nicht mehr sozusagen. Also es war dann einfach zu viel auf einmal in diesem Moment und ... dann stellt man glaube ich ganz automatisch ab ... würde ich sagen. (35)

Wie aufgezeigt sind also eine hohe Unterrichtseffizienz in Form von zielgerichteter Unterrichtsorganisation sowie die akzeptierte Autorität der Lehrperson wichtige Aspekte für Sandras Wohlbefinden im Unterricht. Zudem ist es für sie persönlich relevant, durch klare Erklärungen von ihrem Lehrer in ihrem Lernprozess unterstützt zu werden. Dabei ist insbesondere wichtig, dass die Lehrperson auf die Bedürfnisse der Schülerinnen und Schüler eingeht und auf ihre Fragen antwortet.

Laura

Laura ist Schülerin der 9. Klassenstufe des Sun Hoy College in Hongkong und besucht den Mathematikunterricht von Ms Chan. Da ihre Lehrerin nach Aussage von Laura zu wenig Autorität in der Klasse hat, wünscht Laura sich mehr Durchsetzungskraft und Strenge (39). Außerdem sollte ihre Wunschlehrperson nicht wie die meisten Lehrerinnen und Lehrer ihrer Schule aus den Schulbüchern vorlesen, sondern interessanten Unterricht mit ein paar Späßen machen. Auf diese Weise würden die Schülerinnen und Schüler motiviert, im Unterricht aufmerksam zu sein (303). Laura ist es also auf der einen Seite wichtig, dass der Unterricht effektiv und effizient ist, und dass die Lehrperson auf der anderen Seite den Lernprozess der Schülerinnen und Schüler unterstützt. Wie diese Effizienz und Unterstützung für sie genauer aussehen kann, wird im Folgenden gezeigt.

In Bezug auf die Effizienz von Unterricht ist es Laura sehr wichtig, dass keine Zeit verschwendet wird, und neue Inhalte im Unterricht behandelt werden: "[...] sometimes when I learn some new things, I don't think it's a waste of time" (54). Werden im Unterricht hingegen bereits bekannte Inhalte behandelt, wendet sie sich vom Unterricht ab.

> L: [...] when she is telling us the terms, I've already know, so I will just do not work. But when she talks something that's new to me, I will listen. <I: Ok.> Yeah, all of us does that.
>
> I: So, what do you do when you don't listen to her?
>
> L: Daydreaming. [...] I'm sitting at the back of the class, it's very easy for the teacher to notice me I'm daydreaming, (laughs) I look daydreaming. And so, I have to [...] look the table and then reading the mathematics book and all revising the previous chapter. Yeah, exam is coming. (168-170)

Um nicht aufzufallen, nutzt Laura also die Zeit und wiederholt Aufgaben aus bereits behandelten Themengebieten, um sich auf anstehende Prüfungen vorzubereiten.

Der Wunsch nach möglichst effizienter Unterrichtsorganisation äußert sich zudem in Lauras Abneigung von zu leichten Unterrichtseinheiten, Gruppenarbeit oder handlungsorientierten Methoden, die auf entdeckendes Lernen ausgerichtet sind. Entsprechend widerstrebte ihr die Durchführung von Zufallsexperimenten (ziehen aus einer Urne, würfeln und Münze werfen) in der letzten Mathematikstunde:

> [...] this activity, Ms Chan spent too much time on it. Maybe 10 minutes for reporting and also doing the experiment is already enough, but she spent one lesson on it. So, maybe she is always saying that she hasn't enough time to teach the whole syllabus of this year and I think she can do more than this. (18)

Die im Unterricht gestellten Aufgaben waren Laura zu einfach. Sie begründet dies damit, dass sie, ebenso wie die meisten ihrer Klassenkameradinnen und -kameraden, Mathematikunterricht in Tutoriumszentren nehme (18, vgl. auch 95-106). Da die Lehrpläne dort nicht auf die schulischen Curricula abgestimmt seien, seien viele Schülerinnen und Schüler bereits mit den Inhalten vertraut, bevor sie im Unterricht behandelt werden. Auf diese Weise wächst sicherlich das Bedürfnis nach Effizienz im Schulunterricht. Um diesen für sie effizienter zu gestalten, präferiert Laura dort daher die Bearbeitung von Aufgaben: "I think maybe in the lessons doing exercises would be better. Not doing experiment." (80) Dies würde den Unterricht für sie interessanter machen (272-273).

Laura bewertet das Experimentieren in zweifacher Hinsicht als nicht effizient genug. Wie gerade gezeigt bemängelt sie die geringe Inhaltsdichte, da die Lernenden die Inhalte bereits kennen und insofern schneller unterrichtet werden können (s. o.). Auf der anderen Seite wählte Ms Chan mit der Bildung von Vierergruppen eine Arbeitsform, die Laura auf mehrere Weisen als ineffektiv empfindet.

> I like working alone more than group discussion. Because you can see that group discussion is a waste of time. [...] Because [...] she must make sure that every group has finished, but sometimes one group has finished so early that they need to wait for the other group. So, when it's doing on your own, the time is not too long and after you're finished the teacher will ask you. So, she'll explain more to the students that doesn't know the question. (59)

Im Gegensatz zur Gruppenarbeit spare Einzelarbeit Zeit und ermögliche eine individuelle Förderung von leistungsschwächeren Lernenden. Außerdem sei in Partnerarbeit die gegenseitige Unterstützung der Schülerinnen und Schüler möglich und es werde die Gefahr der gegenseitigen Ablenkung reduziert:

> [...] two will be helping each other more than four people. Four people will be discussing things that is not about mathematics. They will discuss, like our group, we were discussing about the teeth. (61)

Nach Abschluss der Aufgaben unterhielten sich die Gruppenteilnehmerinnen aus Lauras Gruppe über die Anpassung von Zahnspangen, während die Lehrerin davon ausging, sie würden über Inhalte diskutieren (63).

Ein Aspekt der Unterstützung des Lernprozesses durch die Lehrperson wurde bereits durch die Möglichkeit der individuellen Förderung bei der Einzelarbeit angesprochen, ein weiterer betrifft die Vermittlung neuer fachlicher Inhalte. Oben ist bereits deutlich geworden, dass Laura durch neue Inhalte gefordert werden möchte.[37] Sie verlangt von einer guten Lehrperson, dass diese die Inhalte für alle Schülerinnen und Schüler verständlich erklärt und nicht allein einen Aufgabenzettel zur Bearbeitung austeilt (225). Als negatives Beispiel beschreibt Laura ihren Lehrer aus der *Form two*, also der achten Klassenstufe:

> [...] he never explains the questions to us and never teach us what to do. Just read the book and then do it. 'If you cannot, it's your problem, it's not mine'. (236)

Laura ist vor allem von seiner abweisenden Haltung den Lernenden gegenüber enttäuscht, die durch Enttäuschung seiner Erwartungen und starke Stimmungsschwankungen geprägt ist:

> The teacher is always demanding us to do things, which we cannot, we cannot do it. And then he will just kind of say, always saying, he is disappointed of us. [...] In that year we think mathematics is a disaster. We are just suffering from his-, I mean he always scold us and his temper is a bit, I mean he is movy and he changes temper very often. (234)

Statt cholerisch zu sein und überhöhte Anforderungen zu stellen, wünscht Laura sich von ihrer Lehrperson, dass sie sich auf die Lernenden einlässt, geduldig erklärt und an einem tiefer gehenden Verständnis der Lernenden interessiert ist. Dies jedoch seien lediglich ihre Eltern, beschreibt Laura.

> My family is that, when all the people, my neighbour, teacher, tutor, can't explain it to me and I can't understand it and then I ask them. And they will definitely [...] use their patience, they have patience to teach me. But the others don't have, you know. They are always rushing. They will just say 'it's like that. *x* equal to *y*, and then *y* equal to [...]. You memorize it and then you will remember and you will get the answer.' And I don't know why. So, I'd ask my parents. (374)

Im Gegensatz dazu beschreibt Laura ihre Mathematiklehrerin, Ms Chan, derart, dass diese nicht am Verständnis der Lernenden interessiert sei.

---

[37] Dieser Aspekt steht hier jedoch nicht im Vordergrund, sondern ist Teil der Sinnkonstruktion *Kognitive Herausforderung* (vgl. Abschnitt 0, S. 146) und damit des Sinnkonstruktionstyps *Kognitive Selbstentwicklung* (vgl. Abschnitt 8.1, S. 142).

> [...] every lesson at the end she asks us to do exercises, but without checking or asking us if we do have questions on it. And she go on and after that we will have a quiz after each chapter [to it]. And then, the quiz will be sometimes some kind of easy for me and for the [others/other's] [things/thinks] it's not so easy and then they will fail and Ms Chan she will not explain so much more then. And she will go on and go on, so that the student will be don't understand, don't understand, don't understand. (75)

Da Verständnisschwierigkeiten der Schülerinnen und Schüler nicht kontrolliert werden, könne Ms Chan nach Lauras Einschätzung folglich auch nicht ihren Lernstand einschätzen. Viele blieben daher zurück und hätten kaum eine Chance, die nicht verstandenen Inhalte aufzuholen. Entsprechend beschwert sich Laura auch darüber, dass Ms Chan im Unterricht nicht "the formula", also die Formel, dass die Summe der Wahrscheinlichkeiten aller möglicher Ergebnisse ein ist, unterrichtet habe (71). Laura reicht die handlungsorientierte Beschäftigung mit Experimenten offenbar nicht aus, um Inhalte einzuführen. Auch die selbständige Erarbeitung der Formel später mit Hilfe des Schulbuchs zu Hause kritisiert sie (73). Stattdessen befürwortet sie die Unterstützung der Lehrperson in Form von direkter Instruktion der später zu verwendenden Formel.

> L: [...] she asked us to go back home and do the exercise, the three exercise. And then for the one who don't know the formula, or after they read the book, maybe they don't know [what of/a lot of]. [...]
>
> I: [...] what do you mean by formula there?
>
> L: The formula is the outcome of probability. Yeah, just the formula on the book. But sometimes people don't understand when there is data in the book. So, they need explaining. But the teacher didn't do that. But she just telling us about some examples and then she thinks that all of us understand. But some of us is still daydreaming, they still do not know. (71-73)

Laura erwartet also, dass die Formel, die zur Bearbeitung der Aufgaben notwendig ist, im Unterricht direkt unterrichtet werde, denn nur so können alle Schülerinnen und Schüler auch später die Aufgaben bearbeiten.

Zentrale Aspekte hinsichtlich einer effizienten und unterstützenden Gestaltung von Unterrichtsprozessen sind für Laura, dass im Unterricht keine Zeit verschwendet wird. Es sollten Inhalte unterrichtet werden, die sie noch nicht kennt und die ihr nicht zu leicht fallen. Dabei soll die Lehrperson den Schülerinnen und Schülern diese neuen Inhalte geduldig erklären, und im Zuge dessen die später zu verwendende Formel unterrichten. Sie sollte streng und gleichzeitig freundlich sein. Außerdem wünscht Laura sich klare Instruktionen von der

Lehrperson und lehnt selbst entdeckende Lernformen und Gruppenarbeit aufgrund von Ineffizienz ab. Stattdessen zieht sie Einzel- oder Partnerarbeit vor.

8.7 Erfüllung gesellschaftlich geprägter Anforderungen

Im folgenden Abschnitt wird der Sinnkonstruktionstyp *Erfüllung gesellschaftlich geprägter Anforderungen* zunächst mit den ihm zugrunde liegenden Sinnkonstruktionen in Zusammenhang gebracht. Dabei wird die inhaltliche Ähnlichkeit der Sinnkonstruktionen durch ihre Verortung in der Typologie dargelegt (vgl. Abbildung 10 und Abbildung 11, S. 133 bzw. 137). Abschließend wird der hier vorgestellte Typus von anderen, ihm in der Typologie benachbarten Typen abgegrenzt. Abschnitt 8.7.2 (S. 222) beschreibt dann ausführlicher die zugrunde liegenden Sinnkonstruktionen unter Rückgriff auf die empirischen Daten und liefert eine Illustration anhand von Prototypen.

8.7.1 Charakterisierung und Abgrenzung des Typus

Der Sinnkonstruktionstyp *Erfüllung gesellschaftlich geprägter Anforderungen* erstreckt sich über die vier Sinnkonstruktionen *Berufsvoraussetzung, Pflichterfüllung, positive Außenwirkung* sowie *Prüfungen*. Sie alle beschreiben Aspekte, die – mehr oder weniger konkret an mathematische Inhalte gebunden – auf die gesellschaftliche Dimension ausgerichtet sind. Es geht um die Erfüllung von Anforderungen, die von externer Stelle an das Individuum herangetragen werden bzw. als solche von diesem empfunden werden. Es handelt sich dabei zum einen um Vorgaben institutioneller Art, wie sie durch die Struktur des Schulsystems, Anforderungen aus Verordnungen von Abschlussprüfungen oder durch die Voraussetzung von spezifischen mathematischen Kenntnissen und Fähigkeiten für bestimmte Berufe gegeben sind. Zum anderen kommen Anforderungen hinzu, die das Individuum an sich gestellt empfindet, die gesellschaftlich geprägt sind und die zudem eine emotionale Involviertheit des Individuums erzeugen. Dies zeigt sich einerseits im Wunsch nach Anerkennung, andererseits darin, dass die Lernenden ein gewisses persönliches Pflichtgefühl verspüren, dem sie sich nicht entziehen können. Dabei handelt es sich normalerweise um die Erfüllung von Erwartungen, die das Individuum durch Personen, die ihm persönlich wichtig sind, gestellt sieht, oder um die Auseinandersetzung mit Mathematik als unumgängliches Schulfach.

Bei der Sinnkonstruktion *Berufsvoraussetzung* steht die Vorbereitung auf den Wunschberuf im Vordergrund. Die Schülerinnen und Schüler lernen Mathematik bzw. beschäftigen sich mit ihr, um gewisse mathematische Fähigkeiten und Fertigkeiten zu erlangen, die sie als notwendige Voraussetzung für ihren Berufswunsch ansehen. Mathematik wird also als Mittel zum Zweck gelernt, so dass die Sinnkonstruktion *Berufsvoraussetzung* eine mittlere Mathematikbezogenheit aufweist. Hinsichtlich der Individuumsbezogenheit fokussiert die Sinnkonstruktion nicht das Individuum selbst, sondern die Anforderungen, die von externer Seite an es gestellt werden. So stehen etwa Abschlussprüfungen und Zugangsvoraussetzungen im Vordergrund, die eine starke Dominanz bei der Ausgestaltung dieser Sinnkonstruktion aufweisen. Ich verorte die Sinnkonstruktion *Berufsvoraussetzung* daher im Feld der Gruppe 4, *mittlere Mathematikbezogenheit* und *geringe Individuumsbezogenheit* (vgl. Abbildung 9, S. 133).

Auch bei der Sinnkonstruktion *Pflichterfüllung* steht die Erfüllung von äußeren Anforderungen, die die Lernenden an sich gestellt empfinden, im Vordergrund. Die Anforderungen können dabei sowohl von Familienmitgliedern, als auch durch das Schulsystem gestellt sein. Durch diese Ausrichtung auf die gesellschaftliche Dimension zeigt sich eine geringe Individuumsbezogenheit. Konkrete mathematische Inhalte sind dabei nicht zentral, so dass auch die Intensität der Mathematikbezogenheit gering ausfällt. Ich verorte die Sinnkonstruktion *Pflichterfüllung* entsprechend im Feld der Gruppe 7, *geringe Mathematikbezogenheit* und *geringe Individuumsbezogenheit* (vgl. Abbildung 9, S. 133).

Bei der Sinnkonstruktion *Positive Außenwirkung* wird die Beschäftigung mit Mathematik insofern instrumentalisiert, als dass sie darauf abzielt, Anerkennung von anderen Menschen zu erlangen. Dadurch liegt eine mittlere Intensität der Mathematikbezogenheit vor. Hinsichtlich der Intensität der Individuumsbezogenheit der Sinnkonstruktion handelt es sich um die gesellschaftliche Dimension, da bestimmte andere Personen bzw. die Gesellschaft als unspezifische Personenmenge relevant sind. Ich verorte *Positive Außenwirkung* also im Feld der Gruppe 4, *mittlere Mathematikbezogenheit* und *geringe Individuumsbezogenheit* (vgl. Abbildung 9, S. 133).

Bei der Sinnkonstruktion *Prüfungen* ist es für die Lernenden persönlich relevant, zukünftige Prüfungen erfolgreich zu absolvieren. Es stehen also nicht die konkreten mathematischen Inhalte im Fokus, sondern die Gestaltung der eigenen Zukunft in Abhängigkeit von den sich ergebenden Möglichkeiten. Auch hier zeigt sich eine mittlere Mathematikbezogenheit der Sinnkonstruktion. Durch das Bestehen von Prüfungen eröffnen sich für die Schülerinnen und Schüler Bildungsgänge, die gesellschaftlich durch das Schulsystem oder in Zugangsvoraussetzungen für bestimmte Studienfächer oder Ausbildungsberufe festgelegt sind. Die Sinnkonstruktion *Prüfungen* hat entsprechend die gesellschaftliche Dimension als Bezugsrichtung. Ich verorte sie, ebenso wie *Berufsvoraussetzung* und *Positive Außenwirkung*, im Feld der Gruppe 4, *mittlere Mathematikbezogenheit* und *geringe Individuumsbezogenheit* (vgl. Abbildung 9, S. 133).

Wie in Abschnitt 7 (S. 220) gezeigt wurde, besteht durch eine mögliche Spezifizierung der Sinnkonstruktion *Berufsvoraussetzung* auf konkrete mathematische Inhalte eine inhaltliche Nähe zwischen den Feldern der Gruppen 1 und 4. Diese erklärt die Hinzunahme des eigentlich leeren Feldes der Gruppe 1 zu den Feldern der Gruppen 4 und 7, so dass sich der Typ *Erfüllung gesellschaftlich geprägter Anforderungen* über die gesamte linke Spalte des Merkmalsraums erstreckt (vgl. Abbildung 9, S. 133). Dieser Typus vereint somit alle drei Merkmalsausprägungen bzgl. der Intensität der Mathematikbezogenheit (also *hohe, mittlere und geringe Mathematikbezogenheit*) mit einer geringen Intensität der Individuumsbezogenheit.

Das primäre Unterscheidungsmerkmal des Typs *Erfüllung gesellschaftlich geprägter Anforderungen* zu allen anderen Typen liegt entsprechend in seiner gesellschaftlich geprägten Ausrichtung, wohingegen sich die anderen Typen entweder auf den Mathematikunterricht oder aber das Individuum selbst beziehen, also eine mittlere oder hohe Individuumsbezogenheit aufweisen.

8.7.2 Zugrunde liegende Sinnkonstruktionen

In den vier folgenden Abschnitten werden die Sinnkonstruktionen *Berufsvoraussetzung, Pflichterfüllung, Positive Außenwirkung* und *Prüfungen*, die dem Sinnkonstruktionstyp *Erfüllung gesellschaftlich geprägter Anforderungen* zugrunde liegen, ausführlicher dargestellt. Dabei wird konkreter auf die Ausgestaltung der Sinnkonstruktionen eingegangen. Sie wird anhand von Verweisen auf Transkriptausschnitte aus Deutschland und Hongkong illustriert, deren zugehörige Textstellen im Zusatzmaterial zu diesem Buch eingesehen werden können, das im Internet über die URL http://www.vieweg-teubner.de/ zugänglich ist. Die Beschreibungen enden jeweils mit einer grafischen Zusammenfassung der für die jeweilige Sinnkonstruktion wichtigen Voraussetzungen und Auswirkungen und stellen damit eine Verbindung zum Schritt des axialen Kodierens bei der Datenauswertung her.

8.7.2.1 Berufsvoraussetzung

Es ist für die interviewten Schülerinnen und Schüler persönlich relevant, sich durch das Lernen von Mathematik sowie die Beschäftigung mit Mathematik auf ihren späteren Wunschberuf vorzubereiten, da ihrer Einschätzung nach bestimmte mathematische Fähigkeiten und Fertigkeiten dafür notwendig sind. Die damit einhergehende Sinnkonstruktion bezeichne ich mit dem Begriff *Berufsvoraussetzung*. Die Aspekte, die mit dieser Sinnkonstruktion in Zusammenhang stehen, gliedern sich in die verschiedenen Zeitabschnitte, die bis zur Ergreifung des Berufs noch zu durchlaufen sind.

Zunächst beschäftigen sich die Lernenden mit Mathematik, weil dies für ihre weitere Schullaufbahn (Lea 164-169; Alban 245-258) bzw. die Abschlussprüfungen wichtig sei (Mack 57-60; vgl. auch die Sinnkonstruktionen *Prüfungen*, Abschnitt 8.7.2.4, S. 226 und *Zensuren*, Abschnitt 8.3.2.2, S. 172). Mathematik ist zudem zum Teil für das angestrebte Studium notwendig, etwa in Naturwissenschaften, Informatik oder Pharmazie (Lea 213-218; Luke 95-100). Schließlich kann es auch direkt im angestrebten Beruf eine wichtige Rolle spielen, etwa bei der Leitung der eigenen Firma im Zusammenhang mit Tätigkeiten aus dem Rechnungswesen (Yannick 304-313; William 355-358). Mathematik ist also für die interviewten Schülerinnen und Schüler in jeder der ihnen noch bevorstehenden Phasen ihres weiteren Bildungsganges in gewissem Grade notwendig. Mit der Sinnkonstruktion *Berufsvoraussetzung* reagieren die interviewten Schü-

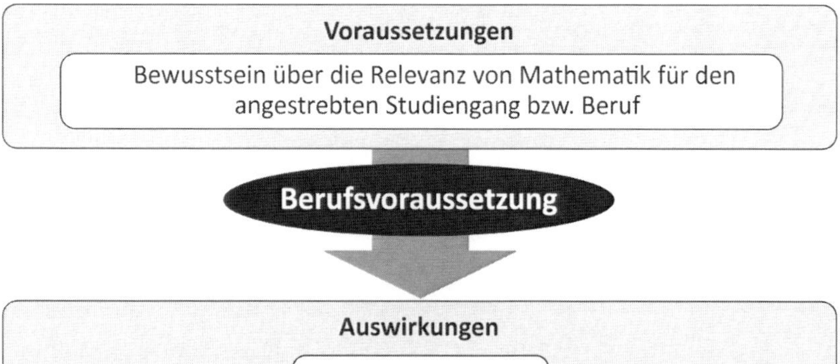

Abbildung 25: Kodierparadigma der Sinnkonstruktion *Berufsvoraussetzung.*

lerinnen und Schüler also auf Anforderungen, die von externer Seite an sie gestellt werden und bearbeiten so die Entwicklungsaufgabe *Beruf* und *Zukunft* (vgl. Hericks & Spörlein, 2001 bzw. Havighurst, 1972 und Dreher & Dreher, 1985).

Abbildung 25 (S. 223) veranschaulicht mögliche Voraussetzungen und Auswirkungen der Sinnkonstruktion Berufsvoraussetzung, die im Zuge des axialen Kodierens erarbeitet wurden (vgl. Abschnitt 6.3, S. 112).

8.7.2.2 Pflichterfüllung

Das Lernen von Mathematik und die Beschäftigung mit mathematischen Inhalten sind für die interviewten Schülerinnen und Schüler persönlich relevant, da sie dadurch extern an sie herangetragene Pflichten erfüllen. Diese Sinnkonstruktion bezeichne ich als *Pflichterfüllung*. Die damit einhergehenden Aspekte lassen sich in zwei Kategorien einteilen. Zum einen werden die Institutionen oder Personen benannt, die die Anforderungen an die Lernenden stellen, zum anderen beschreiben die Schülerinnen und Schüler, wie sie dem dadurch entstehenden Druck begegnen.

Neben Anforderungen, die nicht genauer spezifiziert werden (Karsten 80-81), bzw. die allgemein-gesellschaftlicher Natur sind (Mona 259-260; Vincent 191-192), erleben die Lernenden Anforderungen, die aus unterschiedlichen

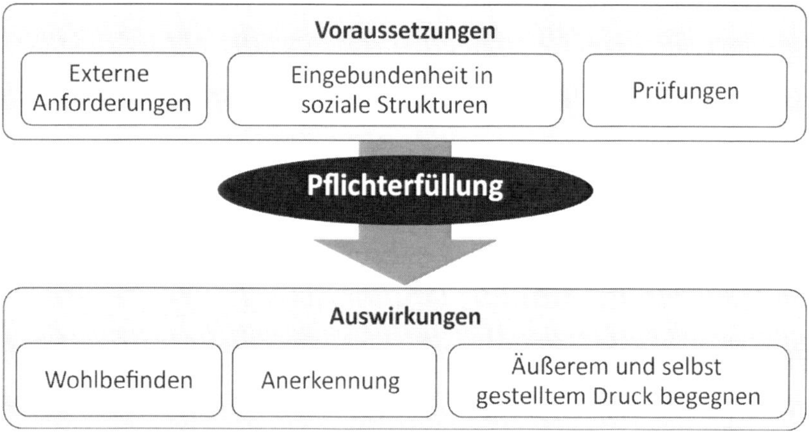

Abbildung 26: Kodierparadigma der Sinnkonstruktion *Pflichterfüllung*.

Richtungen an sie herangetragen werden. Sie beschäftigen sich mit Mathematik, da es als Pflichtunterrichtsfach nicht zu umgehen ist (Katharina 156-159; Alban 245-258). Zudem empfinden sie Erwartungen, die von Familienangehörigen an sie gestellt werden (Christine 156-169; Barry 148-153), oder die sie sich selbst auferlegen. So setzen sie sich beispielsweise durch einen Wettstreit mit anderen Schülerinnen und Schülern selbst unter Druck (Emma 98-114).

Die Schülerinnen und Schüler begegnen den Anforderungen, indem sie für Prüfungen lernen und sich möglichst gut vorbereiten (Lea 132-133; Barry 187-190). Sie nutzen aber auch Anstöße von anderen Personen oder in Aussicht gestellte Belohnungen, um sich selbst zu motivieren (Mirko 159-160).

Abbildung 26 (S. 224) veranschaulicht mögliche Voraussetzungen und Auswirkungen der Sinnkonstruktion *Pflichterfüllung*, die im Zuge des axialen Kodierens erarbeitet wurden (vgl. Abschnitt 6.3, S. 112).

8.7.2.3 Positive Außenwirkung

Für manche der interviewten Schülerinnen und Schüler ist es persönlich relevant, beim Lernen von Mathematik bzw. bei der Beschäftigung mit mathematischen Inhalten anderen ein positives Bild von sich zu vermitteln. Die damit in Zusammenhang stehende Sinnkonstruktion bezeichne ich mit dem Begriff *Posi-*

Abbildung 27: Kodierparadigma der Sinnkonstruktion *Positive Außenwirkung.*

tive Außenwirkung. Die Aspekte, die mit dieser Sinnkonstruktion einher gehen, lassen sich in zwei Perspektiven unterteilen: die Erzeugung eines positiven Bildes nach außen und Anerkennung durch andere Personen.

Den Lernenden ist es wichtig, anderen ein positives Bild von sich zu vermitteln, da sie sich davon positive Auswirkungen erhoffen (Sandra 229-232). Ihrer Einschätzung zufolge werden andere Personen ihnen aufgrund dessen mehr zutrauen und haben eine hohe Meinung von ihnen, ihren Leistungen und Fähigkeiten. Für manche ist es besonders wichtig, bei der Lehrperson ein positives Bild von sich zu erzeugen, so dass Lob und möglicherweise gute Noten daraus resultieren (Lea 198-201; Toby 113-114). Doch nicht nur das Lob der Lehrperson, sondern auch Anerkennung von anderen Personen wie den Eltern (Mona 206-211; Toby 92-93) oder den Klassenkameradinnen und -kameraden (Mirko 127-128, Yannick 218-223) ist für die Lernenden persönlich relevant. Außerdem wird die Anerkennung von nicht näher bestimmten Personen (Mona 121-126; Danny 187-188) und der Gesellschaft (Mona 121-126; Vincent 151-155) als bedeutsam empfunden.

Abbildung 27 (S. 225) veranschaulicht mögliche Voraussetzungen und Auswirkungen der Sinnkonstruktion *Positive Außenwirkung*, die im Zuge des axialen Kodierens erarbeitet wurden (vgl. Abschnitt 6.3, S. 112).

8.7.2.4 Prüfungen

Das Lernen von Mathematik bzw. die Beschäftigung mit Mathematik wird von den interviewten Schülerinnen und Schülern als persönlich relevant wahrgenommen, da unumgehbare Prüfungen auf diese Weise bestanden werden können. Die zugehörige Sinnkonstruktion fasse ich mit dem Begriff *Prüfungen*. Dabei stehen zwei Aspekte im Vordergrund: die Rolle bzw. die Funktion, die die Interviewten den Prüfungen beimessen, sowie die Art der Prüfungsvorbereitung.

Die Rolle der Prüfungen bezieht sich zum einen auf die Auswirkungen, die das Bestehen bzw. Nichtbestehen einer solchen Prüfung für den weiteren Bildungsgang der Interviewten mit sich bringen (Barry 98-106), wie beispielsweise Auswahlmöglichkeiten der naturwissenschaftlichen Fächer oder in Hongkong die Dauer des weiteren Schulbesuchs (vgl. Abschnitt 3.3, S. 78). Zudem verlangen manche Universitäten einen bestimmten Numerus clausus für einige Studienfächer. Ein gutes Abschneiden in den Prüfungen ermöglicht insofern den Zugang zum Wunschstudienplatz (Lea 213-218; Barry 98-106) bzw. kann die Chancen auf einen guten Ausbildungsplatz vergrößern (Mona 121-126). Prüfun-

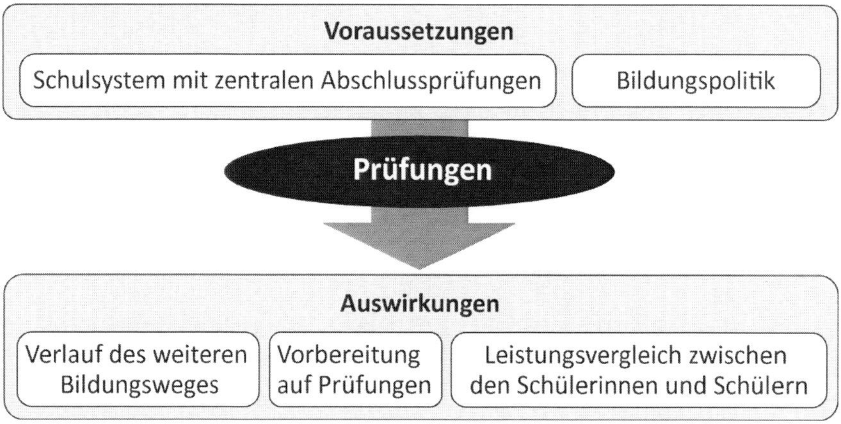

Abbildung 28: Kodierparadigma der Sinnkonstruktion *Prüfungen.*

gen können darüber hinaus zusätzlich für die momentane Bildungssituation der Jugendlichen relevant sein. Prüfungen und Klassenarbeiten bieten etwa eine Kontrolle, ob die im Unterricht behandelten Inhalte tatsächlich verstanden wurden (Mirko 61-63). Außerdem ist ein Leistungsvergleich zwischen den teilnehmenden Schülerinnen und Schülern möglich (Barry 98-106).

Zum anderen variiert die Art, wie sich die interviewten Schülerinnen und Schüler auf Prüfungen vorbereiten. Manche lernen ausschließlich am letzten Tag vor der Prüfung (Vivian 140-145), andere arbeiten regelmäßig etwa mit Büchern zu Hause (Janice 106-112). Oftmals wird besonders die Übung von vielen Beispielen bestimmter Aufgabentypen beschrieben, durch die entsprechende Aufgaben in der Prüfung dann schneller und leichter zu lösen seien (Arnie 121-126). Zum Teil werden Unterrichtsinhalte primär für Prüfungen gelernt bzw. direkt mit Prüfungen (Mirko 58-59; Danny 102-104) und nicht mit weiteren persönlichen Zielen in Verbindung gebracht.

Abbildung 28 (S. 227) veranschaulicht mögliche Voraussetzungen und Auswirkungen der Sinnkonstruktion *Prüfungen*, die im Zuge des axialen Kodierens erarbeitet wurden (vgl. Abschnitt 6.3, S. 112).

8.7.3 Prototypen: Mirko und Barry

Mirko ist der einzige Schüler dieser Studie, der für zwei Sinnkonstruktionstypen als Prototyp beschrieben wird, nämlich sowohl für die *Aktive Auseinanderset-*

zung mit Mathematik als auch für die *Erfüllung gesellschaftlich geprägter Anforderungen*. Dies unterstreicht, dass Personen nicht nur eine bestimmte Sinnkonstruktion oder verschiedene Sinnkonstruktionen eines Typus vornehmen, sondern bei der Beschäftigung mit Mathematik durchaus Sinn unterschiedlicher Art konstruieren. Wie bereits bei der prototypischen Beschreibung von Mirko für die aktive Auseinandersetzung mit Mathematik in Abschnitt 8.5.3 (S. 200) deutlich wurde, hängen die beiden genannten Sinnkonstruktionstypen in Mirkos Fall eng miteinander zusammen. Für Mirko steht ganz besonders die mündliche Mitarbeit im Unterricht im Vordergrund und damit einhergehend der Wunsch, dass seine Lehrerin ein positives Bild von ihm bekommt. Diese Eigenschaft ist besonders in Deutschland anzutreffen (vgl. Abschnitt 9.3.1.3, S. 246).

Analog zur zweifachen Wahl von Mirko als Prototypen wäre es auch für Hongkong möglich gewesen, hier erneut Emma vorzustellen. Um jedoch aufzuzeigen, dass auch eine Trennung der Sinnkonstruktionen möglich ist, habe ich mich für Barry entschieden. Barry zeigt zudem – im Gegensatz zu Emma – alle zugrunde liegenden Sinnkonstruktionen und ist daher besser als Prototyp geeignet. Ein besonderer Schwerpunkt liegt bei ihm dabei auf der Auseinandersetzung mit Mathematik, um Prüfungen zu bestehen, sowie zur Berufsvorbereitung. Dies ist besonders in der extrem wichtigen Position des *Hong Kong Certificate of Education Examination* (HKCEE) begründet, welches für Hongkonger Schülerinnen und Schüler eine zentrale Stufe in ihrem Bildungsgang bedeutet (vgl. Abschnitt 3.3, S. 78).

Mirko

Mirko ist ein leistungsstarker Schüler (62) der 10. Klassenstufe des Theodor-Storm-Gymnasiums in Norddeutschland. Er besucht den Mathematikunterricht von Frau Thomsen. Mirko möchte später gern Mathematik studieren, um Lehrer für Mathematik, Physik oder Sport werden (84). Er beschäftigt sich also mit Mathematik, um sich auf seinen zukünftigen Beruf vorzubereiten.

Mirko ist sehr ehrgeizig (38, 68, 160), was großen Einfluss auf sein Verhalten im Mathematikunterricht bzw. seine Einstellung zum Lernen von Mathematik hat. Sein Ehrgeiz treibt ihn an, sich intensiv mit Mathematik zu beschäftigen und ist die Basis für seine intrinsische Motivation (38, 160, vgl. auch Abschnitt 8.5.3, S. 200). Mirko ist also – obwohl er hier als Prototyp vorgestellt wird – kein Schüler, der Mathematik aus *Pflichterfüllung* lernt und teilt die sehr verbreitete gleichnamige Sinnkonstruktion nicht. Dies besagt aber nur, dass er sich in dieser Hinsicht nicht im Interview geäußert hat. Es kann trotzdem sein, dass er diese Art von Sinn konstruiert, es jedoch nicht im Interview zur Sprache kam bzw.

durch andere Hinweise rekonstruierbar wurde. Begründet durch seinen Ehrgeiz steht bei Mirko ganz besonders die positive Außenwirkung im Vordergrund.

Es ist Mirko ganz besonders wichtig, dass andere Menschen ein positives Bild von ihm haben. Entsprechend lässt er sich selbst und seine Klasse der Interviewerin gegenüber in einem positiven Licht erscheinen. „Also jetzt ohne angeben zu wollen" (33) beschreibt Mirko seine Klasse als leistungsstark und bemüht, sich bei Fragen gegenseitig zu helfen bzw. das Angebot der Lehrkräfte, Fragen stellen zu dürfen, wahrzunehmen. Außerdem stellt er heraus, dass in seiner Klasse mehrere Schülerinnen und Schüler seien, die sich nicht nur deshalb melden, damit sie eine gute mündliche Note bekommen, sondern weil sie es tatsächlich auch wissen (42):

> [...] also es sind ziemlich viele im Vergleich zu anderen Klassen. Das sagen die Lehrer auch immer wieder. Die haben uns auf dem Elternabend sogar gelobt gehabt, dass wir die beste Arbeit-, wir werden sogar, bei Lehramtsproben werden wir immer genommen. [...] Also, die Lehrer sind recht stolz auf uns eigentlich, obwohl sie das in der Stunde nicht so sehr zeigen. (42)

Auch an dieser Stelle zeigt sich, dass Mirko die positive Außenwirkung, die seine Klasse auf die Lehrerinnen und Lehrer hat, wichtig ist. Er ist der einzige Interviewte, der diesen Punkt so explizit in den Vordergrund stellt, dass der Eindruck entsteht, dass auch die Interviewerin diese Begeisterung von der Klasse übernehmen solle.

Neben der positiven Außenwirkung auf die Interviewerin und die Lehrerschaft allgemein steht für Mirko ganz besonders im Vordergrund, dass seine Lehrerinnen und Lehrer im Unterricht ein gutes Bild von ihm haben. Dies manifestiert sich für ihn vor allem in der Wertschätzung und Wahrnehmung seiner mündlichen Mitarbeit im Unterricht. Er achtet darauf, dass seine Lehrerin sieht, dass er sich meldet.

> [...] wenn es zum fünften Mal wiederholt wird, [...] dann wird das auch so langsam langweilig, man kriegt den Drang ins Faule [...]. Dann melde ich mich irgendwann nicht mehr, weil sie [Frau Thomsen, MV] weiß, dass ich mich früher dafür mit gemeldet hab. Aber das zieht dann die Note nachher runter, weil ich mündlich mich nicht mehr beteilige. Allerdings, ich hab mich heute ja auch ziemlich häufig gemeldet gehabt, und sie hat mich drei-, viermal dran genommen, allerdings sie hat mich auch immer gesehen, da achte ich nämlich in letzter Zeit ziemlich drauf [...] sie hat auch immer etwas länger angeguckt, damit ich wahrscheinlich weiß, ich glaub, sie fühlt sowas, dass man das möchte [...]. (36)

Die mündliche Mitarbeit ist für Mirko sehr bedeutsam, da sie in sehr engem Zusammenhang mit seiner Zeugnisnote steht. Dementsprechend entwickelt er Ehrgeiz, im Unterricht zeigen zu wollen, was er verstanden hat.

> [...] deswegen hab ich halt nur den Ehrgeiz entwickelt in der Stunde, dass ich halt die Lehrerin halbwegs provoziere, mich auch dranzunehmen, dass ich es auch preisgeben kann. (68)

Mirkos Ziel ist es, dass seine Lehrerin registriert, dass er etwas weiß (69). Kann er von Zeit zu Zeit sein Wissen im Unterricht nicht anbringen, geht er nach der Stunde zu Frau Thomsen und stellt ihr Fragen:

> [...] einfach nur, um auch mal ... Wissen zu geben, was in der Stunde nicht so richtig passte, [...] dann geh ich halt zu ihr, und mach das auf fragende Weise, bringe ich ihr bei, oder zeige ich ihr, dass ich das kann [...]. (147)

Mirkos Vorschlag zur Steigerung seines Interesses am Unterricht ist, dass er „immer drangenommen" werden solle (100). Er ist mit sich zufrieden, wenn er sich häufig gemeldet hat, da er dann weiß, dass er die Inhalte kann (128).

Schließlich ist für Mirko relevant, dass er seinen Mitschülerinnen und -schülern gegenüber eine positive Außenwirkung hat. Er hilft ihnen gern, da er auf diese Weise sehen kann, ob er die Inhalte so gut verstanden hat, dass er sie erklären kann. Zudem ist ihm wichtig, dass seine Klassenkameradinnen und -kameraden ihn als leistungsstärkeren Schüler akzeptieren:

> [...] wenn ich anderen helfen konnte, wenn andere zu mir kommen und um Hilfe fragen, denn weiß ich, dass sie mich als etwas besseren als sie akzeptieren, da weiß ich denn halt auch 'ich kann das', und dann versuch ich das auch immer, auch denn auf mehrere Weisen zu erklären, wenn sie es beim ersten Mal nicht verstehen. Also da bin ich eigentlich schon mit mir zufrieden. Auch wenn sie es nicht verstehen; ich weiß, dass sie mich dann irgendwie um Rat gefragt haben, [...]. (128)

Eine andere Situation, in der seine positive Außenwirkung zum Tragen kommt, ist, wenn das „Lehrer-Ersatz-System" (139, d.h. die Lernenden helfen sich im Rahmen von Gruppenarbeit gegenseitig) eingesetzt wird. Mirko führt die Gruppeneinteilung dabei auf die Leistungsstärke der Lernenden zurück. In folgender Situation fühlt er sich gut:

> [...] wenn ich [...] bei ner nur guten Gruppe bin, dass ich, ich weiß, dass ich dazu gehöre, sonst wäre ich ja nicht da drin. Oder halt wenn ich alleine oder mit einem anderen in ner Gruppe bin, wo es welche sind, die nicht ganz so gut sind, wo ich dann nochmal erklären kann. (139)

Neben der positiven Außenwirkung sind Mirko im Mathematikunterricht Prüfungen wichtig. Er betrachtet Klassenarbeiten als Verstehenskontrolle am Ende eines Themengebiets:

> Also ich find's in Mathe zumindest immer wichtig, dass da möglichst pro Thema ne Arbeit geschrieben wird, damit ich mich halt damit auseinandergesetzt hab, und weiß, ob ich's kann oder nicht. Wenn ich ne schlechtere Note hab, was bei mir allerdings schon ab drei zählt, weil ich so eine noch nie geschrieben hab, dann weiß ich, dass ich mich damit unbedingt befassen muss, und dann kann ich das Thema auch noch später irgendwann für mich selbst abschließen. (62)

Je nachdem welche Note er also in einer Klassenarbeit erreicht, weiß Mirko, ob er das Unterrichtsthema verstanden hat oder nicht, und ob er noch selbständig Arbeit investieren muss. Der Unterricht vor den Klassenarbeiten bereitet ihn dabei auf die Leistungsüberprüfung vor. Er hat es nicht nötig, extra für die Arbeiten zu lernen, da er im Unterricht genügend versteht (62). Entsprechend bewertet er auch die letzte Mathematikstunde:

> [...] also eigentlich hab ich, find ich, vollkommen gelernt, was man, was wir für die Arbeit brauchen können. (59)

Anhand von Mirkos Beschreibungen wird deutlich, dass für ihn die Erfüllung gesellschaftlich geprägter Anforderungen primär in der Erzeugung einer positiven Außenwirkung zur Erlangung von guten Zensuren begründet ist. Bedingt durch den großen Anteil der mündlichen Mitarbeit an der Zeugnisnote ist es in Deutschland für die Schülerinnen und Schüler – anders als in Hongkong – wichtig, dass ihre Lehrperson ein positives Bild von ihnen hat. Der Sinnkonstruktion *Positive Außenwirkung* kommt also eine gewichtige Position zu. Daneben spielen die Sinnkonstruktionen *Pflichterfüllung, Berufsvoraussetzung* und *Prüfungen* für Mirko eine eher untergeordnete Rolle.

Barry

Barry ist Schüler der 10. Klassenstufe des Wah Yan College in Hongkong und besucht dort den Mathematikunterricht von Mr Ng. Er belegt neben dem Mathematikunterricht für alle Schülerinnen und Schüler (*mathematics*) auch den zusätzlichen Mathematikunterricht (*additional mathematics*), der als Wahlfach angeboten wird. Barry ist ein leistungsstarker Schüler: Er versteht sehr viel im Unterricht (etwa 95% in *mathematics* und etwa 75-80% in *additional mathematics*, 138-141) und hat gute Noten im Mathematikunterricht (57).

Obgleich er dem Unterricht positiv gegenüber steht (57, 195), lernt Barry Mathematik, da es ein Pflichtfach in der Primar- und Sekundarstufe ist und sein

Vater gute Noten in Mathematik von ihm erwartet (194-195). Barry nennt seinen Vater daher auch als einzige Person auf die Frage, wer für sein Mathematiklernen wichtig sei. Die Nachfrage, ob darüber hinaus andere Personen wichtig seien, verneint Barry (150-152). Dem Vater sei dabei Barrys Mathematiknote sehr wichtig und er erwarte, dass sein Sohn die Bestnote, ein *A*, erreiche (siehe auch 195). Die anderen Fächer scheinen ihm weniger wichtig zu sein. Dies liegt wahrscheinlich daran, dass der Vater selbst Mathematiklehrer der Sekundarstufe ist (57).

Barry bekräftigt an einer anderen Stelle des Interviews, dass er für seinen Vater Mathematik lerne:

> B: Learning for. Also my father, I think.
>
> I: Also your father? <B: Yes.> So you learn mathematics to please him, in a way ...?
>
> B: Yes. (158-160)

Die positive Außenwirkung seinem Vater gegenüber ist für Barry also sehr wichtig.

Neben seinem Vater möchte Barry auch Mr Ng ein positives Bild von sich vermitteln. Als wichtiges Element des Unterrichts beschreibt er entsprechend, dass es für ihn wichtig sei, dass er seinem Lehrer im Unterricht die richtigen Antworten geben könne.

> I think the most important thing [in a mathematics lesson, MV] is I can answer the correct answer to a question and also Mr Ng. (88-89)

Wichtiger noch als die positive Außenwirkung oder die Erfüllung von Pflichten ist es für Barry, dass der Mathematikunterricht auf Prüfungen vorbereitet. Das *Hong Kong Certificate of Education Examination* (HKCEE, vgl. Abschnitt 3.3, S. 78) ist unter ihnen das wichtigste. Er versteht daher den Unterricht als Vorbereitungs- oder Übungszeit auf das HKCEE und beschreibt eine normale Mathematikstunde folgendermaßen:

> [...] then listen to Mr Ng to talk about some definitions. And he will give me-, give us many questions to make use of this definition. ... But I think that's all is, because he think that maths is just, you need to practice in this time for HKCEE. (70)

Damit einher geht Barrys Einstellung, dass es im Unterricht schneller inhaltlich voran gehen könnte, so dass mehr Übung für schwierige Inhalte möglich wäre.

> We can move faster and have more practice for some difficult topics. (114)

Es gefällt Barry, dass das HKCEE grundsätzlich von Mr Ng im Unterricht thematisiert wird. Dies geschieht etwa dadurch, dass der Lehrer im Unterricht Aufgaben aus vorangegangenen HKCEE-Prüfungen thematisiert.

> I think Mr Ng is good as he always do some class-papers questions for us to prepare for the examin-, HKCEE. (31)

Die Art der Aufgaben im HKCEE ist also größtenteils bekannt, so dass ein 'teaching to the test' stattfinden kann (siehe auch 46-47). Dies ist es auch, was Barry am interessantesten im Unterricht findet. Doch obgleich er leistungsstark ist (s. o.), hat er Angst, nicht gut genug im HKCEE abzuschneiden. Er nimmt daher wöchentlich 1,5 Stunden Unterricht in einem Tutoriumszentrum (191-192), um noch besser auf das HKCEE vorbereitet zu sein. Barry hat Angst, dass im HKCEE möglicherweise andere Fragearten vorkommen, als zuvor im Unterricht behandelt wurden (188-190), so dass er sich durch die zusätzliche Beschäftigung mit Mathematik im Rahmen des Tutorium-Unterrichts besser vorbereitet fühlt. Es geht ihm also gar nicht unbedingt darum, neue Inhalte zu vertiefen, sondern darum, möglichst viele verschiedene potentielle Fragearten zu üben.

Ein weiterer Übungsaspekt für das HKCEE sind für Barry Tests (*quizzes*), die im Mathematikunterricht geschrieben werden. Da sie nicht viel für die Endjahresnote zählen, sind ihm die Ergebnisse auch nicht so wichtig. Wichtiger ist dahingegen der Übungsaspekt, der von ihnen ausgeht.

> For the test or quiz in the lessons, I think is just some practice for us. It's because it doesn't count many much in the final result. But for the examinations at the year end, it's very important. It is because it's like some competition with others. And all of us will try our best to score a good mark. For the HKCEE it's not only the schools for the competition but all around Hong Kong. The competition is intensed. ... It's determined which university that we'll go to. (101)

Die große Wichtigkeit des HKCEE-Ergebnisses liegt darin, dass es Grundlage für mehrere Entscheidungen ist, die in den Bereich der Berufsvoraussetzung reichen: Es hängt auf der einen Seite davon ab, ob der Schüler oder die Schülerin ein oder zwei Jahre lang die Oberstufe besuchen muss.

> After the examination, we score thirty marks and then the student will study in form six but not form seven. They will go to university directly and they can choose the subject in the university easily. For the other students, just below twenty-eight or twenty-nine, they need to study form seven and prepare for the A-level exam, just the higher level. And the syllabus is too much. Two years is not enough for them to study all the topics. That my brother is just entering this examination, I feel

> that he is very, very tired for the exam. And always encourage me to have six A, like just thirty marks to enter the university easy and directly. (103)

Bei der Bestnote, einer 30, die sich aus sechsmal der Einzelbestnote A zusammen setzt, dürfen die Schülerinnen und Schüler die Schulzeit um ein Jahr verkürzen und direkt nach der *Form 6* an die Universität wechseln. Liegen die Lernenden jedoch knapp darunter, müssen sie auch *Form 7* besuchen und das *A-level examination* ablegen. In dieser Prüfung werden sehr viele Inhalte abgefragt, so dass sie als sehr schwer gilt.

Auf der anderen Seite geht die HKCEE-Note zusammen mit dem Ergebnis der *A-level-exams* zu einem variierenden Prozentsatz in den Numerus clausus der verschiedenen Hochschulen ein.

> If we have scored a good mark in HKCEE, the ...., let me think, the university only look at our HKCEE result but not the A-level. If we have finish the A-level, different university will have different marking schemes like: Forty percent count for the HKCEE and sixty percent count for A-level. (105)

Bei sehr gutem HKCEE-Ergebnis vernachlässigten die Universitäten, so Barry, das Ergebnis des *A-level exams*, sonst berechnete sich die Zulassung jedoch aus dem HKCEE und dem *A-level exam*. Beiden Prüfungen kommt also eine große Gewichtung zu, da sie starken Einfluss darauf haben, wie der Bildungsgang der Lernenden weiter geht, bzw. welches Studienfach an welcher Universität sie belegen dürfen. Barry selbst hat noch keine genauere Vorstellung davon, was er später beruflich machen möchte. Er könnte sich jedoch vorstellen, Chemiker zu werden, weil damit seine beiden Lieblingsfächer, Chemie und Mathematik, in der chemischen Forschung miteinander kombiniert wären.

> I like chemistry and mathematics, both of them. I think if I am a chemist, both subject is used in the researches. (216)

Für Barry sind somit verschiedene gesellschaftlich geprägte Anforderungen wichtig, die er gern erfüllen möchte. Er lernt Mathematik, weil es ein Pflichtfach ist, und weil er die Erwartungen, die sein Vater an ihn stellt, erfüllen möchte. Dazu sind etwa besonders gute Prüfungsleistungen wichtig. Diese spielen zudem noch eine besondere Rolle, da das HKCEE, welches Barry nach dem nächsten Schuljahr ablegen wird, eine sehr wichtige Rolle für seinen weiteren Bildungsgang spielt. Sowohl die weitere Dauer des Schulbesuchs als auch die Chancen bei der Berufs-, Studienfach- und Universitätswahl stehen damit in Zusammenhang. Es ist also nicht verwunderlich, dass dem HKCEE von allen interviewten Schülerinnen und Schülern in Hongkong eine ganz besonders zentrale Position zugewiesen wird, wie sie in Deutschland nicht zu finden ist.

9 Kulturelle Perspektive

Um die in der vorliegenden Studie gebildete Theorie aus Sinnkonstruktionsarten und -typen unter Bezug auf eine kulturelle Perspektive zu reflektieren, müssen zunächst Unterschiede oder Gemeinsamkeiten zwischen beiden Ländern ermittelt werden. Grundlage dieses Vergleichs ist dabei die Verteilung der relativen Häufigkeiten der jeweiligen Sinnkonstruktionsart bzw. des -typus in beiden Ländern. Unter relativer Häufigkeit verstehe ich hier den prozentualen Anteil, den die Kodierungen einer bestimmten Sinnkonstruktionsart unter allen Sinnkonstruktionskodierungen der jeweiligen Person einnehmen. Die relative Häufigkeit gibt – anders als die absoluten Zahlen, die von der Länge der Interviews abhängen können – die persönliche Gewichtung des Aspekts durch die Schülerinnen und Schüler wieder. Diese Daten wurden mit Hilfe der Software SPSS (Version 19) statistisch ausgewertet (vgl. Abschnitt 6.5, S. 121).

Sowohl in qualitativen als auch quantitativ ausgelegten Studien sind Aussagen immer abhängig von der Stichprobe. Diese Problematik ist insbesondere bei einer vergleichsweise kleinen Stichprobe von $n = 17$ interviewten Schülerinnen und Schülern je Land bedeutsam. Aus diesem Grund bin ich mir der eingeschränkten Aussagekraft der Ergebnisse bewusst. Sie können lediglich als Tendenzaussagen für das jeweilige Land gewertet werden und erheben keinen Anspruch auf eine uneingeschränkte Verallgemeinerung. Die statistischen Untersuchungen dienen auch nicht dem Zweck der Hypothesentestung, sondern im Gegenteil der Generierung von kulturspezifischen Hypothesen. Die Ergebnisse liefern dementsprechend Hinweise auf Hypothesen, die aus dieser Arbeit abgeleitet werden können.

9.1 Statistische Untersuchung der Ergebnisse

Wie in Abschnitt 6.5 (S. 121) beschrieben, wurde zunächst eine einfaktorielle, multivariate Varianzanalyse (MANOVA) durchgeführt, um das Vorhandensein von Unterschieden zwischen Deutschland und Hongkong bzgl. der entwickelten Sinnkonstruktionstypen und -arten nachzuprüfen (vgl. Bortz, 1999, Kapitel 17; Field, 2009, Kapitel 16). Aufgrund des hoch signifikanten Ergebnisses ($PS = 0.81$, $F(16, 17) = 4.55$, $p < 0.01$) können Unterschiede auf der allgemeinen Betrachtungsebene der Sinnkonstruktion zwischen den Ländern angenommen werden.

Damit ist die Durchführung weiterer Analysen auf der Ebene der Sinnkonstruktionstypen und -arten gerechtfertigt.

Um diese Unterschiede zwischen den verschiedenen Typen bzw. Sinnkonstruktionsarten ausfindig zu machen, wurden *t*-Tests zu den einzelnen Sinnkonstruktionstypen und -arten durchgeführt und durch den *U*-Test von Mann-Whitney abgesichert. Tabellen 3 und 4 (S. 237 bzw. 238) geben einen Überblick über die jeweiligen Ergebnisse der Sinnkonstruktionsarten und -typen (vgl. auch Abschnitt 6.5, S. 121). Die parametrischen Effektstärken Cohens *d* wurden auf Basis der Mittelwerte und Standardabweichungen mit Hilfe des Rechners auf http://www.phil.uni-sb.de/~jakobs/seminar/vpl/bedeutung/bedeut.htm ermittelt. Am Vorzeichen des Effektstärke kann abgelesen werden, in welchem Land die Sinnkonstruktion für die Schülerinnen und Schüler wichtiger ist: Ein negatives Vorzeichen spricht für eine größere Wichtigkeit in Hongkong, ein positives Vorzeichen für eine größere Wichtigkeit des Sinnkonstruktionstyps bzw. der Sinnkonstruktionsart in Deutschland. Effekt werden als sehr gering, gering, mittel bzw. groß bei $|d| < 0.2$, $0.2 < |d| < 0.5$, $0.5 < |d| < 0.8$ bzw. $0.8 < |d|$ bezeichnet (vgl. Bortz & Döhring, 2006, S. 606). Die non-parametrischen Effektstärken berechnen sich als $r = \frac{Z}{\sqrt{N}}$, wobei der *Z*-Wert Tabelle 4 (S. 238) zu entnehmen ist und $N = 34$ die Gesamtzahl der beobachteten Fälle beschreibt. Effekte werden als klein eingeschätzt, wenn $|r| < 0.3$, mittel, wenn $0.3 < |r| < 0.5$ bzw. groß, wenn $0.5 < |r|$ (vgl. Field, 2009, S. 550).

Wie den Angaben zu entnehmen ist, finden sich signifikante Unterschiede bei den Sinnkonstruktionstypen *Aktive Auseinandersetzung mit Mathematik* und *Wohlbefinden durch eigene Leistung*. Auf Ebene der Sinnkonstruktionsarten treten signifikante Unterschiede bei *Aktives Betreiben von Mathematik, Ausgeglichenheit, Positive Außenwirkung, Prüfungen* und *Zensuren* auf. Bei allen zeigen sich mittlere bzw. große Effektstärken ($0.5 < |d|$ bzw. $0.3 < |r|$) (vgl. die Klassifikation von Jürgen Bortz und Nicola Döhring, 2006, S. 606 bzw. Andy Field, 2009, S. 550). Die Sinnkonstruktion *Kognitive Herausforderung* weist bei der Berechnung des *t*-Tests kein signifikantes Ergebnis auf, im Mann-Whitney-*U*-Test hingegen schon. Da das Ergebnis des nonparametrischen Tests lediglich knapp signifikant geworden ist ($p = 0.044$), im *t*-Test jedoch deutlich nicht ($p = 0.181$), verzichte ich jedoch darauf, diese Sinnkonstruktion bei den Unterschieden zu reflektieren und ziehe es vor, keine Aussage über Unterschiede oder Gemeinsamkeiten zu machen.

Neben den Unterschieden konnten auch Gemeinsamkeiten im Datenmaterial rekonstruiert werden. Dafür wurden die Effektstärken Cohens *d* (parametrisch) und *r* (nonparametrisch) betrachtet (vgl. Abschnitt 6.5, S. 121). Es werden

Tabelle 3: Ergebnisse der *t*-Tests für die relativen Häufigkeiten der Sinnkonstruktionstypen und -arten beider Länder (gerundet).

	Mittelwert		**Standardab-weichung**		***t*-Test für die Mittelwertgleichheit**			
	D	**HK**	**D**	**HK**	***T***	***df***	***p***	**Cohens *d***
Sinnkonstruktionstypen								
Aktive Auseinandersetzung mit Mathematik	1.70	6.52	1.79	4.24	-4.32	21.53	0.000**	-1.48
Anwendungsrelevanz	12.50	13.61	3.23	4.96	-0.77	32	0.446	-0.26
Effiziente und unterstützende Gestaltung von Unterrichtsprozessen	21.16	20.11	7.78	6.96	0.42	32	0.681	0.14
Emotional-affektiv geprägte Entfaltung	16.31	17.34	7.30	7.56	-0.40	32	0.689	-0.14
Erfüllung gesellschaftlich geprägter Anforderun-gen	12.91	12.70	5.21	4.99	0.12	32	0.905	0.04
Kognitive Selbstentwicklung	20.07	18.71	9.50	6.82	0.48	32	0.636	0.16
Wohlbefinden durch eigene Leistung	15.35	11.01	6.14	4.57	2.34	32	0.026*	0.80
Sinnkonstruktionsarten								
Aktives Betreiben von Mathematik	1.53	5.94	1.59	3.87	-4.35	21.28	0.000**	-1.49
Anwendung im Leben	11.48	12.41	3.28	4.87	-0.66	32	0.517	-0.22
Ausgeglichenheit	3.60	8.88	2.76	6.33	-3.15	21.88	0.005**	-1.08
Autonomie erleben	5.30	4.51	3.53	4.21	0.60	32	0.556	0.20
Berufsvoraussetzung	4.94	5.08	2.73	3.06	-0.14	32	0.891	-0.05
Effizienz	8.37	7.14	4.89	4.78	0.74	32	0.467	0.25
Emotional-affektive Bindung an die Lehrperson	2.73	2.35	5.70	2.63	0.25	32	0.805	0.09
Kompetenz erleben	10.15	8.22	4.87	4.99	1.14	32	0.263	0.39

	Mittelwert		Standardabweichung		*t*-Test für die Mittelwertgleichheit			
	D	HK	D	HK	*T*	*df*	*p*	Cohens *d*
Kognitive Herausforderung	3.87	5.99	5.26	3.62	-1.37	32	0.181	-0.47
Pflichterfüllung	4.17	4.08	2.33	2.44	0.10	32	0.918	0.04
Positive Außenwirkung	3.57	0.78	2.54	1.80	3.70	32	0.001**	1.27
Prüfungen	0.47	3.71	0.90	3.16	-4.06	18.60	0.001**	-1.39
Purismus der Mathematik	5.21	3.05	4.98	3.36	1.48	32	0.148	0.51
Selbstperfektionierung	6.52	5.99	5.94	4.90	0.28	32	0.781	0.10
Soziale Eingebundenheit erleben	9.12	6.92	5.40	3.75	1.38	32	0.178	0.47
Unterstützung durch die Lehrperson	13.98	12.79	6.88	4.74	0.59	32	0.562	0.20
Zensuren	4.99	2.13	2.83	2.30	3.24	32	0.003**	1.11

Anmerkung: */**. Das Ergebnis ist auf dem Niveau von 0.05/0.01 (2-seitig) signifikant; $N = 34$.

Tabelle 4: Ergebnisse der Mann-Whitney-*U*-Tests für die relativen Häufigkeiten der Sinnkonstruktionstypen und -arten beider Länder (gerundet).

	Median		Mann-Whitney-*U*-Test			
	D	HK	*U*	*Z*	*p*	Effektstärke *r*
Sinnkonstruktionstypen						
Aktive Auseinandersetzung mit Mathematik	1.70	6.52	42.50	-3.55	0.000**	-0.61
Anwendungsrelevanz	12.50	13.61	131.50	-0.45	0.654	-0.08
Effiziente und unterstützende Gestaltung von Unterrichtsprozessen	21.16	20.11	128.50	-0.55	0.581	-0.09
Emotional-affektiv geprägte Entfaltung	19.31	17.34	135.00	-0.33	0.743	-0.06
Erfüllung gesellschaftlich geprägter Anforderungen	12.91	12.70	142.50	-0.07	0.945	-0.01
Kognitive Selbstentwicklung	20.93	18.92	124.50	-0.69	0.491	-0.12
Wohlbefinden durch eigene Leistung	15.35	11.01	84.00	-2.08	0.037*	-0.36

	Median		Mann-Whitney-*U*-Test			
	D	**HK**	***U***	***Z***	***p***	**Effektstärke *r***
Sinnkonstruktionsarten						
Aktives Betreiben von Mathematik	1.56	5.56	43.50	-3.51	0.000**	-0.60
Anwendung im Leben	10.91	11.43	135.00	-0.33	0.743	-0.06
Ausgeglichenheit	2.56	7.55	70.00	-2.57	0.010*	-0.44
Autonomie erleben	6.52	3.33	120.00	-0.85	0.397	-0.15
Berufsvoraussetzung	4.44	5.71	138.00	-0.22	0.823	-0.04
Effizienz	8.57	6.10	113.00	-1.09	0.278	-0.19
Emotional-affektive Bindung an die Lehrperson	0	2.27	121.00	-0.91	0.365	-0.16
Kompetenz erleben	10	6.67	111.5	-1.14	0.256	-0.19
Kognitive Herausforderung	2.22	7.14	86.50	-2.02	0.044*	-0.35
Pflichterfüllung	4.35	4.29	139.00	-0.19	0.850	-0.03
Positive Außenwirkung	2.86	0	44.50	-3.60	0.000**	-0.62
Prüfungen	0	2.94	45.00	-3.66	0.000**	-0.63
Purismus der Mathematik	3.70	1.89	110.00	-1.20	0.230	-0.21
Selbstperfektionierung	4.44	5.08	142.00	-0.09	0.931	-0.01
Soziale Eingebundenheit erleben	9.09	6.90	110.00	-1.19	0.235	-0.20
Unterstützung durch die Lehrperson	12.96	12.86	140.00	-0.16	0.877	-0.03
Zensuren	4.35	1.43	61.00	-2.89	0.004*	-0.50

Anmerkung: */**. Das Ergebnis ist auf dem Niveau von 0.05/0.01 (2-seitig) signifikant; $N = 34$.

die Ergebnisse berichtet, für die $d < 0.2$ und $r < 0.3$ gilt. Alle auf diese Weise ermittelten Sinnkonstruktionsarten und -typen sind nicht signifikant verschieden. Durch die geringe Effektstärke kann davon ausgegangen werden, dass der Faktor *Land* nur einen sehr geringen Einfluss auf die Effekte zwischen den Ländern hat. Sollte eine *Sinnkonstruktionsart* oder ein -typ bei einer größeren Stichprobe signifikant werden, sollte also trotzdem nur ein sehr geringer Effekt vorliegen, so dass von Gemeinsamkeiten der Länder gesprochen werden kann.

Die Tabellen 3 und 4 (S. 237 bzw. 238) zeigen Gemeinsamkeiten auf der Typenebene für *Effiziente und unterstützende Gestaltung von Unterrichtsprozessen, Emotional-affektiv geprägte Entfaltung, Erfüllung gesellschaftlich geprägter Anforderungen* und *Kognitive Selbstentwicklung* sowie für die Sinnkonstruktionsarten *Berufsvoraussetzung, Emotional-affektive Bindung an die Lehrperson, Pflichterfüllung* und *Selbstperfektionierung.* Insgesamt lassen sich also Unterschiede und Gemeinsamkeiten bei jeweils vier Sinnkonstruktionstypen und -arten feststellen. Bei den restlichen Typen und Arten waren die Ergebnisse nicht eindeutig interpretierbar.

Die folgenden Abschnitte beleuchten die Unterschiede und Ähnlichkeiten aus einer kulturellen Perspektive zunächst auf Typen- und anschließend auf Sinnkonstruktionsebene. Die Ergebnisse, die berichtet werden, beziehen sich dabei auf die Resultate des *t*-Tests sowie die Effektstärken Cohens *d*. Weichen die Effektstärken der nonparametrischen Tests von denen der *t*-Tests ab, beispielsweise wenn statt eines großen lediglich ein mittlerer Effekt festgestellt wurde, wird darauf in einer Fußnote hingewiesen (vgl. auch Abschnitt 6.5, S. 121).

9.2 Ebene der Sinnkonstruktionstypen

Die Typenbildung dieser Studie ist eine inhaltlich begründete Zusammenfassung von verschiedenen Sinnkonstruktionsarten zu Idealtypen, die nicht an intrapersonalen oder -kulturellen Sinnkonstruktionsmustern orientiert ist, sondern personen- und kulturübergreifend die rekonstruierten Sinnkonstruktionen nach Mathematik- und Individuumsbezogenheit gruppiert. Infolgedessen ist es möglich, dass landesspezifische Unterschiede oder Gemeinsamkeiten, die bei einzelnen Sinnkonstruktionen vorhanden sind, auf der Typenebene verwischen oder sich gegenseitig aufheben. Entsprechend lassen sich lediglich bei den Typen *Aktive Auseinandersetzung mit Mathematik* und *Wohlbefinden durch eigene Leistung* signifikante Unterschiede zwischen den Ergebnissen aus Deutschland und Hongkong erkennen sowie Gemeinsamkeiten bei *Effiziente und unter-*

stützende Gestaltung von Unterrichtsprozessen, Emotional-affektiv geprägte Entfaltung, Erfüllung gesellschaftlich geprägter Anforderungen sowie *Kognitive Selbstentwicklung.*

Der Typus *Aktive Auseinandersetzung mit Mathematik* basiert auf einer einzigen Sinnkonstruktionsart, die hoch signifikante Unterschiede zwischen Deutschland und Hongkong aufweist ($p < 0.01$). Inwiefern der kulturelle Hintergrund der Schülerinnen und Schüler eine Rolle für diese Sinnkonstruktion spielt, wird daher in Abschnitt 9.3.1.1 (S. 243) diskutiert.

Der zweite signifikant gewordene Typus, *Wohlbefinden durch eigene Leistung*, umfasst zwei Sinnkonstruktionen, von denen eine hoch signifikant ist (*Zensuren*, $p < 0.01$). Der Effekt scheint so groß zu sein, dass selbst die Gruppierung mit einer nicht signifikant gewordenen Sinnkonstruktion (*Kompetenz erleben*) noch einen hohen Effekt auf Typenebene zeigt ($d = 0.8$[38]). Diese Ergebnisse können unter einer kulturellen Perspektive insofern begründet werden, als dass in einer westlichen Kultur wie Deutschland das Individuum stärker im Vordergrund steht, wohingegen in konfuzianisch geprägten Regionen wie Hongkong das Kollektiv bzw. die Gruppe von größerer Bedeutung ist (vgl. Leung, 2001, S. 44). Die Benennung der eigenen Leistung und ein daraus resultierendes Wohlbefinden scheinen also in beiden Kulturen aufzutreten, in der westlichen jedoch stärker als in der konfuzianisch geprägten. Eine genauere Interpretation der Ergebnisse ist auf Ebene der konkreten Sinnkonstruktion möglich (vgl. Abschnitt 9.3.1.5, S. 249). Da die Sinnkonstruktion *Kompetenz erleben* nicht signifikant geworden ist, wird sie nicht weiter auf kulturelle Unterschiede hin analysiert.

Andere signifikant gewordene Sinnkonstruktionen eliminieren sich gegenseitig beim Übergang auf Typenebene. Dies ist für die Sinnkonstruktionen *Positive Außenwirkung* und *Prüfungen* bei der Zusammenfassung zum Typus *Erfüllung gesellschaftlich geprägter Anforderungen* der Fall. Die beiden Sinnkonstruktionen unterscheiden sich signifikant ($p_{POS} < 0.01$, $d_{POS} = 1.27$ bzw. $p_{PRÜ} < 0.01$, $d_{PRÜ} = -1.39$) und werden daher in den Abschnitten 9.3.1.3 und 9.3.1.4 (S. 246 bzw. 247) ausführlicher diskutiert. Der Typus hingegen weist Gemeinsamkeiten bei den Ergebnissen zwischen Deutschland und Hongkong auf ($d = 0.04$). Dies liegt offenbar darin begründet, dass neben den signifikant verschiedenen Sinnkonstruktionsarten auch solche in diesem Typus zusammengefasst werden, die Gemeinsamkeiten zwischen Deutschland und Hongkong zeigen: *Berufsvoraussetzung* ($d = -0.05$) und *Pflichterfüllung* ($d = 0.04$). Die Ergebnisse der vier Sinnkonstruktionsarten aus beiden Ländern sind also heterogen. Ähn-

[38] Nonparametrisch ergibt sich mit $0.3 < |r| < 0.5$ ein mittlerer Effekt.

lich wie bei den Unterschieden zeigen sich demnach auch bei den Gemeinsamkeiten Schwierigkeiten der Interpretation auf Typenebene.

Der Typus *Emotional-affektiv geprägte Entfaltung* hat eine Effektstärke $d = -0.14$ und weist somit auf Typenebene kaum Unterschiede zwischen Deutschland und Hongkong auf. Dieses Ergebnis ist ebenfalls wieder überraschend, da die enthaltene Sinnkonstruktion *Ausgeglichenheit* signifikante Unterschiede zwischen den Ländern mit einer hohen Effektstärke dokumentiert ($p < 0.01$, $d = -1.08$[39]). Die beiden weiteren Sinnkonstruktionen dieses Typs haben jedoch nur eine kleine bzw. sehr geringe Effektstärke (*Soziale Eingebundenheit*: $d = 0.47$ bei $p = 0.18$ bzw. *Emotional-affektive Bindung an die Lehrperson*: $d = 0.09$ bei $p = 0.81$). Der signifikante Unterschied der *Ausgeglichenheit* wird offenbar durch die Gemeinsamkeiten der anderen beiden Sinnkonstruktionen aufgefangen.

Der Typus *Effiziente und unterstützende Gestaltung von Unterrichtsprozessen* zeigt kaum Unterschiede zwischen Deutschland und Hongkong bei einer Effektstärke von $d = 0.14$. Die zugrundeliegenden Sinnkonstruktionen *Effizienz* und *Unterstützung durch die Lehrperson* weisen Effektstärken auf, die auch klein, jedoch gerade nicht mehr klein genug sind, um dem Kriterium für Gemeinsamkeiten zu genügen ($d_{EFF} = 0.25$ bzw. $d_{UNT} = 0.20$[40]). Schließlich zeigt der Typus *Kognitive Selbstentwicklung* Gemeinsamkeiten zwischen Deutschland und Hongkong mit $d = 0.16$, die sich offenbar auf die Gemeinsamkeiten der zugrundeliegenden Sinnkonstruktion *Selbstperfektionierung* zurückführen lassen ($d = 0.10$). Die Ergebnisse der anderen drei Sinnkonstruktionen, die in diesem Typus zusammengefasst sind, lassen sich nicht weiter interpretieren, da sie weder Gemeinsamkeiten noch signifikante Unterschiede aufweisen. Auch hier verwischen folglich die Ergebnisse bei der Zusammenfassung der beiden Sinnkonstruktionsarten, so dass die Ergebnisse auf Typenebene scheinbar klarer wirken lassen als sie es auf Artenebene sind.

Aus dieser kurzen Übersicht wird deutlich, dass eine Aussage über die Sinnkonstruktionstypen bzgl. Ähnlichkeiten und Unterschiede wenig aussagekräftig ist. Die Aussagekraft der Sinnkonstruktionsergebnisse ist eingeschränkt, da sie durch die Zusammenfassung der Sinnkonstruktionsarten beim Übergang zum Typus verwischt wird. Diese Unschärfe liegt in der oben bereits erwähnten inhaltlichen statt empirischen Begründung der Typenbildung begründet. Die Sinnkonstruktionstypen sind auf theoretischer Grundlage gebildet worden und

[39] Nonparametrisch ergibt sich mit $0.3 < |r| < 0.5$ ein mittlerer Effekt.

[40] Die nonparametrischen Effekstärken liegen ebenfalls mit $d_{EFF} = -0.19$ bzw. $d_{UNT} = -0.03$ unter der Grenze des Kriteriums für Gemeinsamkeit von 0.3.

spiegeln daher nicht die empirischen Ergebnisse von Gemeinsamkeiten oder Unterschieden zwischen Deutschland und Hongkong.

Der folgende Abschnitt gibt einen tieferen Einblick in die gefundenen Unterschiede auf Ebene der Sinnkonstruktionsarten und stellt sie in einen kulturellen Kontext. Darüber hinaus werden exemplarisch auch Gemeinsamkeiten beider Länder reflektiert.

9.3 Ebene der Sinnkonstruktionsarten

Verlässt man die Ebene der Sinnkonstruktionstypen und betrachtet die einzelnen -arten, lassen sich sowohl kulturelle Unterschiede als auch Gemeinsamkeiten aus den Daten rekonstruieren. Die folgenden Abschnitte setzen die einzelnen Sinnkonstruktionen in einen westlich vs. konfuzianisch geprägten kulturellen Kontext.

9.3.1 Unterschiede

Wie in Tabelle 3 (S. 237) gezeigt, konnten bei Mittelwertvergleichen der relativen Häufigkeiten anhand von *t*-Tests für fünf Sinnkonstruktionsarten signifikante Unterschiede zwischen Deutschland und Hongkong gefunden werden. Diese werden nun im Hinblick auf eine mögliche kulturelle Begründung reflektiert.

9.3.1.1 Aktives Betreiben von Mathematik

Bei der Sinnkonstruktion *Aktives Betreiben von Mathematik* steht die aktive Auseinandersetzung mit mathematischen Aufgaben im Vordergrund. Aspekte, die beim aktiven Betreiben vom Mathematik für die Lernenden persönlich relevant werden, tragen dazu bei, bei der Auseinandersetzung mit mathematischen Inhalten Freude zu erleben, die Wichtigkeit der Vorbereitung zum Bestehen relevanter Prüfungen zu thematisieren, und den eigenen Lernprozess der Schülerinnen und Schüler in den Fokus zu nehmen (vgl. Abschnitt 8.5.2.1, S. 198). Alle drei Bereiche wurden von den Hongkonger Schülerinnen und Schülern häufiger als von den deutschen genannt (19 vs. 10, 20 vs. 3, bzw. 12 vs. 3 Kodierungen). Betrachtet man die relativen Häufigkeiten, findet sich ein signifikanter Unterschied jedoch nur mit Bezug auf die Prüfungsvorbereitung ($p < 0.01$, $d = -1.05$). Dieser beruht allein auf Äußerungen allgemein zur Beschäftigung mit Mathematik als Prüfungsvorbereitung ($p < 0.01$, $d = -0.73$), ein Aspekt, der von den deutschen Schülerinnen und Schülern gar nicht genannt wurde. Bei den

Äußerungen zum Betreiben von Mathematik zur Steigerung des Selbstvertrauens, zur Beruhigung und zur Verbesserung der eigenen Fähigkeiten, sind keine signifikanten Unterschiede aufgetreten, obgleich im deutschen Datenmaterial lediglich zum letzten Aspekt Äußerungen kodiert werden konnten.

In diesen Ergebnissen zeigt sich, dass die aktive Auseinandersetzung mit mathematischen Inhalten in Hongkong eine gewichtigere Position als in Deutschland inne hat (vgl. dazu auch Dahlin & Watkins, 2000). Unter einer kulturellen Perspektive lässt sich dies in Zusammenhang mit dem belief des *practice makes perfect* setzen (Li, 2006, vgl. auch Abschnitt 3.2, S. 132). Ihm liegt die zentrale Rolle des wiederholten Imitierens und Übens mathematischer Verfahren für die Ausbildung von hohen fachlichen Fertigkeiten und einem vertieften Verständnis zugrunde. Ngai-Ying Wong beschreibt in diesem Zusammenhang zwei Sprichwörter, die diesen *belief* beschreiben: "diligence could remedy mediocracy" (Fleiß kann Mittelmäßigkeit bewältigen) und "familiarity breeds sophistication" (Vertrautheit erzeugt Erfahrenheit) (Wong, 2002, S. 224). Beide basieren auf der in der konfuzianisch geprägten Kultur vertretenen Auffassung, dass für das erfolgreiche Lernen von Mathematik nicht Intelligenz, sondern Ausdauer notwendig sei (Li, 2006, S. 131). Grundlage all dieser Ansichten ist die durch den Konfuzianismus geprägte Anschauung, dass jeder Mensch grundsätzlich bildbar sei (vgl. Abschnitt 3.2.2, S. 72), und dass Anstrengung zu Wissenserwerb und damit zu Weisheit führe (vgl. Abschnitt 3.2.4, S. 73, siehe auch Lee, 1996). Wing On Lee (1996, S. 31) schreibt:

> The fact that there are differences in ability does not matter, what is significant is developing potentiality to the fullest extent, as when the gold is purified, it is purified despite the amount of gold in the ore. This echoes what Confucius said:- 'If another man succeeds by one effort, he will use a hundred efforts. If another man succeeds by ten efforts, he will use a thousand. Let a man proceed in this way, and though dull, he will surely become intelligent; though weak, he will surely become strong (The Mean, XX.20-21).'

Folglich ist in der konfuzianischen Weltanschauung Bildung und Lernen immer verbunden mit Anstrengung. In schulischen Lernprozessen schlägt sich dies insofern nieder, als dass die Schülerinnen und Schüler viele Übungsaufgaben desselben Typus bearbeiten müssen. Emma beschreibt dies folgendermaßen:

> E: […] when the teacher teach us factorisation, the teacher usually will give us about hundred factorisation-sentence for us to do.
>
> I: That's a lot, isn't it?

E: Yes, but it is similar. That one hundred sentences is similar together. So we will do more easy up to one hundred sentence. But this is good for us. After we did the factorisation exercise, we will did more easily in exam.

I: So, you think it's necessary to do lots of examples after you learned something?

E: Yes, we won't forget it. (72-76)

Die herausragende Position der aktiven Auseinandersetzung mit mathematischen Inhalten zur Prüfungsvorbereitung legt einen Zusammenhang mit der Sinnkonstruktion *Prüfungen* nahe (vgl. auch Abschnitt 9.3.1.4, S. 247).

9.3.1.2 Ausgeglichenheit

Bei der Sinnkonstruktion *Ausgeglichenheit* ist es den interviewten Schülerinnen und Schülern persönlich relevant, Ausgeglichenheit bei der Beschäftigung mit Mathematik bzw. beim Lernen von Mathematik zu empfinden. Dies kann in zwei Kontexten geschehen: im Mathematikunterricht durch Phasen der Entspannung oder losgelöst in der Freizeit durch die freiwillige Beschäftigung mit mathematischen Inhalten (vgl. Abschnitt 9.3.1.2, S. 245). Bei letztgenanntem Aspekt zeigen sich signifikante Unterschiede bzgl. der Nennung von einem grundsätzlichen Interesse an mathematischen Themen oder einer positiven Einstellung zu ihnen ($p < 0.05$, $d = -0.82$[41]), nicht jedoch bei der Beschäftigung mit Mathematik in der Freizeit. Im Mathematikunterricht spielt Ausgeglichenheit in Form einer kognitiven Pause, Möglichkeiten zum Relaxen oder Entspannen in Hongkong eine signifikant größere Rolle als in Deutschland ($p < 0.01$, $d = -1.17$). Bzgl. einer Ausgeglichenheit nach Anstrengung oder durch Spiele im Mathematikunterricht lassen sich keine signifikanten Unterschiede rekonstruieren.

Die relative Häufigkeit von Äußerungen zum allgemeinen Interesse an Mathematik oder zu einer positiven Einstellung zu ihr fällt im Hongkonger Datenmaterial signifikant höher aus als im deutschen. Im Gegensatz zur aktiven Auseinandersetzung mit mathematischen Inhalten (vgl. vorheriger Abschnitt) lässt sich diesmal keine direkte Verbindung zu *beliefs* ziehen, die auf dem kulturellen Hintergrund der Lernenden basieren. Das Ergebnis wirft aus einer kulturellen Perspektive einerseits die Frage nach der positiven Erwünschtheit der Antworten auf; andererseits kann sich darin eine andere Einstellung zum Gegenstand Mathematik widerspiegeln. Präzisere Aussagen zu einer möglichen Erklärung

[41] Nonparametrisch ergibt sich mit $0.3 < |r| < 0.5$ ein mittlerer Effekt.

der Unterschiede aufgrund kultureller Differenzen sind an dieser Stelle entsprechend schwierig.

Die relative Häufigkeit der Hongkonger Kodierungen zu Ausgeglichenheit durch eine kognitive Pause o. ä. ist signifikant höher als im deutschen Material. Die Hongkonger Schülerinnen und Schüler beschreiben dabei primär Situationen, in denen sie sich aus dem Unterrichtsgeschehen zurückziehen können oder in der eine inhaltliche Pause durch eine lustige Situation entsteht. So beschreibt Barry die Gefühle, die er mit einer Mathematikstunde in Verbindung bringt, folgendermaßen:

> Relax, exiting as I have a freedom and sometimes Mr Ng have some joke so that we are happy. (114)

Solche Situationen werden von vielen Schülerinnen und Schülern thematisiert, sie kann daher als prototypisch verstanden werden. Eine Interpretation der starken Thematisierung von Momenten des Rückzugs liegt möglicherweise in den hohen Anforderungen, denen Hongkonger Schülerinnen und Schüler gegenüber stehen (vgl. Abschnitt 3.2.5, S. 75). Da ein hoher Druck auf ihnen lastet, bekommen solche Momente – ebenso wie eine positive Beziehung zur Lehrperson – eine ganz besondere Bedeutung. Der Leistungsdruck fällt in Deutschland geringer aus, so dass dies auch ein Grund dafür sein kann, dass hier Rückzugsmomente im Unterricht weniger bedeutsam sind.

9.3.1.3 Positive Außenwirkung

Bei der Sinnkonstruktion *Positive Außenwirkung* ist es für die Lernenden persönlich relevant, wenn durch die Beschäftigung mit Mathematik bzw. durch die im Fach erzielten Leistungen eine positive Außenwirkung gegenüber anderen Personen erlangt werden kann und diese den Lernenden Anerkennung erweisen. Insbesondere steht dabei der Wunsch nach Anerkennung von anderen Personen im Vordergrund (vgl. Abschnitt 8.7.2.3, S. 225). Signifikante Unterschiede zwischen Deutschland und Hongkong lassen sich zurückführen auf die unterschiedliche Wichtigkeit der gewünschten Anerkennung durch andere Personen ($p < 0.01$, $d = 1.15$). Diese steht besonders für die deutschen Schülerinnen und Schüler zentral im Fokus.

Ein solches Ergebnis ist zunächst überraschend. Nach Kuo-Shu Yang (1981, S. 159-160) sind die Wahrung des Gesichts, das Sich-Fügen in soziale Erwartungen und die Sorge über Meinungen anderer Aspekte von sozialer Orientierung. Diese wiederum sind wichtige Aspekte der ostasiatischen Kultur (Leung, 1998). Es hätte also erwartet werden können, dass der Wunsch nach Anerkennung von anderen Personen eine Ausgestaltung der Sinnkonstruktion *Positive Außenwirkung* ist, die in Hongkong wichtiger ist als in Deutschland. Die Unterschiede lassen sich jedoch detaillierter verfolgen auf den Wunsch nach Anerkennung durch die Lehrperson ($p < 0.01$, $d = 1.13$). Ein kulturell geprägter Erklärungsansatz lässt sich erneut in der unterschiedlichen Wichtigkeit von mündlicher Mitarbeit im Unterricht finden. Ist die mündliche Beteiligung im Unterricht in Deutschland von zentraler Bedeutung für die Zeugnisnote, spielt sie in Hongkong eine eher untergeordnete Rolle. Hier basieren die Noten primär auf den Ergebnissen von Examina, die zu bestimmten Zeitpunkten über das Jahr verteilt geschrieben werden. Im Gegensatz zu Hongkong ist es also für die deutschen Schülerinnen und Schüler von immenser Wichtigkeit, dass ihre Lehrperson durch ihre mündliche Mitarbeit die Überzeugung erlangt, sie seien leistungsstark. Diese Einstellung wird bei Mirko besonders deutlich:

> [...] ich hab mich heute ja auch ziemlich häufig gemeldet gehabt, und sie [Frau Thomsen, MV] hat mich drei-, viermal dran genommen, allerdings sie hat mich auch immer gesehen, da achte ich nämlich in letzter Zeit ziemlich drauf, weil ich in anderen Fächern denn mal ne schlechte mündliche Note bekomme, obwohl ich mich häufig melde. [...] sie hat auch immer etwas länger angeguckt, damit ich wahrscheinlich weiß, ich glaub, sie fühlt sowas, dass man das möchte, und ... dann hat sie immer gewartet, ob nicht andere das noch wissen, was ich auch sehr gut verstehen kann, damit die auch mal [...] in die Potte kommen. Ja, damit sie auch halt, wenn sie schriftlich nicht so gut sind, es mündlich vielleicht noch ein bisschen verbessern. (36)

Mirko beschreibt hier zusätzlich die Möglichkeit, eine schlechte schriftliche Leistung durch gute mündliche Mitarbeit auszugleichen. Darin liegt jedoch auch die Gefahr, dass manche Schülerinnen und Schüler nur so tun, „als wenn sie's wüssten, [...] nur um die mündliche Note rauszureißen, dass sie halt ne eins kriegen" (42). Aus diesen Beispielen wird die zentrale Rolle der mündlichen Beteiligung im Unterricht in Deutschland deutlich (vgl. auch Friedrichs, 2008; Kaiser, 1999).

9.3.1.4 Prüfungen

Die Sinnkonstruktion *Prüfungen* betrifft Aspekte, die die Rolle von Prüfungen für das Individuum und seinen weiteren Bildungsgang beschreiben bzw. thematisieren, inwiefern die Vorbereitung auf Prüfungen für die interviewten Schülerinnen und Schüler persönlich relevant ist (vgl. Abschnitt 9.3.1.4, S. 247). Die signifikanten Unterschiede zwischen den Ergebnissen aus Deutschland und

Hongkong auf Sinnkonstruktionsebene lassen sich auf die Prüfungsvorbereitung zurückführen, deren relative Häufigkeit in Hongkong einen gewichtigeren Stellenwert einnimmt als in Deutschland ($p < 0.01$, $d = -1.35$).

Die Prüfungsvorbereitung in Form von der Auseinandersetzung mit vielen Aufgaben wurde bereits an anderer Stelle diskutiert (vgl. Abschnitte 8.5.2.1 und 9.3.1.1, S. 198 bzw. 243). Die hohe Relevanz der Vorbereitung birgt zudem den Hinweis darauf, dass Prüfungen in Hongkong einen besonderen Stellenwert haben. Ihre zentrale Bedeutsamkeit in der konfuzianisch geprägten Kultur kann bis in das Jahr 587 n. Chr. zurückverfolgt werden, als zum ersten Mal Prüfungen dazu dienten, Gelehrte auszuwählen, die hohe Offizierspositionen bekleiden sollten (Leung, 2008, S. 988; vgl. auch Abschnitt 3.2.5, S. 75). Daher ist auch die Ansicht, dass Prüfungen das Leben einer Person bedingen können, tief in der chinesischen Weltsicht verwurzelt (vgl. Zhang et al., 2004, S. 191). Die hier angeführten Überlegungen könnten eine mögliche Erklärung für die gefundenen Unterschiede zwischen Deutschland und Hongkong sein.

Auch heute öffnen erfolgreich abgelegte Prüfungen die Möglichkeiten für Ausbildung und Studium und damit sozialen Aufstieg (vgl. Abschnitt 3.3, S. 78). In Hongkong hängt von einer guten Note im *Hong Kong Certificate of Education Examination* (HKCEE) neben dem Zugang zum Ausbildungsplatz oder Studium auch die Dauer des weiteren Schulbesuchs ab. Mit einer Bestnote im HKCEE dürfen die Schülerinnen und Schüler nach nur einem weiteren Schuljahr direkt an die Universität wechseln, liegen sie knapp darunter, müssen sie weitere zwei Jahre zur Schule gehen und den HKALE (*Hong Kong Advanced Level Education Test*, entspricht den *A-level-examinations* in Großbritannien) ablegen. Barry beschreibt die Wichtigkeit der Ergebnisse der Jahresabschlussprüfungen sowie des HKCEE folgendermaßen:

> I: [...] How important are good results for you, in exams for instance?
>
> B: In exam. You mean HKCEE or just the #
>
> #I: Or class tests or assignments or whatever.
>
> B: For the test or quiz in the lessons, I think is just some practice for us. It's because it doesn't count many much in the final result. But for the examinations at the year end, it's very important. It is because it's like some competition with others. And all of us will try our best to score a good mark. For the HKCEE it's not only the schools for the competition but all around Hong Kong. The competition is intensed. ... It's determined which university that we'll go to.

I: So that is decided in next year's <B: Yes.> or with the HKCEE?[42]

B: Mhm. When we score thirty marks, just the full marks, you can have one more year to-. After the examination, we score thirty marks and then the student will study in form six but not form seven. They will go to university directly and they can choose the subject in the university easily. For the other students, just below twenty-eight or twenty-nine, they need to study form seven and prepare for the A-level exam, just the higher level. And the syllabus is too much. Two years is not enough for them to study all the topics. That my brother is just entering this examination, I feel that he is very, very tired for the exam. And always encourage me to have six *A*, like just thirty marks to enter the university easy and directly. (98-103)

Das HKCEE ist so angelegt, dass es am oberen Leistungsspektrum selektiert. Nur ein sehr geringer Anteil der Schülerinnen und Schüler eines Jahrgangs bestehen daher die Prüfung (Tang & Biggs, 1996, S. 169; vgl. auch Abschnitt 3.3, S. 78). Dies mag einer der Gründe für den hohen Druck sein, den Barry hier beschreibt.

9.3.1.5 Zensuren

Die Sinnkonstruktion *Zensuren* beschreibt die persönliche Relevanz guter Zensuren für die Schülerinnen und Schüler, indem ihre Leistung im Mathematikunterricht in Form von Zensuren reflektiert wird und sich das Streben nach Leistung in einem bestimmten Maß an Ehrgeiz widerspiegelt. Die signifikanten Unterschiede zwischen Deutschland und Hongkong lassen sich auf die Rolle des eigenen Ehrgeizes ($p < 0.5$, $d = 0.93$), die Rolle der Zensur für das Individuum ($p < 0.5$, $d = 0.89$) sowie die Einstellung, dass Zensuren den eigenen Leistungsstand reflektieren ($p < 0.5$, $d = 0.98$), zurückführen.[43] Alle Aspekte sind in Deutschland wichtiger als in Hongkong.

Unter Berücksichtigung der hohen Wichtigkeit von Prüfungen in Hongkong (vgl. Abschnitt 9.3.1.4, S. 247) ist es zunächst verwunderlich, dass die relative Häufigkeit der Sinnkonstruktion *Zensuren* im deutschen Datenmaterial signifikant größer ist als in dem aus Hongkong. Eine mögliche Erklärung kann in der stärkeren Individuumsbezogenheit im Gegensatz zu einer eher sozialen Bezogenheit in Hongkong liegen (Yang, 1981; Leung, 2001; vgl. auch Abschnitt 3.2.3, S. 72), da die Sinnkonstruktion explizit Elemente beschreibt, in denen gute Zen-

---

[42] Barry ist Schüler der *Secondary 4* (*Form 4*), also der 10. Klassenstufe. Das HKCEE wird am Ende der *Secondary 5* geschrieben, also etwa ein Jahr nach dem Interview.

[43] Nonparametrisch ergibt sich mit $0.3 < |r| < 0.5$ für alle drei Sinnkonstruktionsarten ein mittlerer Effekt.

suren mit persönlichen Eigenschaften bzw. der eigenen Leistungsfähigkeit in Zusammenhang gebracht werden. In Hongkong konnte die Einstellung, dass Zensuren den eigenen Leistungsstand reflektieren (sollten), keinmal rekonstruiert werden, wohingegen dieser Kode im deutschen Material an zehn Textstellen vergeben wurde. Lea beispielsweise empfindet eine gute Zensur in einer Klassenarbeit als Bestätigung dafür, dass sie erfolgreich gelernt hat:

> I: [...] Erinnerst du dich an eine Situation im Matheunterricht, wo du dich mal so richtig gut gefühlt hast?
>
> L: Nach guten Arbeiten ... wenn man es erst am Anfang wirklich gar nicht verstanden hat, dann richtig nochmal gelernt hat und dann, 'Hm,hm, hm, hm, hm, ich hab nicht so richtig gelernt', aber dann sagt man so, 'oh, oh, das könnte doch noch was Schlechtes werden', aber wenn man dann ... doch nachher dann wirklich eine gute Note hat, dann ... ja Erfolg gehabt schön, cool.
>
> I: Also hängt Erfolg oder so ein Glücksgefühl ganz eng mit Noten zusammen oder ... # nicht so?
>
> L: # Ja, weil es da so die Bestätigung dafür eigentlich ist. Herr Schmidt lobt natürlich auch im Unterricht, aber ... so richtig schriftlich hat man es natürlich erst durch die Noten. (198-201)

Lea interpretiert die Zensur also als offizielle Instanz, welche ihren Leistungsstand widerspiegelt. Das Erleben von Glücksgefühlen durch persönlichen Erfolg hängt bei ihr, wie auch bei vielen anderen deutschen Schülerinnen und Schülern, eng mit guten Zensuren zusammen (vgl. auch Sinnkonstruktion *Kompetenz erleben*, Abschnitt 8.3.2.1, S. 170).

Eine zweite Erklärungsmöglichkeit eröffnet die regelmäßigere zensurenbasierte Leistungsüberprüfung in Deutschland, in der die Ergebnisse von Klassenarbeiten sowie die kontinuierliche mündliche Mitarbeit im Unterricht als Notengrundlage dienen (vgl. auch Abschnitt 9.3.1.3, S. 246). Auf diese Weise ist die Reflexion der eigenen Leistung durch Zensuren dauerhaft präsent, wohingegen in Hongkong primär die Ergebnisse zentraler Prüfungen Einfluss auf die Notengebung haben. Tests oder andere Arten der Leistungsüberprüfung werden lediglich als Übungsmöglichkeit für wichtige Prüfungen angesehen (vgl. etwa das Zitat von Barry in Abschnitt 9.3.1.4, S. 247).

9.3.2 Gemeinsamkeiten

Wie in den Tabellen 3 und 4 (S. 237 bzw. 238) gezeigt wird, konnten bei Mittelwertvergleichen der relativen Häufigkeiten anhand von *t*-Tests und Mann-

Whitney-*U*-Tests fünf Sinnkonstruktionsarten gefunden werden, deren Effektstärken Cohens $d < 0.2$[44] und $r < 0.3$ sind (vgl. Abschnitt 6.5, S. 121). Es kann also davon ausgegangen werden, dass – sollten in einer größeren Stichprobe signifikante Unterschiede aufgefunden werden können – der kulturelle Hintergrund der Lernenden lediglich einen sehr geringen Einfluss auf diese Ergebnisse hat. Für eine kulturbasierte Reflexion der Gemeinsamkeiten zwischen Deutschland und Hongkong steht nun die Frage im Vordergrund, inwiefern sich auch auf Ebene der Kodes diese Gemeinsamkeiten wiederfinden, oder ob tiefer im Detail betrachtet doch kulturelle Unterschiede erkennbar werden.

9.3.2.1 Berufsvoraussetzung

Bei der Sinnkonstruktion *Berufsvoraussetzung* ist das Lernen von Mathematik bzw. die Auseinandersetzung mit mathematischen Inhalten für das Individuum persönlich relevant, wenn es mathematische Kompetenzen als Berufsvoraussetzung ansieht und sich durch die Beschäftigung mit Mathematik auf seinen Wunschberuf vorbereiten kann. Die Gemeinsamkeiten finden sich bei dieser Sinnkonstruktion ausschließlich auf höchster Kodeebene ($p = 0.89$, $d = 0.05$). Die darunter liegenden Kodierungen zeigen eine Aufgliederung dahingehend, dass die Interviewten bestimmte mathematische Fähigkeiten und Fertigkeiten so einschätzen, dass diese für die weitere Schullaufbahn und damit einhergehende Abschlussexamina benötigt werden bzw. für das gewünschte Studienfach oder den späteren Beruf notwendig sind. Hier lassen sich keine aussagekräftigen Ergebnisse vorweisen, weder im Hinblick auf Gemeinsamkeiten, noch auf signifikante Unterschiede zwischen den Daten aus Deutschland und Hongkong. In beiden kulturellen Hintergründen, so scheint es nach Analyse der Daten, werden bestimmte mathematische Kompetenzen von den Schülerinnen und Schülern für die Vorbereitung auf ihren späteren Wunschberuf als relevant erachtet.

[44] Am Vorzeichen der Effektstärke Cohen's *d* kann grundsätzlich abgelesen werden, ob die jeweilige Sinnkonstruktionsart in Hongkong (negatives Vorzeichen) oder Deutschland (positives Vorzeichen) wichtiger ist. Da die Unterschiede zwischen den Ländern bei den berichteten Gemeinsamkeiten sehr gering sind, hat das Vorzeichen hier keine Aussagekraft. Ich werde es im Folgenden entsprechend weglassen und alle Werte als Positivwerte darstellen, auch wenn es sich eigentlich um einen negativen Wert handelt.

9.3.2.2 Emotional-affektive Bindung an die Lehrperson

Bei der Sinnkonstruktion *Emotional-affektive Bindung an die Lehrperson* ist die Beschäftigung mit Mathematik bzw. das Lernen von Mathematik für das Individuum persönlich relevant, wenn eine emotional-affektive Bindung an die Lehrperson im Mathematikunterricht besteht, die sich durch eine freundliche Unterrichtsatmosphäre sowie gegenseitige Achtung und Wertschätzung ausdrückt. Die interviewten Schülerinnen und Schüler beider Länder schätzen die Relevanz einer emotionalen Bindung an ihre Lehrperson etwa gleich ein ($p = 0.81$, $d = 0.09$). Auf Ebene der Kodes lässt sich jedoch neben Ähnlichkeiten der Ergebnisse auch an einer Stelle ein signifikanter Unterschied finden. Die Ähnlichkeiten liegen bei der Einschätzung des Respekts, den die Lernenden ihrer Lehrperson entgegenbringen ($p = 0.93$, $d = 0.03$), der freundlichen Atmosphäre und Kommunikation zwischen ihnen ($p = 0.99$, $d = 0.00$) und des Faktors der Jugendlichkeit der Lehrperson ($p = 0.97$, $d = 0.01$). Letztgenannter Punkt sollte jedoch nicht überbewertet werden, da er in beiden Ländern lediglich einmal genannt wurde. Ein signifikanter Unterschied ergibt sich hinsichtlich der Relevanz von Späßen im Unterricht, der in Hongkong einen größeren Stellenwert einnimmt ($p < 0.1$, $d = -0.95$). Eine mögliche Erklärung für diesen Unterschied ist der hohe Druck, der durch den hohen Stellenwert der Prüfungen auf den Schülerinnen und Schülern in Hongkong lastet (vgl. Abschnitte 9.3.1.2 und 9.3.1.4, S. 245 bzw. 247). Um ihm entgegen treten zu können, scheint es für sie wichtig zu sein, dass der Unterricht ein Raum ist, in dem sie sich emotional aufgehoben fühlen. Die Bindung an die Lehrperson trägt unter anderem mit dazu bei.

Eine zweite Erklärungsmöglichkeit liegt in der unterschiedlichen Rolle der Lehrkraft in Deutschland und Hongkong. In Deutschland muss sie einen Ausgleich der Ambivalenz finden, die aus ihren Rollen als Unterstützerin und Erklärenden sowie der kontinuierlich Bewertenden hervorgeht. In Hongkong fungiert die Lehrperson primär als Unterstützerin, die die Lernenden mit den notwendigen Fähigkeiten und Fertigkeiten ausstattet, welche dazu befähigen, mathematische Probleme korrekt zu lösen und eigene mathematische Entdeckungen zu tätigen (vgl. Kaiser & Vollstedt, 2007, S. 347-348). Die unterrichtliche Interaktion zwischen Lehrperson und Lernenden ist dabei, so Irene Ho (2001, S. 108-110), geprägt vom professionellem Umgang miteinander. Außerhalb des Lernkontextes sei sie jedoch von Wärme und persönlicher Anteilnahme gelenkt. Dieser persönliche Umgang miteinander, der sich etwa durch Späße der Lehrperson zeigt, kam in den dieser Studie zugrunde liegenden Unterrichtsstunden neben dem professionellen Handeln ebenfalls vor. Er wird von vielen der interviewten Schülerinnen und Schülern aus Hongkong besonders wertgeschätzt.

Eine emotional-affektive Bindung an die Lehrperson kann somit auch im Unterricht entstehen und gefestigt werden, wie die folgende Äußerung von Vincent zu einer Stillarbeitsphase im Unterricht illustriert:

> Liked the lessons. Yes, because it's funny. Although it is just ten or fifteen minutes but [...] Ms Ting will sit in the students' area [...] watch us doing homework, and if we have any problems she will go and come to explain to us and she will [...] tell jokes and something like this. (62)

Die deutschen Interviewten thematisierten Späße im Unterricht lediglich zweimal (die Hongkonger hingegen zwölfmal). In beiden Situationen handelt es sich nicht um konzentrierte Arbeitssituationen, wie Vincent sie beschreibt, sondern um Plaudereien mit der Lehrperson jenseits der fachlichen Inhalte. Der folgende Abschnitt gibt Monas Beschreibung einer ganz normalen Mathematikstunde wieder:

> Ja, wir kommen rein, Herr Schmidt setzt sich hin, manchmal mit was zu essen, was zu Trinken dabei, manchmal fangen wir ganz locker an, dann stellt er sich hin, dann redet er ein bisschen mit uns, dann hat er vielleicht übers Wochenende, [...] oder im Laufe der Woche irgendwas Lustiges gehört, dann erzählt er mal nen Witz und so, und dann sagt er, 'Ja, denn holt jetzt aber auch eure Sachen raus, jetzt müssen wir auch was machen', und so. Das fängt immer ganz locker an. Und dann, ja dann gehen wir halt ins Thema hinein [...]. (102)

Interessant ist dabei im Vergleich, dass die Szenen, die in Hongkong mit Scherzen beschrieben werden, Situationen aus dem Unterricht beschreiben, in denen überwiegend konzentriert gearbeitet wird. Im deutschen Datenmaterial hingegen sind dies Phasen, in denen sich nicht mit mathematischen Inhalten auseinandergesetzt wird, sondern die Schülerinnen und Schüler versuchen, die Lehrperson vom eigentlichen Unterrichtsfokus abzubringen.

9.3.2.3 Pflichterfüllung

Die Sinnkonstruktion *Pflichterfüllung* beschreibt die persönliche Relevanz der Beschäftigung von Mathematik bzw. des Lernens von Mathematik, um Pflichten oder Leistungsdruck zu erfüllen, welche es an sich gestellt empfindet. Auch bei dieser Sinnkonstruktion wurden keine nennenswerten Unterschiede zwischen den Ergebnissen aus Deutschland und Hongkong gefunden ($p = 0.92$, $d = 0.04$). Die tiefere Analyse auf Kodeebene zeigt, dass sich dieses Bild auf beiden zugrunde liegenden Oberkategorien, die sich mit der Art der Begegnung des Drucks auseinandersetzen ($p = 0.66$, $d = 0.15$) bzw. die Anforderungen an das

Individuum klassifizieren ($p = 0.61$, $d = 0.18$), fortsetzt. In letztgenannter lassen sich die Gemeinsamkeiten wiederum auf die Relevanz für Anforderungen, die von der Gesellschaft an das Individuum gestellt werden ($p = 0.66$, $d = 0.15$), bzw. solche, die im Schulsystem begründet liegen ($p = 0.71$, $d = 0.13$) zurückverfolgen. Signifikante Unterschiede wurden bei keinem der Kodes gefunden. Dies spricht dafür, dass Pflichterfüllung eine ähnliche Gewichtung in beiden Ländern erfährt.

9.3.2.4 Selbstperfektionierung

Die Sinnkonstruktion *Selbstperfektionierung* beschreibt Eigenschaften des Individuums, durch die es sich selbst perfektioniert, seine Fähigkeiten oder Leistung verbessert und an sich arbeitet. Überraschenderweise waren auch hier keine nennenswerten Unterschiede zwischen Deutschland und Hongkong zu finden ($p = 0.78$, $d = 0.10$). Unterschiede hätten erwartet werden können, da ein zentrales Element der konfuzianisch geprägten Kultur das Streben nach menschlicher Perfektionierung ist, bei dem gerade die Bildung eine zentrale Position einnimmt (vgl. Lee, 1996; Leung, 1999, S. 244; Li, 2004, S. 129-130; vgl. auch Abschnitt 3.2.3, S. 72). Doch auch in Deutschland ist die Rolle von Bildung für die persönliche Weiterentwicklung von großer Wichtigkeit und kulturell tief verwurzelt (vgl. Kaiser, 1999, S. 296-319).

Bei einem Blick auf die unterliegenden Kodes finden sich Gemeinsamkeiten bei allen Kodierungen, die sich auf die Leistung der Schülerinnen und Schüler beziehen ($p = 0.97$, $d = 0.01$). Dabei geht es konkret darum, dass sie leistungsstärker werden ($p = 0.94$, $d = 0.02$). Über die Persönlichkeitseigenschaften der Lernenden, die zweite Oberkategorie der *Selbstperfektionierung*, lassen sich keine genaueren Aussagen machen. Auf Kodeebene hingegen finden sich Gemeinsamkeiten bezüglich der Weiterentwicklung des Selbst bzw. des Selbstvertrauens ($p = 0.94$, $d = 0.03$) und signifikante Unterschiede, wenn es darum geht, für das Leben zu lernen ($p < 0.01$, $d = 1.19$). Dieser Kode wurde in Deutschland für 29 Textstellen vergeben, in Hongkong jedoch überhaupt nicht. Eine mögliche Erklärung dieses Unterschieds ist erneut die Individuumsbezogenheit der westlichen Kulturen im Vergleich zur sozialen Bezogenheit der konfuzianisch geprägten Kultur (Leung, 1998; Yang, 1981; vgl. auch Abschnitt 9.3.1.3, S. 246). In Hongkong steht eher im Fokus zu lernen, um besser zu werden; die Auswirkungen auf das eigene Leben sind dabei nicht im Blickfeld. Die deutschen Schülerinnen und Schüler hingegen beschreiben oftmals die Relevanz von Mathematik bzw. dem Lernen von Mathematik für ihr späteres Leben. Dabei kann es sich um mathematische Kompetenzen, die für den gewünschten späteren Beruf notwendig sind, handeln (Ayla 132-138) oder auch um einen praktischen Bezug zum jetzigen Alltagsleben (Christine 103-104).

9.4 Hypothesen

Auf Grundlage der statistischen Untersuchungen sowie der kulturellen Reflexion der Ergebnisse lassen sich nun kulturspezifische, empirisch basierte Hypothesen aufstellen. Sie können in nachfolgenden Studien auf breiterer Datengrundlage getestet werden. Folgende Hypothesen lassen sich auf Basis meiner Studie rechtfertigen:

1. Bei den Sinnkonstruktionsarten *Aktives Betreiben von Mathematik*, *Ausgeglichenheit* und *Prüfungen* zeigen sich im Mittel statistisch signifikant höhere Werte der individuellen Präferenzen von Schülerinnen und Schülern aus Hongkong als von Schülerinnen und Schülern aus Deutschland.
2. Bei den Sinnkonstruktionsarten *Positive Außenwirkung* und *Zensuren* zeigen sich im Mittel statistisch signifikant höhere Werte der individuellen Präferenzen von Schülerinnen und Schülern aus Deutschland als von Schülerinnen und Schülern aus Hongkong.
3. Bei den Sinnkonstruktionsarten *Berufsvoraussetzung*, *Emotional-affektive Bindung an die Lehrperson*, *Pflichterfüllung* und *Selbstperfektionierung* lassen sich Gemeinsamkeiten zwischen den individuellen Präferenzen von Schülerinnen und Schülern aus Hongkong und Schülerinnen und Schülern aus Deutschland nachweisen. Die Werte unterscheiden sich also nicht signifikant und weisen geringe Effektstärken von $d < 0.2$ und $r < 0.3$ auf.

Teil D: Zusammenfassung und Ausblick

In den vorangehenden Teilen dieser Arbeit haben ich den theoretischen Hintergrund beschrieben und das hier zugrunde liegende Konzept der Sinnkonstruktion vorgestellt (Teil A, S. 9). Außerdem habe ich meine Studie methodologisch im rekonstruktiven Paradigma verortet und die qualitativen Methoden der Datenerhebung und -auswertung dargestellt (Teil B, S. 83). Zuletzt habe ich in Teil C (S. 127) die Ergebnisse der Studie präsentiert. Dazu habe ich aufgezeigt, wie die hier dargestellte Typologie der Sinnkonstruktion entwickelt wurde und habe die Typen sowie die zugrunde liegenden Sinnkonstruktionsarten ausführlich vorgestellt. Den Abschluss bildete die kulturelle Reflexion der Ergebnisse, bei der Unterschiede und Gemeinsamkeiten auf Ebene der Sinnkonstruktionsarten zwischen den Ergebnissen aus Deutschland und Hongkong erarbeitet wurden und auf deren Grundlage kulturspezifische Hypothesen entwickelt wurden. Der sich nun anschließende Teil wird zunächst eine Zusammenfassung der Arbeit geben (Kapitel 10, S. 257) und im Anschluss die entwickelte Theorie kritisch reflektieren (Kapitel 11, S. 261). Den Abschluss der Arbeit bildet ein Ausblick auf weitere Forschung (Kapitel 12, S. 271).

10 Zusammenfassung

Obgleich *Sinn* als zentraler Begriff in der Erziehungswissenschaft aufgefasst werden kann, liegen derzeit wenige Studien vor, die sich explizit mit der theoretischen Fassung dieses Begriffs beschäftigen. Um diesem Manko zu begegnen habe ich in Zusammenarbeit mit Katrin Vorhölter (vgl. auch Vorhölter, 2009) das dieser Arbeit zugrunde liegende Konzept der Sinnkonstruktion erarbeitet. Handlungsleitend war dabei die Einbettung unserer Arbeiten in den Kontext der Bildungsgangforschung, die durch die Hervorhebung der 'Ganges' durch die Bildung die Perspektive der Lernenden fokussiert. Nimmt man also die Perspektive der Schülerinnen und Schüler ein, stellt sich die Frage, welchen Sinn sie darin sehen, Mathematik zu lernen bzw. sich mit Mathematik im schulischen Kontext auseinanderzusetzen. Bei der Beantwortung erweist sich die Charakterisierung von Sinn als *persönliche Relevanzzuschreibung* der Lernenden als tragfähig, die Vielschichtigkeit des Sinnbegriffs in schulischen Lehr-Lern-Kontexten abzubilden. Diese Relevanzzuschreibungen können dabei sehr unterschiedlich ausfallen und intentionalen oder funktionalen Charakter haben. Sie können sich auf Inhalte, Handlungen oder Personen beziehen und werden als kontextabhängig, subjektiv und individuell sowie bewusstseinsfähig, nicht aber bewusstseinspflichtig eingeschätzt.

Ein Individuum konstruiert in einer schulischen Lehr-Lern-Situation Sinn im Kontext des Unterrichts bzw. bei der Auseinandersetzung mit Inhalten. Es bringt dabei verschiedene Voraussetzungen in diesen Prozess mit ein: persönliche Merkmale, also Merkmale, die (ggf. über einen längeren Zeitraum hinweg) beeinflussbar sind, sowie Merkmale des persönlichen Hintergrunds der Person (etwa der kulturelle Hintergrund), die nicht beeinflussbar sind. Auf dieser Basis wird eine Sinnkonstruktion vorgenommen, die wiederum Einfluss nehmen kann auf die Bewertung der Situation sowie Handlungen, die aus der Sinnkonstruktion resultieren können.

Dieses Konzept der Sinnkonstruktion ist im Laufe der Arbeit entwickelt worden. Zu Beginn des Forschungsprozesses lag im Wesentlichen ein Grundverständnis vor, welches dann sukzessive präzisiert und ausdifferenziert wurde. Durch theoretisches Kodieren in Anlehnung an die Grounded Theory konnten 17 verschiedene Sinnkonstruktionsarten rekonstruiert werden, die ein breites Spektrum abbilden und von Pflichterfüllung über kognitive Herausforderung bis hin zu sozialer Eingebundenheit reichen. Alle Sinnkonstruktionsarten kamen im Datenmaterial der beiden Länder vor. Aus diesen 17 verschiedenen Arten konnten durch einen Prozess der Typenbildung schließlich sieben Sinnkonstruktionstypen gebildet werden. Die ihnen zugrunde liegenden Sinnkonstruktionsarten unterscheiden sich jeweils bezüglich der Intensität ihrer Bezogenheit auf die Mathematik bzw. ihrer Bezogenheit auf das Individuum selbst. Die Dimensionen, die für die Typenbildung angewendet wurden, spiegeln damit die beiden Perspektiven wieder, in die meine Arbeit eingebettet ist: die fachdidaktische durch den Bezug auf das Unterrichtsfach Mathematik und dessen Inhalte sowie die bildungsgangtheoretische durch den Bezug auf das Individuum. Tabelle 5 (S. 260) gibt einen kurzen Überblick über die in meiner Arbeit gebildeten Typen sowie die ihnen zugrunde liegenden Sinnkonstruktionsarten.

Nachdem nun Sinnkonstruktionsarten und -typen vorliegen, stellt sich die Frage nach Unterschieden und Gemeinsamkeiten zwischen den Ergebnissen aus Hongkong und Deutschland. Darüber hinaus ist von Interesse, inwiefern theoretische Erklärungsansätze durch einen Rückbezug auf den kulturellen Hintergrund der Lernenden gefunden werden können. Zunächst stellte sich heraus, dass eine Betrachtung von Unterschieden und Gemeinsamkeiten auf Ebene der Sinnkonstruktionstypen wenig aussagekräftig ist, da sich Unterschiede und Ge-

Tabelle 5: Zusammenschau der Sinnkonstruktionstypen und der ihnen zugrunde liegenden Sinnkonstruktionsarten.

Name des Sinnkonstruktionstyps	Zugrunde liegende Sinnkonstruktionsarten
Anwendungsrelevanz	Anwendung im Leben
Aktive Auseinandersetzung mit Mathematik	Aktives Betreiben von Mathematik
Effiziente und unterstützende Gestaltung von Unterrichtsprozessen	Effizienz
	Unterstützung durch die Lehrperson
Emotional-affektiv geprägte Entfaltung	Ausgeglichenheit
	Emotional-affektive Bindung an die Lehrperson
	Soziale Eingebundenheit erleben
Erfüllung gesellschaftlich geprägter Anforderungen	Berufsvoraussetzung
	Pflichterfüllung
	Positive Außenwirkung
	Prüfungen
Kognitive Selbstentwicklung	Autonomie erleben
	Kognitive Herausforderung
	Purismus der Mathematik
	Selbstperfektionierung
Wohlbefinden durch eigene Leistung	Kompetenz erleben
	Zensuren

meinsamkeiten, die in den darunter liegenden Sinnkonstruktionsarten vor kamen, u. U. gegenseitig abschwächen. Aus diesem Grund reflektiere ich lediglich die aufgedeckten Unterschiede und Gemeinsamkeiten auf Ebene der Sinnkonstruktionsarten. Bei folgenden fünf Sinnkonstruktionsarten konnten Unterschiede entdeckt werden: *Aktives Betreiben von Mathematik*, *Ausgeglichenheit*, *Positive Außenwirkung*, *Prüfungen* und *Zensuren*, wobei sich herausstellte, dass die Sinnkonstruktionsarten *Aktives Betreiben von Mathematik*, *Ausgeglichenheit* und *Prüfungen* für die interviewten Hongkonger Schülerinnen und Schüler wichtiger sind, wohingegen *Positive Außenwirkung* und *Zensuren* eine größere Wichtigkeit für die deutschen Interviewten aufweisen. In allen Fällen kann der kulturelle Hintergrund der Lernenden als eine mögliche Erklärung für die Unterschiede herangezogen werden. Dabei können die Verschiedenheiten im Schulsystem, in der Unterrichtskultur bzw. im kulturellen Hintergrund der Lernenden, der sich in Charaktereigenschaften offenbart, liegen. Überraschenderweise haben sich keine Unterschiede bei der Sinnkonstruktion *Anwendung im Leben* ergeben. Stattdessen waren hier, ebenso wie bei den Sinnkonstruktionen *Berufsvoraussetzung*, *Emotional-affektive Bindung an die Lehrperson*, *Pflichterfüllung* und

Selbstperfektionierung, Gemeinsamkeiten zwischen den deutschen und Hongkonger Ergebnissen zu finden. Diese Ergebnisse sollten dabei lediglich als Hinweise auf möglicherweise vorhandene Differenzen und Ähnlichkeiten interpretiert werden. Die daraus resultierenden Hypothesen können nun durch weitere Forschung, die auf einer größeren Datengrundlage basiert, überprüft werden.

Zusammenfassend lassen sich also folgende Kernaussagen auf Grundlage meiner Studie treffen:

Kernaussage 1: Schülerinnen und Schüler konstruieren Sinn, wenn sie sich im Kontext schulischer Lehr-Lern-Prozesse mit mathematischen Inhalten auseinandersetzen.

Kernaussage 2: Die vorgenommenen Sinnkonstruktionen lassen sich hinsichtlich ihrer Bezogenheit auf das Individuum sowie ihrer Bezogenheit auf die Mathematik unterscheiden.

Kernaussage 3: Alle rekonstruierten Sinnkonstruktionsarten kommen sowohl in Deutschland als auch in Hongkong vor.

Kernaussage 4: Bei Mittelwertvergleichen der individuellen Präferenz von Schülerinnen und Schülern hinsichtlich bestimmter Sinnkonstruktionsarten lassen sich statistisch signifikante Unterschiede zwischen den Ergebnissen aus Deutschland und denen aus Hongkong aufzeigen. Darüber hinaus finden sich bei anderen Sinnkonstruktionsarten Gemeinsamkeiten bzgl. der Ergebnisse aus beiden Ländern.

11 Kritische Reflexion der entwickelten Theorie

Die Theorie, die ich in meiner Arbeit entwickelt habe, gründet sich auf Interviews mit insgesamt 34 Schülerinnen und Schülern aus Deutschland und Hongkong. Auf Grundlage der Studie lassen sich Hypothesen formulieren, die auf dem Zusammenhang zwischen dem kulturellen Hintergrund der Lernenden und den von ihnen vorgenommenen Sinnkonstruktionen beruhen. Die folgenden Abschnitte sollen nun die Grenzen der Studie offen legen und die entwickelte Theorie kritisch reflektieren.

11.1 Reichweite

Nach Uwe Flick (2005, S. 338) liegt die Verallgemeinerbarkeit einer Theorie, die im Rahmen einer qualitativen Studie entwickelt wurde, darin, die Erkenntnisse schrittweise aus Fallstudien und ihrem Kontext in allgemeinere und abstraktere Zusammenhänge zu übertragen. Dies kann beispielsweise in der Erarbeitung einer Typologie geschehen. Über den Vergleich und die Kontrastierung der rekonstruierten Sinnkonstruktionsarten habe ich die Dimensionen der Mathematikbezogenheit und Individuumsbezogenheit entwickelt, anhand derer ich die in dieser Arbeit entworfene Typologie aufgespannt habe. Ich verlasse damit die Ebene des Einzelfalls und entfalte eine empirisch basierte Theorie. Dennoch bleibt die Frage nach der Reichweite der Theorie bzw. nach ihren Limitationen.

Bei der Auswertung der letzten Interviews konnten keine neuen Informationen gefunden werden, die die entwickelten Kategorien weiter gefüllt hätten. Die theoretische Sättigung der Kategorien wurde also erreicht. Trotzdem kann nicht grundsätzlich ausgeschlossen werden, dass weitere Sinnkonstruktionsarten bei der Hinzunahme zusätzlicher Daten hätten rekonstruiert werden können. Es ist also lediglich mit Sicherheit zu sagen, dass die hier rekonstruierten Sinnkonstruktionen von Schülerinnen und Schülern in Deutschland und Hongkong vorgenommen werden, nicht jedoch, ob es darüber hinaus weitere gibt. Diese Frage stellt sich insbesondere, wenn man die Verteilung der einzelnen Sinnkonstruktionsarten im Merkmalsraum betrachtet und feststellt, dass zwei der neun Felder unbesetzt sind (vgl. *Abbildung 10*, S. 133). Dies liegt darin begründet, dass keine Sinnkonstruktionen rekonstruiert werden konnten, die eine geringe Intensität der Individuumsbezogenheit zusammen mit einer hohen Intensität der Mathematikbezogenheit bzw. eine jeweils mittlere Ausprägung der Individuums- und Mathematikbezogenheit aufweisen. Wie in Kapitel 7 (S. 127) gezeigt wurde, kann der letzte Fall zunächst theoretisch erklärt werden. Die mittlere Individuumsbezogenheit beschreibt die schulische Dimension und steht im Zusammenhang mit dem schulischen Mathematikunterricht. Die hier verorteten Sinnkonstruktionen fokussieren damit üblicherweise entweder auf konkrete Inhalte (hohe Mathematikbezogenheit) oder soziale Interaktionen (geringe Mathematikbezogenheit). Handlungen oder Objekte, die eine mittlere Mathematikbezogenheit aufweisen, sind daher eher nicht zu erwarten. Dass sich bei einzelnen Sinnkonstruktionen mit geringer Mathematikbezogenheit und mittlerer Individuumsbezogenheit jedoch eine Nähe zu dem Feld mit jeweils mittlerer Intensität feststellen lässt, wurde in Kapitel 7 (S. 133) gezeigt. Das Fehlen von Sinnkonstruktionen mit einer geringen Individuumsbezogenheit und einer hohen Mathematikbezogenheit ist hingegen vermutlich der Altersstufe der interviewten Schülerinnen und Schüler geschuldet. Da sie zum Zeitpunkt der Interviews ca. 15 bis 16 Jahre alt waren, hatten die wenigsten von ihnen bereits eine klare Vorstellung davon, welchen Beruf sie später gerne ergreifen möchten und welche mathematischen Kompetenzen oder Inhalte sie dazu benötigen. Eine solche explizite Benennung von Inhalten würde die Sinnkonstruktion *Berufsvoraussetzung* damit auf das bisher leer gebliebene Feld des Merkmalsraums ausweiten, da auf diese Weise gesellschaftliche Anforderungen und konkrete mathematische Inhalte miteinander in Verbindung gebracht würden.

Neben dem geringen Ausmaß der Stichprobe von jeweils 17 Schülerinnen und Schülern pro Land ist sie auch dahingehend eingeschränkt, dass sie hoch selektiv ist. Es handelt sich sowohl in Hongkong als auch in Deutschland bei den Interviewten um Schülerinnen und Schüler aus dem leistungsstärksten Schulzweig des jeweiligen Systems: In Deutschland besuchten sie ein Gymnasium, in Hongkong *Band 1*-Schulen. In Hongkong ist die Selektivität besonders groß, da ich dort aus Gründen der Durchführbarkeit der Studie mit Schulen zusammengearbeitet habe, die Englisch als Unterrichtssprache verwenden. Es stellt sich also die Frage, inwiefern andere Sinnkonstruktionsarten oder Ausgestaltungen der aufgefundenen Arten aufzufinden wären, wenn Schülerinnen und Schüler von anderen Schulformen interviewt würden. Die Einschränkung der Selektivität kann insofern abgeschwächt werden, dass sowohl leistungsstarke wie auch leistungsschwache Schülerinnen und Schüler an der Studie teilnahmen. Auf diese Weise ist also das gesamte Leistungsspektrum des leistungsstärksten Schulzweiges beider Systeme vorhanden. Ich gehe daher nicht davon aus, dass andere, bei mir nicht vorhandene Sinnkonstruktionsarten hätten rekonstruiert werden können. Es ist hingegen möglich, dass die aufgefundenen Ausprägungen der Sinnkonstruktionen anders ausfallen in einem Sample, das sich aus Schülerinnen und Schülern der anderen Schulformen zusammensetzt oder diese beinhaltet.

Eine weitere Frage, die gestellt werden muss, ist, inwiefern Hongkong typisch für die konfuzianisch geprägte Kultur ist und im Zuge dessen als Beispiel für sie in dieser Studie fungieren kann. Die Überlegung nach dem Ausmaß der konfuzianischen Prägung in Hongkong stellt auch Ngai-Ying Wong an (2004, S. 511-512; 2008, S. 974). Doch obgleich Hongkong eine starke westliche Prägung aufweist, sind die Gemeinsamkeiten zu den anderen Ländern der konfuzianisch geprägten Kultur deutlich und treten insbesondere im Kontrast mit einem westlichen Land wie Deutschland deutlich hervor. Anders herum wären die Gemeinsamkeiten und Unterschiede sicherlich deutlich weniger klar. Aus diesem Grund bin ich der Überzeugung, dass Hongkong als Beispiel für eine konfuzianisch geprägte ostasiatische Kultur in dieser Studie herangezogen werden kann. Der Aspekt, dass Hongkong nicht als prototypisch für eine konfuzianisch geprägte Kultur angesehen werden kann, lässt sich auch positiv deuten: Es besteht die Möglichkeit, dass die Unterschiede, die ich in meiner Studie finden konnte, in anderen, weniger westlich orientierten konfuzianisch geprägten Ländern sogar stärker hervortreten.

Die betrachteten Aspekte weisen darauf hin, dass die Ergebnisse meiner Studie nicht ohne Weiteres breit verallgemeinerbar sind. Die hoch selektive und geringe Stichprobe sprechen dagegen. Trotzdem kann durch die Loslösung vom Einzelfall und die Entwicklung einer Typologie ein gewisser Grad an Verallgemeinerbarkeit in Anspruch genommen werden. Udo Kelle und Susann Kluge (1999, S. 9) sprechen bei empirisch begründeten Theorien von „Theorien mittlerer Reichweite". Durch die Rekonstruktion der Theorie aus Einzelfalldaten gewinnt die Theorie zusätzlich eine spezifische Aussagekraft (Flick, 2005, S. 336). Durch die darüber hinaus gehende statistische Analyse der Mittelwerte beider Länder ließen sich empirisch basierte Hypothesen bilden, die nun die Möglichkeit bilden, die Ergebnisse meiner Arbeit auf breiterer Datengrundlage zu testen. Damit besteht die Möglichkeit, die Theorie der Sinnkonstruktion, wie sie hier vorgelegt wurde, breiter zu verallgemeinern.

11.2 Diskussion

Das im Rahmen der Arbeit entwickelte Konzept der Sinnkonstruktion basiert einerseits auf theoretischen Überlegungen und andererseits auf empirisch fundierten Ergebnissen des Prozesses der theoretischen Kodierung. Im Folgenden soll nun exemplarisch an einigen Konzepten reflektiert werden, inwiefern die theoretischen Annahmen des konzeptuellen Rahmens aufgrund der empirischen Ergebnisse gerechtfertigt werden können. Darüber hinaus wird die hier entwickelte Theorie mit den Ergebnissen der Studie von Katrin Vorhölter (vgl. Vorhölter, 2009) kontrastiert. Die meisten der hier diskutierten Aspekte werden auch durch ihre Studie bestätigt.

11.2.1 Elemente der Voraussetzungen aus dem theoretischen Rahmen der Sinnkonstruktion

In den folgenden Abschnitten sollen einige Konzepte der Pädagogischen Psychologie und der Mathematikdidaktik exemplarisch reflektiert werden, die in Abschnitt 2.6.1 (S. 51) als einflussreich für die Sinnkonstruktion angenommen wurden. Es wird dabei aufgezeigt, inwiefern sie sich im Rahmen meiner Studie für die rekonstruierten Sinnkonstruktionen der interviewten Schülerinnen und Schüler als relevant erwiesen haben.

Psychologische Grundbedürfnisse nach dem Erleben von Autonomie, Kompetenz und sozialer Eingebundenheit

Der theoretische Rahmen der Sinnkonstruktion, der in Abschnitt 2.6 (S. 96) charakterisiert wurde, umfasst u. a. Konzepte der Pädagogischen Psychologie und der Mathematikdidaktik, die in die Voraussetzungen als Elemente der persönlichen Eigenschaften des Individuums eingehen. Betrachtet man nun die Ergebnisse der Studie dahingehend, welche Elemente sich als tatsächlich relevant erweisen, stehen insbesondere die drei psychologischen Grundbedürfnisse nach Autonomie, sozialer Eingebundenheit und Kompetenzerleben (vgl. Abschnitt 2.6.1.1, S. 52) im Vordergrund. Diese drei *basic needs* (vgl. Deci & Ryan, 1993, S. 229) konnten als eigenständige Sinnkonstruktionsarten rekonstruiert werden (vgl. Abschnitte 8.1.2.1, 8.3.2.1 und 8.4.2.3, S. 142, 170 bzw. 187) und nehmen daher einen besonderen Stellenwert für die Theorie der Sinnkonstruktion ein. Zwar gingen sie als sensibilisierende Konzepte in die Kodierung ein, daraus kann jedoch nicht automatisch geschlossen werden, dass sie auch den Stellenwert von Sinnkonstruktionen erlangen.[45] Durch ihre Rekonstruierbarkeit als Sinnkonstruktionsart erweisen sich als zentral für die entwickelte Theorie und machen auf diese Weise die Theorie der Sinnkonstruktion anschlussfähig an die international anerkannte psychologische Theorie der Selbstbestimmungs-

[45] Andere Konzepte des theoretischen Rahmens konnten nicht als Sinnkonstruktionsarten rekonstruiert werden.

theorie der Motivation. Da die drei *basic needs* darüber hinaus sowohl aus den deutschen als auch den Hongkonger Daten rekonstruiert werden konnten, kann die Annahme von Richard Ryan und Edward Deci (Ryan & Deci, 2002, S. 7) gestützt werden, dass sie in allen Kulturen evident seien.

Interesse

Andere Aspekte der Theoriekonzepte, die als einflussreich für die Sinnkonstruktion der Lernenden angenommen wurden, konnten zwar nicht in Form von Sinnkonstruktionsarten rekonstruiert werden, waren jedoch eindeutig als Element der Voraussetzungen für Sinnkonstruktion aus den Daten rekonstruierbar. Dies ist etwa für das Konzept des *Interesses* der Fall, das insbesondere als persönliches Merkmal in Form von Einstellungen zu Mathematik, zum Mathematikunterricht und beim aktiven Betreiben von Mathematik eine Rolle spielt. Das persönliche bzw. situationale Interesse geht darüber hinaus in die Rekonstruktion von Sinnkonstruktion ein, da es für manche Lernende bei den Sinnkonstruktionen *Anwendung im Leben, Ausgeglichenheit* und *Kognitive Herausforderung* persönlich relevant wird und dementsprechend dort als Unterkategorie auftritt. Bei der Sinnkonstruktion *Anwendung im Leben* zeigt sich das Interesse an Mathematik der Lernenden primär in Form einer Anwendungsmöglichkeit im eigenen Leben. Wenn eine solche vorhanden ist, wird ihr Interesse aktualisiert und sie sind motiviert, sich mit den Inhalten auseinanderzusetzen. Die Interesse-Textstellen, die in die Sinnkonstruktionen *Ausgeglichenheit* eingehen, beziehen sich auf eine allgemeine positive Einstellung zum Fach Mathematik und seine Inhalte, wie sie entweder in der Schule thematisiert werden oder aber als Freizeitbeschäftigung dienen. Ein allgemeines persönliches Interesse an Mathematik scheint hier eine notwendige Voraussetzung zu sein, um diese Ausgestaltungen von Sinn zu konstruieren. Bei der Sinnkonstruktion *Kognitive Herausforderung* ist das Interesse der Schülerinnen und Schüler stark auf die Aufgaben fokussiert, die eine solche Herausforderung für sie beinhalten. Herausgefordert zu werden weckt bei vielen den Ehrgeiz, sich mit den Inhalten auseinanderzusetzen und eine Lösung für das Problem zu finden. Gelingt dies, erleben sich die Schülerinnen und Schüler oftmals als erfolgreich und kompetent, so dass die Sinnkonstruktion *Kompetenz erleben* eng mit dem Interesse-Aspekt der Sinnkonstruktion *Kognitive Herausforderung* einher geht.

Mathematische Beliefs

Neben dem Interesse konnten auch verschiedene Beliefs der Schülerinnen und Schüler rekonstruiert werden, die als Voraussetzungen in die Konstruktion von

Sinn eingingen. So ließ sich der Anwendungsaspekt von Mathematik rekonstruieren, der oft in die Sinnkonstruktion *Anwendung im Leben* einfließt. Der Formalismus- und Schemaaspekt andererseits gehen in die Sinnkonstruktionen *Effizienz* bzw. *Purismus der Mathematik* ein. Der Prozessaspekt konnte vereinzelt in Zusammenhang mit der Sinnkonstruktion *Kognitive Herausforderung* aufgefunden werden. Zusammenhänge zwischen den Beliefs der Lernenden und den von ihnen vorgenommenen Sinnkonstruktionen lassen sich also aufzeigen. Da eine genauere Erforschung dieses Zusammenhangs nicht im Fokus stand, müssen die Aussagen hier vage bleiben und verbleiben für eine vertiefende Erarbeitung im Rahmen möglicher weiterer Studien.

Mathematischer Denkstil
Ähnlich verhält es sich mit dem mathematischen Denkstil der Jugendlichen. Bei mehreren Schülerinnen und Schülern konnten Elemente des analytischen, visuellen bzw. integrierten Denkstils rekonstruiert werden. Sie haben sich jedoch nicht als zentral für bestimmte Sinnkonstruktionen erwiesen. Ein genauerer Zusammenhang zwischen den Denkstilen und bestimmten Sinnkonstruktionen wurde daraufhin nicht weiter untersucht.

Abgesehen von der Sequenz des nachträglichen lauten Denkens wurden in den Interviews kaum explizite Inhalte oder Lösungsstrategien von konkreten Aufgaben thematisiert. Darüber hinaus gingen die Interviewten in diesem Teil des Interviews nur wenig auf konkrete Denkvorgänge oder Lösungsstrategien ein. Dementsprechend waren nur wenige Passagen in den Interviews vorhanden, in denen sich der Denkstil zeigte und daraus rekonstruiert werden konnte. Auf Basis der vorhandenen Datengrundlage ist es im Zuge dessen schwierig, einen genaueren Zusammenhang zwischen den vorgenommenen Sinnkonstruktion und dem mathematischen Denkstil der Schülerinnen und Schüler zu untersuchen. Auch er verbleibt für weitere Forschung.

11.2.2 Zusammenschau mit dem Modell von Vorhölter (2009)

Die hier entwickelten Sinnkonstruktionsarten und -typen sind ein Vorschlag, wie Sinnkonstruktionen von Schülerinnen und Schülerin im Kontext schulischen Mathematiklernens gefasst werden können. Einen weiteren hat Katrin Vorhölter (2009) unter besonderer Berücksichtigung der Rolle von mathematischen Modellierungsaufgaben vorgelegt. Ihre Studie ist meiner im Aufbau sehr ähnlich. Ihre Datengrundlage gliedert sich jedoch in Interviews mit nachträglichem lautem Denken zu zwei Zeitpunkten. Dabei wurden zu beiden Erhebungszeitpunkten die gleichen Schülerinnen und Schüler interviewt. Das erste Interview schloss sich an eine übliche Mathematikstunde an. Das zweite Interview wurde im Anschluss an eine Stunde durchgeführt, die von Vorhölter induziert wurde und unter der Leitung der üblichen Lehrperson stattfand. In dieser Stunde wurden Modellierungsaufgaben in Gruppenarbeit bearbeitet. Zur genaueren Durchführung der Studie vgl. Vorhölter (2009, S. 63-92).

Vorhölter konnte zwölf Sinnkonstruktionsarten rekonstruieren, die sie in fünf Bereichen zusammengefasst hat:

1. Der Bereich *Hilfsmittel zum Leben* umfasst Sinnkonstruktionen, die sich damit auseinandersetzen, welches Wissen für den späteren Wunschberuf und das jetzige Leben der Schülerinnen und Schüler notwendig sind. Sie beschreiben also den Nutzen-Aspekt der Mathematik. Die zugrunde liegenden Sinnkonstruktionen sind *Vorbereitung auf das zukünftige Leben* und *Werkzeug*. Diese Sinnkonstruktionen finden sich in meinem Modell in den Sinnkonstruktionen *Berufsvoraussetzung* und *Anwendung im Leben* wieder.
2. Der zweite Bereich aus Vorhölters Modell thematisiert die *gesellschaftliche Anerkennung*, die von den Lernenden angestrebt wird. Hierunter fallen die Sinnkonstruktionen *Allgemeinbildung* und *Zugangsvoraussetzung*. Diese Aspekte werden in meinem Modell unter *Selbstperfektionierung, Prüfungen* und ggf. auch *Berufsvoraussetzung* abgebildet.
3. Der dritte Bereich umfasst Sinnkonstruktionen, die der *Selbsterfüllung* der Schülerinnen und Schüler dienen. Umfasst werden die Sinnkonstruktionsarten *Wunsch nach Herausforderung* und *Freude*. Letztgenannte fällt bei mir unter *Ausgeglichenheit*, die erste entspricht der *kognitiven Herausforderung* in meinem Modell.
4. Der vierte Bereich thematisiert die *Auseinandersetzung mit dem Mathematikunterricht* und umfasst die Sinnkonstruktionen *Alleiniges Lösen von Aufgaben, Erfüllung externer Erwartungen* und *Zensuren*. Diese Aspekte werden bei mir mit den Sinnkonstruktionen *Effizienz, Positive Außenwirkung* und *Pflichterfüllung* sowie *Zensuren* abgedeckt.
5. Der letzte Bereich aus Vorhölters Modell liegt quer zu den ersten vier Feldern und beschreibt *mathematische Kompetenzen. Mathematisches Wissen, Schulung kognitiver Fähigkeiten* und *Schulung des logischen Denkvermögens* sind hier die rekonstruierten Elemente. Diese Sinnkonstruktionen werden bei mir unter *Effizienz, Purismus der Mathematik* und *Selbstperfektionierung* zusammengefasst.

Es zeigt sich also, dass alle von Vorhölter rekonstruierten Sinnkonstruktionen auch in meinem Modell abgebildet werden. Unsere Modelle unterscheiden sich dahingehend, dass sie die Sinnkonstruktionsarten inhaltlich gruppiert hat, wohingegen ich versucht habe strukturelle Zusammenhänge aufzudecken, anhand derer eine Typenbildung entlang zweier Dimensionen möglich wurde. Die Relevanz der drei psychologischen Grundbedürfnisse nach Autonomie, sozialer Eingebundenheit und dem Erleben von Kompetenz konnte von uns beiden rekonstruiert werden (vgl. Vorhölter, 2009, S. 166-169), bei Vorhölter nehmen diese jedoch – anders als bei mir – nicht den Status von Sinnkonstruktionen ein. In meinem Modell konnten außerdem stärker persönliche Relevanzzuschreibungen der Schülerinnen und Schüler in Form einer emotional-affektiven Bindung an ihre Lehrperson, Unterstützung ihres Lernprozesses durch diese sowie die aktive Auseinandersetzung mit mathematischen Inhalten als Sinnkonstruktionen rekonstruiert werden.

11.2.3 Intendierte vs. verwirklichte Sinnkonstruktionen

Nicht alle Sinnkonstruktionen, die von den Schülerinnen und Schülern intendiert werden, können auch verwirklicht werden. Die Lernenden behelfen sich daher zunächst mit der Übernahme eines Sinnangebots, das als sinnvoll oder erstrebenswert eingeschätzt wird. Oftmals werden beispielsweise die Sinnkonstruktionen *Anwendung im Leben* oder *Berufsvoraussetzung* angestrebt. Da im beobachteten Unterricht jedoch vergleichsweise selten eine wirkliche Anwendungsmöglichkeit von Mathematik im Leben thematisiert wurde, konnten sie nur selten verwirklicht werden. Manche Jugendliche behelfen sich daher mit einer anderen Sinnkonstruktion, die sie auch verwirklichen können, wie etwa *Pflichterfüllung* oder *Soziale Eingebundenheit erleben*. Lea beispielsweise intendiert als Sinnkonstruktion *Anwendung im Leben*. Auf die Frage, ob Mathematik für sie eine Beziehung zum täglichen Leben habe, antwortet sie:

> Also Exponentialgleichungen nicht wirklich. Ich setze mich nicht zu Hause hin und rechne das aus, wie lange meine Wassermelone noch braucht, um zu wachsen[46] (beide lachen). [...] Vielleicht würde mich so was interessieren, [...] wenn ich Blumen pflanze oder so. Man braucht es eigentlich nur zu so ganz grundlegenden Sachen wie einkaufen, Taschengeld ausrechnen, wie viel man noch kriegt, wie viel man noch braucht zum Shoppen. Keine Ahnung, aber sonst [...]. Also ich setze keine

[46] Das Wachstum von Wassermelonen musste im Rahmen der letzten Hausaufgabe berechnet werden.

> Sinuskurven im täglichen Leben ein, ich wüsste auch nicht, wo ich die darauf beziehen sollte, die Sinuskurven oder so. (146-152)

Da Lea die Sinnkonstruktion *Anwendung im Leben* im Rahmen ihres Mathematikunterrichts nicht verwirklichen kann, begnügt sie sich stattdessen mit *Pflichterfüllung* bzw. *Prüfungen*:

> Ich meine, [dass man immer fragt], 'wozu braucht man es denn eigentlich'. Man versteht es nicht und dann denkt man nur so ... 'ach hör doch auf, (I. lacht) was soll ich denn damit?' Das brauche ich sowieso nur für die nächste Arbeit und fertig. (130)

Dass Lea mit dieser Hilfssinnkonstruktion nicht zufrieden ist und weiter nach einem für sie befriedigenden, subjektiv bedeutsamen Sinn sucht, wird an dieser Stelle deutlich. Der Unterschied zwischen intendierten und verwirklichten Sinnkonstruktionen wird ausführlicher in Vorhölter (2009, S. 93-135, 174-175[47]) diskutiert.

11.2.4 Sinnkonstruktion als didaktische Leitlinie im Unterricht

Die Sinnkonstruktionsarten, die ich in meiner Studie entwickelt habe, sind breit gefächert und zeigen, dass sehr unterschiedliche Aspekte für Schülerinnen und Schüler im Kontext schulischen Mathematiklernens persönlich relevant werden können. Aus einer normativen, didaktischen Perspektive erscheinen manche als mehr oder weniger gewünscht für tief gehendes Verständnis von mathematischen Inhalten oder für ein breites Bild von Mathematik. Die Sinnkonstruktionen *Anwendung im Leben* oder *Kognitive Herausforderung* werden im Kontext schulischen Lernens sicherlich positiver eingeschätzt als *Pflichterfüllung*.

In diesem Zusammenhang stellt sich die Frage, inwiefern Unterricht gestaltet werden kann, damit eher normativ-positive Sinnkonstruktionen von den Lernenden intendiert und vorgenommen werden. Im Folgeantrag des DFG-Graduiertenkollegs *Bildungsgangforschung* (August 2004, S. 10-11), in dessen Kontext meine Studie steht, heißt es dementsprechend:

Zu untersuchen ist also nicht nur, wie sich Konstruktion und Aushandlung von Sinn in schulischen Lehr-Lern-Prozessen faktisch vollziehen, sondern auch, wie sich die Sinnkonstruktionen von Schülerinnen und Schülern im Unterricht didaktisch angemessen berücksichtigen lassen.

---

[47] Vorhölter (2009) verwendet die Bezeichnungen *vorgenommene* und *verwirklichte* Sinnkonstruktionen. Da der erste jedoch mehrdeutig ist, präferiere ich die Formulierung der *intendierten* Sinnkonstruktion.

Auf diese Frage kann ich auf Grundlage meiner Arbeit keine abschließende Antwort geben. Die Erarbeitung von verschiedenen Sinnkonstruktionsarten und die Typenbildung geben aber einen Hinweis darauf, welche Aspekte für eine didaktisch angemessene Berücksichtigung im Unterricht notwendig bzw. relevant sein können. Denkbar ist es u. a. Schülerinnen und Schüler im Unterricht zwischen verschiedenen Aufgabenformaten wählen zu lassen, die unterschiedliche Sinnangebote bereit halten. Darüber hinaus können auch normativ gewünschte Sinnkonstruktionsarten explizit im Unterricht gefördert werden.

Im Zuge dieser Überlegungen zur Normativität von Sinnkonstruktion wird der Begriff der *Sinnkonstruktion* nun in zwei Kontexten gebraucht, die unterschiedliche Aspekte des Konzepts beschreiben. Auf der einen Seite ist der deskriptive Aspekt. Er beschreibt Sinnkonstruktionen, die tatsächlich von Schülerinnen und Schülern konstruiert werden und durch empirische Studien rekonstruiert werden können. Auf der anderen Seite kann der Begriff der *Sinnkonstruktion* nun auch normativ verwendet werden. Er beschreibt dann didaktische Leitlinien dahingehend, welche Sinnkonstruktionsarten im Unterricht als erstrebenswert eingeschätzt werden und somit gefördert werden sollten. Darüber hinaus können die Sinnkonstruktionen, die von den Schülerinnen und Schülern im Mathematikunterricht vorgenommen werden, durch diese Leitlinien beurteilt werden bzw. wird es durch die normative Perspektive möglich, die Verwirklichung bestimmter Sinnkonstruktionen als ein Ziel des Unterrichts anzustreben. In der Kontrastierung der normativen und der deskriptiven Perspektive findet sich also didaktisches Potenzial, das für den Unterricht nutzbar gemacht werden kann.

12 Ausblick

Im Rahmen der Studie habe ich 17 Sinnkonstruktionsarten rekonstruiert, die Schülerinnen und Schüler aus Deutschland und Hongkong im Kontext schulischen Mathematiklernens vorgenommen haben. Diese Sinnkonstruktionsarten lassen sich hinsichtlich ihrer Mathematikbezogenheit und ihrer Individuumsbezogenheit differenzieren und zu sieben Typen zusammenfassen. Sowohl aus der Durchführung der Studie als auch aus den durch sie gewonnenen Ergebnissen und Hypothesen lassen sich Implikationen für weitere Forschung formulieren, denen in zukünftigen Studien nachgegangen werden kann. Diese Desiderata sind methodischer, inhaltlicher, theoretischer und didaktischer Natur.

Unter methodischen Gesichtspunkten stellt sich die Frage, inwiefern die hier entwickelten Ergebnisse mit der Art der Datenerhebung zusammenhängen. Da die Studie in zwei Ländern durchgeführt wurde und zudem Schülerinnen und Schüler sowohl der 9. als auch der 10. Klassenstufe an der Studie teil nahmen, habe ich kaum direkten Bezug auf konkrete Unterrichtsinhalte genommen. Die Sinnkonstruktionen, die rekonstruiert werden, zeigen dementsprechend auch kaum eine Beziehung zu direkten Inhalten auf, obgleich sich hinsichtlich ihrer unterschiedlich starken, jedoch allgemeinen Mathematikbezogenheit differenzieren lassen. Diese lediglich allgemeine Datenerhebung mit wenig konkretem Inhaltsbezug macht dementsprechend die Rekonstruktion des Zusammenhangs zwischen Sinnkonstruktion und mathematikdidaktischen Elementen des theoretischen Rahmens der Sinnkonstruktion – etwa der mathematischen Denkstile oder Grundvorstellungen – schwierig. Es stellt sich daher als erste mögliche Frage für weitere Forschung, inwiefern konkrete mathematische Inhalte Einfluss auf bestimmte Sinnkonstruktionsarten nehmen, sie also verstärken oder abschwächen. Katrin Vorhölter ging in ihrer Studie der Frage nach, welche Rolle mathematische Modellierungsaufgaben für die Sinnkonstruktion haben und konnte verschiedene Sinnangebote aufzeigen, die den Schülerinnen und Schülern durch die Bearbeitung von Modellierungsaufgaben unterbreitet wurden (vgl. Vorhölter, 2009).

Eine weitere methodische Implikation für zukünftige Forschung, die zugleich auch inhaltlicher Natur ist, hängt mit der Stichprobengröße meiner Studie zusammen. Ich habe insgesamt 34 Schülerinnen und Schüler interviewt, von denen jeweils 17 aus Deutschland und Hongkong kamen. Für eine rekonstruktive Studie, die mit qualitativen Methoden arbeitet, ist dies bereits eine vergleichsweise große Stichprobe. Eine breite Verallgemeinerung über die entwickelte Typologie hinaus ist jedoch nicht vertretbar. Darüber hinaus handelt es sich auch um eine hoch selektive Auswahl der interviewten Jugendlichen. Sie besuchen alle den leistungsstärksten Zweig ihres Schulsystems; in Hongkong sind es zudem Schulen, die in englischer Sprache unterrichten. Aus dieser Situation stellen sich verschiedene Fragen. Zunächst kann gefragt werden, inwiefern die hier rekonstruierten Sinnkonstruktionen mit der Stichprobe zusammenhängen und inwiefern Lernende anderer Schulzweige oder anderer Altersstufen andere Sinnkonstruktionen vornehmen. Darüber hinaus kann weiter untersucht werden, ob noch andere Sinnkonstruktionsarten denkbar sind, die in meiner Studie nicht aufgefunden wurden, obgleich der Punkt der theoretischen Sättigung erreicht war. Dazu eignet sich eine Studie, die auf einer größeren Datengrundlage aufsetzt und eine umfangreichere Stichprobe aus Schülerinnen und Schülern unterschiedlicher Schularten untersucht. Dies sollte zudem in weiteren Ländern durchgeführt werden, um auch die Frage nach der Aussagekraft von Hongkong und Deutschland als Beispiele für die konfuzianisch geprägte Kultur Ostasiens bzw. die westliche Kultur Europas zu beantworten. Die im Rahmen meiner Studie entwickelten Hypothesen zu den Unterschieden und Gemeinsamkeiten zwischen den Kulturen können dabei als Grundlage dienen.

Hinsichtlich der Theorieentwicklung lässt sich hinterfragen, inwiefern die in meiner Studie aufgefundenen Sinnkonstruktionen auf schulische Mathematik-Lehr-Lern-Kontexte beschränkt oder auch auf andere Fächer übertragen werden kann. Die Sinnkonstruktionsarten, die eine geringe Intensität der Mathematikbezogenheit aufweisen, sind – so meine Vermutung – auf andere Fachrichtungen übertragbar, da bei ihnen eher die sozialen Prozesse des Unterrichts im Vordergrund stehen. Je größer jedoch die Mathematikbezogenheit ausgeprägt ist, desto schwieriger wird vermutlich eine Übertragbarkeit auf andere Gebiete. Hier eröffnet sich folglich ein spannendes Forschungsfeld.

Der vierte Bereich, in dem weitere Forschungsdesiderata gefunden werden können, ist die Implementation der Sinnkonstruktion in den Unterricht. Meinert Meyer (2008, S. 123) stellt die Sinnkonstruktion als wichtigstes Gütekriterium für Unterrichtsgestaltung heraus und betont dabei, dass die Sinnkonstruktionen, die die Lehrenden mit dem Unterricht und seinen Inhalten verbinden nicht mit denen der Lernenden übereinstimmen müssen (vgl. auch Koller, 2008a, S. 22). Interessant sind dementsprechend Forschungsprojekte, die sowohl die Sinnkonstruktionen der Lernenden als auch die der Lehrenden untersuchen und gegenüberstellen. Die Rolle der didaktischen Kompetenz der Lernenden ist dabei zentral für ihre Partizipation an der Unterrichtsgestaltung (vgl. Meyer, 2008, S. 122). Im Anschluss an die Formulierung der deskriptiven und der normativen Perspektive der Sinnkonstruktion stellt sich in diesem Zusammenhang die Frage, wie Unterricht gestaltet werden kann, damit bestimmte, normativ gewünschte Sinnkonstruktionen von den Schülerinnen und Schülern eher als andere intendiert und bestenfalls auch realisiert werden können. Ulrich Gebhard (2003, S. 211) schlägt vor, Lernsituationen so zu inszenieren, dass subjektive Interpretationen möglich sind und Lerngegenstände auf diesem Wege persönlich relevant werden können (vgl. auch Monetha, 2009). In diesem Bereich sind Interventionsstudien denkbar, die verschiedene Arten von Inhalten in den Fokus nehmen bzw. durch Binnendifferenzierung unterschiedlichen Schülerinnen und Schülern zugänglich gemacht werden können. Eine andere Frage, die sich in diesem Zusammenhang ergibt, ist die nach der Zeitlichkeit von Sinnkonstruktion: Inwiefern überdauern Sinnkonstruktionen, wenn sie einmal realisiert wurden?

Wie ich in meiner Arbeit gezeigt habe, leistet das Konzept der Sinnkonstruktion eine Verbindung von persönlichen, kulturellen, kontextuellen sowie fachdidaktischen Perspektiven und unterstützt eine ganzheitliche Sichtweise auf mathematisches Handeln und Denken aus der Perspektive der Schülerinnen und Schüler. Da ich die im Rahmen meiner Studie entwickelte Theorie im Sinne der Grounded Theory nicht als abgeschlossen verstehe, eröffnen sich die oben genannten Bereiche für weiterführende Forschung. Auf diese Weise ergibt sich die Möglichkeit, die Theorie der Sinnkonstruktion weiter zu entwickeln und damit auch zu bereichern.

Ich habe diese Arbeit in dem Verständnis geschrieben, dass die Berücksichtigung der Perspektive der Lernenden fruchtbar für die Planung und Evaluation von Unterricht berücksichtigt werden kann. Eine Bewusstwerdung über verschiedene Arten der Sinnkonstruktion sowie deren didaktisch angemessene Berücksichtigung im schulischen Unterricht eröffnet die Möglichkeit, dass Lernende ihre intendierten Sinnkonstruktionen auch realisieren können oder Sinnangebote aus dem Unterricht aufgreifen. Auf diese Weise finden sie eine Antwort auf ihre Sinnfrage bzgl. ihres Mathematikunterrichts bzw. der Schule.

Anhang

1 Interviewleitfaden

Auf die letzte Mathematikstunde bezogen (im Anschluss an das nachträgliche laute Denken)

- Wie fandest du die Mathematikstunde (heute)? Warum?
- Was hat dich in der Stunde besonders interessiert? Was nicht?
- Sage mir bitte in deinen Worten, was du in der Stunde gelernt hast. Kann dir das für irgendetwas weiterhelfen?
- Was interessiert dich am Unterrichtsthema? Warum? Hat das Thema für dich persönlich eine Bedeutung?

Allgemeine Fragen

- Als nächstes geht es um Mathematik im Unterschied zu Mathematikunterricht. An was denkst du, wenn du das Wort Mathematik hörst? Magst du Mathematik? An was denkst du, wenn du das Wort Mathematikunterricht hörst? Magst du Mathematikunterricht?
- Beschreibe bitte eine ganz normale Mathematikstunde.
- Was könnte man verändern, um sie zu einer Stunde zu machen, die dich mehr interessiert oder dir besser gefällt?
- Gibt es etwas, das dir im Mathematikunterricht besonders wichtig ist?

- Wann bist du mit dir im Mathematikunterricht zufrieden?
- Wie wichtig ist es für dich, im Mathematikunterricht deine angestrebte Zensur zu erreichen? Warum?

- Welche Gefühle bringst du mit Mathematikunterricht in Verbindung? Kannst du bzw. können andere Personen etwas verändern, damit du dich besser fühlst?
- Erinnerst du dich an eine Situation im Mathematikunterricht, in der du dich (besonders) gut gefühlt hast?
- Erinnerst du dich an eine Situation im Mathematikunterricht, in der du dich (besonders) schlecht gefühlt hast?

- Wie viel verstehst du im Mathematikunterricht? Was machst du, um den Rest zu verstehen?
- Unter welchen Bedingungen verstehst du Mathematik im Unterricht normalerweise?
- Welche Hilfsmittel oder Unterstützungsmaßnahmen helfen dir normalerweise beim Verständnis? (Ggf. Hinweis auf Zeichnungen, ausführliche Erklärungen, Formelsammlung etc.)
- Wie gehst du normalerweise an eine Aufgabe heran, die du lösen möchtest bzw. sollst?

- Warum lernst du Mathematik? Gibt es besondere Anreize?
- Welche Personen sind für dein Mathematiklernen wichtig? In welcher Art? Kannst du eine Reihenfolge aufstellen?

- Beschäftigst du dich in deiner Freizeit mit Mathematik?
- Wofür kann man Mathematik benutzen?
- Hat Mathematik für dich eine Beziehung zum täglichen Leben?
- Wie wichtig ist dir eine solche Beziehung zum täglichen Leben im Mathematikunterricht? Warum? Wie ist es mit innermathematischen Erklärungen?
- Gab es Situationen, in denen du das, was du im Mathematikunterricht gelernt hast, anwenden konntest?

- Was möchtest du mal werden? Meinst du, dass du dafür Mathematik benötigen wirst?
- Sollte Mathematikunterricht Deiner Meinung nach abgeschafft werden?

2 Transkriptionsregeln und -hinweise

- Es wird geglättet transkribiert, d.h. die im Folgenden genannten Aspekte werden i. A. ignoriert. Sie werden jedoch transkribiert, wenn sich daraus eine Verschiebung des Inhalts ergibt (z. B. Änderung des Gedankengangs des bzw. der Interviewten).
  - Zustimmende Laute und Worte des aktiven Zuhörens. Bsp.: „Mhm."
  - Inhaltslose Füllwörter wie „ähm", „hmmm" etc.
  - Sofort bereinigte Versprecher. Bsp.: "Das ist nicht das Zentrum meines Interesses" statt „Das ist nicht das Zentrum meiner ... s Interesses".
  - Wortdoppelungen, wenn keine besondere Betonung erwirkt werden soll. Bsp.: „Ich hab das so gemacht" statt „Ich hab das so gemacht".
- Zahlen werden ausgeschrieben. Bsp.: „siebz-, nein, achtzehn".
- Satzzeichen werden von den Transkribierenden eingefügt.
- Deutliche Verzögerungen werden mit ... gekennzeichnet. Pausen ab 3 Sekunden Länge werden in runden Klammern angegeben. Bsp.: „Das ... geht so. (3 Sek.) Nein, doch nicht."
- Kurze Einwürfe (z. B. kurze Antworten auf Fragen) werden in spitzen Klammern eingefügt. Bsp.: I: „Siehst Du alles? <Y: „Ja."> Gut, dann geht's los."
- Überschneidungen von Äußerungen verschiedener Sprecher(innen) werden durch # markiert. Bsp.: J: „Bei der Mathenacht habe ich teilgenommen # von zu Hause aus." I: # „Was ist das denn? Das kenne ich gar nicht."
- Wortabbrüche werden mit einem kleinen Minus gekennzeichnet. Bsp. „siebenundzwan-" statt „siebenundzwanzig".
- Stark betonte Wörter werden unterstrichen. Bsp.: „Mathe mag ich sehr!"
- Stimmliche, nicht gesprochene Äußerungen sowie notwendige Erklärungen zur Intonation werden in runde Klammern gesetzt. Bsp.: (I. Lacht), M: Ähäh. (verneinend).
- Tätigkeiten oder Geräusche, die sich aus der Aufnahme erschließen lassen, werden in geschweifte Klammern gesetzt. Bsp.: {I. zieht die Vorhänge zu.}, {laute Geräusche durch Bewegen des Aufnahmegeräts}.
- Unverständliche Sequenzen werden mit [...] markiert. Wort- oder Klangvermutungen werden ggf. mit Schrägstrichen getrennt in den Klammern aufgeführt. Bsp.: „Was mich da eigentlich noch [... sp] am meisten interessiert, ist eigentlich Geometrie."

3 Liste der Kodes

Sinnkonstruktionen

Aktives Betreiben von Mathematik

Die Beschäftigung mit Mathematik bzw. das Lernen von Mathematik ist für das Individuum persönlich relevant, wenn es durch das aktive Betreiben von Mathematik Freude erleben kann, die Inhalte leichter versteht oder sich damit gut auf Prüfungen vorbereiten kann.

Freude: Die Schülerinnen und Schüler erleben Freude oder andere positive Gefühle bei der Auseinandersetzung mit mathematischen Inhalten.

- **Abwechslungsreichtum der Aufgaben**: Das aktive Bearbeiten von Aufgaben bereitet Freude durch abwechslungsreiche Aufgaben.
- **Eigenaktivität**: Die eigene Aktivität steht im Vordergrund und bereitet Freude.
- **enaktive Handlung/Spiel**: Enaktive Handlung (mit Material) aus dem Mathematikunterricht bereitet Freude.
- **Experimente (Anwendung im Leben)**: Durch aktives experimentieren wird die Verbindung zwischen Mathematik und ihrer Anwendung im Leben klar.
- **Freude durch aktives Betreiben von Mathematik**: Die Freude basiert in der aktiven Bearbeitung von Aufgaben bzw. der aktiven Auseinandersetzung mit mathematischen Inhalten.

Prüfungsvorbereitung: Aspekte, die sich auf die Prüfungsvorbereitung richten.

- **Prüfungsvorbereitung**: Aktive Beschäftigung mit Mathematik zur Prüfungsvorbereitung.
- **Selbstvertrauen steigern**: Übungen werden dazu genutzt, das Selbstvertrauen zu steigern.
- **sich selbst beruhigen**: Viele Aufgaben rechnen beruhigt Prüfungsangst oder gibt ein besseres Gefühl bei einem geringen mathematischen Fähigkeitsselbstkonzept.
- **Übung macht meisterlich (aktiv)**: Übung wird als ein Weg angesehen, die eigene Leistung zu verbessern bzw. sich auf Prüfungen vorzubereiten.

eigener Lernprozess: Aspekte, die sich auf den Lernprozess der Schülerinnen und Schüler richten.

- **leichter lernen/verstehen (aktiv)**: Durch die eigene Aktivität wird leichter gelernt bzw. werden die Inhalte leichter verstanden.

- **von leicht nach schwer**: Der Lernprozess soll mit leichten Aufgaben beginnen, auf die dann später (evtl.) schwerere Aufgaben folgen können.

Anwendung im Leben
Die Beschäftigung mit Mathematik bzw. das Lernen von Mathematik ist für das Individuum persönlich relevant, wenn es eine Anwendungsmöglichkeit von Mathematik im Leben erkennt, einen Allgemeinbildungsgedanken von Mathematik vertritt und das eigene Lernen von Mathematik anhand von realitätsbezogenen Aufgaben erleichtert wird.

Allgemeinbildungsgedanke: Aspekte, die sich auf einen Allgemeinbildungsgedanken beziehen.
- **Wichtigkeit für Gesellschaft**: Beschreibung, inwiefern Mathematik eine Bedeutung für die Gesellschaft besitzt.
- **Wichtigkeit für jedermann/Mündigkeit**: Es wird mit einer Wichtigkeit von Mathematik für jedermann oder für eine mündige Teilhabe am Leben argumentiert.

direkte Anwendbarkeit im eigenen Leben: Aspekte, die sich auf eine direkte Anwendbarkeit im eigenen Leben beziehen.
- **andere Unterrichtsfächer**: Verbindung zwischen den mathematischen Inhalten (aus dem Unterricht) und einem anderen Unterrichtsfach.
- **andere Wissenschaften/Lebensbereiche**: Beschreibung der Bedeutung von Mathematik für andere Wissenschaftsbereiche.
- **Basics**: Nur grundlegende mathematische Fähigkeiten wie die Grundrechenarten oder der Dreisatz werden als relevant für das Leben angesehen.
- **Anwendung ist Legitimationsgrundlage für Mathematik**: Durch Anwendung von Mathematik im Leben wird der Nutzen von Mathematik klar. Die Anwendbarkeit ist z. T. Auch der Grund für das Lernen von Mathematik.
- **Beispiel für Anwendung im täglichen Leben**: Beispiel für die Anwendung von Mathematik im (täglichen) Leben wird gegeben. Die Mathematik wurde in einer Situation wirklich gebraucht bzw. der/die Interviewte meint, Mathematik im Alltag in einer bestimmten Situation zu benötigen.
- **Mathematik ist überall**: Beschreibung, inwiefern Mathematik (überall) im Leben ist.

eigener Lernprozess: Aspekte, die sich auf den eigenen Lernprozess beziehen.
- **leichter lernen/verstehen (Leben)**: Mit Beispielen aus dem Leben bzw. einer Anbindung an Phänomene aus der Lebenswelt lässt sich leichter lernen bzw. lassen sich die Inhalte leichter verstehen.

- **mehr anstrengen**: Der/die Interviewte strengt sich mehr an, die Aufgaben zu lösen, wenn diese eine Verbindung zum Leben oder eine Anwendung bereithalten. Die Verbindung zur eigenen Lebenswelt wirkt motivierend.
- **realistischer**: Aufgaben, die eine Anwendung im täglichen Leben zeigen, sind realistischer.
- **weckt/befriedigt Interesse (Leben)**: Mathematikunterricht weckt bzw. befriedigt Interesse der Schülerinnen und Schüler, wenn er sich auf deren Leben bezieht.

Ausgeglichenheit

Die Beschäftigung mit Mathematik bzw. das Lernen von Mathematik ist für das Individuum persönlich relevant, wenn es dabei Ausgeglichenheit empfindet, etwa durch Phasen der Entspannung im Mathematikunterricht oder durch die freiwillige Beschäftigung mit mathematischen Inhalten in der Freizeit.

zu Hause: Aspekte, die mit freiwilliger mathematischer Aktivität in Zusammenhang stehen.

- **Freizeitmathematik**: Beschreibung, inwiefern Mathematik eine Rolle in der Freizeitgestaltung spielt.
- **Interesse**: Beschreibung, inwiefern persönliches oder ggf. situationales Interesse an Mathematik vorliegt. Aus diesem Interesse resultiert Freude an der Mathematik und der Beschäftigung mit ihr.

im Mathematikunterricht: Aspekte des Mathematikunterrichts, die entspannend oder relaxend auf die Schülerinnen und Schüler wirken.

- **nach Anstrengung**: Nach überwundener Anstrengung kann man sich entspannen und Freizeit haben.
- **Spiele im Mathematikunterricht**: Spiele im Mathematikunterricht, die didaktisch eingebettet sind, ermöglichen das Erleben von Freude und Spaß am Lernen.
- **kognitive Pause/entspannt/relaxed/autonom**: Die Auseinandersetzung bzw. der Mathematikunterricht wird als entspannt oder relaxed beschrieben. Eine kognitive Pause oder Entspannung wird erlebt.

Autonomie erleben

Die Beschäftigung mit Mathematik bzw. das Lernen von Mathematik ist für das Individuum persönlich relevant, wenn es beim Betreiben von Mathematik, beim Lernen von Mathematik oder im Mathematikunterricht Eigenständigkeit erleben kann in Form von Lernautonomie oder der eigenständigen Erarbeitung von Lösungswegen o.ä.

Betreiben von Mathematik: Aspekte, die sich auf das Betreiben von Mathematik richten.

- **Beispiel als Ausgangspunkt für eigene Überlegungen**: Einem Beispiel aus dem Unterricht bzw. einem Lösungsweg der Lehrperson wird gefolgt, um eine Aufgabe zu lösen. Es/er ist Ausgangspunkt für weitere Überlegungen, die anschließend folgen.
- **selbst Lösungswege entwickeln**: Es wird ein eigener Lösungsweg entwickelt bzw. ein eigener Weg gefunden, ein Problem zu lösen. Dabei werden bereits bekannte Wege verlassen und selbständig/kreativ nach neuen Möglichkeiten gesucht.

Lernen von Mathematik: Aspekte, die sich auf das Lernen von Mathematik richten.

- **aus eigenem Antrieb**: Beschreibung, dass es wichtig ist, aus eigenem Antrieb zu lernen.
- **eigenständig/mit Büchern lernen**: Beschreibung, dass das eigenständige Lernen mit Büchern erfolgreich ist.
- **selbst herausfordernde Aufgaben suchen**: Eigenständige Suche nach herausfordernde Aufgaben (Problemlöseaufgaben) in der Freizeit und Beschäftigung mit diesen.
- **selbst Übungen wählen**: Beschreibung, dass selbst ausgewählt werden kann, welche Übungen bearbeitet werden wollen (z. B. zur Vorbereitung auf Prüfungen bzw. Hausaufgaben, die nicht kontrolliert werden).

Mathematikunterricht: Aspekte, die sich auf den Mathematikunterricht richten.

- **Computereinsatz (eigenständig)**: Eigenständige Arbeit mit dem Computer/Internet wird positiv gewertet.
- **eigene Verantwortlichkeit**: Beschreibung einer Situation, in der eine Verantwortlichkeit für etwas übertragen wird. Diese Verantwortlichkeit ist wichtig – insbesondere, dass sie nicht untergraben wird, sondern jede Person ihren Verantwortlichkeitsbereich behält.
- **selbst Arbeitsgruppenwahl**: Es wird bevorzugt, selbst die Partner/innen zu wählen, mit denen in der Gruppenarbeit zusammengearbeitet werden soll. Dabei können leistungshomogene oder heterogene Gruppen entstehen.
- **selbst Aufgaben entwickeln**: Beschreibung, dass gern eigene Aufgaben entwickeln werden, mit denen z. B. andere Klassenkamerad(inn)en herausgefordert werden sollen.

Berufsvoraussetzung
Die Beschäftigung mit Mathematik bzw. das Lernen von Mathematik ist für das Individuum persönlich relevant, wenn es mathematische Kompetenzen als Berufsvoraussetzung ansieht und sich durch die Beschäftigung mit Mathematik auf seinen Wunschberuf vorbereiten kann.

weitere Schullaufbahn/Abschlussexamina: Mathematik ist wichtig für die weitere Schullaufbahn, z.B. für die Zulassung zu einer höheren Klassenstufe.
Studienfach: Beschreibung der Wichtigkeit von Mathematik für ein potentielles Studienfach.
Beruf: Relevanz von Mathematik für den gewünschten Beruf oder ein mögliches Gehalt.

Effizienz
Die Beschäftigung mit Mathematik bzw. das Lernen von Mathematik ist für das Individuum persönlich relevant, wenn der Unterricht bzw. die eigenen Handlungen im Unterricht und bei der Auseinandersetzung mit mathematischen Inhalten von Effizienz geprägt sind.

Handlungsstrategien der Schülerinnen und Schüler: Beschreibung von Handlungsstrategien der Schülerinnen und Schüler, die für sie selbst effizient sind. Dabei wird ein möglichst geringer Aufwand angestrebt und nur geringe Hindernisse gewählt, um die Anforderungen des Unterrichts zu erfüllen. Es werden bestimmte Situationen oder eine grundsätzliche Einstellung beschrieben.
- **Mathematikunterricht**: Aspekte, die sich auf Handlungsstrategie im Mathematikunterricht bezieht, dazu gehören z. B. aufpassen, um Nachbearbeitungszeit zu Hause zu minimieren.
- **Interaktion mit L**: Aspekte, die sich auf die Interaktion mit der Lehrperson beziehen (z. B. Meldungen (möglicherweise auch ohne die Antwort wirklich zu kennen, nur um etwas zu sagen) oder erwartungskonformes Verhalten).
- **eigene Auseinandersetzung mit Inhalten**: Aspekte, die sich auf die eigene Auseinandersetzung mit mathematischen Inhalten oder Aufgaben richten (z. B. bereits bekannte Lösungsstrategien anwenden, sich an Theorien erinnern, von anderen abschreiben).

Unterrichtseffizienz: Aspekte der effizienten Unterrichtsgestaltung.
- **Arbeitsorganisation im Mathematikunterricht**: Effiziente Arbeitsorganisation im Mathematikunterricht (z. B. konzentrierte Lernatmosphäre, Been-

den der Stunde durch die Lehrperson, möglichst leistungshomogene Arbeitsgruppen, allgemeine gute Organisation).

- **Lehrperson als Autoritätsperson**: Lehrperson wird als Autorität anerkannt und wertgeschätzt.
- **Steigerung des Unterrichtstempos**: Eine Steigerung des Unterrichtstempos wird angestrebt.

Emotional-affektive Bindung an Lehrperson
Die Beschäftigung mit Mathematik bzw. das Lernen von Mathematik ist für das Individuum persönlich relevant, wenn eine emotional-affektive Bindung an die Lehrperson im Mathematikunterricht besteht, die sich durch eine freundliche Unterrichtsatmosphäre sowie gegenseitige Achtung und Wertschätzung ausdrückt.

gegenseitige Achtung: Aspekte, die mit der gegenseitigen Achtung der Schülerinnen und Schüler und Lehrperson zusammenhängen.

- **Respekt**: Der Lehrperson wird Respekt entgegen gebracht.
- **Wertschätzung**: Lehrperson bringt den Schülerinnen und Schülern eine gewisse Wertschätzung entgegenbringt und nimmt sie ernst.

im Unterricht: Aspekte der Beziehung zwischen Lehrperson und Schülerinnen und Schülern, die sich im Unterricht zeigen bzw. dort entstehen.

- **Späße**: Die Lehrperson macht Späße im Unterricht, ist lustig oder erzählt Witze.
- **freundliche Atmosphäre zwischen Schülerinnen und Schüler & Lehrperson (Kommunikation/Interaktion)**: Beschreibung einer positiven Atmosphäre im Unterricht, die aus der angenehmen Kommunikation und Interaktion zwischen den Schülerinnen und Schüler und der Lehrperson herrührt.

Grundvoraussetzung: Aspekte, die als eine Grundvoraussetzung betrachtet werden, dass eine emotional-affektive Bindung an die Lehrperson entstehen kann.

- **Jugendlichkeit**: Die Lehrperson ist noch vergleichsweise jung und daher eher verbunden mit dem Leben der Schülerinnen und Schüler.

Kompetenz erleben
Die Beschäftigung mit Mathematik bzw. das Lernen von Mathematik ist für das Individuum persönlich relevant, wenn es sich bei der Auseinandersetzung mit mathematischen Inhalten bzw. im Mathematikunterricht als kompetent oder

erfolgreich erlebt, etwa durch das Lösen einer Aufgabe, durch die aktive Teilnahme am Unterricht oder im Leistungsvergleich mit anderen Schülerinnen und Schülern.

beim Bearbeitungsprozess: Aspekte, die sich auf das Erleben von Kompetenz während eines Bearbeitungsprozesses beziehen.

- **Aufgabe abschließen**: Freude wird empfunden, wenn eine Aufgabe abgeschlossen wird.
- **durch Anwendung in anderen Fächern/Gebieten**: Kompetenzerleben durch eine Anwendung von Mathematik in anderen Bereichen. Mathematik erhält damit zum einen übergreifenden Nutzen oder wird als angenehm oder leicht empfunden.
- **durch Verstehen**: Das Gefühl, die mathematischen Inhalte verstanden zu haben, bereitet Freude.
- **eigene Leistung**: Der/die Interviewte ist stolz auf die eigene Leistung.
- **keine Schwierigkeiten**: Freude wird erlebt, wenn keine (oder nur geringe) Schwierigkeiten beim Bearbeitungsprozess erlebt werden.
- **nach harter Arbeit/viel Üben**: Nach harter Arbeit wird Freude erlebt, insbesondere, wenn positive Resultate folgen.
- **nach Herausforderungen/Schwierigkeiten**: Freude wird erlebt, wenn eine herausfordernde Aufgabe erfolgreich gelöst wird.
- **richtige Lösung**: Durch eine richtige Lösung wird Freude erlebt.

eigene Aktivitäten im Unterrichtsgeschehen: Aspekte, die sich auf eigene Aktivitäten im Unterricht beziehen.

- **aktive Teilnahme am Unterricht**: Kompetenzerleben bei aktiver Teilnahme am Unterricht.
- **an der Tafel vorrechnen**: Zufriedenheit mit sich selbst und Kompetenzerleben, wenn an der der Tafel vorgerechnet wird.

externe Anerkennung: Durch externe Anerkennung – etwa durch gute Noten oder Lob von der Lehrperson – erleben sich die Interviewten als kompetent oder erfolgreich.

- **gute Noten**: Freude/Kompetenz/Erfolg kommen durch gute Noten zum Ausdruck.

Interaktion mit anderen: Aspekte, die sich hinsichtlich erlebter Kompetenz auf Interaktion mit anderen beziehen.

- **anderen helfen**: Die Schülerinnen und Schüler erleben Freude, dadurch dass sie anderen bei mathematischen Problemen aktiv helfen können.

- **besser als andere sein (Wettstreit)**: Die Schülerinnen und Schüler erleben einen Wettstreit als positiv. Sie entwickeln Ehrgeiz, besser zu sein als die anderen, und erleben Freude, wenn ihnen dies gelingt.

Kognitive Herausforderung
Die Beschäftigung mit Mathematik bzw. das Lernen von Mathematik ist für das Individuum persönlich relevant, wenn es die Auseinandersetzung mit mathematischen Inhalten als kognitive Herausforderung empfindet, durch dieses in einen Wettstreit mit sich selbst oder seinen Mitschülerinnen und Mitschülern kommt, oder dies es als Möglichkeit der Leistungsbesserung empfindet.

Potenzial der Aufgaben/Interaktion mit Inhalten: Aspekte, die das Potenzial von mathematischen Aufgaben beschreiben, das durch die Auseinandersetzung mit ihnen entwickelt werden kann.

- **Möglichkeit der Leistungsbesserung**: Bearbeitung von schwierigeren Aufgaben zur Leistungsbesserung.
- **Möglichkeit des Erlebens von Erfolg/Freude**: Durch kognitiv herausfordernde Aufgaben oder Anforderungen wird die Möglichkeit gegeben, sich als kompetent und erfolgreich zu erleben.
- **weckt Interesse (kognitive Herausforderung)**: Die Herausforderung an sich weckt das Interesse der Schülerinnen und Schüler.

Interaktion mit anderen: Aspekte der Interaktion mit anderen für die kognitive Herausforderung bei der Bearbeitung von mathematischen Inhalten.

- **Wettstreit**: Die Schülerinnen und Schüler empfinden einen Wettbewerb untereinander, indem sie ihre Leistungen mit einander vergleichen.

Persönlichkeitseigenschaft: Schülerinnen und Schüler begründen direkt oder indirekt den Wunsch nach kognitiver Herausforderung mit ihrer Persönlichkeit.

- **Ehrgeiz**: Der/die Interviewte ist ehrgeizig und sucht daher die kognitive Herausforderung.
- **Wunsch/Suche nach kognitiver Herausforderung**: Der/die Interviewte möchte neue Inhalte lernen und sich mit diesen auseinandersetzen statt bereits Bekanntes zu wiederholen oder zu üben. Die Herausforderung an sich wird als attraktiv und interessant wahrgenommen.

Pflichterfüllung
Die Beschäftigung mit Mathematik bzw. das Lernen von Mathematik ist für das Individuum persönlich relevant, wenn es dadurch Pflichten erfüllt, die es an sich

gestellt empfindet und ggf. damit dem an es gestellten Leistungsdruck begegnet.

Begegnung des Drucks: Aspekte, um dem Druck zu begegnen, der durch andere auf den Lernenden lastet.

- **Anstubser/Anreiz durch andere Personen**: Der/die Interviewte beschreibt, dass er/sie einen „Anstubser" von anderen Personen bekommt bzw. von diesen zum Lernen angehalten wird.
- **Lernen für Prüfungen**: Der/die Interviewte beschreibt, dass er/sie für Prüfungen lerne.

Hierarchie der Anforderungen: Die Anforderungen lassen sich in verschiedene Stufen gliedern, die sich danach richten, wie stark sie auf einer gesellschaftlichen Dimension oder eher persönlichen Dimension verankert sind.

- **unbestimmte Anforderungen**: Ein gewisser Druck im Zusammenhang mit dem Mathematikunterricht bzw. dem Lernen von Mathematik wird gespürt, dessen Quelle aber nicht genauer spezifiziert wird. Es ist für den/die Interviewten wichtig, diesem Druck zu entsprechen.
- **Gesellschaft**: Es besteht ein gesellschaftlich geprägter Druck für das Lernen von Mathematik.
- **Schulsystem/Fach**: Es wird gelernt, da Mathematik ein unhintergehbares Element im Schulsystem ist. Hierunter fällt auch die hohe Rolle von Mathematik für die Zulassung für Prüfungen, als Selektionsprinzip für die weitere Schullaufbahn etc.
- **Erwartungen der Familie**: Es wird gelernt, um den Erwartungen der Eltern gerecht zu werden.
- **Druck durch Wettstreit**: Wettstreit zwischen den Schülerinnen und Schüler lastet auf der/dem Interviewten.

Positive Außenwirkung

Die Beschäftigung mit Mathematik bzw. das Lernen von Mathematik ist für das Individuum persönlich relevant, wenn es durch die Beschäftigung mit Mathematik bzw. die im Fach erzielten Leistungen eine positive Außenwirkung gegenüber anderen als wichtig erachteten Personen erlangen kann und von diesen Anerkennung bekommt.

positives Bild erzeugen: Es ist dem/der Interviewten wichtig, einen positiven Eindruck bei seinen/ihren Mitmenschen zu erzeugen.

Anerkennung: Streben nach Anerkennung für eigene Leistung.

- **von Eltern**: Streben nach Anerkennung von den Eltern für die eigene Leistung.
- **von Gesellschaft**: Mathematikfähigkeiten werden in der Gesellschaft hoch angesehen und sind demnach erstrebenswert.
- **von L**: Streben nach Anerkennung von der Lehrperson für die eigene Leistung.
- **von Mitschüler(inne)n**: Streben nach Anerkennung von den Mitschülerinnen und -schülern für die eigene Leistung.
- **von unbestimmten Personen**: Streben nach Anerkennung von nicht weiter spezifizierten Personen für die eigene Leistung.

Prüfungen
Die Beschäftigung mit Mathematik bzw. das Lernen von Mathematik ist für das Individuum persönlich relevant, wenn es sich auf Prüfungen vorbereiten kann und sich mit dem Bestehen von Prüfungen Perspektiven im weiteren Bildungsgang eröffnet.

Rolle von Examina/Prüfungen/Zeugnissen: Die herausragende Rolle von Examina (z. B. HKCEE/Abitur/Klassenarbeiten) wird beschrieben.

- **Relevanz für momentane Bildungssituation**: Beschreibung der Relevanz der Prüfungen die momentane Bildungssituation (z. B. direkter Leistungsvergleich der Lernenden untereinander, Verständniskontrolle für sich selbst).
- **Auswirkungen auf den Bildungsgang**: Beschreibung der Auswirkungen, die Prüfungsleistungen auf den eigenen Bildungsgang haben können (schulischer Bildungsgang, Bildungsgang im Anschluss an Schule).

Vorbereitung auf Prüfungen Examina: Beschreibung der Bedeutung des Mathematikunterrichts als Vorbereitung auf künftige Prüfungen/Examina.

- **Übung macht meisterlich**: Übung hilft, um in Prüfungen erfolgreich zu sein.
- **last minute**: Sehr kurzfristige Vorbereitung auf Prüfungen.
- **Unterrichtsinhalte primär für Prüfungen lernen**: Die im Unterricht behandelten Inhalte werden primär für das erfolgreiche Bestehen von Prüfungen gelernt.

Purismus der Mathematik
Die Beschäftigung mit Mathematik bzw. das Lernen von Mathematik ist für das Individuum persönlich relevant, wenn es den Purismus der Mathematik schätzt,

der in ihrem Formalismus und logischen Aufbau steckt, und ihm dadurch das Verstehen von Mathematik leichter fällt.

emotionaler Bezug zu M: Aspekte, die einen emotionalen Bezug zur Mathematik erkennen lassen.

- **Faszination Mathematik**: Die puristische Mathematik wird als faszinierend gewertet und ihre „Schönheit" wertgeschätzt.
- **in der Kürze liegt die Schönheit**: Insbesondere kurze Rechnungen/Beweise sind schön.

mathematische Elemente/Eigenschaften: Bestimmte mathematische Elemente oder Eigenschaften werden als persönlich bedeutsam eingeschätzt.

- **Formalismus/Fachsprache**: Der Formalismus der Mathematik wird positiv eingeschätzt. Die Arbeit mit Variablen etc. macht Spaß.
- **Logik**: Das Schöne an der Mathematik ist der logische Aufbau.
- **Teilgebiete/Tätigkeiten**: Es werden einzelne Teilgebiete oder Tätigkeiten benannt, die besonders beliebt sind.

Verstehen von Mathematikerleichtern: Aspekte der Mathematik, die das Verstehen der Inhalte leichter machen.

- **Anwendungen stören/nicht notwendig**: Eine Anwendungsmöglichkeit von Mathematik im Leben wird als störend oder uninteressant empfunden.
- **leichter verstehen (reine Mathematik)**: Mathematik wird leichter verstanden, wenn es rein innermathematisch (also ohne einen Anwendungsbezug zum Leben) erklärt wird.
- **nach verstehen – leicht**: Werden mathematische Inhalte einmal verstanden, wird Mathematik als einfach wahrgenommen.
- **nur Formeln**: Mathematik ist einfach zu merken, da es 'nur Formeln' sind, die man auswendig lernen muss. Faktenwissen wie in anderen Fächern wird nicht benötigt.
- **richtig oder falsch**: Es ist positiv, dass es lediglich richtige oder falsche Antworten in der Mathematik gibt.

Selbstperfektionierung

Die Beschäftigung mit Mathematik bzw. das Lernen von Mathematik ist für das Individuum persönlich relevant, wenn es sich durch die Beschäftigung mit Mathematik selbst perfektionieren kann, also bestimmte Charakterzüge oder persönliche Eigenschaften weiter entwickeln oder die eigene Leistung verbessern kann.

Charakter/Persönlichkeitseigenschaft: Beschreibung von Persönlichkeitseigenschaften oder Charakterzügen, die für die Entwicklung des Selbst wichtig sind.

- **für das Leben lernen**: Mit Mathematik lernt man für das Leben. Lebenslanges Lernen wird als wichtig eingeschätzt.
- **logisches Denken**: Bei der Auseinandersetzung mit Mathematik werden kognitive Fähigkeiten gelernt, geübt bzw. gefestigt. Dabei macht das Denken oftmals Freude und Übung der kognitiven Fähigkeiten „meisterlich".
- **tiefes Verstehen**: Ein tief gehendes Verständnis der Inhalte wird wertgeschätzt und angestrebt, das über einer sehr spezifische Situation hinausgeht.
- **Weiterentwicklung des Selbst/Selbstvertrauen**: Der/die Interviewte beschreibt, dass er/sie sich durch das Betreiben von Mathematik persönlich weiterentwickelt.

Leistung: Es ist für der/dem Interviewten relevant, die eigene Leistung zu verbessern.

- **Ansporn durch Wettstreit**: Wettstreit mit anderen gibt den Ansporn, sich anzustrengen.
- **besser/schneller werden**: Der/die Interviewte möchte die eigene Leistung verbessern.

Soziale Eingebundenheit erleben

Die Beschäftigung mit Mathematik bzw. das Lernen von Mathematik ist für das Individuum persönlich relevant, wenn es sich in die Gruppe der Lernenden sozial eingebunden und integriert fühlt und sich das Umgehen miteinander durch eine freundliche Atmosphäre sowie kooperative Lernformen auszeichnet.

soziale Interaktion: Die soziale Interaktion spielt für die Schülerinnen und Schüler eine bedeutende Rolle

- **freundliche Atmosphäre zwischen Schülerinnen und Schüler**: Eine positive Atmosphäre spielt eine wesentliche Rolle beim Lernen.
- **keine Außenseiterrolle**: Die Rolle des Außenseiters soll vermieden werden. Notfalls wird das eigene Verhalten an die sozialen Normen angepasst.
- **Kommunikation/Interaktion**: Wichtigkeit der Kommunikation und Interaktion mit den Mitschülerinnen und -schülern. Dabei können die Gespräche sowohl soziale als auch mathematische Themen beinhalten. Es werden Handlungen beschrieben, die z. B. als lustig empfunden werden, die jedoch meist nicht direkt mit fachlichen Inhalten zusammenhängen.

miteinander lernen: Wichtigkeit des gemeinschaftlichen Lernprozesses.

- **alle sollen verstehen**: Wunsch, dass möglichst alle Mitschülerinnen und -schüler die im Unterricht behandelten Inhalte verstehen sollten.
- **Freundschaft vertiefen**: Ein wesentlicher Faktor am Betreiben von Mathematik ist es, mit anderen zusammen zu arbeiten, sodass Freundschaften entstehen oder vertieft werden.
- **Gedankenaustausch**: Teilhabe an den Lösungen/Ergebnissen anderer wird positiv eingeschätzt. Dies kann öffentlich (z. B. an der Tafel) oder nicht öffentlich (z. B. im Gespräch mit Sitznachbarn) geschehen.
- **gegenseitig Aufgaben stellen**: Das gegenseitige Stellen von (selbst erdachten) Aufgaben wird positiv gewertet und als Herausforderung empfunden.
- **Schüler(innen) helfen Schüler(inne)n**: Die Lernenden helfen sich gegenseitig, wenn einer/eine etwas nicht verstanden hat.
- **Zusammenarbeit**: Aufgaben werden gern zusammen mit einer anderen Person gelöst.

Unterstützung durch die Lehrperson
Die Beschäftigung mit Mathematik bzw. das Lernen von Mathematik ist für das Individuum persönlich relevant, wenn es in seinem Lernprozess Unterstützung durch die Lehrperson erfährt und es sich bei Fragen an sie wenden kann.

Kommunikation/Interaktion: Wichtigkeit der Kommunikation (über mathematische und nicht mathematische Inhalte) bzw. Interaktion mit den Mitschülerinnen und -schülern.
Lehrperson: Eigenschaften der Lehrperson aus der Perspektive der Lernenden.

- **Allwissend**: Die Lehrperson wird als (fast) allwissend beschrieben. Dies ist für die Schülerinnen und Schüler beeindruckend.
- **Autorität**: Die Lehrperson hat ein gewisses Maß an Autorität/Strenge, das die Schülerinnen und Schüler dazu veranlasst, aufmerksam zu sein und dem Unterricht zu folgen.
- **diskutiert mit Schülerinnen und Schüler**: Es ist möglich, mit der Lehrperson über Inhalte zu diskutieren. So können z.B. eigene Lösungswege der Schülerinnen und Schüler oder Themen, die abseits des Curriculums liegen, besprochen werden.
- **ermuntert zu Eigenaktivität der Schülerinnen und Schüler**: Die Lehrperson ermuntert die Schülerinnen und Schüler zur eigenen Aktivität beim Aufgabenlösen.
- **ermuntert zur Eigenständigkeit der Schülerinnen und Schüler**: Lehrperson ermuntert Schülerinnen und Schüler zur Eigenständigkeit beim Aufgaben-

lösen. Es werden keine Rezepte oder zu verfolgende Lösungsstrategien vorgegeben sondern kreativ selbst erarbeitet.

- **fair**: Die Lehrperson ist fair und behandelt die Lernenden gleich. Sie wird als gerecht erlebt.
- **geduldig**: Die Lehrperson hat Geduld beim (ggf. wiederholten) Erklären.
- **hält Anwendungen bereit**: Die Lehrperson liefert Anwendungsmöglichkeiten von Mathematik im Leben. Dadurch werden die Lernenden motiviert, sich mit den Inhalten zu befassen.
- **Wiederholungen alter Inhalte**: Lehrperson wiederholt bereits behandelte Stoffgebiete, hält dafür Aufgaben und Übungen bereit.
- **hält Lernmaterialien bereit**: Die Lehrperson hält die Aufgaben bereit, die im Mathematikunterricht bearbeitet werden.
- **interessiert an Verständnis der Schülerinnen und Schüler**: Die Lehrperson zeigt Interesse am Verständnis des Stoffes durch die Schülerinnen und Schüler und unterstützt sie beim Verstehensprozess.
- **lässt Freiraum**: Die Lehrperson lässt den Schülerinnen und Schülern Freiraum, das zu tun, was sie möchten (z. B. in Situationen, in denen sie sich einzelnen Schülerinnen und Schüler zuwendet, können sich die anderen entspannen).
- **lässt genug Zeit zum Verstehen**: Die Lehrperson lässt den Lernenden Zeit zum Nachvollziehen der vermittelten Inhalte.
- **meldet zurück, ob richtig oder falsch**: Die Lehrperson gibt Rückmeldung, ob der eingeschlagene Weg zur Lösung des Problems richtig oder falsch ist.
- **Metakommunikation**: Informationen zu Beginn der Unterrichtsstunde über den Aufbau oder die Inhalte werden positiv gewertet.
- **Methodenreichtum**: Methodenwechsel oder -reichtum wird als lernunterstützend wahrgenommen.
- **nimmt Schülerinnen und Schüler ernst**: Der/die Interviewte schätzt es, wenn die Lehrperson sie als (quasi) erwachsene Personen behandelt, wert schätzt und ernst nimmt.
- **optimale Förderung der Schülerinnen und Schüler**: Eine individuelle Förderung der Lernenden wird positiv gewertet (z. B. durch Binnendifferenzierung beim Schwierigkeitsgrad der Aufgaben). Eine optimale Förderung beinhaltet nicht nur die besondere Förderung leistungsschwacher Schülerinnen und Schüler, sondern auch die Herausforderung der Leistungsstärkeren.
- **passt Unterrichtsablauf spontan an die Bedürfnisse der Schülerinnen und Schüler an**: Die Lehrperson passt den Unterricht spontan an die Bedürfnis-

se der Schülerinnen und Schüler bzw. die Entwicklung des Unterrichtsgeschehens an und macht eine flexible Gestaltung des Unterrichts möglich.

- **unterrichtet M-Geschichte/-Philosophie**: Die Thematisierung der Geschichte der Mathematik oder philosophisch-mathematische Themen im Unterricht ist positiv.
- **unterrichtet/erklärt (gut)/hilft**: Die Lehrperson erklärt gut und steht bei Unklarheiten bezüglich neuer Inhalte generell helfend zur Seite.
- **verleichtert Inhalte**: Es wird geschätzt, wenn die Lehrperson die Inhalte so vereinfacht wie möglich darlegt und eine simple Sprache zum Erklären benutzt, die ohne übermäßigen Gebrauch von Fremd- und Fachwörtern auskommt.
- **vermittelt neue Inhalte/wiederholt Bekanntes**: Die Lehrperson soll neue Inhalte in den Unterricht einbringen bzw. bekannte Inhalte wiederholen, die den Schülerinnen und Schüler nicht mehr geläufig sind.
- **versetzt sich in Schülerinnen und Schüler hinein**: Die Lehrperson kann sich in die Lernenden hinein versetzen, so dass Probleme bzw. das Denken der Lernenden nachvollzogen werden können.
- **Vorbereitung auf Prüfungen_L**: Die Lehrperson bereitet auf Prüfungen und Examina vor.
- **Vorbild**: Die Lehrperson wird als Vorbild gesehen. Sie weiß viel, kann einschätzen, ob die Lösung richtig oder falsch ist, bringt die Inhalte bei.
- **weckt/bedient Interesse**: Die Lehrperson weckt das Interesse der Lernenden an Mathematik bzw. bedient es durch angemessene/herausfordernde/lebensnahe Inhalte.

Schülerinnen und Schüler: Aspekte, die die Rolle der Lernenden im Unterricht betreffen.

- **Fragen stellen dürfen**: Der/die Interviewte hat das Gefühl, die Lehrperson bei Nichtverstehen fragen zu können. Sie gibt dann gern Antwort und unterstützt den Lernprozess.
- **Lösungswege der Lehrperson nachmachen**: Es ist wichtig, den Lösungsweg der Lehrperson übernehmen zu können, wenn eigene Ideen zur Lösung fehlen oder der vorgegebene Lösungsweg als erster Schritt fungiert, um eigene Lösungswege zu entwickeln.
- **Schülerinnen und Schüler-Evaluation nach Referat**: Die gegenseitige Bewertung der Lernenden nach Referaten o. ä. wird positiv eingeschätzt.

Zensuren
Die Beschäftigung mit Mathematik bzw. das Lernen von Mathematik ist für das Individuum persönlich relevant, wenn ihm die eigene Leistung in Form von Zensuren im Mathematikunterricht reflektiert wird und sich das Streben nach Leistung in einem bestimmten Maß an Ehrgeiz widerspiegelt.

Ehrgeiz/eigener Druck: Beschreibung, dass Ehrgeiz vorhanden ist, bessere Noten zu erreichen.
reflektieren eigenen Leistungsstand: Einstellung, dass Zensuren den eigenen Leistungsstand reflektieren. Eine gute Note wird mit guten Leistungen in Verbindung gebracht, auf die der/die Lernende dann zumeist stolz ist. Eine nicht so gute Note wird oftmals insofern entkräftet, als dass die eigene Leistung als eigentlich besser angesehen wird.
Rolle von Zensur: Die Rolle von Zensuren für den/die Interviewten wird beschrieben (z.B. als Nadelöhr für die Zulassung zur Universität o. ä.).
Übung für gute Zensuren: Übung ist ein Mittel für gute Zensuren.

Voraussetzungen
Hintergrundmerkmal: Merkmale der Person, die die Sinnkonstruktion beeinflussen, die jedoch selbst nicht direkt beeinflussbar sind.
Persönlichkeitsmerkmal: Merkmale und Eigenschaften der Person, die die Sinnkonstruktion beeinflussen und (ggf. über einen längeren Zeitraum hinweg) selbst beeinflussbar sind.

Auswirkungen
Bewertung: Bewertungen, die auf einer bestimmten Sinnkonstruktion basieren.
Handlung: Handlungen, die sich aus einer bestimmten Sinnkonstruktion ergeben.

Sonstige Kodes
Additional Mathematics: Stellen, die sich auf Äußerungen zum Unterrichtsfach *Additional Mathematics* in Hongkong beziehen.
lexikalische Kodes: Stellen, an denen die interviewten Schülerinnen und Schüler einen der folgenden Begriffe verwendet haben.

- **Bedeutung**: Stellen, an denen die Interviewten den Begriff *Bedeutung* verwendet haben. Keine Interpretation der kodierenden Personen.

- **Meaning**: Stellen, an denen die Interviewten den Begriff *meaning* verwendet haben. Keine Interpretation der kodierenden Personen.
- **Sense**: Stellen, an denen die Interviewten den Begriff *sense* verwendet haben. Keine Interpretation der kodierenden Personen.
- **Sinn**: Stellen, an denen die Interviewten den Begriff *Sinn* verwendet haben. Keine Interpretation der kodierenden Personen.
- **Sinnlos**: Stellen, an denen die Interviewten den Begriff *sinnlos* verwendet haben. Keine Interpretation der kodierenden Personen.

Suche nach Sinn: Stellen, an denen eine Suche nach Sinn der Interviewten offenbar wird. Diese Suche kann entweder direkt als solche geäußert werden, oder sich etwa durch Unzufriedenheit mit bestehenden Sinnangeboten äußern.

Literaturverzeichnis

Alrø, H., Skovsmose, O., & Valero, P. (2007). Inter-viewing foregrounds. In Department of Education, Learning and Philosophy (Aalborg University) (Hrsg.), *Working papers on learning* (S. 1-23). Aalborg: Department of Education, Learning and Philosophy (Aalborg University).

Ames, C., & Archer, J. (1988). Achievement goals in the classroom: Students' learning strategies and motivation processes. *Journal of educational psychology, 80*(3), S. 260-267. Gefunden am 15.04.2010, auf http://www.unco.edu/cebs/psychology/kevinpugh/motivation_project/resources/ames_archer88.pdf.

Baier, K. (2000). Zweck und Sinn. In C. Fehige, G. Meggle, & U. Wessels (Hrsg.), *Der Sinn des Lebens* (S. 195-207). München: Deutscher Taschenbuch Verlag.

Baruk, S. (1989). *Wie alt ist der Kapitän? Über den Irrtum in der Mathematik.* Basel: Birkhäuser.

Bauersfeld, H. (1993). Mathematische Lehr-Lern-Prozesse bei Hochbegabten: Bemerkungen zu Theorie, Erfahrungen und möglicher Förderung. *Journal für Mathematikdidaktik, 14*(3/4), S. 143-267.

Berger, P. L., & Luckmann, T. (2004). *Die gesellschaftliche Konstruktion der Wirklichkeit: Eine Theorie der Wissenssoziologie* (20. Aufl.). Frankfurt am Main: Fischer-Taschenbuch-Verlag.

Biggs, J. B. (1996). Western misperceptions of the confucian-heritage learning culture. In D. A. Watkins & J. B. Biggs (Hrsg.), *The Chinese learner. Cultural, psychological and contextual influences* (S. 45-67). Hong Kong: Comparative Education Research Centre, The University of Hong Kong; The Australian Council for Educational Research.

Bikner-Ahsbahs, A. (2005). *Mathematikinteresse zwischen Subjekt und Situation: Theorie interessendichter Situationen. Baustein für eine mathematikdidaktische Interessentheorie. Texte zur mathematischen Forschung und Lehre: Bd. 43.* Hildesheim: Franzbecker (Baustein für eine mathematikdidaktische Interessentheorie).

Biller, K. (1991). *Habe Sinn und wisse Sinn zu wecken! Sinntheoretische Grundlagen der Pädagogik.* Hohengehren: Schneider.

Blum, W. (1996). Anwendungsbezüge im Mathematikunterricht: Trends und Perspektiven. In G. Kadunz, H. Kautschitsch, G. Ossimitz, & E. Schneider (Hrsg.), *Trends und Perspektiven. Beiträge zum 7. Internationalen Symposium zur "Didaktik der Mathematik" in Klagenfurt vom 26.-30.9.1994. Schriftenreihe Didaktik der Mathematik, Band 23* (S. 15-38). Wien: Hölder-Pichler-Tempsky.

Blumenberg, H. (1999). *Die Lesbarkeit der Welt* (4. Aufl.). *Suhrkamp Taschenbuch Wissenschaft: Bd. 592.* Frankfurt am Main: Suhrkamp.

Boesch, E. E. (1980). *Kultur und Handlung: Einführung in die Kulturpsychologie.* Bern: Huber.

Böhm, A. (2005). Theoretisches Codieren: Textanalyse in der Grounded Theory. In U. Flick (Hrsg.), *Rororo Rowohlts Enzyklopädie: Vol. 55628. Qualitative Forschung. Ein*

Handbuch (4. Aufl., S. 475-485). Reinbek bei Hamburg: Rowohlt Taschenbuch Verlag.

Bohnsack, R. (2003). *Rekonstruktive Sozialforschung: Einführung in qualitative Methoden* (5. Aufl.). *UTB für Wissenschaft/Uni-Taschenbücher: Bd. 8242.* Opladen: Leske + Budrich.

Born, B., & Gebhard, U. (2005). Intuitive Vorstellungen und explizite Reflexion: Zur Bedeutung von Alltagsphantasien in Lernprozessen zur Bioethik. In B. Schenk (Hrsg.), *Studien zur Bildungsgangforschung: Vol. 6. Bausteine einer Bildungsgangtheorie* (S. 255-271). Wiesbaden: VS Verlag für Sozialwissenschaften.

Borromeo Ferri, R. (2004). *Mathematische Denkstile: Ergebnisse einer empirischen Studie. Texte zur mathematischen Forschung und Lehre: Bd. 33.* Hildesheim: Franzbecker.

Bortz, J. (1999). *Statistik für Sozialwissenschaftler* (5. Aufl.). *Springer-Lehrbuch.* Berlin: Springer.

Bortz, J. (2005). *Statistik für Human- und Sozialwissenschaftler* (6. Aufl.). *Springer-Lehrbuch.* Heidelberg: Springer.

Bortz, J., & Döring, N. (2006). *Forschungsmethoden und Evaluation: Für Human- und Sozialwissenschaftler* (4. Aufl.). Berlin: Springer.

Brockhaus (Hrsg.) (1998). *Brockhaus-Enzyklopädie in 24 Bänden* (20. Aufl.). Leipzig, Mannheim: Brockhaus.

Bromme, R. (1997). Kompetenzen, Funktionen und unterrichtliches Handeln des Lehrers. In F. E. Weinert (Hrsg.), *Pädagogische Psychologie: Vol. 3. Psychologie des Unterrichts und der Schule* (S. 177-212). Göttingen: Hogrefe Verlag für Psychologie.

Brosius, F. (2006). *SPSS 14.* Heidelberg: mitp-Verlag.

Bruder, R. (2008). Vielseitig mit Aufgaben arbeiten: Mathematische Kompetenzen nachhaltig entwickeln und sichern. In R. Bruder, T. Leuders, & A. Büchter (Hrsg.), *Mathematikunterricht entwickeln. Bausteine für kompetenzorientiertes Unterrichten* (S. 18-52). Berlin: Cornelsen Scriptor.

Bühner, M., & Ziegler, M. (2009). *Statistik für Psychologen und Sozialwissenschaftler. PSPsychologie.* München: Pearson Studium.

Bund-Länder-Kommission für Bildungsplanung und Forschungsförderung (1997). *Gutachten zur Vorbereitung des Programms "Steigerung der Effizienz des mathematisch-naturwissenschaftlichen Unterrichts". Materialien zur Bildungsplanung und zur Forschungsförderung: Bd. 60.* Bonn: Bund-Länder-Kommission für Bildungsplanung und Forschungsförderung.

Cai, J., Perry, R., & Wong, N.-Y. (Hrsg.) (2007). *ZDM – The international journal on mathematics education: Bd. 39.4. What is effective mathematics teaching? A dialogue between East and West.* Heidelberg: Springer.

Carraher, D. W., & Schliemann, A. D. (2002). Is everyday mathematics truly relevant to mathematics education? In J. N. Moshkovich & M. E. Brenner (Hrsg.), *Monograph of the journal for reseach in mathematics education: Vol. 11. Everyday and academic mathematics in the classroom* (S. 131-153).

Chan, C. K. K., & Rao, N. (Hrsg.) (2009). *CERC Studies in Comparative Education: Vol. 25. Revisiting the Chinese Learner: Changing Contexts, Changing Education:* Springer; Comparative Education Research Centre, The University of Hong Kong.

Chang, W. C. (2000). In search of the Chinese in all the wrong places! *Journal of psychology in Chinese societies, 1*(1), S. 125-142.

Clarke, D. (2006). The LPS research design. In D. Clarke, J. Emanuelsson, E. Jablonka, & I. A.-C. Mok (Hrsg.), *The learner's perspective study: Vol. 2. Making connections. Comparing mathematics classrooms around the world* (S. 237-251). Rotterdam: Sense Publishers.

Combe, A., & Gebhard, U. (2007). *Sinn und Erfahrung: Zum Verständnis fachlicher Lernprozesse in der Schule. Studien zur Bildungsgangforschung: Bd. 20.* Opladen: Barbara Budrich.

Csikszentmihalyi, M. (1987). *Das flow-Erlebnis: Jenseits von Angst und Langeweile. Im Tun aufgehen* (2. Aufl.). Stuttgart: Klett-Cotta.

Dahlin, B., & Watkins, D. A. (2000). The role of repetition in the process of memorising and understanding: A comparison of the views of German and Chinese secondary school students in Hong Kong. *British journal of educational psychology, 70,* S. 65-84.

Deci, E. L., & Ryan, R. M. (1993). Die Selbstbestimmungstheorie der Motivation und ihre Bedeutung für die Pädagogik. *Zeitschrift für Pädagogik, 39*(2), S. 223-238.

Dittmar, N. (2004). *Transkription: Ein Leitfaden mit Aufgaben für Studenten, Forscher und Laien. Qualitative Sozialforschung: Bd. 10.* Wiesbaden: VS Verlag für Sozialwissenschaften.

Dreher, E., & Dreher, M. (1985). Wahrnehmung und Bewältigung von Entwicklungsaufgaben im Jugendalter. In R. Oerter (Hrsg.), *Lebensbewältigung im Jugendalter* (S. 30-60). Weinheim: Ed. Psychologie VCH.

Education Commission (2006). *Education Statistics: December 2006.* Gefunden am 13.04.2010, von http://www.e-c.edu.hk/eng/reform/Edu%20Stat%20%28Eng%29%202006.pdf.

Education Encyclopedia (2010). *Hong Kong - Secondary education: Students, secondary, schools, percent, school, subjects, level, and government.* Gefunden am 01.08.2010, von http://education.stateuniversity.com/pages/620/Hong-Kong-SECONDARY-EDUCATION.html.

Ehmke, T., Hohensee, F., Heidemeier, H., & Prenzel, M. (2004). Familiäre Lebensverhältnisse, Bildungbeteiligung und Kompetenzerwerb. In PISA-Konsortium Deutschland (Hrsg.), *PISA 2003. Der Bildungsstand der Jugendlichen in Deutschland; Ergebnisse des zweiten internationalen Vergleichs* (S. 225-254). Münster: Waxmann.

Ernest, P. (2006). Reflections on theories of learning. *Zentralblatt für Didaktik der Mathematik, 38*(1), S. 3-7.

Fan, L., Wong, N.-Y., Cai, J., & Li, S. (Hrsg.) (2004). *How Chinese learn mathematics: Perspectives from insiders.* New Jersey: World Scientific.

Fichten, W. (1993). *Unterricht aus Schülersicht: Die Schülerwahrnehmung von Unterricht als erziehungswissenschaftlicher Gegenstand und ihre Verarbeitung im Unterricht. Europäische Hochschulschriften, Reihe 11: Pädagogik: Bd. 562.* Frankfurt am Main: Lang.

Field, A. (2009). *Discovering statistics using SPSS: (and sex and drugs and rock'n'roll)* (3. Aufl.). London: Sage.

Flick, U. (2005). *Qualitative Sozialforschung: Eine Einführung* (3. Aufl.). *Rororo Rowohlts Enzyklopädie: Bd. 55654.* Reinbek bei Hamburg: Rowohlt Taschenbuch Verlag.

Flick, U., Kardorff, E. von, & Steinke, I. (2005). Was ist qualitative Forschung? Einleitung und Überblick. In U. Flick (Hrsg.), *Rororo Rowohlts Enzyklopädie: Vol. 55628. Qualitative Forschung. Ein Handbuch* (4. Aufl., S. 13-29). Reinbek bei Hamburg: Rowohlt Taschenbuch Verlag.

Frankl, V. E. (1978a). Das Leiden am sinnlosen Leben. In V. E. Frankl & E. S. Lukas (Hrsg.), *Der Wille zum Sinn. Ausgewählte Vorträge über Logotherapie* (2. Aufl., S. 235-244). Bern: Huber.

Frankl, V. E. (1978b). Der Wille zum Sinn. In V. E. Frankl & E. S. Lukas (Hrsg.), *Der Wille zum Sinn. Ausgewählte Vorträge über Logotherapie* (2. Aufl., S. 9-36). Bern: Huber.

Frege, G. (1892). Über Sinn und Bedeutung. *Zeitschrift für Philosophie und philosophische Kritik,* (NF 100), S. 25-50.

Freudenthal, H. (1982). Fiabilité, validité et pertinence: Critères de la recherche sur l'enseignement de la mathématique. *Educational Studies in Mathematics, 13*(4), S. 395-408.

Friedrichs, A. (2008). *Unterrichts- und Interaktionsstrukturen im (englischsprachigen) Mathematikunterricht in Hongkong.* unveröffentlichte Hausarbeit zum Erlangen des ersten Staatsexamens für das Lehramt an der Oberstufe (allgemeinbildende Schulen), Universität Hamburg, Hamburg.

Fromm, M. (1987). *Die Sicht der Schüler in der Pädagogik: Untersuchungen zur Behandlung der Sicht von Schülern in der pädagogischen Theoriebildung und in der quantitativen und qualitativen empirischen Forschung.* Weinheim: Deutscher Studien Verlag.

Furtner-Kallmünzer, M., & Hurrelmann, K. (1984). Wie begründen Schüler den "Sinn" von Schule? In F. Bohnsack (Hrsg.), *Sinnlosigkeit und Sinnperspektive. Die Bedeutung gewandelter Lebens- und Sinnstrukturen für die Schulkrise* (S. 14-31). Frankfurt am Main: Diesterweg.

Gass, S. M., & Mackey, A. (2000). *Stimulated recall methodology in second language research. Second language acquisition research; Monographs on research methodology.* Mahwah, NJ: Lawrence Erlbaum.

Gebhard, U. (2003). Die Sinndimension im schulischen Lernen: Die Lesbarkeit der Welt. In B. Moschner, H. Kiper, & U. Kattmann (Hrsg.), *PISA 2000 als Herausforderung. Perspektiven für Lehren und Lernen* (S. 205-223). Baltmannsweiler: Schneider Verlag Hohengehren.

Geertz, C. (1973). *The interpretation of cultures: Selected essays.* New York: Basic Books.

Gellert, U. (2007). Zur Kulturalität von Mathematik in Schule und Unterricht. In J. Lüders (Hrsg.), *Studien zur Bildungsgangforschung: Vol. 18. Fachkulturforschung in der Schule* (S. 65-81). Opladen: Barbara Budrich.

Gellert, U., & Jablonka, E. (2007). Mathematisation – Demathematisation. In U. Gellert & E. Jablonka (Hrsg.), *Mathematisation and demathematisation. Social, philosophical and educational ramifications* (S. 1-18). Rotterdam: Sense Publishers.

Gellert, U., & Jablonka, E. (2009). "I'm not talking about reality": Word problems and the intricacies of producing legitimate text. In L. Verschaffel, B. Greer, W. van Dooren, & S. Mukhopadhyay (Hrsg.), *Words and worlds. Modelling verbal descriptions of situations* (S. 39-53). Rotterdam: Sense Publishers.

Glaser, B. G., & Strauss, A. L. (2005). *Grounded Theory: Strategien qualitativer Forschung* (2. Aufl.). *Gesundheitswissenschaften Methoden.* Bern: Huber.

Goodchild, S. (2001). *Students' goals: A case study of activity in a mathematics classroom.* Bergen: Caspar.

Graduiertenkolleg Bildungsgangforschung (August 2004). *Folgeantrag auf Förderung des Graduiertenkollegs 821: "Bildungsgangforschung".* Hamburg: Fachbereich Erziehungswissenschaft an der Fakultät für Bildungswissenschaft, Universität Hamburg. Gefunden am 28.11.2008, auf http://www.erzwiss.uni-hamburg.de/Personal/Schenk/Grad-Koll/Folgeantrag.html.

Graduiertenkolleg Bildungsgangforschung (2005). *Zweiter Arbeits- und Ergebnisbericht des Graduiertenkollegs 821: "Bildungsgangforschung".* Hamburg: Fachbereich Erziehungswissenschaft an der Fakultät für Erziehungswissenschaft, Psychologie und Bewegungswissenschaft, Universität Hamburg.

Grigutsch, S. (1996). *Mathematische Weltbilder von Schülern: Struktur, Entwicklung, Einflußfaktoren. Dissertation.* Duisburg: Dissertations Druck Darmstadt (Dissertation).

Grigutsch, S., Raatz, U., & Törner, G. (1998). Einstellungen gegenüber Mathematik bei Mathematiklehrern. *Journal für Mathematikdidaktik, 19*(1), S. 3-45.

Havighurst, R. J. (1972). *Developmental tasks and education* (3. Aufl.). New York: Longman.

Hennings, M., & Mielke, R. (2005). Intuitive Vorstellungen und explizite Reflexion: Bewusste und unbewusste Prozesse des Denkens. In B. Schenk (Hrsg.), *Studien zur Bildungsgangforschung: Vol. 6. Bausteine einer Bildungsgangtheorie* (S. 239-254). Wiesbaden: VS Verlag für Sozialwissenschaften.

Hericks, U., & Spörlein, E. (2001). Entwicklungsaufgaben in Fachunterricht und Lehrerbildung: Eine Auseinandersetzung mit einem Zentralbegriff der Bildungsgangdidaktik. In U. Hericks, J. Keuffer, H. C. Kräft, & I. Kunze (Hrsg.), *Bildungsgangdidaktik. Perspektiven für Fachunterricht und Lehrerbildung. Meinert Meyer zum 60. Geburtstag* (S. 33-50). Opladen: Leske + Budrich.

Heymann, H. W. (1996). *Allgemeinbildung und Mathematik. Studien zur Schulpädagogik und Didaktik: Bd. 13.* Weinheim: Beltz.

Heymann, H. W. (1997). Mathematikunterricht und sein (möglicher) Beitrag zur Allgemeinbildung. *Pädagogik, 49*(1), S. 46-49.

Hiebert, J., Gallimore, R., Garnier, H., Bogard Givvin, K., Hollingsworth, H., Jacobs, J., et al. (2003). *Teaching mathematics in seven countries: Results from the TIMSS 1999 video study.* Washington, D.C.

Ho, I. T. (2001). Are Chinese teachers authoritarian? In D. A. Watkins & J. B. Biggs (Hrsg.), *Teaching the Chinese learner. Psychological and pedagogical perspectives* (S. 99-114). Hong Kong: Comparative Education Research Centre, The University of Hong Kong.

Hofe, R. vom (1995). *Grundvorstellungen mathematischer Inhalte. Texte zur Didaktik der Mathematik.* Heidelberg: Spektrum.

Hofe, R. vom, Hafner, T., Blum, W., & Pekrun, R. (2009). Die Entwicklung mathematischer Kompetenzen in der Sekundarstufe: Ergebnisse der Längsschnittstudie PALMA. In A. Heinze & M. Grüßing (Hrsg.), *Mathematiklernen vom Kindergarten bis zum Studium. Kontinuität und Kohärenz als Herausforderung für den Mathematikunterricht* (S. 125-146). Münster: Waxmann.

Hoffmann-Riem, C. (1994). Die Sozialforschung einer interpretativen Soziologie: Der Datengewinn (Wiederabdruck). In W. Hoffmann-Riem, M. Pieper, & G. Riemann (Hrsg.), *Interaktion und Lebenslauf: Vol. 8. Christa Hoffmann-Riem: Elementare Phänomene der Lebenssituation. Ausschnitte aus einem Jahrzehnt soziologischen Arbeitens* (S. 20-70). Weinheim: Deutscher Studien Verlag.

Hofstede, G. (2001). *Lokales Denken, globales Handeln: Interkulturelle Zusammenarbeit und globales Management* (2. Aufl.). *Beck-Wirtschaftsberater.* München: Deutscher Taschenbuch Verlag.

Hopf, C. (2005). Qualitative Interviews: Ein Überblick. In U. Flick (Hrsg.), *Rororo Rowohlts Enzyklopädie: Vol. 55628. Qualitative Forschung. Ein Handbuch* (4. Aufl., S. 349-360). Reinbek bei Hamburg: Rowohlt Taschenbuch Verlag.

Hu, A. (2005). Migrationsbedingte Mehrsprachigkeit und schulischer Fremdsprachenunterricht: Ein Beitrag zur Bildungsgangforschung aus fremdsprachendidaktischer Perspektive. In B. Schenk (Hrsg.), *Studien zur Bildungsgangforschung: Vol. 6. Bausteine einer Bildungsgangtheorie* (S. 161-178). Wiesbaden: VS Verlag für Sozialwissenschaften.

Hunger, E. (1949). *Mathematik und Bildung: Eine Einführung in den Sinn der Mathematik. Zum Gebrauch an der Oberstufe der höheren Schulen und zum Selbststudium.* Braunschweig: Westermann (Zum Gebrauch an der Oberstufe der höheren Schulen und zum Selbststudium).

Hurrelmann, K. (1983). Schule als alltägliche Lebenswelt im Jugendalter. In F. Schweitzer & H. Thiersch (Hrsg.), *Jugendzeit – Schulzeit. Von den Schwierigkeiten, die Jugendliche und Schule miteinander haben* (S. 30-56). Weinheim: Beltz.

IREM (Equipe 'Elementaire' de l'I.R.E.M de Grenoble) (1980). Quel est l'âge du capitaine? *Bulletin de l'Association des Professeurs de Mathématiques de l'Enseignement Public*, (323), S. 235-243.

Jablonka, E. (2003). Mathematical literacy. In A. J. Bishop (Hrsg.), *Kluwer international handbooks of education. Second international handbook of mathematics education* (S. 75-102). Dordrecht: Kluwer.

Jablonka, E. (2004). *Structure in diversity: Initiation into mathematical practice in classrooms from Germany, Hong Kong and the United States. Habilitationsschrift.* Freie Universität Berlin (Habilitationsschrift).

Jablonka, E. (2006). Student(s) at the front: Forms and functions in six classrooms from Germany, Hong Kong and the United States. In D. Clarke, J. Emanuelsson, E. Jablonka, & I. A.-C. Mok (Hrsg.), *The learner's perspective study: Vol. 2. Making connections. Comparing mathematics classrooms around the world* (S. 107-126). Rotterdam: Sense Publishers.

Jahnke, T. (2004). Mathematikunterricht aus Schülersicht. *Mathematik Lehren*, (127), S. 4-8.

Jahnke-Klein, S. (2001). *Sinnstiftender Mathematikunterricht für Mädchen und Jungen. Grundlagen der Schulpädagogik: Bd. 39.* Baltmannsweiler: Schneider Verlag Hohengehren.

Jungwirth, H. (2003). Interpretative Forschung in der Mathematikdidaktik: Ein Überblick für Irrgäste, Teilzieher und Standvögel. *Zentralblatt für Didaktik der Mathematik, 35*(5), S. 189-200.

Jungwirth, H., & Krummheuer, G. (Hrsg.) (2006). *Der Blick nach innen: Lebenswelt Mathematikunterricht. Band 1.* Münster: Waxmann.

Jungwirth, H., & Krummheuer, G. (Hrsg.) (2008). *Der Blick nach innen: Aspekte der alltäglichen Lebenswelt Mathematikunterricht. Band 2.* Münster: Waxmann.

Kaiser, G. (1999). *Unterrichtswirklichkeit in England und Deutschland: Vergleichende Untersuchungen am Beispiel des Mathematikunterrichts.* Weinheim: Deutscher Studien Verlag.

Kaiser, G., Hino, K., & Knipping, C. (2006). Proposal for a framework to analyse mathematics education in eastern and western traditions: Looking at England, France, Germany and Japan. In F. K. S. Leung, K.-D. Graf, & F. J. Lopez-Real (Hrsg.), *Mathematics education in different cultural traditions. A comparative study of East Asia and the West. The 13th ICMI Study* (S. 319-351). New York: Springer.

Kaiser, G., & Maaß, K. (2006). Vorstellungen über Mathematik und ihre Bedeutung für die Behandlung von Realitätsbezügen. In A. Büchter, H. Humenberger, S. Hußmann, & S. Prediger (Hrsg.), *Realitätsnaher Mathematikunterricht. Von Fach aus und für die Praxis. Festschrift für Hans-Wolfgang Henn zum 60. Geburtstag* (S. 83-94). Hildesheim: Franzbecker.

Kaiser, G., & Schwarz, B. (2006). Mathematical modelling as bridge between school and university. *ZDM – The international journal on mathematics education, 38*(2), S. 196-208.

Kaiser, G., & Vollstedt, M. (2007). Teachers' views on effective mathematics teaching: Commentaries from a european perspective. *ZDM – The international journal on mathematics education, 39*(4), S. 341-348.

Kaiser-Meßmer, G. (1986). *Anwendungen im Mathematikunterricht: Band 2 – Empirische Untersuchungen. Texte zur mathematisch-naturwissenschaftlich-technischen Forschung und Lehre: Bd. 21.* Bad Salzdetfurth: Franzbecker.

Karl, U., Lorbeer, W., & Bohm, G. (1979). Die Einstellung zum Schulfach als Problem von Wissenschaft und Praxis: Befunde und Überlegungen zur Untersuchung von Schülereinstellungen zum Fach Mathematik am Gymnasium. *Unterrichtswissenschaft,* (2), S. 116-127.

Kelle, U., & Kluge, S. (1999). *Vom Einzelfall zum Typus: Fallvergleich und Fallkontrastierung in der qualitativen Sozialforschung. Qualitative Sozialforschung: Bd. 4.* Opladen: Leske + Budrich.

Kilpatrick, J., Hoyles, C., & Skovsmose, O. (2005a). Introduction. In J. Kilpatrick, C. Hoyles, & O. Skovsmose (Hrsg.), *Meaning in mathematics education* (S. 1-8). New York, NY: Springer.

Kilpatrick, J., Hoyles, C., & Skovsmose, O. (2005b). Meanings of 'meaning of mathematics'. In J. Kilpatrick, C. Hoyles, & O. Skovsmose (Hrsg.), *Meaning in mathematics education* (S. 9-16). New York, NY: Springer.

Knipping, C. (2003). *Beweisprozesse in der Unterrichtspraxis: Vergleichende Analysen von Mathematikunterricht in Deutschland und Frankreich. Texte zur mathematischen Forschung und Lehre: Bd. 23.* Hildesheim: Franzbecker.

Kokemohr, R. (2007). Bildung als Welt- und Selbstentwurf im Anspruch des Fremden: Eine theoretisch-empirische Annäherung an eine Bildungsprozesstheorie. In H.-C. Koller, W. Marotzki, & O. Sanders (Hrsg.), *Theorie bilden: Vol. 7. Bildungsprozesse und Fremdheitserfahrung. Beiträge zu einer Theorie transformatorischer Bildungsprozesse* (S. 13-68). Bielefeld: Transcript-Verlag.

Koller, H.-C. (2005a). Bildung (an) der Universität: Zur Bedeutung des Bildungsbegriffs für hochschulpolitik und Universitätsreform. In A. Liesner & O. Sanders (Hrsg.), *Theorie bilden: Vol. 1. Bildung der Universität. Beiträge zum Reformdiskurs* (S. 79-100). Bielefeld: Transcript-Verlag.

Koller, H.-C. (2005b). Bildung und Biographie: Zur Bedeutung der bildungstheoretisch fundierten Biographieforschung für die Bildungsgangforschung. In B. Schenk (Hrsg.), *Studien zur Bildungsgangforschung: Vol. 6. Bausteine einer Bildungsgangtheorie* (S. 47-66). Wiesbaden: VS Verlag für Sozialwissenschaften.

Koller, H.-C. (2007). Probleme einer Theorie transformatorischer Bildungsprozesse. In H.-C. Koller, W. Marotzki, & O. Sanders (Hrsg.), *Theorie bilden: Vol. 7. Bildungsprozesse und Fremdheitserfahrung. Beiträge zu einer Theorie transformatorischer Bildungsprozesse* (S. 69-81). Bielefeld: Transcript-Verlag.

Koller, H.-C. (2008a). Lernen als Sinnkonstruktion? Zur Bedeutung eines hermeneutischen Sinnbegriffs für die Erforschung schulischer Lern- und Bildungsprozesse. In H.-C. Koller (Hrsg.), *Studien zur Bildungsgangforschung: Vol. 24. Sinnkonstruktion und Bildungsgang* (S. 13-24). Opladen: Barbara Budrich.

Koller, H.-C. (Hrsg.) (2008b). *Studien zur Bildungsgangforschung: Bd. 24. Sinnkonstruktion und Bildungsgang.* Opladen: Barbara Budrich.

Köller, O., Baumert, J., & Neubrand, J. (2000). Epistemologische Überzeugungen und Fachverständnis im Mathematik- und Physikunterricht. In J. Baumert, W. Bos, & R. Lehmann (Hrsg.), *TIMSS/III. Dritte internationale Mathematik- und Naturwissenschaftsstudie. Mathematische und naturwissenschaftliche Bildung am Ende der Schullaufbahn* (S. 229-270). Opladen: Leske + Budrich.

Köller, O., Baumert, J., & Schnabel, K. (2000). Zum Zusammenspiel von schulischem Interesse und Lernen im Fach Mathematik: Längsschnittanalysen in den Sekundarstufen I und II. In U. Schiefele & K.-P. Wild (Hrsg.), *Interesse und Lernmotivation. Untersuchungen zu Entwicklung, Förderung und Wirkung. Andreas Krapp zu seinem 60. Geburtstag am 3. Juli 2000 gewidmet* (S. 163-181). Münster: Waxmann.

Kowal, S., & O'Connell, D. C. (2005). Zur Transkription von Gesprächen. In U. Flick (Hrsg.), *Rororo Rowohlts Enzyklopädie: Vol. 55628. Qualitative Forschung. Ein Handbuch* (4. Aufl., S. 437-447). Reinbek bei Hamburg: Rowohlt Taschenbuch Verlag.

Krapp, A. (1992). Das Interessenkonstrukt: Bestimmungsmerkmale der Interessenhandlung und des individuellen Interesses aus der Sicht einer Person-Gegenstands-Konzeption. In A. Krapp & M. Prenzel (Hrsg.), *Interesse, Lernen, Leistung. Neuere Ansätze der pädagogisch-psychologischen Interessenforschung* (S. 297-329). Münster: Aschendorff.

Krapp, A. (1999). Intrinsische Lernmotivation und Interesse: Forschungsansätze und konzeptuelle Überlegungen. *Zeitschrift für Pädagogik, 45*(3), S. 387-406.

Kubinger, K. D., Rasch, D., & Moder, K. (2009). Zur Legende der Voraussetzungen des t-Tests für unabhängige Stichproben. *Psychologische Rundschau, 60*(4), S. 26-27.

Kuckartz, U. (2005). *Einführung in die computergestützte Analyse qualitativer Daten.* Wiesbaden: VS Verlag für Sozialwissenschaften.

Lam, L. (2002). Mathematics education reform in Hong Kong. In A. Rogerson (Hrsg.), *Proceedings of the International Conference on the Humanistic Renaissance in Mathematics Education* (S. 204-208). Palermo.

Lamnek, S. (2005). *Qualitative Sozialforschung: Lehrbuch* (4., vollständig überarbeitete Auflage). *Beltz-PVU.* Weinheim: Beltz.

Lange, A., & Szymenderski, P. (2005). Ich konsumiere, also bin ich: Sinnfindung Jugendlicher durch Geld und Konsum? *Schüler*, S. 50-52.

Lange, T. (2007). The notion of children's perspectives. In D. Pitta-Pantazi & G. Philippou (Hrsg.), *European Research in Mathematics Education V. Proceedings of the fifth congress of the European Society for Research in Mathematics Education* (S. 268-277). Larnaca: Department of Education (University of Cyprus).

Lauth, R. (1953). *Die Frage nach dem Sinn des Daseins.* München: Johann Ambrosius Barth.

Lee, W. O. (1996). The cultural context for Chinese learners: Conceptions of learning in the confucian tradition. In D. A. Watkins & J. B. Biggs (Hrsg.), *The Chinese learner. Cultural, psychological and contextual influences* (S. 25-41). Hong Kong: Comparative Education Research Centre, The University of Hong Kong; The Australian Council for Educational Research.

Legge, C. (1867). *The life and teaching of Confucius: With explanatory notes. The Chinese classics.* Philadelphia: J.B. Lippincott & Co.

Leiß, D., Möller, V., & Schukajlow, S. (2006). Bier für den Regenwald: Diagnostizieren und Fördern mit Modellierungsaufgaben. In G. Becker, M. Horstkemper, E. Risse, L. Stäudel, & F. Winter (Hrsg.): *Vol. 2006, Diagnostizieren und Fördern. Stärken entdecken – Können entwickeln* (S. 89-91). Seelze: Friedrich.

Leung, F. K. S. (1998). Implications of confucianism for education today. *Journal of thought*, (Summer), S. 25-36. Gefunden am 18.02.2010, auf http://www.gseis.ucla.edu/cide/hawkins/files/21-Leung%281998%29.pdf.

Leung, F. K. S. (1999). The traditional Chinese views of mathematics and education: Implications for mathematics education in the new millennium. In C. Hoyles, C. Morgan, & G. Woodhouse (Hrsg.), *Studies in mathematics education series: Vol. 10. Rethinking the mathematics curriculum* (S. 240-247). London: Falmer.

Leung, F. K. S. (2001). In search of an east asian identity in mathematics education. *Educational studies in mathematics, 47*(1), S. 35-51.

Leung, F. K. S. (2008). In the books there are golden houses: Mathematics assessment in East Asia. *ZDM – The international journal on mathematics education, 40*(6), S. 983-992.

Leung, F. K. S., Graf, K.-D., & Lopez-Real, F. J. (Hrsg.). 2006. *Mathematics education in different cultural traditions: A comparative study of East Asia and the West. The 13th ICMI Study.* The 13th ICMI Study. New York: Springer.

Leung, F. K. S., & Li, Y. (2010). Sharing and understanding mathematics education policies and practices in East Asia: An introduction. In F. K. S. Leung & Y. Li (Hrsg.), *New directions in mathematics and science education: Vol. 19. Reforms and issues in school mathematics in East Asia. Sharing and understanding mathematics education policies and practices* (S. 1-8). Rotterdam: Sense Publishers.

Leutner-Ramme, S. (2000a). Anmerkungen zum methodischen Konzept des Projekts. In T. Knauth, S. Leutner-Ramme, & W. Weiße (Hrsg.), *Jugend – Religion – Unterricht: Vol. 5. Religionsunterricht aus Schülerperspektive* (S. 41-54). Münster: Waxmann.

Leutner-Ramme, S. (2000b). Schüler vor der Kamera: Es war interessant gefilmt zu werden – aber sonst war es gut wie immer. In T. Knauth, S. Leutner-Ramme, & W. Weiße (Hrsg.), *Jugend – Religion – Unterricht: Vol. 5. Religionsunterricht aus Schülerperspektive* (S. 231-249). Münster: Waxmann.

Leutner-Ramme, S. (2005). Ausdrückliche Reflexionsanstöße und positive Schülerreaktionen: Intensivinterviews mit Lernenden zu aufgezeichnetem Geschichtsunterricht. In B. von Borries (Hrsg.), *Bayerische Studien zur Geschichtsdidaktik: Vol. 9. Schulbuchverständnis, Richtlinienbenutzung und Reflexionsprozesse im Geschichtsunterricht. Eine qualitativ-quantitative Schüler- und Lehrerbefragung in deutschsprachigen Bildungswesen 2002* (S. 217-232). Neuried: ars una.

Li, J. (2004). A Chinese cultural model of learning. In L. Fan, N.-Y. Wong, J. Cai, & S. Li (Hrsg.), *How Chinese learn mathematics. Perspectives from insiders* (S. 124-156). New Jersey: World Scientific.

Li, S. (2006). Practice makes perfect: A key belief in China. In F. K. S. Leung, K.-D. Graf, & F. J. Lopez-Real (Hrsg.), *Mathematics education in different cultural traditions. A comparative study of East Asia and the West. The 13th ICMI Study* (S. 129-138). New York: Springer.

Li, Y., & Kulm, G. (Hrsg.) (2009). *ZDM – The international journal on mathematics education: Bd. 41.6. Curriculum research to improve mathematics teaching and learning: Practices and approaches in China and the United States.* Heidelberg: Springer.

Li, Y., & Shimizu, Y. (Hrsg.) (2009). *ZDM – The international journal on mathematics education: Bd. 41.3. Exemplary mathematics instruction and its developments in East Asia.* Heidelberg: Springer.

Liljedahl, P. G. (2005). Mathematical discovery and affect: The effect of AHA! experiences on undergraduate mathematics students. *International journal of mathematical education in science and technology, 36*(2–3), S. 219-234.

Lim, C. S., White, A., & Kaur, B. (Hrsg.) (2008). *ZDM – The international journal on mathematics education: Bd. 40.6. An asian pacific focus on mathematics classrooms.* Heidelberg: Springer.

Lüders, J. (Hrsg.) (2007). *Studien zur Bildungsgangforschung: Bd. 18. Fachkulturforschung in der Schule.* Opladen: Barbara Budrich.

Maaß, K. (2006). Bedeutungsdimensionen nützlichkeitsorientierter Beliefs: Ein theoretisches Konzept zu Vorstellungen über die Nützlichkeit von Mathematik und eine erste empirische Annäherung bei Lehramtsstudierenden. *Mathematica Didactica, 29*(2), S. 114-138.

Maier, H. (1991). Verstehen als individueller Prozeß der Sinnkonstruktion: Beispiele aus gemeinsam erarbeitendem Mathematikunterricht. *Mathematik Lehren*, (49), S. 55-60.

Marton, F., Dall'Alba, G., & Tse, L. K. (1996). Memorizing and understanding: The keys to the paradox? In D. A. Watkins & J. B. Biggs (Hrsg.), *The Chinese learner. Cultural, psychological and contextual influences* (S. 69-83). Hong Kong: Comparative Education Research Centre, The University of Hong Kong; The Australian Council for Educational Research.

Matt, E. (2005). Darstellung qualitativer Forschung. In U. Flick (Hrsg.), *Rororo Rowohlts Enzyklopädie: Vol. 55628. Qualitative Forschung. Ein Handbuch* (4. Aufl., S. 578-587). Reinbek bei Hamburg: Rowohlt Taschenbuch Verlag.

Matthes, J. (1976). *Einführung in das Studium der Soziologie. Rororo-Studium Sozialwissenschaft: Bd. 15.* Reinbek bei Hamburg: Rowohlt.

Mercer, N. (1993). Culture, context and the construction of knowledge in the classroom. In P. Light & G. Butterworth (Hrsg.), *Context and cognition. Ways of learning and knowing* (S. 28-46). Hillsdale N.J.: Lawrence Erlbaum.

Merton, R. K., & Kendall, P. L. (1979). Das fokussierte Interview. In C. Hopf & E. Weingarten (Hrsg.), *Sozialwissenschaften. Qualitative Sozialforschung* (S. 171-204). Stuttgart: Klett-Cotta.

Meyer, M. A. (1976). *Formale und handlungstheoretische Sprachbetrachtung.* Stuttgart: Klett.

Meyer, M. A. (2005). Die Bildungsgangforschung als Rahmen für die Weiterentwicklung der allgemeinen Didaktik. In B. Schenk (Hrsg.), *Studien zur Bildungsgangforschung: Vol. 6. Bausteine einer Bildungsgangtheorie* (S. 17-46). Wiesbaden: VS Verlag für Sozialwissenschaften.

Meyer, M. A. (2008). Unterrichtsplanung aus der Perspektive der Bildungsgangforschung. In M. A. Meyer, M. Prenzel, & S. Hellekamps (Hrsg.): *Vol. 10. Sonderheft Zeitschrift für Erziehungswissenschaft, Perspektiven der Didaktik* (S. 117-137). Wiesbaden: VS Verlag für Sozialwissenschaften.

Mitchell, M. T. (1993). Situational interest: Its multifaceted structure in the secondary school mathematics classroom. *Journal of educational psychology, 85*(3), S. 424-436.

Möller, J., & Köller, O. (2004). Die Genese akademischer Selbstkonzepte: Effekte dimensionaler und sozialer Vergleiche. *Psychologische Rundschau, 55*(1), S. 19-27.

Monetha, S. (2009). *Alltagsphantasien, Motivation und Lernleistung: Zum Einfluss der expliziten Berücksichtigung von Alltagsphantasien im Biologieunterricht auf motivationale Faktoren und Lernleistung. Studien zur Bildungsgangforschung: Bd. 26.* Opladen: Budrich.

Morrison, K. (2006). Paradox Lost: Toward a robust test of the Chinese learner. *Educational journal, 34*(1), S. 1-30.

Nachtigall, C., & Wirtz, M. (2006). *Wahrscheinlichkeitsrechnung und Inferenzstatistik* (4. Aufl.). *Statistische Methoden für Psychologen: Bd. 2.* Weinheim: Juventa.

Niss, M. (1994). Mathematics in society. In R. Biehler, R. W. Scholz, R. Sträßer, & B. Winkelmann (Hrsg.), *Mathematics education library: Vol. 13. Didactics of mathematics as a scientific discipline* (S. 367-378). Dordrecht: Kluwer.

Perry, B., Wong, N.-Y., & Howard, P. (2006). Comparing primary and secondary mathematics teachers' beliefs about mathematics, mathematics learning and mathematics teaching in Hong Kong and Australia. In F. K. S. Leung, K.-D. Graf, & F. J. Lopez-Real (Hrsg.), *Mathematics education in different cultural traditions. A comparative study of East Asia and the West. The 13th ICMI Study* (S. 435-448). New York: Springer.

Prenzel, M. (1988). *Die Wirkungsweise von Interesse: Ein Erklärungsversuch aus pädagogischer Sicht.* Opladen: Westdeutscher Verlag.

Rheinberg, F. (1997). *Motivation. Urban-Taschenbücher: Bd. 555.* Stuttgart: Kohlhammer.

Ricœur, P. (1972). Der Text als Modell: Hermeneutisches Verstehen. In W. L. Bühl (Hrsg.), *Verstehende Soziologie. Grundzüge und Entwicklungstendenzen* (S. 252-283). München: Nymphenburger Verlag.

Rosenthal, R. (1991). *Metaanalytic procedures for social research* (2. Aufl.). Newbury Park, CA: Sage.

Ryan, R. M., & Deci, E. L. (2000). Self-determination theory and the facilitation of intrinsic motivation, social development, and well-being. *American psychologist, 55*(1), S. 68-78.

Ryan, R. M., & Deci, E. L. (2002). Overview of self-determination theory: An organismic dialectical perspective. In E. L. Deci & R. M. Ryan (Hrsg.), *Handbook of self-determination research* (S. 3-33). Rochester, NY: University of Rochester Press.

Schäfers, B. (2000). Soziales Handeln und seine Grundlagen: Normen, Werte, Sinn. In H. Korte & B. Schäfers (Hrsg.), *UTB für Wissenschaft/Uni-Taschenbücher: Vol. 8063. Einführung in Hauptbegriffe der Soziologie* (5. Aufl., S. 25-43). Opladen: Leske + Budrich.

Schenk, B. (2001). Perspektiven für Bildungsgangdidaktik und Bildungsgangforschung. In U. Hericks, J. Keuffer, H. C. Kräft, & I. Kunze (Hrsg.), *Bildungsgangdidaktik. Perspektiven für Fachunterricht und Lehrerbildung. Meinert Meyer zum 60. Geburtstag* (S. 263-268). Opladen: Leske + Budrich.

Schoenfeld, A. H. (1985). *Mathematical problem solving.* Orlando: Academic Press.

Schoenfeld, A. H. (1988). When good teaching leads to bad results: The disasters of 'well taught' mathematics classes. *Educational psychologist, 23*, S. 145-166.

Schoenfeld, A. H. (1992). Learning to think mathematically: Problem solving, metacognition, and sense-making in mathematics. In D. A. Grouws (Hrsg.), *Handbook of research on mathematics teaching and learning* (S. 334-370). New York: Macmillan.

Schoenfeld, A. H. (1998). Toward a theory of teaching-in-context. *Issues in education, 4*(1), S. 1-94.

Schütte, M., Gogolin, I., & Kaiser, G. (2005). Mathematiklernen und sprachliche Bildung: Eine interaktionistische Perspektive auf dialogisch strukturierte Lernprozesse im Grundschul-Mathematikuntterich unter Berücksichtigung der sprachlich-kulturellen Diversität der Lernenden. In B. Schenk (Hrsg.), *Studien zur Bildungsgangforschung: Vol. 6. Bausteine einer Bildungsgangtheorie* (S. 179-195). Wiesbaden: VS Verlag für Sozialwissenschaften.

Schütte, S. (1994). *Mathematiklernen in Sinnzusammenhängen: Probleme und Perspektiven der Grundschulmathematik heute. Forum Grundschule.* Stuttgart: Klett.

Schütz, A. (1971). *Gesammelte Aufsätze: Band 1: Das Problem der sozialen Wirklichkeit* (Bd. 1). Den Haag: Nijhoff.

Seidel, T. (2003). *Lehr-Lernskripts im Unterricht: Freiräume und Einschränkungen für kognitive und motivationale Lernprozesse. Eine Videostudie im Physikunterricht. Pädagogische Psychologie und Entwicklungspsychologie: Bd. 35.* Münster: Waxmann (Eine Videostudie im Physikunterricht).

Seidel, T., Dalehefte, I. M., & Meyer, L. (2003). Aufzeichnen von Physikunterricht. In T. Seidel, M. Prenzel, R. Duit, & M. Lehrke (Hrsg.), *IPN-Materialien. Technischer Bericht zur Videostudie "Lehr-Lern-Prozesse im Physikunterricht"* (S. 47-75). Kiel: IPN.

Shulman, L. S. (1986). Those who understand: Knowledge growth in teaching. *Educational researcher, 15*(4), S. 4-14, auf http://edr.sagepub.com/cgi/reprint/15/2/4.

Skovsmose, O. (1994). *Towards a philosophy of critical mathematics education.* Dordrecht: Kluwer Academic Publishers.

Skovsmose, O. (2005a). Foregrounds and politics of learning obstacles. *For the learning of mathematics, 25*(1), S. 4-10.

Skovsmose, O. (2005b). Meaning in mathematics education. In J. Kilpatrick, C. Hoyles, & O. Skovsmose (Hrsg.), *Meaning in mathematics education* (S. 83-100). New York, NY: Springer.

Steinke, I. (1999). *Kriterien qualitativer Forschung: Ansätze zur Bewertung qualitativ-empirischer Sozialforschung.* Weinheim: Juventa.

Steinke, I. (2005). Gütekriterien qualitativer Forschung. In U. Flick (Hrsg.), *Rororo Rowohlts Enzyklopädie: Vol. 55628. Qualitative Forschung. Ein Handbuch* (4. Aufl., S. 319-331). Reinbek bei Hamburg: Rowohlt Taschenbuch Verlag.

Stigler, J. W., & Perry, M. (1988). Cross-cultural studies of mathematics teaching and learning: Recent findings and new directions. In D. A. Grouws & T. J. Cooney (Hrsg.), *Perspectives on research on effective mathematics teaching* (S. 194-223). Reston, VA: Lawrence Erlbaum.

Strauss, A. L. (1998). *Grundlagen qualitativer Sozialforschung: Datenanalyse und Theoriebildung in der empirischen soziologischen Forschung* (2. Aufl.). *UTB für Wissenschaft/Uni-Taschenbücher: 1776, Soziologie.* München: Fink.

Strauss, A. L., & Corbin, J. (1996). *Grounded Theory: Grundlagen qualitativer Sozialforschung.* Weinheim: Beltz.

Strübing, J. (2004). *Grounded Theory: Zur sozialtheoretischen und epistemologischen Fundierung des Verfahrens der empirisch begründeten Theoriebildung. Qualitative Sozialforschung: Bd. 15.* Wiesbaden: VS Verlag für Sozialwissenschaften.

Tang, C., & Biggs, J. B. (1996). How Hong Kong students cope with assessment. In D. A. Watkins & J. B. Biggs (Hrsg.), *The chinese learner. Cultural, psychological and contextual influences* (S. 159-182). Hong Kong: Comparative Education Research Centre, The University of Hong Kong; The Australian Council for Educational Research.

Thom, R. (1973). Modern mathematics: Does it exist? In A. G. Howson (Hrsg.), *Developments in mathematical education. Proceedings of the 2. International Congress on Mathematical Education* (S. 194-209). London: Cambridge University Press.

Thomas, A. (2005). Kultur und Kulturstandards. In A. Thomas, E.-U. Kinast, & S. Schroll-Machl (Hrsg.), *Handbuch interkulturelle Kommunikation und Kooperation. Grundlagen und Praxisfelder* (2. Aufl., S. 19-31). Göttingen: Vandenhoeck & Ruprecht.

Tiefel, S. (2005). Kodierung nach der Grounded Theory lern- und bildungstheoretisch modifiziert: Kodierungsleitlinien für die Analyse biographischen Lernens. *Zentrum für qualitative Bildungs-, Beratungs- und Sozialforschung – Zeitschrift,* (1), S. 65-84.

Törner, G. (2002). Epistemologische Grundüberzeugungen: Verborgene Variablen beim Lehren und Lernen von Mathematik. *MU (Der Mathematikunterricht), 48*(4-5), S. 103-128.

Trautmann, M. (Hrsg.) (2004). *Studien zur Bildungsgangforschung: Bd. 5. Entwicklungsaufgaben im Bildungsgang.* Wiesbaden: VS Verlag für Sozialwissenschaften.

Vollstedt, M. (2007). The construction of personal meaning: A comparative case study in Hong Kong and Germany. In D. Pitta-Pantazi & G. Philippou (Hrsg.), *European Research in Mathematics Education V. Proceedings of the fifth congress of the European Society for Research in Mathematics Education* (S. 2473-2482). Larnaca: Department of Education (University of Cyprus).

Vollstedt, M. (2009). „After I do more exercise, I won't feel scared anymore": Sinnkonstruktionen einer Hongkonger Schülerin aus einer kulturellen Perspektive. In M. Neubrand (Hrsg.), *Beiträge zum Mathematikunterricht 2009* (S. 931-934). Münster: WTM.

Vollstedt, M. (2010). „After I do more exercise I won't feel scared anymore": An example of personal meaning from Hong Kong. In V. Durand-Guerrier, S. Soury-Lavergne, & F. Arzarello (Hrsg.), *European Research in Mathematics Education VI. Proceedings of the sixth congress of the European Society for Research in Mathematics Education. January 28th - February 1st 2009, Lyon (France)* (S. 131-140). Lyon: Institut National de Recherche Pédagogique.

Vollstedt, M., & Vorhölter, K. (2008). Zum Konzept der Sinnkonstruktion am Beispiel von Mathematiklernen. In H.-C. Koller (Hrsg.), *Studien zur Bildungsgangforschung: Vol. 24. Sinnkonstruktion und Bildungsgang* (S. 25-46). Opladen: Barbara Budrich.

Vorhölter, K. (2009). *Sinn im Mathematikunterricht: Zur Rolle von mathematischen Modellierungsaufgaben bei der Sinnkonstruktion von Schülerinnen und Schülern. Studien zur Bildungsgangforschung: Bd. 27.* Leverkusen: Budrich Barbara.

Watkins, D. A., & Biggs, J. B. (Hrsg.) (1996). *The Chinese learner: Cultural, psychological and contextual influences.* Hong Kong: Comparative Education Research Centre, The University of Hong Kong; The Australian Council for Educational Research.

Watkins, D. A., & Biggs, J. B. (Hrsg.) (2001a). *Teaching the Chinese learner: Psychological and pedagogical perspectives.* Hong Kong: Comparative Education Research Centre, The University of Hong Kong.

Watkins, D. A., & Biggs, J. B. (2001b). The paradox of the Chinese learner and beyond. In D. A. Watkins & J. B. Biggs (Hrsg.), *Teaching the Chinese learner. Psychological and pedagogical perspectives* (S. 3-23). Hong Kong: Comparative Education Research Centre, The University of Hong Kong.

Weber, M. (1988). Die 'Objektivität' sozialwissenschaftlicher und sozialpolitischer Erkenntnis. In J. Winkelmann (Hrsg.), *Gesammelte Aufsätze zur Wissenschaftslehre* (S. 146-214). Tübingen: Mohr.

Wild, E., Hofer, M., & Pekrun, R. (2001). Psychologie des Lerners. In A. Krapp & B. Weidenmann (Hrsg.), *Pädagogische Psychologie. Ein Lehrbuch* (S. 207-270). Weinheim: Beltz Psychologie Verlags Union.

Wille, R. (1996). 'Allgemeine Mathematik' als Bildungskonzept für die Schule. In R. Biehler, H. W. Heymann, & B. Winkelmann (Hrsg.), *IDM-Reihe: Vol. 21. Mathematik all-*

gemeinbildend unterrichten. Impulse für Lehrerbildung und Schule (2. Aufl., S. 41-55). Köln: Aulis.

Wilson, T. P. (1973). Theorien der Interaktion und Modelle soziologischer Erklärung. In Arbeitsgruppe Bielefelder Soziologen (Hrsg.), *Alltagswissen, Interaktion und gesellschaftliche Wirklichkeit. Band 1: Symbolischer Interaktionismus und Ethnomethodologie* (S. 54-79). Reinbek bei Hamburg: Rowohlt Taschenbuch Verlag.

Winter, H. (1990). Bürger und Mathematik. *Zentralblatt für Didaktik der Mathematik, 22*(4), S. 131-147.

Wong, N.-Y. (2002). Conceptions of doing and learning mathematics among Chinese. *Journal of intercultural Studies, 23*(2), S. 211-229.

Wong, N.-Y. (2004). The CHC learner's phenomenon: Its implications on mathematics education. In L. Fan, N.-Y. Wong, J. Cai, & S. Li (Hrsg.), *How Chinese learn mathematics. Perspectives from Insiders* (S. 503-534). New Jersey: World Scientific.

Wong, N.-Y. (2006). From 'entering the way' to 'exiting the way': In search of a bridge to span 'basic skills' and 'process abilities'. In F. K. S. Leung, K.-D. Graf, & F. J. Lopez-Real (Hrsg.), *Mathematics education in different cultural traditions. A comparative study of East Asia and the West. The 13th ICMI Study* (S. 111-128). New York: Springer.

Wong, N.-Y. (2008). Confucian heritage culture (CHC) learner's phenomenon: From 'exploring the middle zone' to 'constructing a bridge'. *ZDM – The international journal on mathematics education, 40*(6), S. 973-981.

Wong, N.-Y. (2010). The Hong Kong mathematics curriculum: 1997 * MATH * ED = period of change. In F. K. S. Leung & Y. Li (Hrsg.), *New directions in mathematics and science education: Vol. 19. Reforms and issues in school mathematics in East Asia. Sharing and understanding mathematics education policies and practices* (S. 33-57). Rotterdam: Sense Publishers.

Yang, K.-S. (1981). Social orientation and individual modernity among Chinese students in Taiwan. *Journal of social psychology, 113*(2), S. 159-170. Gefunden am 18.02.2010, auf http://pao.chadwyck.co.uk/articles/displayItem.do?FormatType=fulltextpdf&direct=true&QueryType=articles&QueryIndex=journal&ResultsID=12645C66E391879F4C&ItemNumber=2&journalID=1143.

Zhang, D., Li, S., & Tang, R. (2004). The 'two basics': Mathematics teaching and learning in Mainland China. In L. Fan, N.-Y. Wong, J. Cai, & S. Li (Hrsg.), *How Chinese learn mathematics. Perspectives from insiders* (S. 189-207). New Jersey: World Scientific.

Zheng, Y. (2006). Mathematics education in China: From a cultural perspective. In F. K. S. Leung, K.-D. Graf, & F. J. Lopez-Real (Hrsg.), *Mathematics education in different cultural traditions. A comparative study of East Asia and the West. The 13th ICMI Study* (S. 381-390). New York: Springer.

Schlagwortverzeichnis

G

H

I

K

L

M

N

O

P